Soziologie und Sozialpolitik

Herausgegeben von Bernhard Badura, Christian von Ferber, Franz-Xaver Kaufmann, Eckart Pankoke, Theo Thiemeyer

Band 2

R. Oldenbourg Verlag München Wien 1982

Staatliche Sozialpolitik und Familie

Herausgegeben von
Franz-Xaver Kaufmann

R. Oldenbourg Verlag München Wien 1982

Als Band 1 der Reihe „Soziologie und Sozialpolitik" liegt bereits vor:
Selbsthilfe und Selbstorganisation im Gesundheitswesen
Die Bedeutung nicht-professioneller Sozialsysteme für Krankheitsbewältigung, Gesundheitsvorsorge und die Kostenentwicklung im Gesundheitswesen
Herausgegeben von Bernhard Badura und Christian von Ferber

CIP-Kurztitelaufnahme der Deutschen Bibliothek

Staatliche Sozialpolitik und Familie / hrsg. von Franz-Xaver Kaufmann. – München ; Wien : Oldenbourg, 1982.
(Soziologie und Sozialpolitik ; Bd. 2)
ISBN 3-486-50651-X

NE: Kaufmann, Franz-Xaver [Hrsg.]; GT

Gesamtherstellung: Hofmann-Druck KG, Augsburg

ISBN 3-486-50651-X

Vorwort

Im vorliegenden Band geht es um die Art und Weise, wie staatliche Politik heute mit der Familie umgeht. Dies geschieht, seitdem sich Staat und Familie im Zuge der neuzeitlichen Gesellschaftsentwicklung ausdifferenziert und verselbständigt haben. Es geschieht jedoch nach wie vor überwiegend ad hoc, vom jeweiligen naiven Selbstverständnis der herrschenden Meinung getragen. Ziel dieses Bandes ist es, das damit angesprochene Verhältnis einem sozialwissenschaftlichen Verständnis näherzubringen. Dies geschieht sowohl durch theoretische wie durch empirisch orientierte Beiträge.

Gemeinsam ist allen Beiträgen dieses Bandes, daß sie staatliche Politik zugunsten der Familie als Intervention in bereits konstituierte soziale Beziehungen begreifen. Die Bedeutung dieses Gedankens wird im einleitenden Beitrag entwickelt. An diesen schließen sich theoretische Überlegungen zur Konzeptualisierung von Familie und Haushalt *(Hegner)* sowie zu Begriff und Formen sozialpolitischer Intervention *(Kaufmann)* an. Die folgenden Beiträge befassen sich so dann mit typischen rechtlichen *(Sachße/Tennstedt)*, ökonomischen *(Pfaff/Kerschreiter, Herlth)*, ökologischen *(Herlth)* und pädagogischen *(Lüscher)* Formen staatlicher Intervention. Ein besonders sensibles, in der familienpolitischen Diskussion der letzten Jahre jedoch vernachlässigtes Problemfeld der Familie stellen die Beziehungen zwischen der Erwachsenen- und der Altengeneration *(Grunow)* dar; sie sind auch mit Bezug auf die Problematik dieses Bandes von besonderem Interesse, da hier der Frage nach den Möglichkeiten einer öffentlichen Unterstützung familialer Funktionen *(Heinemann-Knoch u. a.)* besondere Bedeutung zukommt. Einen stärker programmatischen Akzent tragen die beiden abschließenden Beiträge von *Nokielski/Pankoke* und *Gross:* Mit unterschiedlichen Akzentsetzungen werden hier Grenzen und Möglichkeiten familialer Autonomie unter den Bedingungen wohlfahrtsstaatlicher Intervention erörtert.

Mit Ausnahme der beiden ersten Beiträge gehen die Arbeiten dieses Bandes auf Vorlagen zurück, die im Rahmen der Studiengruppe „Staatliche Sozialpolitik und nicht-professionelle Sozialsysteme" zum Teil mehrfach erörtert und überwiegend im ersten Halbjahr 1981 in die hier vorliegende definitive Form gebracht wurden. Familiale Lebenszusammenhänge stellen trotz aller Wandlungen die selbstverständlichsten Formen der Selbsthilfe dar. Sie sind überdies in der Gegenwartsgesellschaft die am stärksten institutionalisierte Form nichtprofessioneller Sozialsysteme, so daß hier die ambivalente Wirkung staatlicher

Sozialpolitik besonders offenkundig wird. Da in diesen Beiträgen die familiensoziologischen Grundlagen der hier angesprochenen Probleme nicht explizit erörtert wurden, wurde der Band um die beiden einleitenden Beiträge ergänzt. Daß die Beiträge insgesamt keine einheitliche Position, sondern nur ein gemeinsames Problembewußtsein erkennen lassen, scheint uns kein Mangel, sondern angesichts der gegenwärtigen familienpolitischen Situation geradezu notwendig.

Zusammen mit dem von *Bernhard Badura* und *Christian von Ferber* herausgegebenen Band „Selbsthilfe und Selbstorganisation im Gesundheitswesen" stellt der vorliegende Band der Reihe „Soziologie und Sozialpolitik" das Ergebnis einer mehrjährigen Zusammenarbeit der Autoren im Rahmen der Studiengruppe „Staatliche Sozialpolitik und nicht-professionelle Sozialsysteme" der Werner-Reimers-Stiftung in Bad Homburg dar. Diese Studiengruppe bildete gleichzeitig die erste Aktivität der Sektion „Sozialpolitik" in der Deutschen Gesellschaft für Soziologie. Die Zusammenarbeit im Rahmen dieser Studiengruppe hat zur Beantragung und Genehmigung eines sozialpolitischen Schwerpunktprogramms der Deutschen Forschungsgemeinschaft „Gesellschaftliche Bedingungen sozialpolitischer Intervention: Staat, intermediäre Instanzen und Selbsthilfe"*) geführt, im Rahmen dessen die hier angesprochenen Probleme weiter verfolgt werden sollen. Wir sind der Werner-Reimers-Stiftung für die gewährte Gastfreundschaft und die damit verbundenen optimalen Arbeitsbedingungen sehr dankbar.

Für die Unterstützung bei der Herausgabe dieses Bandes danke ich Herrn Alois Herlth und Frau Rita Nisius.

Bielefeld, Februar 1982 *Franz-Xaver Kaufmann*

*) Veröffentlicht in „Zeitschrift für Sozialreform" 1980/1.

Inhalt

1. Zur Einführung: Familiale Probleme und sozialpolitische Intervention

Alois Herlth/Franz-Xaver Kaufmann

Will man staatliche Sozialpolitik und Familie heute zueinander in Beziehung setzen, so bietet sich der Begriff des Spannungsverhältnisses an: Staatliche Sozialpolitik ist assoziiert mit Organisation und Verwaltung, mit Ökonomisierung und Verrechtlichung des Alltags, und sie weckt Furcht vor staatlichen Herrschaftsansprüchen und sozialer Kontrolle. Familie dagegen ist assoziiert mit Intimität und Privatheit, sie wird als naturwüchsiger Lebenszusammenhang wahrgenommen, der nicht selten als „Gegenstruktur der Gesellschaft" *(Rosenbaum* 1973)[1] verstanden wird. Manche Autoren betrachten daher die Familie als einen eigenständigen, ja originären Lebensbereich, dessen Autonomie am ehesten gewahrt bleibt, wenn sich der Staat nicht um sie kümmert.

Eine hierzu konträre Auffassung betrachtet die Familie dagegen als „gesellschaftliche Einrichtung"[2], die in ihrer Ausgestaltung von anderen Lebensbereichen und deren Entwicklung notwendigerweise abhängig sei. Insoweit staatliche Maßnahmen gesellschaftliche Wirkungen zeitigen, lasse sich die Familie auch nicht aussparen. Folgt man dieser Auffassung, so bleibt nur die Wahl, die Auswirkungen politischer Maßnahmen auf die Familie zu verdrängen oder aber ihnen die gebührende Aufmerksamkeit zu widmen.

Beide Argumentationen liegen jedoch zunächst auf unterschiedlichen Ebenen: die zuerst eingeführte Argumentation geht von einer normativen, „ordnungspolitischen" Vorstellung über das Verhältnis von Staat und Familie aus, die zweite von einer empirischen Vorstellung über die faktische Abhängigkeit konkreter Familien und ihrer institutionellen Ordnung von den gesellschaftlichen Verhältnissen und der in ihnen wirksamen staatlichen Maßnahmen. Erst wenn im Namen eines wie auch immer begründeten „gesellschaftspolitischen Interesses" staatliches Eingreifen in familiale Lebenszusammenhänge oder deren unmittelbare Bedingungen gefordert wird, gerät die zweitgenannte Position in einen „ordnungspolitischen" Gegensatz zur ersten. Und nur insoweit die erstgenannte Position die faktische Unabhängigkeit der

[1] *Rosenbaum* erkennt diesen Ansatz bei einigen gewichtigen Vertretern der nachkriegsdeutschen Familiensoziologie – vor allem bei *Schelsky* und *König*.

[2] So sehen es etwa die Verfasser des *Zweiten Familienberichts* (1975).

familialen Verhältnisse von politischen und gesellschaftlichen Einflüssen behauptet, gerät sie in einen empiriebezogenen Gegensatz zur zweiten.

Diese beiden gängigen Positionen vernachlässigen die politisch-pragmatische Dimension unseres Problems: auch wenn nicht zu bezweifeln ist, daß Staat und Familie stets in einem zumindest untergründigen Zusammenhang stehen, der durch die jeweiligen gesellschaftlichen Strukturen und daraus resultierende politische, ökonomische, soziale und kulturelle Einflüsse vermittelt wird, so ist damit noch lange nicht gesagt, daß derartige Einflüsse intentional verändert werden können, daß also so etwas wie eine erfolgreiche, zielgerichtete Politik mit Bezug auf die Familie möglich ist. Allerdings lassen sich solche Möglichkeiten auch nicht a priori verneinen.

Der vorliegende Band unterscheidet sich von den bisher vorherrschenden Reflexionen zum Thema Staat und Familie vor allem durch die Betonung dieser politisch-pragmatischen Dimension, während die normativ-ordnungspolitische und die empirische Dimension zwar nicht ausgeklammert, aber doch nur insoweit berücksichtigt werden, als sie zur Strukturierung und Beantwortung der zentralen Frage dieses Bandes beitragen: *Wie, wozu, unter welchen Bedingungen und wodurch kann staatliche Politik in Bezug auf diejenigen sozialen Zusammenhänge, die wir gemeinhin als „Familie" ansprechen, überhaupt effektiv werden?*

Wir beschäftigen uns im folgenden nicht mit vordergründigen Fragen des politischen Parteienstreits, ob „der Familie" (welche zumeist schon von einem unterschiedlichen normativen Vorverständnis her bestimmt wird) durch ein „Mehr" oder „Weniger" an öffentlichen Maßnahmen besser gedient sei. Wissenschaftlich müssen wir vielmehr davon ausgehen, daß es „die Familie" gar nicht gibt, sondern daß im Wortsymbol „Familie" differenzierte soziale Beziehungen und unterschiedliche soziale Auffassungen über diese Beziehungen zusammengefaßt und damit öffentlich als Zusammenhang diskutierbar werden. Der Beitrag von *F. Hegner* in diesem Band macht die Komplexität dieses Zusammenhangs in historischer Perspektive und unter Bezug auf aktuelle Fragen deutlich. Zwar läßt sich über spezifische Merkmale des Familienbegriffs – Blutsverwandtschaft, Haushaltsgemeinschaft, Wohngemeinschaft, Generationenbeziehung, Ehe – durchaus in dem Sinne Einigkeit herbeiführen, daß eine Sozialbeziehung stets mehr als eines dieser Merkmale aufweisen muß, um als „Familie" zu gelten, doch läßt dies noch weite Interpretationsspielräume offen. Sowohl mit Rücksicht auf den vorherrschenden Sprachgebrauch als auch aus der Perspektive einer funktionalistisch denkenden Soziologie scheint es sinnvoll, dem Merkmal der Generationenbeziehungen begriffsstrategische Bedeutung beizumessen: Familien sind durch Eltern-Kind-Beziehungen definierte soziale Einheiten, was immer man an weiteren Definitionsmerkmalen hinzufügen mag.

1.1. Leistungen, Wandel und Probleme familialer Lebensformen

Seit jeher tendieren Menschen dazu, ihre unmittelbaren Alltagsprobleme, d. h. ihre Bedürfnisse nach Pflege, Versorgung und Schutz, nach emotionaler Zuwendung und sexueller Befriedigung usw. in bestimmten Formen kooperativen Handelns zu bewältigen, was in dem Maße auch effektiv zu sein scheint, wie es gelingt, solche kooperativen Formen der Alltagsorganisation dauerhaft zu institutionalisieren. Unter den verschiedenen Möglichkeiten der Gruppenbildungen zur Bewältigung von Alltagsproblemen hat sich u. a. eben auch die Form „familialen Zusammenlebens" herausbilden und auf Dauer stabilisieren können. Das Spezifikum des familialen Lebenszusammenhangs ist darin zu sehen, daß Daseinssicherung mit den Erfordernissen der Sorge für und um den Nachwuchs verknüpft und durch entsprechende Strukturbildungen dauerhaft abgesichert wurde (*Homans* 1968: 194 f.). Das Erzeugen und Aufziehen von Nachwuchs innerhalb eines dauerhaften sozialen Arrangements von Partnerbeziehungen und Eltern-Kind-Beziehungen ermöglicht über die gemeinsame arbeitsteilige Daseinssicherung nicht nur das Überleben der Gruppe selbst, sondern bietet auch Vorteile hinsichtlich der gesellschaftlichen Institutionalisierung. Über Familien- und Verwandtschaftszugehörigkeit wird die Stellung in umfassenderen sozialen Beziehungen bestimmbar. Somit sind familiale Lebensformen nicht nur in einer Gesellschaft überlebensfähige soziale Einheiten, sondern sie leisten auch einen Beitrag zur Integration und zum Fortbestand einer umfassenden sozialen Struktur. Das letztere ist vornehmlich im strukturfunktionalistischen Sinne zu verstehen: Über die „Binnenwirkungen" der Familie als „Agentur" einer gesellschaftlichen Kultur werden Persönlichkeiten für eine Gesellschaft verfügbar gemacht und gehalten (vgl. *Parsons* und *Bales* 1956: 9 f). Die Vorteile der institutionalisierten familialen Lebensform gegenüber anderen Kooperationsformen liegen nicht allein in den Leistungen, die sie für die Gruppenmitglieder erbingt und auch nicht allein in den Leistungen, die sie für die Gesellschaft erbringt. Der evolutionstheoretische Vorteil der Familie muß gerade in der Verknüpfung beider Leistungsmomente gesehen werden.

Wie Geschichte und Kulturvergleich zeigen, gibt es hinsichtlich der Ausgestaltung konkreter familialer Lebens- und Leistungszusammenhänge eine recht große Variationsbreite. Da die Institutionalisierung der Familie stets als Teil der Sozialstruktur erfolgt, bevorzugt jede Gesellschaftsformation auch bestimmte Familientypen, während andere in ihr nicht „lebensfähig" sind. Systemtheoretisch betrachtet ist die Familie nur ein Teilsystem einer Gesellschaft und muß sich in eine Struktur mehr oder weniger einfügen, die auch von anderen Teilsystemen (Wirtschaft, Politik, Kultur) geprägt ist. Institutionalisierung der Familie als Teilsystem einer Gesellschaft bedeutet stets auch die Normierung familialen Zusammenlebens: Die familialen Leistungen, wie z. B.

Erziehung von Kindern, Pflege und Versorgung der vorangehenden Generation oder Ausgestaltung der Ehebeziehungen folgen i. d. R. bestimmten kollektiven Mustern, die sich als verträglich mit den herrschenden Strukturformen einer Gesellschaft erwiesen haben. Auf dieses Verhältnis von Familie und Gesellschaft werden wir im folgenden noch näher eingehen, weil es zu den Problemen führt, vor denen die Familienpolitik steht.

Auch wenn eine Gesellschaft selektiv auf Herausbildung von Formen und Leistungen familialer Lebenszusammenhänge wirkt, so scheint doch für die moderne Gesellschaft der normative Zwang hinsichtlich dieser Formen und Leistungen nachzulassen. Einerseits können wir ein Kontingenterwerden der einzelnen Elemente familialer Lebensformen beobachten, so daß der Begriff der Familie, wenn er relevant sein will für die familiale Wirklichkeit, ein recht breites Spektrum unterschiedlicher Formen des Zusammenlebens umfassen muß. Hinsichtlich der Leistungen bieten sich andererseits für die Familie eine Vielzahl von Kompensationsmöglichkeiten im Rahmen organisierter Sozialsysteme an, so daß eine Reduktion von Versorgungs- und Pflegeleistungen durch Rückgriff auf externe Dienstleistungsproduzenten kompensiert werden kann.

Die in einer Gesellschaft jeweils vorfindliche Entwicklung familialer Lebens- und Leistungszusammenhänge ist das Bezugsproblem des staatlichen Interesses an der Familie. Welche Entwicklungen faktisch zu beobachten sind, wodurch sie bedingt sind und wie sie gedeutet und erklärt werden können und inwiefern sie einen „Interventionsbedarf“ für staatliche Sozialpolitik begründen – auf diese Probleme soll im folgenden näher eingegangen werden.

Will man den Stellenwert der Familie in modernen Industriegesellschaften mit wenigen Begriffen charakterisieren, so ist dies nicht ganz unproblematisch, denn man wird sich entscheiden müssen, ob man sich stärker auf die bisherigen familialen Lebensformen beziehen will oder mehr auf die aktuellen und u. U. zukunftsträchtigen Trends[3]. Auch auf die Gefahr hin, daß eine spätere historische Familienforschung zu anderen Ergebnissen kommt, scheint uns die Familie in der Bundesrepublik vor allem etwa seit Beginn der 60er Jahre in einer Umbruchsituation zu stehen, die auf tiefgreifende Veränderungen in den Formen familialen Zusammenlebens verweist. Zwar dominiert immer noch die relativ isolierte Kernfamilie, deren Idealform (Vater, Mutter und zwei Kinder), man im Jargon der Soziologie auch „Parsons'sche Normalfamilie“ nennen

[3] Zur bisherigen Entwicklung und zur theoretischen Verarbeitung bisher beobachtbarer Trends sei auf die Vielzahl familiensoziologischer Lehrbücher verwiesen (beispielsweise: *Goode* 1967; *König* 1969; 1974; *Mühlfeld* 1976; *Neidhardt* 1975). Danach wird die „moderne Familie“ durch einen Prozeß funktionaler Spezialisierung bestimmt mit Folgewirkungen wie Funktionsverlagerung/-verlust, konjugale Kontraktion, Kindzentrierung usw.

könnte[4]. Sie ist hervorgegangen aus gesellschaftlichen Prozessen der zunehmenden Differenzierung, der Funktionsverlagerung und der funktionalen Spezialisierung, die den Leistungszusammenhang dieser Familienform deutlich bestimmen. Doch will man die aktuellen Trends benennen, so muß man mit gänzlich anderen Begriffen operieren.

Die Deutung der neueren Entwicklung ist selbstverständlich problematisch, da wir alle mit allen Facetten unseres Alltagslebens selbst in diese Umbruchsituation verwickelt sind. *Shorter* (1977) sieht uns bereits „auf dem Weg zur postmodernen Familie". Etwas vorsichtiger spricht *Tyrell* von „Plausibilitätsverlust" und benennt Merkmale einer Deinstitutionalisierung der Familie (1979). Am augenfälligsten scheint zunächst einmal eine zunehmende *Pluralisierung der normativ-institutionellen Basis familialer Lebensformen* zu sein. Was sich hinter diesen begrifflichen Konzepten verbirgt, was den Umbruch in der Entwicklung der Familie kennzeichnet, soll hier zumindest in einigen wesentlichen Trends dargestellt werden, um die besondere Problematik familialen Zusammenlebens zu erschließen, von der her wesentliche Aspekte eines sozialpolitischen Interventionsbedarfs erkannt werden können.

Shorter nennt drei Aspekte, die die zukünftige Entwicklung der Familie bestimmen werden. Der erste Aspekt betrifft den *Zusammenhalt der Generationen.* Hier spricht *Shorter* von einer „definitiven Trennung der Verbindungslinien, die von der jungen Generation zur älteren führen" (1977: 304). Dies beinhaltet zunächst einmal einen Bedeutungs- und Einflußschwund, den die Herkunftsfamilie vor allem bei den Jugendlichen erleidet. Das, was als Verlust in der Erziehungsfunktion der Familie beobachtbar ist, wird – so können wir vermuten – auch Auswirkungen haben auf die Rolle der Familie als Bindeglied zwischen den Generationen. Bei der Antizipation einer solchen Entwicklung müssen wir fragen, was sich hier konkret an Änderungen vollzieht. Inwieweit verändern sich dadurch die Formen familialen Zusammenlebens und inwieweit verändern sich die Leistungsbeziehungen zwischen den Generationen? Was bedeutet also der absehbare Einflußverlust der Herkunftsfamilie auf die nachwachsende Generation für die Formen und Ergebnisse familialer Alltagsorganisation und was folgt aus derartigen Entwicklungen für eine staatliche Sozialpolitik? Auf dieses Thema gehen zwei Beiträge dieses Sammelbandes näher ein: *D. Grunow* befaßt sich mit den „Hilfen zwischen den Generationen" und der Beitrag von *M. Heinemann-Knoch* et al. untersucht die Möglichkeiten ambulanter Intervention im Lebensumfeld von Familien. Einige Zahlen mögen

[4] Zur „normal Parsonian family" s. *Skolnick* 1973: 111 ff. *Parsons* hat sich in seinen Arbeiten auf einen Typus von Familie konzentriert, der von den Anpassungserfordernissen an die moderne Industriegesellschaft her konzipiert ist (vgl. dazu *McKinley* 1966: 3 ff.).

den Hintergrund dieses Problems beleuchten. So weisen die Familienberichte daraufhin, daß 1961 noch 19,9% der Haushalte mehr als zwei Generationen umfaßten, 1976 waren dies nur noch 4%[5]. Diese, die Parsons'sche These von der Isolierung der Kernfamilie auf den ersten Blick bestätigende Tendenz sagt natürlich nichts über tatsächlich bestehende und stets mehrere Haushalte umfassende „familiale Verbundsysteme" aus, auf die der Beitrag von *Grunow* näher eingeht.

Familiensoziologisch impliziert die von *Shorter* prognostizierte weitere Trennung der Generationen zwei unterschiedliche Entwicklungsperspektiven. Einerseits gibt es deutliche Bestrebungen bei der nachwachsenden Generation, sich möglichst frühzeitig dem Einfluß der Eltern zu entziehen. Andererseits aber wird, unterstützt durch eine Veränderung in den demographischen Prozessen (vor allem verlängerte Lebenserwartung für Frauen), die sog. „empty-nest"-Phase für die Herkunftsfamilie zu einem familienzyklischen Problem. Die vorangehende Generation wird gezwungen, sich um neue Sinngehalte von Partnerschaft und Familie zu bemühen.

Damit wird auf einen zweiten Aspekt verwiesen, den *Shorter* als Trend für die zukünftige Entwicklung der Familie benennt, nämlich den systematischen „Abbau des ‚Nestbegriffs' des Familienlebens" (1977: 315). Die Herausbildung eines spezifischen „Nestcharakters" der modernen Kernfamilie – identifizierbar mit „Wärme und Geborgenheit", die sie nach innen hin vermittelt, ist zwar eine historisch gesehen späte Errungenschaft der Familie und wird nichtsdestotrotz durch jüngste Entwicklungen mehr und mehr in Frage gestellt. Der Nestbegriff wird nahegelegt durch die idealtypische Abbildung der Parsons'schen Normalfamilie. Auch wenn Parsons selbst für die moderne Kernfamilie das weniger anheimelnde Bild einer „Fabrik" vorzog (1955: 9), so erwies sich doch diese Form der Familie als eine im höchsten Maße funktionale Lösung für die Verknüpfung von Daseinsvorsorge und Nachwuchssicherung in Anpassung an die Veränderungen in Wirtschaft und Arbeitswelt. Die systematische Ausgliederung der Frau aus dem Wirtschaftsleben, die Reduktion ihres Tätigkeitsfeldes auf Haushalt und Kindererziehung bedeutete ein Höchstmaß an Freisetzung von Ressourcen für die Bewältigung binnenfamilialer Aktivitäten und die Herausbildung eines Binnenklimas, das den Nestbegriff rechtfertigt.

Ob man in der Tat von einer „Zerstörung des Nestes" sprechen kann – wie *Shorter* dies tut – wollen wir in Zweifel ziehen. Es deutet eigentlich nichts darauf hin, daß die durch die Form des kooperativen Zusammenlebens erbrachten Leistungen, die man als Nestfunktionen ansprechen kann, zukünftig weniger Gewicht haben oder in einem geringeren Umfang erbracht werden. *Was sich vielmehr zu ändern scheint, ist die Art und Weise, wie Familien dieses Nest in ihrem Alltag stabilisieren, und eine möglicherweise deutliche zeitliche*

[5] *Zweiter Familienbericht* 1975: 18 und *Dritter Familienbericht* 1979: 59

Befristung derartiger Nestfunktionen. Mit Problemen einer Institutionalisierung und Unterstützung der Elternrolle befassen sich in diesem Sammelband die Beiträge von *K. Lüscher* und *A. Herlth.* Beiden Beiträgen ist gemeinsam, daß sie von den Problemen her konzipiert sind, die Eltern heute im Umgang mit Kindern haben und zu deren Lösung auch Sozialpolitik einen Beitrag leisten kann. Beide Aufsätze nehmen zusätzlich auf das Problem sozialstruktureller Benachteiligung von Familien bezug, da Umweltveränderungen – sei es in der Wirtschaft oder etwa in der Kultur – von Familien höchst unterschiedlich verarbeitet werden können.

Seit Mitte der 60er Jahre haben wir eine vorher nie dagewesene Reduktion der Geburtenziffern in der Bundesrepublik erlebt. Gleichzeitig ist auch in den letzten 20 Jahren ein deutlicher Rückgang in der Häufigkeit der Eheschließungen zu bemerken. Dies könnten Indikatoren dafür sein, daß immer weniger junge Menschen bereit sind, in eine Lebensform einzutreten, in der Sorge für Kinder, die „zwangsläufig" in eine Nestbildung hineinführen muß, zum „Strukturprinzip" der Alltagsorganisation wird. Diese Fakten haben zu einer nachhaltigen Thematisierung von Bevölkerungspolitik geführt (vgl. *Dritter Familienbericht),* worauf jedoch hier nicht weiter eingegangen werden soll. Weniger dramatisch als der Rückgang der Geburtenziffern, aber theoretisch vielleicht viel interessanter sind die Entwicklungen innerhalb einer Familienkarriere. Die Erziehung von Kindern verliert mehr und mehr ihre dominierende Sinngebung für den Familienzusammenhalt, sie wird gleichsam eine Episode neben anderen in einer Familienkarriere. Daten der amtlichen Statistiken[6] unterstützen diese Annahme. 1960 betrug die durchschnittliche Ehedauer bei der Geburt des ersten Kindes 1,85 Jahre. Im Jahre 1975 ist sie dagegen auf 2,49 Jahre angestiegen. Auch ist der Anteil der kinderlosen Ehepaare im Zeitraum vom 1961 bis 1977 um 2,6 % gestiegen. Wenn man gleichzeitig sieht, daß die nichtehelichen Geburtenziffer seit Mitte der 60er Jahre wieder leicht gestiegen ist, so liegt die Vermutung nahe, daß Eheschließungen und Kinderwunsch, ehedem deutliche Indikatoren für die Herausbildung des „Nestes", mehr und mehr auseinander laufen. Dies liegt zweifelsohne an erheblichen Veränderungen, die die Partnerbeziehung als solche betreffen und auf die wir im dritten Punkt noch näher eingehen werden. Der eigenständige Gratifikationswert einer Partnerbeziehung hat ganz zweifelsohne in den letzten Jahren zugenommen, und es ist nicht auszuschließen, daß Gratifikation durch Partnerbeziehung auch in Konkurrenz treten kann zur Gratifikation durch Kindererziehung. Zumindest kann angenommen werden, daß die Motive für Partnerbeziehungen und die für Kindererziehung sich voneinander isolieren. Zum zweiten wirkt sich hier sicherlich ein grundsätzlicher und tiefgreifender Wandel in der Rolle der Frau aus. Ihre Nestfunktionen konnte die moderne Kernfamilie nur über die „Freisetzung" der Frau für aus-

[6] Entnommen aus: *Statistisches Bundesamt* 1979.

schließliche binnenfamiliale Leistungen sicherstellen. Dies mochte angehen, solange die Familie der einzige Garant des sozialen Status für Frauen war. In dem Maße, wie Frauen gesellschaftliche Anerkennung und soziale Gratifikationen auch in anderen Rollen erlangen können, gerät die Familienrolle in einen erhöhten Konkurrenzdruck. Doch ist immer noch für die meisten Frauen nicht der grundsätzliche Verzicht auf Kinder eine annehmbare Problemlösungsstrategie, sondern vielmehr die Einschränkung der Lebenszeit für die Erziehung von Kindern und die Reduktion des Aufwandes für Familie und Kinder. Der Anstieg der Erwerbstätigenquoten von Frauen mit Kindern besonders seit den 70er Jahren unterstreicht dies deutlich. 1961 war nur rund $^1/_3$ der verheirateten Frauen erwerbstätig. 1977 waren es dagegen 42,8%. Sogar bei Müttern mit Kindern unter 15 Jahren ist die Erwerbstätigenquote im selben Zeitraum von 34,6 % auf 40,6 % angestiegen *(Dritter Familienbericht* 1979: 24).

Die *Konkurrenz der Rollen* für Frauen – zukünftig vielleicht auch mehr und mehr für Männer, denn die Veränderungen in der Frauenrolle müssen zwangsläufig sich in den Formen des kooperativen Zusammenlebens äußern – bedeutet aber eine Zunahme an Belastungen für die Alltagsorganisation und die gesellschaftlich erwünschte „Funktionserfüllung". Die bereits bei der Herausbildung der modernen Kernfamilie wahrnehmbare Emotionalisierung der binnenfamilialen Beziehungen scheint uns im Gegensatz zur Schelsky'schen Vermutung keineswegs rückläufig zu sein. *Schelsky* (1967: 22 f) sprach von einer Versachlichung der Familienbeziehungen und von einer „Ausleerung der Innerlichkeit". Doch scheint uns die Reduktion der Kinderzahl hinsichtlich der Eltern-Kind-Beziehungen eher zu einer gegenläufigen Tendenz zu führen. Die emotionalen Anforderungen sowohl von Seiten der Kinder als auch von Seiten der Eltern scheinen uns noch nie so hoch gewesen zu sein wie gerade heute. Dasselbe trifft womöglich auch auf die Anforderungen an die Qualität der Partnerbeziehung zu.

Einen dritten Aspekt sieht Shorter in der *Unbeständigkeit im Leben des Paares.* Wie die Ehescheidungsquoten zeigen, sind Ehen in den letzten Jahren zunehmend brüchiger geworden. Dies darf keineswegs als Beleg dafür gewertet werden, daß die Qualität ehelicher Lebensgemeinschaften nachgelassen hat, vielmehr haben die Faktoren, die ein Zusammenbleiben von Partnern in schwierigen Situationen vormals bewirkt haben, sich in ihrer Wirksamkeit verändert. Müssen wir uns in der Tat – wie Shorter es vorschlägt – mit dem Gedanken vertraut machen, daß Menschen nicht damit rechnen können, ihr ganzes Leben zusammen zu verbringen? Dabei müssen zunächst einmal demographische Prozesse wiederum mitbedacht werden. Die stark gesunkene Erwachsenensterblichkeit und das gleichfalls gesunkene Heiratsalter führen dazu, daß Ehen schon deswegen über längere Zeiträume gehen. Wer heute mit 25 Jahren den ‚Bund fürs Leben' schließt, darf und muß damit rechnen, daß er ein halbes Jahrhundert dauern kann. Die erhöhte Störanfälligkeit von Ehen resultiert zweifelsohne auch daher, daß – wie oben schon bemerkt – Ehe bzw. Partnerschaft und Familie motivational zunehmend entkoppelt werden und auch als Lebensformen voneinander lösbar erscheinen. Da wesentliche Bedingungen der Daseinssicherung (Schutzfunktionen, Sicherheitsfunktionen) heute an formal organisierte Sozialsysteme abgetreten sind, bleibt als tragendes Motiv einer ehelichen Lebensgemeinschaft „nur" noch das Interesse der Partner aneinander, und dieses ist letztlich nicht dauerhaft institutionalisierbar. Dieser letzte Aspekt der Partnerbeziehungen tritt im Rahmen dieses Sammelbandes nur am Rande auf, weil gerade die Autonomie der Partnerbeziehung zugleich die Grenze setzt für ein staatliches Interesse an den Leistungen der Familie. Die rechtliche Intervention (vgl. den Beitrag von *Sachße* und *Tennstedt*) leistet bezogen auf die Partnerbeziehung nur noch die öffentliche Kontrolle geregelten Auseinandergehens.

Ist damit der häufig beschworene „Tod der Familie" nur noch eine Frage der Zeit – und dies trotz aller Sozialpolitik für die Familie? Auch *Tyrell*, der sich mit den oben angeführten Entwicklungstrends intensiv auseinandersetzt, stellt diese Frage und schließt diese Möglichkeit explizit *nicht* aus (*Tyrell* 1979: 67). Ob sich die „Parsons'sche Normalfamilie" als dominierender Familientyp in den westlichen Industriegesellschaften weiterhin behaupten kann, dies scheint in der Tat fragwürdig zu sein. Wer offen genug ist für die unterschiedlichen Möglichkeiten familialen Zusammenlebens, wird eher dazu neigen, zukünftig von einer stärkeren Pluralität familialer Formen auszugehen. Eine solche, wenn auch nicht so stark ausgeprägte, Pluralität hat es eigentlich immer schon gegeben. In jeder halbwegs komplexen Gesellschaft gibt es unterschiedliche Strukturformen familialen Zusammenlebens. Diese Variationen ergeben sich primär daraus, daß die Bewältigung der Alltagsprobleme und die Verarbeitung von Umweltveränderungen auf Formen kooperativen Zusammenlebens treffen, die in einer Gesellschaft über unterschiedliche Möglichkeiten der Problemlösung, der Umweltverarbeitung und Anpassung verfügen. Die Art und Weise, wie Familien auf ihre Umwelt und damit zusammenhängende Probleme reagieren, ist Ergebnis ihrer je spezifischen Lebenslage. Entsprechend einer je gegebenen Lebenslage können Probleme der Daseinssicherung und der Kindererziehung zu unterschiedlichen Belastungsformen und damit auch zu unterschiedlichen Problemlösungsformen in konkreten Familien führen.

Daß wir auf eine Pluralität der Familienformen hinsteuern, kann als Indiz für die Wirksamkeit vorangegangener sozialpolitischer Interventionen gewertet werden. Denn hier wird eine zentrale Funktion sozialpolitischer Intervention erkennbar, ausgleichend auf die Folgewirkungen unterschiedlicher Lebenslagen zu wirken. Sozialpolitik scheint den Anpassungsdruck für die Familie, wie er möglicherweise durch Veränderungen in den anderen Teilsystemen entsteht, auszugleichen, abzuschwächen und für die Familien verarbeitbar zu machen, wobei entscheidend ist, daß in bestimmten Lebenslagen mit bestimmten familialen Konstellationen recht unterschiedliche Chancen in der Umweltbewältigung bestehen.

Hier geraten wir nun an die Frage nach dem Interventionsbedarf, nach der Legitimation und dem tatsächlichen Nutzen staatlicher Intervention. Wir wollen darauf im folgenden näher eingehen.

1.2 Familie und Politik

Das wissenschaftliche Nachdenken über das Verhältnis von Staat und Familie steckt in der Bundesrepublik noch in den Anfängen. Zwar gehört die Familiensoziologie zu den ältesten und gut etablierten Zweigen der deutschsprachigen Soziologie, und wir finden zum mindesten im 19. und beginnenden 20. Jahrhundert zahlreiche Schriften, die die gesellschaftspolitische Bedeutung der Familie hervorheben und sozialpolitische Maßnahmen zugunsten der Familie diskutieren. Dabei wurde die Familie zumeist als eine durch die moderne gesellschaftliche Entwicklung *gefährdete* Institution dargestellt (vgl. etwa *Riehl,* 1855; *Zahn* 1918). Für die Bundesrepublik fehlt es trotz einzelner Ansätze (*Wingen* 1964; *Assmann* 1974; *Zweiter* und *Dritter Familienbericht; Lüscher* 1979; *Kaufmann* et al. 1980) aber an einer sozialwissenschaftlichen fundierten, systematischen Darstellung der komplexen Zusammenhänge von Politik und Familie, wie sie zuerst *Alva Myrdal* (1947) bereits während des Zweiten Weltkrieges für Schweden vorgelegt hat. Für diese Lücke dürfte nicht zuletzt der lange Schatten nationalsozialistischer Bevölkerungspolitik verantwortlich sein, welcher hierzulande den für *Myrdal* selbstverständlichen Zusammenhang von Familien- und Bevölkerungsfragen verdunkelt hatte. Aber auch der Optimismus des *Myrdal*'schen Werks hinsichtlich der Möglichkeiten eines politisch induzierten planvollen sozialen Wandels kann unter dem Eindruck der zwischenzeitlichen soziologischen und politikwissenschaftlichen Überlegungen nicht zum Ausgangspunkt der nachfolgenden genommen werden. Wir wissen, daß die in Frage stehenden Zusammenhänge komplexer sind als sie dem herrschenden Verständnis erscheinen, aber wir werden nur langsame Fortschritte in Richtung auf eine adäquate Rekonstruktion dieser Zusammenhänge machen. Hierzu wollen die in diesem Band veröffentlichten Arbeiten sowohl in theoretischer wie in empirischer Hinsicht beitragen.

Als Ausgangspunkt eignet sich dabei die Feststellung, daß staatliche Politik für Familien im Sinne von Maßnahmen für die mit vielen Problemen behafteten Lebenszusammenhänge von Männern und Frauen, Kindern und alten Menschen, im Grundsatz allgemein bejaht, also als sinnvoll angesehen wird. In der

Bundesrepublik kann in diesem Zusammenhang auf die beiden die Familienpolitik zentral bestimmenden Grundgesetzartikel verwiesen werden: So findet sich in Artikel 6 der Schutz von Ehe und Familie durch die staatliche Ordnung, was, wie die Absätze 2, 3 und 4 zeigen, vor allem auf die Absicherung der Elternrolle hinausläuft. Gleichzeitig muß auch Artikel 3 Abs. 2 „Männer und Frauen sind gleichberechtigt" als familienpolitische Leitthese hier mit einbezogen werden. Pflege und Erziehung der Kinder sind das „natürliche Recht der Eltern" und diese sind eben als Männer und Frauen Gleichberechtigte[7].

Eine derartige Garantie auf Verfassungsebene ist die höchste Auszeichnung, die moderne Gesellschaften sozialen Beziehungen zu verleihen vermögen. Wirkungsvoll ergänzt wird dieser Schutz durch die Garantie der Unverletzlichkeit der Wohnung (Art. 13 Grundgesetz). Bereits diese grundlegenden Rechtsgarantien lassen einen Doppelcharakter des staatlichen Schutzes erkennen: Zum einen binden die grundgesetzlichen Garantien die staatlichen Organe im Sinne eines Rechtsschutzes der Familie vor staatlichen Eingriffen in die Privatsphäre, wie dies dem Grundgedanken des liberalen Verfassungsstaates entspricht. Zum anderen wird der staatliche Schutz im Sinne des Sozialstaatsgedankens als Verantwortung des Staates für die Existenzbedingungen der Familien unserer Gesellschaft interpretiert. In diesem Sinne findet sich eine überaus große Zahl von Rechtsnormen, die an den Familienstand anknüpfen und auf diese Weise die familialen Beziehungen und die Ansprüche der Familienmitglieder direkt oder indirekt regeln (vgl. hierzu den Beitrag von *C. Sachße* und *F. Tennstedt* in diesem Band).

Darüber hinaus sind selbstverständlich auch Elemente der Rechtsordnung für die familialen Beziehungen von Bedeutung, die nicht an den Familienstand anknüpfen; gerade die ungenügende Berücksichtigung des Familienstandes in anderen Rechtsmaterien (z. B. im Arbeits- und Sozialrecht) kann nachteilige Folgen für die familiale Lebensweise haben.

All diese Feststellungen machen jedoch noch nicht deutlich, weshalb Familie eine derartige öffentliche Anerkennung genießt. Neben teilweise heute umstrittenen normativen Begründungen ist dies zweifellos auf die verbreitete Einsicht in die für den Fortbestand einer Gesellschaft zentralen Leistungen familialer Lebenszusammenhänge zurückzuführen, wie wir sie oben näher umschrieben haben. Die charakteristische Verknüpfung von Fortpflanzung und Pflege bzw. Erziehung der nachwachsenden Generation, welche durch die Institution von Ehe und Elternschaft gewährleistet wird, erscheint trotz vielfach berechtigter Kritik an zahlreichen, sehr problematischen Folgen von

[7] Leider wird dies in der familienpolitischen Diskussion nur zu häufig übersehen – die Weimarer Verfassung hatte dies mit Artikel 119 deutlicher artikuliert. Näheres dazu bei *Langer* el *Sayed* (1981: 89 ff.).

Eltern-Kind- und Partnerbeziehungen weiterhin als das leistungsfähigste soziale Arrangement zur Lösung des gesellschaftlichen Problems der Nachwuchssicherung.

Diese Feststellung beinhaltet allerdings nicht die Behauptung, daß sich moderne Gesellschaften der erwünschten Leistungen von Familien problemlos sicher sein könnten. Im Gegenteil – familienpolitische Maßnahmen und rechtliche Schutzgarantien sind Beleg für eine permanente *Gefährdung* familialer Lebens- und Leistungszusammenhänge. Sowohl Dauerhaftigkeit als auch Leistungsfähigkeit muß sich alltäglich in Prozessen der Problembewältigung, der Umweltanpassung und Umweltverarbeitung bewähren. Dabei stellt das gesellschaftliche Interesse an einer bestimmten Qualität familialer Leistungen, wie es in gezielten familienpolitischen Maßnahmen zum Ausdruck kommt, die Familie ebenso vor Probleme wie etwa die Rücksichtslosigkeit formaler Organisationen oder die Beharrlichkeit tradierter kultureller Normen und Werte. Doch sind die verbreiteten Probleme der Familien bei weitem nicht hinreichend, um familienpolitische Interventionen zu begründen. Was treibt den Staat, in die familiale Alltagswelt einzugreifen, welche „Motive" und Intentionen können dem staatlichen Handeln unterstellt werden? *Will eine Familienpolitik öffentlich verantwortbar sein, muß sie sowohl eine Antwort auf die Frage nach den Gründen für einen Interventionsbedarf als auch auf die Frage nach den Bedingungen und Aussichten erfolgreicher Eingriffe geben können.* Diese Forderung sollte allerdings nicht dahingehend mißverstanden werden, als ob hier nur politischen Maßnahmen das Wort geredet werde, deren Erfolg als gesichert angesehen werden kann. Dies würde zu einer weitgehenden Verhinderung jeglicher Politik führen. Politische Entscheidungen und Maßnahmen erfolgen wie jede Entscheidung und Handlung bekanntlich unter Risiko, ihr Ausgang ist a priori ungewiß. Aufgabe wissenschaftlicher Untersuchungen ist es in diesem Zusammenhang, vorhandenes Wissen so zu systematisieren, daß die Erfolgsaussichten politischer Maßnahmen einer rationaleren Erörterung zugänglich werden. Dies geschieht am besten so, daß die beiden genannten Fragen nach den Gründen für einen Interventionsbedarf und nach den Bedingungen und Aussichten erfolgreicher Eingriffe zum Ausgangspunkt wissenschaftlicher Untersuchungen genommen werden. Während nahezu alle Arbeiten dieses Bandes zu der Beantwortung der zweitgenannten Frage beizutragen suchen, soll im folgenden auch auf die erstgenannte Frage eingegangen werden: Welches sind die Gründe, welche eine sozialpolitische Intervention als wünschenswert oder erforderlich erscheinen lassen?

Zwar ist der Begriff „Familienpolitik" erst in diesem Jahrhundert geprägt worden (vgl. *Lüscher/Böckle* 1981), doch hat staatliches Handeln mit dem Ziel der Regelung und Kontrolle familialen Zusammenlebens eine weitaus längere Tradition. So ist selbstverständlich die Regelung und Kontrolle von Ehebeziehungen und Eltern-Kind-Beziehungen ein wesentlicher Bestandteil ältester Rechtsquellen. Doch davon einmal abgesehen, wird man die Vorläufer einer expliziten staatlichen Familienpolitik in den Staatskunstlehren des vorrevolutionären 18. Jahrhunderts suchen müssen. Wie das Beispiel *Scheidemantel* (1771) zeigt, geht es nicht mehr allein um die Regelung der wechselseitigen Rechte und Verpflichtungen für die Beziehungen von Eheleuten und Eltern und Kindern, sondern um die gezielte Intervention mit den Mitteln staatlicher Politik im Interesse gesetzter staatlicher Zwecke. Diese „Familienpolitik", ist am Interesse staatlicher Wohlfahrt, die in einer engen Beziehung zur Entwicklung und zum Zustand einer Bevölkerung gesehen wird (Erhaltung und Vermehrung der Einwohner als Zielsetzung), orientiert. Dementsprechend sind die Bekämpfung von Unfruchtbarkeit, die Begünstigung des Ehestandes, die Erforschung und Beseitigung der Ursachen unglücklicher Ehen sowie die Regelung von Unterhaltszahlungen vordringliche Gegenstände einer Familienpolitik. Gleichsam im historischen Vorfeld moderner staatlicher Sozialpolitik formieren sie bereits erste familienpolitische Motive.

Mit den Folgewirkungen der industriellen Revolution hat sich das staatliche Interventionsinteresse zweifellos erheblich verstärkt. Um die Mitte des 19. Jahrhunderts wird dies deutlich; dabei teilt dann auch die Familienpolitik das Schicksal staatlicher Sozialpolitik insgesamt, nämlich primär als Reaktion auf die sozialistische Gesellschaftskritik gedeutet werden zu können. Uns interessieren aber nicht die ideologischen Motive, die einen Frühsozialisten wie *Charles Fourier* oder einen Bürgerlich-Konservativen wie *Wilhelm Heinrich Riehl* bewogen haben, sich gegen bzw. für die bürgerliche Familie einzusetzen. Beide Autoren formulieren ein Thema, das die Familienforschung und die Familienpolitik seitdem nicht mehr losgelassen hat, nämlich die „Krise der Familie". Die rasanten gesellschaftlichen Wandlungsprozesse der ersten Hälfte des 19. Jahrhunderts haben schlagartig die fortschreitende gesellschaftliche Differenzierung zu Bewußtsein gebracht und ihre Resultate als Krise erleben lassen. Die Familie kann nicht länger Repräsentant des Gesellschaftlichen sein. Sie gerät vielmehr in einen Gegensatz zu den anderen Teilsystemen der Gesellschaft – vor allem der Wirtschaft, die nun dominierend den gesellschaftlichen Zusammenhang konstituiert. Sowohl durch die Schnelligkeit als auch durch die Radikalität der Veränderungen in der Wirtschaft scheint ein Anpassungsdruck für die Familie zu entstehen, dem sie nicht gewachsen ist (vgl. insbes. *Polanyi* 1977).

Das Handlungspotential der Familie scheint wesentlich begrenzter zu sein, als das anderer gesellschaftlicher Institutionen, die sich vor allem des Mittels formaler Organisation bedienen können. Die Krise der Familie wird je nach ideologischem Standpunkt erlebt als Zerstörungs- und Verfallsgeschichte der Familie (so die konservative Familienideologie des 19. und frühen 20. Jahrhunderts von *Riehl* bis *Zahn*), oder sie wird gesellschaftskritisch erlebt und gedeutet, Familie als gesellschaftlicher Anachronismus (so gesehen von *Fourier* bis hin zu *Reich*)[8].

Die Krise der Familie und die Entwicklung der modernen Sozialpolitik sind in einem engen Zusammenhang zu sehen. Die Entwicklung der modernen Industriegesellschaft vor allem in der ersten Hälfte des 19. Jahrhunderts griff zutiefst in die überkommenen Formen und Praktiken der Alltagsorganisation ein und stellte bei einem großen Teil der Bevölkerung vor allem die familiale Daseinsvorsorge völlig in Frage. Ein großer Teil der Familien wurde ihrer ökonomischen und ökologischen Voraussetzungen völlig beraubt. Die Wortbedeutung des Begriffs „Verelendung" hat genau diesen Inhalt: das Ausgegliedertsein aus einem angestammten ökologischen Umfeld, d. h. *Verlust von „Habitat"*. In dem Maße, wie der Habitat familialer Lebensformen in seinen ökonomischen, ökologischen, sozialen und kulturellen Aspekten zerstört wurde, mußten die Familien neue Formen der Daseinsbewältigung, aber auch der Kindererziehung, entwickeln, was uns dazu führen kann, die Krise der Familie auch als eine Anpassungskrise zu deuten. Der Erfolgsausweis sozialpolitischer Interventionen konnte darum nur mittelbar in der Abschwächung der Klassengegensätze und in der Stabilisierung der gesellschaftlichen Strukturen gesehen werden. Unmittelbar mußte sich Sozialpolitik in einer Verbesserung der Lebensbedingungen von Familien äußern, also darin, daß Erziehung, Daseinsvorsorge, Erholung und gemeinsames Tun wieder möglich wurden. Somit zielte das breite Spektrum sozialpolitischer Interventionen im 19. Jahrhundert stets auch auf die familiale Lebenswelt, und beinhaltete auch eine familienpolitische Intention[9].

1.3. Motive der Familienpolitik

Das Gewicht der Familie im frühen 20. Jahrhundert wird daran deutlich, daß u. W. erstmals in Deutschland die Familie zum Inhalt eines Verfassungsartikels gemacht wurde. Man kann den Artikel 119 der Weimarer Verfassung als eine Art Resümee der familienpolitischen Motive und Intentionen verstehen, die sich im Prozeß der Etablierung einer Sozialpolitik durchsetzen konnten[10].

[8] Auch die Familienkritik hat bekanntermaßen Tradition. *Fourier* (1966 zuerst 1808) hat sie erstmals deutlich artikuliert. Auf gesellschaftstheoretischer Ebene wurde der „Antifamilalismus präzisiert von *W. Reich*, der in der Familie („Zwangsfamilie") ein Instrument der Staats- und Volkserhaltung „im reaktionären Sinne" sieht (1971: 95).

[9] Diesen Gedanken hat vor allem *Achinger* (1958) herausgearbeitet.

[10] Art. 119 der Weimarer Verfassung hat folgenden Wortlaut:
„Die Ehe steht als Grundlage des Familienlebens und der Erhaltung und Vermeh-

An erster Stelle steht ein bevölkerungspolitisches Motiv: Erhaltung und Vermehrung der Nation. Dies ist verständlich, weil in den vorausgegangenen Jahren seit Ende des 19. Jahrhunderts in Deutschland das Thema Bevölkerungspolitik äußerst virulent gewesen war. Und genau aus diesem Interesse wurde der Schutz der Ehe „als Grundlage des Familienlebens" begründet. Gleichzeitig wurde auch der Gleichheitsgrundsatz von Mann und Frau in diesen Artikel gleichsam als verfassungsgemäße Form des Familienlebens hineingenommen. Darin ist durchaus ein emanzipatorisches Motiv der Familienpolitik zu erkennen. Ein im engeren Sinne sozialpolitisches Motiv äußert sich im Artikel 119 in der Sicherung des Anspruchs der Kinderreichen auf ausgleichende Förderung und im Schutz der Mutterschaft. Schließlich wird in der „Reinerhaltung, Gesundung und sozialen Förderung" der Familie noch ein familial-institutionelles Motiv erkennbar. Familie und Familienleben wird als schutzwürdiger Wert anerkannt. Wir haben damit bereits die zentralen Motive angesprochen, die familienpolitisches Handeln begründen können und die auch heute noch in der Praxis der Familienpolitik zweifellos wirksam sind.

Die *bevölkerungspolitische Motivierung* familienpolitischer Maßnahmen ist – wie wir sahen – eine der historischen Quellen des staatlichen Interesses an der Familie. Dies hat seinen Grund einmal darin, daß seit den ersten Ansätzen einer politischen Ökonomie im Kameralismus stets ein enger Zusammenhang gesehen wurde zwischen nationaler Wohlfahrt und Bevölkerungsentwicklung, und in manchen Staaten der Dritten Welt werden auch heute noch – wenn auch mit anderem Vorzeichen – Familienplanungsprogramme als Beitrag zur langfristigen Lösung wirtschaftlicher Probleme angesehen. Ferner gab es für das Deutsche Reich Wechselwirkungen zwischen dem Prozeß nationalstaatlicher Integration und der um die Jahrhundertwende beginnenden bevölkerungspolitischen Diskussion. Nicht nur die wirtschaftliche, sondern auch die politische, militärische – ja sogar die moralische Stärke eines Volkes schien durch staatliche Förderung und Begünstigung familialer Lebensformen staatlich steuerbar zu sein. Eine solche familienpolitische Orientierung konnte bruchlos in die Ideologie des Nationalsozialismus eingepaßt werden und mit Volkstumsideologie und Rassehygiene verknüpft werden. Anders als in den westeuropäischen Demokratien, in denen die Legitimität bevölkerungspolitischer Intentionen niemals ernsthaft in Frage gestellt wurde, war durch die Erfahrungen mit dem Nationalsozialismus die bevölkerungspolitische Diskussion in der Bundesrepublik lange Zeit tabuisiert. Erst in dem

rung der Nation unter dem besonderen Schutze der Verfassung. Sie beruht auf der Gleichberechtigung der beiden Geschlechter.
Die Reinerhaltung, Gesundung und soziale Förderung der Familie ist Aufgabe des Staates und der Gemeinden. Kinderreiche Familien haben Anspruch auf ausgleichende Fürsorge.
Die Mutterschaft hat Anspruch auf den Schutz und die Fürsorge des Staates."

Maße, wie der nochmals drastische Geburtenrückgang in der Bundesrepublik seit Mitte der sechziger Jahre zu einem politischen Problem wurde, wurde die Zurückhaltung aufgegeben, und der Dritte Familienbericht entwickelt bereits in Ansätzen eine explizit bevölkerungspolitische Programmatik (*Dritter Familienbericht* 1979: 129 ff). An dieser Stelle interessiert nicht, wie diese neue bevölkerungspolitische Diskussion zu bewerten ist und wie sie sich in Zukunft weiter entwickeln wird. Hier ist lediglich festzuhalten, daß für die zukünftige Entwicklung familienpolitischer Intervention verstärkt mit einem bevölkerungspolitischen Motiv zu rechnen sein wird, und daß Leistungen der Familie zukünftig nicht mehr ausschließlich als Sozialisationsleistungen thematisiert werden, wie dies im Zweiten Familienbericht (1975) noch der Fall war. Für eine Familienpolitik folgt daraus, daß sie sich mehr als bisher mit den gesellschaftlichen Voraussetzungen und Bedingungen der Bildung und Stabilisierung familialer Lebensformen und familialer Rollen wissenschaftlich befassen muß. Gerade wenn man das zentrale Problem gesellschaftlicher Nachwuchssicherung in der Absicherung familialer Erziehungsleistungen sieht, muß die Frage nach den Voraussetzungen und Bedingungen für die Übernahme von Elternrollen in unserer Gesellschaft einen besonderen Stellenwert erhalten (vgl. *Kaufmann* 1981 b).

Das *sozialpolitische Motiv* der Familienpolitik geht davon aus, daß sowohl die gegenwärtige als auch die zukünftige Teilhabe an den Gütern und am Einkommen einer Nation fast ausschließlich vermittelt werden über familiale Lebens- und Leistungszusammenhänge. Die Daseinssicherung der Familie mit ihren Konsequenzen für die individuelle Wohlfahrt der Familienmitglieder wird bestimmt durch die Lebenslage – etwa durch die Art und Weise, wie eine Familie in den Prozeß der primären Einkommensverteilung integriert ist. Darüber hinaus sind mit der Lebenslage einer Familie die sozialen Chancen von Kindern weitgehend bestimmt. Unter den Bedingungen sozioökonomischer Deprivation – so konnte die Sozialwissenschaft immer wieder bestätigen – nehmen die Fälle von sozialer und kultureller Deprivation von Kindern signifikant zu. Hier unterstützend, ausgleichend und korrigierend zu wirken, ist das besondere Ziel einer sozialpolitisch motivierten Familienpolitik.

Die Herstellung und Absicherung der ökonomischen Handlungsfähigkeit von Familien ist dabei ein zentrales Mittel. Durch die Institutionalisierung sozialer Sicherungssysteme wird dabei einerseits die Familie von unmittelbaren finanziellen Verpflichtungen und Belastungen im Falle von Krankheit, Alter und Invalidität entlastet. Bezogen auf die Kosten durch Kindererziehung hat sich immer weiter die Einsicht durchgesetzt, daß hier nicht nur für eine familiengerechte Besteuerung zu sorgen ist, sondern daß aus dem Interesse an einer chancengleichen Entwicklung von Kindern der Staat einen Teil der Erziehungskosten übernehmen muß (siehe hierzu näheres im Beitrag von *Pfaff* und *Kerschreiter* in diesem Band).

In dem Maße wie Sozialpolitik nicht bloß als Einkommensumverteilungspolitik verstanden wird, geraten jedoch auch weitere staatliche Maßnahmenkomplexe ins sozialpolitische Blickfeld: Vor allem die politische Vorstellung einer sozial gerechten und für alle lebenswerten Gesellschaft gab in den 70er Jahren Anlaß zum Ausbau von Infrastruktureinrichtungen und sozialen Dienstleistungen, von denen eine Verbesserung der Lebensqualität und die Erzeugung und Stabilisierung sozio-kultureller Handlungsfähigkeit erwartet wurde. Programmatisch wurde dieser neue Trend als ‚Dienstleistungsstrategie' einer an der bloßen Korrektur der von Marktverhältnissen gesteuerten ersten Einkommensumverteilung orientierten ‚Einkommensstrategie' entgegengesetzt (vgl. *Gross/Badura* 1977).

Neben dem bevölkerungspolitischen und sozialpolitischen Motiv familienorientierter Politik, die zweifelsohne dominierend sind, hat sich noch ein familieninstitutionelles und ein emanzipatorisches Motiv herausgebildet. Das *familieninstitutionelle Motiv* basiert auf der gesellschaftlichen Bewertung der familialen Lebensform als sinnstiftendes Moment der Alltagswirklichkeit. Es sollte nicht verkannt werden, daß die Absicherung der familialen Lebensform als „Wert für sich" insofern eine ideologische Funktion wahrnahm, als es vor allem darum ging, die patriarchalisch strukturierten Sozialformen symbolisch abzusichern. Das neue Stichwort „Familiensinn" (vgl. *Pankoke* 1980) indiziert auch hier Wandlungsprozesse, die man bis hinein in die neue Alternativbewegung verfolgen kann. Familie erscheint dabei als eine bewußt und verantwortet gewählte Lebensform von Erwachsenenpaaren und Kindern, die aufgrund ihrer kommunikativen Vernetzungen nicht mehr nur Lebensbewältigung, sondern auch „Lebenserleben" beinhaltet. Dies bedeutet, daß vor allem die Autonomie familialer Lebensformen staatlich gesichert und gewahrt bleiben muß und sich die familienpolitischen Unterstützungsmaßnahmen der zunehmenden Vielfalt, Familie heute zu leben, auch anpassen sollen.

Das *emanzipatorische Motiv* geht davon aus, daß sich Familien als Lebensformen auch über Herrschaftsbeziehungen und Machtstrukturen konstituieren. Die Abhängigkeit der Frauen von ihren Männern in der Familie und die Abhängigkeit der Kinder von ihren Eltern ist immer noch beträchtlich. Zwar ist nicht zu verkennen, daß sich die Rechtsstellung der Frau, aber auch die Stellung der Kinder in der Familie, in den letzten zwanzig Jahren erheblich verbessert hat, doch steht zu befürchten, daß an den tatsächlichen Abhängigkeitsbeziehungen sich deswegen nur wenig geändert hat, daß sie vielmehr versteckter und subtiler wirksam werden. Hier kommt die Familienpolitik nicht umhin, auch eine „Familienmitgliederpolitik" zu sein, d. h. die Maßstäbe ihres Erfolges an den Leistungen für die einzelnen Familienmitglieder zu orientieren.

Allen vier Motiven ist gemeinsam, daß sie auf eine Veränderung der lebensweltlichen Strukturformen und Leistungsbeziehungen der Familie abzielen, und ganz gleich, welches Motiv man näher anspricht, immer sind die daran sich anknüpfenden Zielvorstellungen getragen von weiterreichenden gesellschaftspolitischen Interessen. In der Politik herrscht der Glaube vor, man könne über eine entsprechende Familienpolitik auch gesellschaftspolitische Wirkungen erzielen. Dies gilt sowohl für konservative Standpunkte, die der Ansicht sind, die Familie sei ein letztes Bollwerk gegen Sozialismus und „Kollektivismus" (*Willeke* und *Willeke* 1976) wie auch für fortschrittliche Positionen, die den Weg in den Fortschritt vor allem durch die traditionalen Strukturformen bürgerlich-familialen Zusammenlebens versperrt sehen (*Kentler* 1972). Für derartige Spekulationen in beiderlei Richtungen gibt es jedoch auf dem Boden einer erfahrungswissenschaftlichen Familienforschung kaum Anhaltspunkte. Darüber hinaus scheint eine solche gesellschaftspolitische Indienstnahme der Familie die Einsichten in den tatsächlichen politischen Interventionsbedarf und den Blick für die zahlreichen Probleme familienpolitischer Intervention zu verstellen.

1.4. Probleme familienpolitischer Intervention

Indem wir staatliche Maßnahmen im Hinblick auf die Familie als Interventionen thematisieren, nehmen wir bereits einen gegenüber der herkömmlichen familienpolitischen Betrachtungsweise abweichenden Standpunkt ein. Herkömmlicherweise versteht sich Familienpolitik selbstverständlich als Politik *zugunsten* der Familie – zum mindesten in unseren Breitengraden ist eine explizit antifamilialistische Politik kein Thema. Wie bereits die Erörterung der vier heute wirksamen familienpolitischen Motive zeigte, lassen sich daraus recht unterschiedliche familienpolitische Zielvorstellungen ableiten, so daß bereits aus diesem Grunde die Vorstellung einer kohärenten Politik zugunsten „der" Familie unplausibel erscheint. Weiterhin ist nicht damit zu rechnen, daß bestimmte politische Maßnahmen überall und im Hinblick auf alle Familien gleiche oder auch nur gleichsinnige Wirkungen zeitigen. Die Löblichkeit irgendwelcher politischer Absichten garantiert in keiner Weise deren absichtskonforme Wirksamkeit.

Deshalb bildet die Frage nach der Wirksamkeit politischer Maßnahmen den Ausgangspunkt der theoretischen Überlegungen dieses Bandes. Wie im Beitrag von *Kaufmann* deutlicher ausgeführt, kann schon aus strukturellen Gründen, nicht davon ausgegangen werden, daß sozialpolitische Maßnahmen genau das erreichen, was zu ihrer Begründung vorgebracht wird. Staatliche Maßnahmen sind mit Bezug auf die individuelle Wohlfahrt als in größerem oder geringerem Umfange ambivalent zu qualifizieren, da die Bedingungen ihrer Wirksamkeit von spezifischen und in hohem Maße variablen situativen Umständen abhängig sind. Deshalb fassen wir staatliche Politik zugunsten der Familie unter dem Gesichtspunkt *sozialpolitischer Intervention,* also als politischen Eingriff in bereits konstituierte soziale Verhältnisse auf, die ihrerseits auf derartige Interventionsversuche zu reagieren und deren Erfolg bzw. Mißerfolg (sowie allfällige Nebenfolgen) zu beeinflussen vermögen. In dieser Auffassung des Gegenstandes manifestiert sich eine spezifisch soziologische Perspektive der Sozialpolitikforschung.

Die nachfolgenden Beiträge befassen sich – bei unterschiedlichem thematischen Bezug – mit derartigen Problemen familienpolitischer Intervention. Dabei wird auch stets ein Stück familialer Wirklichkeit zum Bezugspunkt genommen und in die wissenschaftliche Reflexion einbezogen. Für eine Synthese dieser unterschiedlichen Perspektiven ist es noch zu früh. Hier werden vielmehr erste Ansätze zur wissenschaftlichen Analyse und Konzeptualisierung familienpolitischer Intervention vorgelegt, deren Beitrag zur Klärung des Verhältnisses von Staat und Familie noch weitergehender Diskussionen und Ergänzungen bedarf. Den ersten Versuch einer zusammenfassenden Würdigung unterschiedlicher familienpolitischer Interventionen stellt der Beitrag von *P. Gross* in diesem Band dar.

Familiale Lebensformen scheinen im Rahmen unserer gegenwärtigen Gesellschaft spezifischen Belastungen ausgesetzt und überdies die Mitglieder von Familien spezifischen Zwängen zu unterwerfen. Man kann derartige Belastungen und Zwänge im Namen irgendwelcher Vorstellungen einer idealen Gesellschaft und freier Menschenentfaltung denunzieren, aber daraus resultiert wenig Rat für einen verantwortbaren politischen Diskurs, dem es um eine angemessene Erhaltung der gesellschaftlichen Funktion der Nachwuchssicherung *und* die individuelle Wohlfahrt der Menschen in einer Gesellschaft mit unterschiedlich verteilten Ressourcen und Lebenschancen geht. Berücksichtigt man das einleitend angedeutete Spannungsverhältnis zwischen Staat und Familie, das sich bereits aus den unterschiedlichen Konstitutionsbedingungen beider Sozialgebilde ergibt, so wird deutlich, daß sozialpolitische Interventionen in der pragmatischen Perspektive einem höheren Begründungszwang unterworfen werden müssen. *Warum soll und wie kann der Staat überhaupt in familiale Zusammenhänge so eingreifen, daß deren Alltagsprobleme besser gelöst werden?* Dies ist die zentrale familienpolitische Fragestellung.

In der Perspektive staatlicher Intervention lassen sich dabei vor allem drei Problemebenen identifizieren, die den Interventionsbedarf zugunsten von Familie bestimmen und gleichzeitig begrenzen.

a) Veränderung des gesellschaftlichen Umfeldes: Ausgehend von einem allgemeinen Prozeß der „differenziellen Spezialisierung“, die die Gesellschaft insgesamt erfaßt hat und global etwa an der Ausdifferenzierung relativ autonomer Teilsysteme erkennbar ist (vgl. *König* 1974 a; *Tyrell* 1976), erscheint der Wandel familialer Lebensformen als funktionelle Reduktion auf rein familiale Leistungen (die Intensivierung der Intimsphäre), was nur möglich ist durch eine gleichzeitige Kontraktion der Familie auf einen immer enger werdenden Personenkreis. Das hat zur Folge, daß die Familie jegliche Repräsentationsfunktion für den gesamtgesellschaftlichen Zusammenhang verliert. Was makrotheoretisch als „Desintegration" (*R. König*) durchaus beschrieben werden kann, verweist mikrotheoretisch auf zahlreiche Probleme im Familienalltag, die sich aus der Veränderung der gesellschaftlichen Umwelt für die Alltagsorganisation der Familie ergeben. Die Veränderungen in der Arbeitswelt, in den sozialen Netzwerken, im Erziehungssystem – um nur einige Umweltbereiche anzusprechen – erfordern Reaktionen und möglicherweise Anpassungsleistungen in der familialen Alltagsorganisation. Doch ganz anders als in der gesellschaftlichen Umwelt ist das Handlungspotential der Familie äußerst begrenzt (vgl. *Kaufmann* 1975). Allerdings – und dies muß hier unterstrichen werden – ist das empirisch abgesicherte Wissen über derartige Zusammenhänge zwischen Veränderungen im gesellschaftlichen Umfeld und binnenfamilialen Reaktionen gleichfalls noch äußerst gering. Inwieweit beispielsweise die zunehmende außerhäusliche Erwerbstätigkeit der Ehefrauen kurz-, mittel- und langfristig zu Veränderungen der innerfamilialen Rollenaufteilung führt, ist noch weitgehend unbekannt. Die Veränderung von Umweltbedingungen darf hinsichtlich ihrer möglichen Wirkung auf die Alltagsorganisation von Familien nicht nur unter dem Gesichtspunkt der Problemlösung und Problembearbeitung existierender Familien gesehen werden (kurz- und mittelfristiger Aspekt). Vielmehr beinhalten solche Umweltveränderungen einen Selektionsdruck für zukünftige Familien, die gleichsam in Antizipation erwartbarer Probleme von vornherein andere Formen familialen Zusammenlebens wählen (langfristiger Aspekt).

b) Wandel der Familienkarrieren: Das säkulare Absinken der mittleren Kinderzahl pro Ehe und der in jüngster Zeit zu beobachtende Rückgang der Heiratshäufigkeit lassen die Frage entstehen, inwieweit die vorherrschenden gesellschaftlichen Konstellationen in ausreichendem Maße Status und Gelegenheit zur Entfaltung und Durchsetzung der Motivation zur Elternschaft eröffnen. Es scheint nicht mehr selbstverständlich, daß Ehe und Elternschaft als Elemente einer „Normalbiographie" sozio-kulturell auf Dauer gesichert sind. Wenn man es als eine Handlungsmaxime familienpolitischer Intervention betrachtet, Formen familialen Zusammenlebens in einem sich permanent wandelnden gesellschaftlichen Umfeld auf Dauer zu ermöglichen, so muß Familienpolitik nicht nur die „Problemlösungsfähigkeit" der Familien in Rechnung stellen, sondern auch die individuellen und familialen Problemlösungsintentionen. Familienpolitik muß sich darauf einstellen, daß einzelne Familienkarrieren (d. h. die Veränderung der familialen Lebens- und Leistungszusammenhänge über Zeit) nicht nur im Einzelfalle sehr unterschiedlich sein können, sondern daß auch die traditionellen Muster von Familienkarrieren fragwürdig und die die Sequenz der einzelnen Phasen des traditionellen Familienzyklus erheblich kontingenter werden, als dies vor etwa 50 Jahren noch angenommen werden konnte. Familienpolitik muß sich damit eine Offenheit gegenüber zukünftigen Entwicklungen und unterschiedlichen Formen familialen Zusammenlebens bewahren, weil nur so familienpolitische Interventionen zur Lösung von zunehmend variabler werdenden familialen Problemlagen beitragen können. Damit kommen wir zur dritten Problemebene.

c) Die „Verletzlichkeit" der modernen Familie: Befragt man *König* (1974 a) nach den Folgenwirkungen der sozialen Desintegration des Familiensystems im Hinblick auf den Familienalltag, so stößt man bei ihm auf den zentralen Begriff der „Desorganisation". Es sind die Störungen im familialen Zusammenleben, die *König* mit dem Begriff „Desorganisation" belegt, die eine Gefährdung des „Gruppenzusammenhangs" der Familie beinhalten: Mangel an Kohäsion, Solidarität und Sammlung. Er sieht diese Phänomene als Konsequenz der gesamtgesellschaftlichen Desintegrationstendenz, da diese zu einer „fundamentalen Gebrechlichkeit der Familiengruppe" führe. *König* meint damit eine Verletzlichkeit der Familie, die sich nicht nur auf ihren strukturellen Zusammenhalt bezieht, sondern das gesamte Leistungsspektrum störungsanfällig macht – man denke lediglich an die typischen Folgen einer längerfristigen Erkrankung eines Elternteils. Familien können sich der typischen Strategien moderner Sozialsysteme zur Bewältigung störender Umwelteinflüsse – nämlich Aufrichtung formalisierter Systemgrenzen und interne Arbeitsteilung – nur in minimalen Ansätzen bedienen. Arbeitsteilige Spezialisierung stößt in einer zumeist aus nicht mehr als zwei Erwachsenen bestehenden Gruppe schnell an praktische Grenzen, und für die Aufrechterhaltung familialer Systemgrenzen bietet zwar die eigene Wohnung gewiß eine wichtige Grundlage, welche aber noch keine genügende Selektivität garantiert. Eine funktionsfähige Familie bedarf darüber hinaus einer „sinnhaften Abgrenzung" gegenüber ihrer Umwelt, d. h. es bedarf einer spezifischen „Kosmisierungsleistung" der Familienangehörigen, welche ihre „Familienidentität" sozial konstruieren müssen (vgl. *Berger/Kellner* 1965). Hierfür können junge Leute auf wesentlich weniger kulturelle Vorgaben zählen, als in der Vergangenheit.

Zwischen den drei skizzierten Problemebenen besteht also ein enger Zusammenhang: Verletzlichkeit der Familie entsteht in dem Maße, wie die interne Organisation des Familienalltags nicht mehr stimmig ist mit der strukturellen Integration der Familie in ihre Umwelt. Verletzlichkeit resultiert dabei aus den Folgewirkungen umweltinduzierter Problembewältigung. In dem Umfange, als traditionelle Muster der Problembewältigung ihre Plausibilität verlieren, steigt die Variabilität der Familienkarrieren und damit die Vielfältigkeit familialer Problemlagen.

Unter diesen gesellschaftlichen Bedingungen wird ein hoher Grad familialer Selbststeuerungsfähigkeit zur Funktionsbedingung von Familien. Familien werden in weit höherem Maße als früher zu sozialen Gruppen, die ihre Probleme nicht mehr nur nach vorgegebenen Mustern, sondern in (im günstigsten Falle kreativer) Auseinandersetzung mit recht spezifischen situativen Bedingungen zu lösen haben. Der familiale Zusammenhalt ist zunehmend nur dadurch gewährleistet, daß die Familie selbst eine „Identität" und eine Geschichte sich entwickelt, und hierzu bedarf es eines ausreichenden Maßes an gemeinsam verbrachter Zeit und gemeinsam erledigten Aufgaben. „Selbsthilfe" ist und bleibt ein konstitutives Merkmal des familialen Zusammenhangs (vgl. den Beitrag von *Nokielski* und *Pankoke* in diesem Band).

Bereits diese grobe Skizze dürfte verdeutlicht haben, wie schwierig es ist, staatliche Maßnahmen auf das vielschichtige und verletzliche Phänomen „Familie" abzustimmen. Dennoch plädieren die folgenden Beiträge nicht für familienpolitische Enthaltsamkeit, sondern für eine differenzierende Betrachtung staatlicher Maßnahmen unter dem Gesichtspunkt ihrer (unterschiedlichen) Wirkungsweise. Je nach dem Typus der einzusetzenden Maßnahmen erscheinen beispielsweise unterschiedliche (zentrale oder weitgehend dezentralisierte) Träger als geeigneter. Staatliche Maßnahmen lassen sich nicht in eindeutiger Weise als „familienergänzend, familienersetzend oder familienunterstützend" klassifizieren, sondern ihr Effekt hängt von vielfältigen Bedingungen ab. Hierfür das Bewußtsein zu schärfen, ist eine keineswegs unerhebliche praktische Absicht der nachfolgenden Beiträge.

2. Haushaltsfamilie und Familienhaushalt: Vorüberlegungen zu einer Typologie der Verknüpfung familialer und ökonomischer Aktivitäten

Friedhart Hegner

2.1. Folgeprobleme einer verzerrten Sicht der Entstehung des modernen Familienhaushalts[1]

Auf den ersten Blick erscheint die Annahme geradezu abwegig, eine sozial*historisch* inspirierte Beschreibung von Haushaltstypen könne dazu beitragen, mögliche Auswege aus *aktuellen* ökonomischen oder sozialen Schwierigkeiten aufzuzeigen. Stichwortartig seien einige dieser Schwierigkeiten genannt:

- Zusammentreffen hoher Arbeitslosigkeit und allmählicher Gefährdung der bisherigen realen Zuwächse des verfügbaren Einkommens mit immer noch weitverbreiteten Wünschen nach hohem materiellen Lebensstandard;
- Zusammentreffen fiskalischer Engpässe und daraus resultierender Forderungen nach Kürzungen im Sozialbudget mit immer noch weitverbreiteten Wünschen nach staatlich garantierter sozialer Sicherheit;
- Zusammentreffen der Einsicht in Defizite der Marktversorgung und der Staatsversorgung mit erheblicher Unsicherheit hinsichtlich der Leistungsfähigkeit von Selbstversorgung im Kontext des Familienhaushalts, der Nachbarschaft, genossenschaftlicher Kooperation oder spontan organisierter Selbsthilfe.

Die Annahme, eine sozialhistorisch inspirierte Analyse von Haushaltstypen könne Wege zur Bewältigung dieser Schwierigkeiten aufzeigen, erscheint deshalb als abwegig, weil die privaten Haushalte in der Gegenwart – formal-

[1] Das vorliegende Manuskript ist im Zusammenhang begrifflich-theoretischer und sozialhistorischer Vorarbeiten zu einer geplanten empirischen Untersuchung über „Erwerbsneigung und private Haushalte" am Internationalen Institut für Management und Verwaltung im Wissenschaftszentrum Berlin GmbH entstanden. Eine ausführlichere Version mit zahlreichen ergänzenden Literaturhinweisen kann dort angefordert werden: *Hegner* und *Freiburghaus* (1982). Für wertvolle Hinweise zur Überarbeitung einer früheren Version dieses Textes danke ich Dieter Freiburghaus und Arndt Sorge.

ökonomisch betrachtet – primär als Konsumtionseinheiten definiert werden; das heißt, in ihnen wird das außerhalb des Haushalts erzielte Erwerbseinkommen durch Marktkauf oder durch Nutzung öffentlich bereitgestellter Güter und Dienstleistungen dazu verwandt, einen hohen materiellen Lebensstandard zu erreichen oder zu erhalten.

Diese Beschreibung des Ist-Zustandes trifft nur dann zu, wenn man von den nicht in der offiziellen Statistik erfaßten Aktivitäten der Bedarfsdeckung im Haushalt absieht. Das allein ist schon fragwürdig. Nach groben Schätzungen in verschiedenen Industrieländern kann man davon ausgehen, daß die Güter und Dienstleistungen, die in privaten Haushalten erwirtschaftet werden, zwischen einem Viertel und der Hälfte des Wertes ausmachen, den die offiziellen Statistiken für das Bruttosozialprodukt ausweisen[2].

Fragwürdig ist weiterhin die Auffassung, der Beitrag der privaten Haushalte zur Bewältigung aktueller wirtschaftlicher und sozialer Probleme könne lediglich darin bestehen, für eine gewisse Zeit reale Einbußen beim verfügbaren Einkommen hinzunehmen, also Bedarfsdeckung auf einem niedrigeren materiellen Niveau zu betreiben. Dabei werden zwei mögliche Entwicklungen übersehen: zum einen die Möglichkeit einer teilweisen Rückverlagerung erwerbswirtschaftlicher Aktivitäten in den Haushalt, die als Folge hochmoderner Technologien (Miniaturisierung von Apparaturen) durchaus denkbar ist, also die Entstehung neuer ‚Heimindustrien'[3]; und zum zweiten die Möglichkeit einer teilweisen Rückverlagerung heute markt- oder staatswirtschaftlicher Aktivitäten der Bedarfsdeckung in den Haushalt, also eine Wiederbelebung der Selbstversorgung durch Eigenarbeit[4].

Der Auffassung, daß es sich aufgrund bestimmter Strukturmerkmale der gesellschaftlichen Entwicklung gar nicht lohne, den privaten Haushalt als umfassende Bedarfsdeckungsgemeinschaft in die Überlegungen zur Bewälti-

[2] Wie voraussetzungsvoll und schwierig die Ermittlung derartiger Größenordnungen des Beitrags privater Haushalte zum ‚Volkswohlstand' ist, zeigen beispielsweise: *Hawrylyshyn* (1976); *Leipert* (1975: 68 – 75); *Gronau* (1980); *Schmucker* (1980: 169 – 184).

[3] Auf den ersten Blick erscheint diese Feststellung übertrieben. Jedoch deuten folgende Sachverhalte in Richtung auf eine wachsende Bedeutung von ‚Heimarbeit' und ‚Hausindustrie': a) die Zunahme der Dienstleistungsberufe, deren Ausübung nicht unbedingt an die fortdauernde Anwesenheit an einer aushäusigen Arbeitsstätte gebunden ist (z. B. Hochschullehrer, Architekten, Journalisten); b) die Zunahme der weiblichen ‚Heimarbeit' infolge flexibler Informations- und Kommunikationssysteme (z. B. Schreib- und Buchhaltungskräfte); c) die Miniaturisierung der Güterproduktion im Zuge der Einführung der Mikroelektronik (z. B. Güterproduktion auf kleinstem Raum); vgl. dazu *Toffler* (1981: 189 – 217 und 218 – 235).

[4] Hier muß unterschieden werden zwischen einer marktinduzierten Rückverlagerung in den Haushalt („self-service"; „do-it-yourself") und einer mit alternativen Lebensformen verbundenen Tendenz zu mehr Selbstversorgung. Siehe dazu: *Gershuny* (1979); *Ebert* (1980: 131 – 149).

gung aktueller Arbeitsmarkt- und Wirtschaftsprobleme einzubeziehen, liegen folgende Vor-Annahmen zugrunde[5]:

- das von dem französischen Soziologen Emile Durkheim im 19. Jhdt. formulierte „Kontraktionsgesetz", demzufolge sowohl die Zahl der Haushaltsmitglieder, die zur gemeinschaftlichen Bedarfsdeckung beitragen, als auch das Spektrum der vom Familienhaushalt wahrgenommenen Funktionen schrumpfen;
- die daran anschließende These, daß die „Kontraktion" mit einer Schwächung des Zusammenhalts der Familienhaushalte („Kohäsionsverlust" im Sinne Durkheims) einhergehe;
- die Annahme, daß parallel zu Kontraktion und Kohäsionsverlust eine „Intimisierung" stattgefunden habe, also eine Beschränkung auf die intimen Funktionen – wie beispielsweise Gestaltung der Geschlechtsbeziehung zwischen Mann und Frau sowie Schaffung von ‚Nestwärme' für den Nachwuchs;
- und schließlich die daraus gezogene Folgerung, daß der Familienhaushalt auf absehbare Zeit nicht mehr für die Wahrnehmung von Aufgaben der materiellen Lebensfürsorge, der Sicherheits- und Unterhaltsleistungen oder gar der Produktion von Gütern und Dienstleistungen tauge, weshalb diese Aufgaben am besten beim ‚Markt' und beim ‚Staat' aufgehoben seien.

Vor diesem Hintergrund neigt die ‚herrschende Lehre' in Ökonomie und Soziologie zu der These, der ‚Familienhaushalt' sei aufgrund evolutionärer Gesetzmäßigkeiten eine für die Bewältigung von Arbeitsmarkt- und Wirtschaftsproblemen unbedeutende Restgröße. Demgegenüber lassen neuere sozialhistorische Studien erkennen, daß diese evolutionistische Sichtweise nichts weiter ist als eine simplifizierende Verallgemeinerung eines schichtspezifischen – nämlich großbürgerlichen und großbäuerlichen – Musters der kontraktiven Entwicklung von Haushalts- und Familienformen in bestimmten europäischen Regionen etwa seit dem späten 17. Jhdt.[6]

[5] Zur wissenschaftshistorischen Tradition dieser Annahmen siehe: Durkheim (1975: 9 – 49); *Durkheim* (1967: 186 ff., 208 ff.); *Davy* (1950: 80 – 122); *Parsons* (1954); *Parsons* und *Bales* (1955). Als aktuelle Beispiele für diesbezügliche Annahmen siehe: *Michel* (1978: Kap. 4 und 5); *Neidhardt* (1975: 28 ff. sowie Kap. 5 und 6).

[6] Sozialhistorische Belege gegen die lange Zeit vorherrschende soziologische und sozialphilosophische These von der „Kontraktion" finden sich vor allem bei folgenden Autoren: *Laslett* in Zusammenarbeit mit *Wall* (1972); *Conze* (1976); *Mitterauer* und *Sieder* (1980); *Mitterauer* (1979). Auch die Ergebnisse der historischen Bevölkerungsforschung relativieren die evolutionistische Annahme von der „Kontraktion" vgl. *Imhof* (1981). Kritisch zu einigen der neueren Forschungen über vorindustrielle Haushaltsformen (vor allem gegen die These von dem Vorherrschen kleinerer Haushalte) äußert sich *Flandrin* (1976), wobei er sich vor allem auf Befunde über ländliche Haushalte in Frankreich stützt.

Die evolutionistische Interpretation beruht vor allem auf einer unscharfen Gleichsetzung von ‚Haushalt' („oikos", „familia") und ‚Familie' (im modernen Sinne). Demgegenüber werden wir im folgenden für eine begrifflich-theoretische Abgrenzung von Haushalt und Familie plädieren. Des weiteren basiert die These von der Schrumpfung sowohl der Mitgliederzahlen als auch der Funktionen des ‚Familienhaushalts' auf einer Vermischung von ‚ökonomischen' und ‚familialen' Haushaltsaktivitäten. Wir werden versuchen, diese beiden Aktivitätsinhalte gegeneinander abzugrenzen.

Eine weitere Unschärfe, die es verhindert, Lösungen für aktuelle wirtschaftliche und soziale Probleme außerhalb des Markt- und Staatsbereiches zu suchen, beruht auf der unhistorischen Gleichsetzung von Erwerbsarbeit mit ökonomischer Bedarfsdeckung. Diese Unschärfe geht einher mit einer bemerkenswerten Ambivalenz: Zum einen wird das Wort Arbeit meist gleichbedeutend mit ‚Erwerbsarbeit' benutzt, weshalb Erwerbsarbeitslosigkeit unterschwellig oder gar explizit mit Untätigkeit oder Unproduktivität gleichgesetzt wird[7]. Zum anderen wird der Arbeitsbegriff undifferenziert ausgeweitet und zur Bezeichnung eines breiten Spektrums von Aktivitäten sowohl der Unterhalts- als auch der Erwerbssicherung (z. B. Hausarbeit, Fabrikarbeit) herangezogen, ohne das Spezifische arbeitender Aktivitäten im Unterschied zu herstellenden und handelnden Aktivitäten genau herauszukristallisieren[8]. Diese zweifache Ambivalenz führt dazu, daß bei der Suche nach Möglichkeiten für eine Milderung der Folgen von Erwerbsarbeitslosigkeit die Aktivitäten der Unterhaltssicherung – außerhalb der Erwerbssphäre – meist unberücksichtigt bleiben.

Im folgenden wird versucht, einige der genannten begrifflichen Unschärfen zu beseitigen. Dies geschieht in der Hoffnung, dadurch einen Beitrag zum besseren Verständnis der Gegenwart und zur Suche nach Lösungen für aktuelle gesellschaftliche Probleme leisten zu können.

2.2. Grundformen des Aktivseins: Arbeiten, Herstellen und Handeln

Als Ausgangspunkt einer differenzierteren Analyse der Bedarfsdeckungstätigkeiten wählen wir Hannah Arendts Unterscheidung zwischen drei Grund-

[7] Als Beispiele für eine kritische Auseinandersetzung mit dieser Gleichsetzung von ‚Arbeit' und ‚Erwerbsarbeit' siehe: *Illich* (1978: Kap. 1 und 4); *Illich* (1981: 11ff., 29ff. und 99ff.); *Gorz* (1980: 8–28).

[8] Zur wissenschaftsgeschichtlichen Tradition und zu den begrifflich-theoretischen Implikationen einer undifferenzierten Verwendung des Arbeitsbegriffs siehe *Arendt* (1981: Kap. 3 und 4).

formen menschlicher Aktivität: Arbeiten, Herstellen und Handeln[9]. Jede dieser Aktivitäten kann freiwillig, laienhaft, in eigener Regie und ohne vorab fixiertes Entgelt (z. B. als selbstbestimmte Unterhaltsarbeit) oder aber erzwungenermaßen, beruflich-qualifiziert, nach Anweisungen eines anderen und gegen festgelegtes Entgelt erfolgen (z. B. als unselbständige Erwerbsarbeit).

a) Arbeitende Aktivitäten sind ein zentraler Bestandteil des menschlichen Bemühens um Sicherung der individuellen Subsistenz sowie des Fortbestands der Gattung. Material des Arbeitens ist in erster Linie die naturhafte Umwelt. Allerdings kann Arbeiten in Verbindung mit Handeln auch ‚am Menschen' als einem biophysischen und biopsychischem Wesen erfolgen (z. B. bei der Krankenpflege). Die Auseinandersetzung mit der Natur vollzieht sich im Rahmen der alltäglichen Lebensführung auf dreierlei Weise: zum einen als Nutzbarmachung roher Stoffe, die für den Verbrauch gewonnen, zubereitet und gehortet werden (mit Bezug auf das Arbeiten im Haushalt lassen sich hier beispielsweise der Gemüseanbau, die Obsternte, die Essenszubereitung oder das Einkellern von Kartoffeln nennen); zum zweiten als Verteidigung der schon bearbeiteten Rohstoffe gegen den Rückfall in ihren Naturzustand (man denke hier beispielsweise an das Unkrautjäten im Garten, an das Streichen der Fensterrahmen zum Schutz gegen Verwitterung oder an das Trockenhalten des Vorratskellers); zum dritten als Einsatz von Werkzeugen, Geräten oder Maschinen zum Zwecke der Nutzbarmachung oder Verteidigung roher Stoffe sowie der Beschaffung, Aufbereitung und Erhaltung von schon bearbeiteten Verbrauchs- und Gebrauchsgütern.

Kennzeichnend für arbeitende Aktivitäten ist ihre ständige Wiederholung, *ohne* daß die Resultate des Arbeitens eine dauerhafte gegenständliche Existenz haben. Sie werden entweder von Menschen verbraucht (konsumiert) oder von der Natur aufgezehrt. Dabei ist der Arbeits- und Konsumprozeß teils an den stets wiederkehrenden Bedürfnissen des menschlichen Körpers (Hunger, Durst usw.), teils an dem Rhythmus der Natur (z. B. Jahreszeiten, Tageszeiten, Erosionsphasen) und teils an der Zyklik von Sachentwicklungen (z. B. periodisch wiederkehrende Reparaturbedürftigkeit einer Maschine) ausgerichtet.

b) Im Unterschied dazu sind *herstellende Aktivitäten* durch einen angebbaren Anfang, ein greifbares Ende und ein gegenständlich dauerhaftes Resultat charakterisiert. Am Anfang steht die gedankliche Vorwegnahme des herzustellenden Objekts in Form eines Entwurfs oder Modells, das der Herstellende entweder selbst konzipiert oder von anderen übernimmt. Am Ende steht das

[9] *Arendt* (1981: 14f. und passim). Wir verwenden hier die Unterscheidung zwischen Arbeiten, Herstellen und Handeln in einer abstrakt-allgemeineren Form als Hannah Arendt, die sich stark an der seit der Antike überlieferten Begriffsgeschichte orientiert.

hergestellte Objekt. Es dient entweder – wie ein Kunstwerk – ausschließlich dem Genuß oder der Erbauung, oder es wird – wie ein Werkzeug und ein Gebrauchsgegenstand – dazu verwandt, Arbeitsprozesse zu erleichtern, Konsumvorgänge angenehmer zu gestalten oder die Herstellung weiterer Gegenstände zu ermöglichen. Auch dort, wo das Herstellen sich wiederholt und zu gleichartigen Produkten führt (z. B. beim Töpfern), sind der Prozeß und das Resultat deutlicher konturiert als beim Arbeiten.

Mit Bezug auf die alltägliche Lebensführung reicht das Spektrum der herstellenden Aktivitäten vom Bau einer Leiter für die Obsternte über das Häkeln einer Tischdecke bis zum Basteln eines Lötkolbens für den Bau neuer Autos aus alten. In all diesen Fällen werden (rohe oder bereits bearbeitete) Naturstoffe nicht nur – wie beim Arbeiten – in den menschlichen Stoffwechselprozeß einbezogen, sondern bewußt zerstört (analysiert) und nach menschlichem Maß in einen neuen Gegenstand umgeformt (synthetisiert). Diese Produkte des Herstellens müssen im Rahmen arbeitender Aktivitäten gewartet, gepflegt und repariert werden (z. B. Ölen der Scharniere an der Leiter; Waschen der Tischdecke; Auswechseln schadhafter Teile am Lötkolben). Dies wiederum geschieht mit Hilfe von Werkzeugen oder Geräten (z. B. Ölkanne, Waschmaschine).

c) Während Arbeiten und Herstellen in erster Linie eine Auseinandersetzung des Menschen mit der naturhaften Umwelt beinhalten, geht es bei *handelnden Aktivitäten* um die Auseinandersetzung des Menschen mit seinesgleichen[10]. Handeln kann entweder eingebettet sein in Prozesse des Arbeitens und Herstellens – wie beispielsweise in Form der Gestaltung der Kooperation bei der Arbeit –, oder es kann losgelöst von diesen Aktivitäten erfolgen – wie etwa beim Spiel oder bei einem politischen Stammtischgespräch. Es lassen sich zwei Grundformen des Handelns unterscheiden: das Sprechen und das Entscheiden. In beiden Fällen schafft der Handelnde im Anschluß an gedankliche Entwürfe soziale Tatbestände, mit denen sich sowohl seine Umwelt als auch – auf dem Umweg über die Antworthandlungen der anderen – er selbst auseinandersetzen müssen[11]. Die gesprochenen Worte geben der

[10] In diesem Kontext ist an *Bell's* historische Interpretation des Übergangs von der „vorindustriellen" über die „industrielle" zur „post-industriellen" Gesellschaft zu erinnern: „In pre-industrial societies ... life is primarily a game against nature. ... Industrial societies ... are goods-producing societies. Life is a game against fabricated nature. ... A post-industrial society is based on services. Hence, it is a game between persons" (1973: 126f.).

[11] Hier geht es also um die soziale Umwelt, die durch Handlungen konstituiert wird, wobei sich die Resultate des Handelns, also die Handlungen, zu Interaktionssystemen, Organisationen und Institutionen verdichten können, die dem Handelnden dann als objektive Tat-Bestände begegnen, die das weitere Handeln prägen; als

Umwelt Kenntnis über die Befindlichkeit, die Bedürfnisse und die Absichten des Handelnden, worauf die anderen mit äußerlicher Passivität – verbunden mit der innerlichen Aktivität des Wahrnehmens, Denkens und Fühlens – oder aber mit eigenen außengerichteten Aktivitäten antworten. Die getroffenen Entscheidungen des Handelnden setzen der Um- und Nachwelt Vorgaben für eigenes Handeln, die sie entweder rückgängig machen oder hinnehmen muß.

Fassen wir die analytischen Dimensionen, die der Unterscheidung von Arbeiten, Herstellen und Handeln zugrunde liegen, kurz zusammen. Es sind: die allgemeine Form des Tätigkeitsablaufs, sein formales Ergebnis und der benutzte Materialtyp. Arbeiten ist von seiner Ablaufform her ein sich ständig wiederholender, stark von naturhaften Prozessen bestimmter Vorgang, dessen Ergebnis sich teils gar nicht vom Prozeß trennen läßt und teils vom Menschen oder von der Natur verzehrt oder aufgezehrt wird. Herstellen ist demgegenüber ein weitgehend nach menschlichem Maß, wenn auch unter Berücksichtigung naturhafter Gegebenheiten, gestalteter Prozeß mit einem angebbaren Anfang und Ende, wobei – auch im Falle des wiederholten Herstellens – das Ergebnis der einzelnen Herstellungsvorgänge vom Prozeß unterscheidbar ist und eine den Prozeß überdauernde gegenständliche Existenz hat. Arbeiten und Herstellen beinhalten in ihrem Ablauf vor allem eine Auseinandersetzung mit der naturhaften – natürlichen oder ‚fabrizierten' – Umwelt und führen im Ergebnis zu einer mehr oder weniger dauerhaften Veränderung dieser Umwelt. Demgegenüber impliziert das Handeln in seinem Ablauf eine Auseinandersetzung mit anderen Menschen und in seinem Ergebnis eine Veränderung der Beziehungen zwischen dem Handelnden und seiner sozialen Umgebung. Der Aktivitätstyp ‚Handeln' läßt sich also gegenüber den beiden anderen auch auf der Dimension ‚vorwiegend benutztes Material' unterscheiden. Was Ablaufform und Ergebnis betrifft, so kann das Handeln sowohl dem Arbeiten – wie beispielsweise bei routineförmigen Entscheidungsprozessen ohne bleibende Wirkung – als auch dem Herstellen ähneln, – wie beispielsweise im Falle des planvollen Ingangsetzens eines Entscheidungsprozesses und seiner erfolgreichen Umsetzung in dauerhafte Veränderungen der sozialen Umgebung.

Die Beispiele zeigen, daß sich in der Alltagswirklichkeit Arbeiten, Herstellen und Handeln hinsichtlich ihrer formal-abstrakten Attribute (Ergebnis, Material, Form) auf vielfältige Weise vermischen können. Dies gilt für den Lebensbereich der privaten Haushalte ebenso wie für das Geschehen ‚auf dem Markt' und ‚in der Politik'.

Beispiele für unterschiedlich nuancierte Sichtweisen der Relation zwischen individuellem Handeln und sozialen Tatbeständen siehe *Durkheim* (1963: bes. S. XV ff.); *Schütz* (1974: 24 ff., 73 ff., 208 ff.).

2.3. Funktionen und Inhalte des Aktivseins: das Ökonomische und das Familiale

Eine alltagsnahe Beschreibung privater Haushalte kann sich nicht auf formal-abstrakte Dimensionen wie Material, Ergebnis und Ablaufform von Aktivitäten beschränken. Notwendig ist vielmehr eine Konkretisierung der drei Aktivitätstypen durch Bezugnahme auf ihre Funktionen, also auf den jeweiligen Beitrag, den sie für die Strukturierung gesellschaftlicher Arrangements leisten, die ihrerseits den Rahmen für die Befriedigung menschlicher Bedürfnisse bilden[12].

Im Hinblick auf private Haushalte werden zwei Funktionen in den Vordergrund gerückt: die Sicherung des Lebensunterhalts durch ökonomische Aktivitäten und die Sicherung des Fortbestands der Gattung durch familiale Aktivitäten.

2.3.1. Ökonomische Aktivitäten

Aktivitäten der Bedarfsdeckung, also der Beschaffung und Verwendung von Mitteln für die Bedürfnisbefriedigung, werden als ökonomisch bezeichnet. Sie sind Bestandteil des Spektrums der haushaltsspezifischen Aktivitäten, nehmen allerdings im Verlaufe der Geschichte verschiedenartige Gestalten an. Um dies verstehen zu können, darf man sich nicht auf die formal-ökonomische Betrachtungsweise der modernen Wirtschaftswissenschaften beschränken[13].

Das Ökonomische besteht zum einen darin, daß die Aktivitäten dem *Zweck* dienen, die zur Subsistenzsicherung notwendigen Mittel zu beschaffen und für die Bedürfnisbefriedigung einzusetzen. In Verbindung mit diesem Zweck ist Arbeiten als Prozeß der repetitiven Auseinandersetzung mit der naturhaften Umwelt eine ökonomische Aktivität. Dies gilt für Erwerbsarbeit, also Arbeit gegen Entgelt, ebenso wie für Unterhaltsarbeit (z. B. unbezahlte Hausarbeit). Des weiteren werden herstellende Aktivitäten, die – anders als beispielsweise spielerisches Basteln oder nicht-gewerbliches künstlerisches Schaffen – einen direkten Bezug zur Bedarfsdeckung haben, der Ökonomie zugerechnet. Arbeiten und Herstellen vollziehen sich – von Ausnahmefällen abgesehen – im Kontext gesellschaftlicher Einrichtungen oder gar in direktem Kontakt mit anderen Menschen. Dies setzt Handlungen und Handeln voraus. Sie sind insoweit als ökonomisch anzusehen, als sie entweder direkt auf

[12] ‚Funktion' wird hier im Sinne der Kulturanthropologie Malinowski's verstanden (vgl. *Malinowski* 1960: 37 – 42 sowie 169f.).

[13] Im folgenden orientieren wir uns vor allem an: *Landshut* (1969); *Polanyi* (1979: 209 – 244). Auf Unterschiede in den Perspektiven der modernen Wirtschaftswissenschaft und der Soziologie verweist auch: *Kaufmann* (1981a).

Bedarfsdeckung zielen (z. B. in Form personaler Dienstleistungen) oder aber Prozesse des Arbeitens und Herstellens, die auf Bedarfsdeckung gerichtet sind, induzieren, organisieren oder modifizieren (z. B. in Form des unternehmerischen Disponierens).

Zum anderen besteht das Ökonomische – in einem engeren Sinne – darin, daß angesichts knapper Ressourcen (Naturstoffe, Werkzeuge, Gebrauchsgegenstände, menschliche Fähigkeiten usw.) sowohl die arbeitenden und herstellenden als auch die disponierenden Aktivitäten in ihrem *Ablauf* zweckrational strukturiert sind: Mit den verfügbaren Ressourcen soll ein ausreichendes Maß an materieller Bedürfnisbefriedigung erreicht werden. *Zweckrationales* Arbeiten, Herstellen und Handeln basieren auf Entscheidungen über die Verwendung von Ressourcen. Dabei werden einerseits Prioritäten bezüglich der (vorrangig) zu befriedigenden Bedürfnisse gesetzt, und andererseits wird eine Optimierung des Mitteleinsatzes bzw. der Ressourcenverwendung mit Bezug auf die vorrangig zu deckenden Bedarfe angestrebt.

Unter der Voraussetzung, daß ökonomische Aktivitäten losgelöst von ihrem sozialen Kontext, also als ausdifferenziert betrachtet werden, liegt es nahe, sowohl für die Prioritätensetzung als auch für die Optimierung des Mitteleinsatzes nach *quantifizierbaren* Vergleichsmaßstäben zu suchen. Eine der Funktionen des Geldes ist es, Vergleiche in quantifizierbarer Form zu ermöglichen[14]. Nun umfassen jedoch ökonomische Aktivitäten im Bereich von Haushalten keineswegs nur solches Arbeiten, Herstellen oder Handeln, das auf quantifizierbaren Relationen zwischen einer Prioritierung der zu deckenden Bedarfe und einer kalkulierbar optimalen Nutzung der Ressourcen basiert. Wäre dies so, dann würden beispielsweise Eltern prinzipiell davon absehen, einen Teil ihres Einkommens und ihrer Arbeitskraft für die Betreuung von Kindern aufzuwenden, falls nicht meßbar ist, in welchem Umfang die Kinder – sei es durch Kinderarbeit oder spätere Rückzahlung – einen gleichwertigen Beitrag zur Bedarfsdeckung der Eltern leisten (werden). Das Beispiel illustriert einen bedeutsamen Unterschied zwischen Unterhalts- und Erwerbswirtschaft.

2.3.2. Familiale Aktivitäten

Den zweiten zentralen Bereich des Aktivitätsspektrums privater Mehr-Personen-Haushalte können – unter bestimmten gesellschaftlichen Bedingungen – Tätigkeiten bilden, die auf die Erhaltung der menschlichen Gattung durch Fortpflanzung, soziale Plazierung und Sozialisation von Nachwuchs gerichtet

[14] Zu den unterschiedlichen Funktionen des Geldes im Kontext verschiedenartiger gesellschaftlicher Rahmenbedingungen sowie zu den Auswirkungen des Geldverkehrs auf das Verhältnis zwischen Individuum und Gruppe siehe: *Simmel* (1922: 151 – 196 und 357 – 386).

sind. Sie werden als *familiale* Aktivitäten bezeichnet, womit noch nichts darüber gesagt ist, ob sie auch tatsächlich dauerhaft in einem Familienhaushalt (also ‚unter einem Dach') ausgeübt werden[15].

Zu den familialen Tätigkeiten gehört zunächst ein Kreis von *Arbeiten,* deren Anlässe und Abläufe weitgehend von der Natur bzw. von soziokulturell überformten biologischen Notwendigkeiten geprägt sind. Das gilt für das Austragen und Gebären der Kinder ebenso wie für ihre Aufzucht und Pflege (Ernährung, Hygiene, Schutz vor Witterungseinflüssen usw.). Sodann sind hier *herstellende* Aktivitäten der Haushaltsangehörigen zu nennen wie beispielsweise der eigenhändige Bau des Hauses, in dem Eltern und Kinder – eventuell mit weiteren Angehörigen – zusammenleben, oder das Schreinern der Kinderwiege und das Basteln des Spielzeugs für den Nachwuchs, gegenüber dem eine bestimmte Frau und ein bestimmter Mann verantwortlich sind. Arbeiten und Herstellen im familialen Kontext schaffen den materiellen Rahmen, den der Nachwuchs braucht, um physisch überleben zu können. Zugleich werden damit Objekte des Wahrnehmens, Fühlens, Begreifens (Denkens) und Strebens geschaffen, deren psychische und physische Aneignung den Nachwuchs dafür disponiert, einen bestimmten ‚Platz' in seiner naturhaften und sozialen Umgebung einzunehmen[16].

Schließlich und vor allem zählen zu den familialen Aktivitäten alle *Handlungen,* die darauf gerichtet sind, eine besondere (exklusive) soziale und persönliche Beziehung zwischen einer begrenzten Anzahl von Personen zu konstituieren und zu erhalten. Was die Beziehungen zwischen Mann und Frau betrifft, so geht es um jene Worte und Entscheidungen, die teils eine besondere Gefühlsbeziehung zueinander – sei es Liebe oder Respekt – ausdrükken und teils eine besondere Verknüpfung der beiderseitigen Interessen und Befugnisse – rechtlicher, ökonomischer oder politischer Art – festlegen[17].

[15] Für sozialhistorische Haushaltsbeschreibungen ist es von größter Wichtigkeit, ‚Familie' und ‚Haushalt' begrifflich-theoretisch deutlich gegeneinander abzugrenzen, worauf *Weber* schon frühzeitig hingewiesen hat (1964: Bd. 1: 275 ff. und 283 ff.). – Die konstitutiven Merkmale des Familialen lassen sich zum einen mit Bezug auf funktionale und zum zweiten mit Bezug auf institutionelle Aspekte definieren (vgl. *König* 1976: bes. 27 – 59).

[16] Zur Bedeutung der durch Arbeiten und Herstellen geschaffenen Umwelt des Menschen für die Sozialisation des Nachwuchses vgl. *Bronfenbrenner* (1978); *Kaufmann et. al.* (1980: bes. 77 ff. und 102 ff.).

[17] Emotionalität ist lediglich eine Komponente, keineswegs jedoch notwendigerweise die wichtigste Grundlage der Mann-Frau-Beziehung, vgl. *Eickelpasch* (1974: bes. 328 f.). Sexualität, Erotik und romantische Liebe sind mögliche, aber keineswegs notwendige biopsychische und psychosoziale Ausprägungen dieser sozialen Beziehung; vgl. *Schelsky* (1955: 27 ff., 107 ff.); *Shorter* (1976: 62 ff., 152 ff.). – Das Spektrum der Interessen, durch die Mann und Frau verbunden sein können, reicht von dem Interesse der Kindesmutter an männlichem Schutz und Unterhalt über das Interesse des Kindesvaters oder des Mutterbruders an legitimem Nach-

Greifbares Resultat gemeinsamen Handelns der Partner kann ein Vertrag sein, in dem sich die Beteiligten öffentlich – etwa gegenüber kirchlichen oder staatlichen Repräsentanten – zu einem bestimmten Verhalten in der Zukunft verpflichten (z. B. Ehevertrag, Adoptivvertrag).

Was die Beziehungen zwischen Eltern und Kind(ern) betrifft, so manifestiert sich das Familiale in Worten, Gesten und Entscheidungen, die teils eine Gefühlsbindung zum Ausdruck bringen und teils darauf abzielen, dem Nachwuchs den Prozeß der Übernahme soziokulturell vorgeprägter Weisen des Erlebens, Handelns, Herstellens und Arbeitens zu ermöglichen[18].

Schließlich beinhaltet das Familiale auch Handlungen im Kontext der Beschaffung oder Erhaltung von materiellem Eigentum (z. B. Dispositionen in einem Testament), soweit dieses Eigentum nicht nur ökonomische Bedeutung hat, also Hilfsmittel der Bedarfsdeckung ist, sondern zugleich die Besonderheit der Familie gegenüber ihrer sozialen Umgebung sowie die Dauerhaftigkeit über Generationen hinweg symbolisiert[19]. Am Beispiel der Weitergabe des Familieneigentums zeigt sich somit die Rückbindung des Handelns an Resultate des Arbeitens und Herstellens sowie die Verflechtung des Ökonomischen und des Familialen.

Familiales Handeln, Herstellen und Arbeiten kann sich je nach den historisch-gesellschaftlichen Bedingungen zu verschiedenartigen Formen der sozialen Organisation verdichten und verfestigen, die als *‚Familie‘* bezeichnet werden. Dabei handelt es sich um eine Konstellation von Personen, die zum einen in einer spezifischen Beziehung zueinander stehen (beispielsweise durch Lie-

wuchs (Erben) bis zu dem beiderseitigen Interesse an Mehrung des gemeinsamen Eigentums oder Besitzes (vgl. *Weber* 1964: 276ff.; *Schelsky* 1955: 29). – Eine in der Gegenwart an Bedeutung gewinnende Form der Verknüpfung von Gefühlsbeziehungen und Interessenabwägung im Verhältnis von Mann und Frau bildet die sog. „verantwortete Elternschaft“ (vgl. *Kaufmann* 1981b: bes. 53ff.). Sowohl die hohe Zahl von Schwangerschaftsabbrüchen oder ‚verhüteten‘ Empfängnissen als auch die anscheinend nur noch durch ‚Babyhandel‘ zu befriedigende Nachfrage nach Adoptivkindern verdeutlichen zweierlei: zum einen ein wachsendes Gewicht des familialen Handelns im Sinne des Disponierens über biologische Vorgänge, wobei die Frauen stärker als noch vor 50 oder 100 Jahren eigene Handlungsautonomieansprüche anmelden; zum zweiten eine teilweise Abkopplung des familialen Arbeitens (Kinderaustragen und -gebären) vom familialen Handeln (Entscheidung der Partner über die Adoption eines von Blutsfremden ausgetragenen Kindes).

[18] Die Emotionalisierung der Eltern-Kind-Beziehungen ist eine mögliche, jedoch keineswegs notwendige Komponente des Familienlebens, wie sich sowohl durch ethnographische als auch durch sozialhistorische Studien belegen läßt (*Ariès* 1973: bes. 6f. und 177ff.; *Lüscher* 1975; *Hufton* 1975: 12ff.).

[19] Zur Differenzierung zwischen den sinn- und traditionsstiftenden Funktionen des Eigentums und den mit Reichtumsmehrung verbundenen Funktionen des Besitzes vgl. *Arendt* (1981: 60ff. und 93ff.).

bes-Heirat verbundene Personen unterschiedlichen Geschlechts) und denen zum anderen bestimmte Aufgaben obliegen (beispielsweise Fürsorge gegenüber dem eigenen Nachwuchs)[20].

2.4. Formen der sozialräumlichen Konzentration von Aktivitäten im Haushalt

Haushaltsmäßige (ökonomische oder familiale) Aktivitäten, Personen-Konstellationen und Personen-Sachmittel-Arrangements lassen sich durch zwei Merkmale kennzeichnen: zum einen durch die Bindung an eine bestimmte Örtlichkeit und zum zweiten durch die mit dauerhafter Koresidenz verbundene Tendenz zu vergleichsweise hoher Interaktionsdichte zwischen den Akteuren[21]. Diese beiden Besonderheiten können, je nach historisch-gesellschaftlichem Kontext, verschiedenartige Ausprägungen haben sowie auf vielfältige Weise miteinander verbunden sein. Des weiteren können sie auf verschiedenartige Weise mit dem Ökonomischen und dem Familialen verknüpft sein.

2.4.1 Gemeinsamer Wohnsitz

Mit dem Merkmal der Ortsgebundenheit wird der Sachverhalt bezeichnet, daß einerseits die Akteure einen gemeinsamen Wohnsitz (Koresidenz) haben und daß andererseits die ökonomischen und familialen Aktivitäten durch ihren Bezug auf diesen gemeinsamen Ort eine besondere Ausprägung erhalten. So ist das haushaltsbezogene *Arbeiten* beispielsweise durch folgende Merkmale gekennzeichnet: Die Arbeitsinstrumente werden am Wohnsitz der Arbeitenden aufbewahrt; die Arbeitenden halten sich nicht nur beim Arbeiten, sondern auch bei der alltäglichen Lebensführung in räumlicher Nähe (z. B. unter einem Dach) auf; und die Ergebnisse des Arbeitens werden – zumindest im Falle der Unterhaltsarbeit – zum größten Teil in demselben örtlichen Bereich von Menschen verzehrt oder von der Natur aufgezehrt, in dem sie produziert worden sind. Für das haushaltsbezogene *Herstellen* gilt, ergänzend

[20] Es ist das Verdienst Durkheims und seiner Schüler (Maurice Halbwachs, Marcel Mauss), mit Bezug sowohl auf die Personen-Konstellationen und die Personen-Sachmittel-Arrangements als auch auf die Aktivitätsmuster herausgearbeitet zu haben, daß die Familie nicht ausschließlich oder gar primär auf den Gefühlen und individuellen Handlungen von Personen basiert, sondern eine den Individuen vorgegebene soziale Organisation und gesellschaftlich verankerte Institution ist (vgl. als Überblick *Durkheim* 1975).

[21] Zur analytischen Autonomsetzung von örtlichen (ökologischen) und psychosozialen Komponenten siehe: *Winch* (1970: bes. 26 f.); *Verdon (1980).*

zu dem über das Arbeiten Gesagten, daß die hergestellten Objekte als Werkzeuge, Gebrauchsgegenstände oder Kunstwerke in dem räumlichen Umfeld verbleiben, in dem sie entstanden sind. Unter bestimmten ökonomischen und rechtlichen Voraussetzungen bilden sie das Eigentum einzelner oder aller Haushaltsmitglieder und verstärken die gemeinsame Bindung an den Ort und an den Haushalt.

Mit Einschränkungen gilt dies auch dann, wenn zwar das Arbeiten und Herstellen innerhalb des (Familien-)Haushalts, also haushaltsmäßig, erfolgt, die Instrumente und die Produkte des ökonomischen Aktivseins jedoch im Besitz von Nicht-Haushaltsmitgliedern sind (z. B. in Besitz eines ‚Verlegers‘) oder auf dem Markt zum Kauf angeboten werden (wie etwa im Falle der ‚Heimarbeit‘, der ‚Hausindustrie‘ oder eines ‚Familienbetriebs‘)[22].

Die auf gemeinsamem Eigentum und Besitz beruhenden Bindungen der Haushaltsmitglieder sind im Falle einer geringen Ausdifferenzierung von Unterhalts- und Erwerbswirtschaft wesentlich stärker als bei Vorliegen einer weitgehenden Trennung dieser beiden Bereiche der Bedarfsdeckung. Dabei darf nicht übersehen werden, daß auch im Falle einer Ausdifferenzierung erwerbswirtschaftlicher Formen des Arbeitens und Herstellens aus familialen Konstellationen und Aufgabenfeldern noch immer zahlreiche ökonomische Aktivitäten (z. B. Ernährung der Kinder, Pflege der Kranken) an familiale Rollenverpflichtungen gebunden sein und innerhalb des Haushalts wahrgenommen werden können. Wenn allerdings die Unterhaltssicherung der Haushaltsmitglieder in erster Linie auf der Verwendung des Geldeinkommens, das durch aushäusiges erwerbsmäßiges Arbeiten und Herstellen erzielt wird, basiert, dann ist das Arsenal an haushaltsspezifischen Hilfsmitteln der Bedarfsdeckung beschränkt, und zwar beispielsweise auf jene Werkzeuge, Maschinen und Immobilien (z. B. Haus, Garten), die für die Konsumtion, also für den Prozeß der Umsetzung marktmäßig produzierter Güter in individuelle Bedürfnisbefriedigung, benötigt werden. Haushaltseigentum und -besitz beschränken sich damit weitgehend auf Hilfsmittel der Unterhaltswirtschaft sowie auf angespartes Geldvermögen und verfügbares Geldeinkommen.

[22] Die mit der Ausdifferenzierung von Familien-Haushalt und Familien-Betrieb einhergehenden Veränderungen hinsichtlich der Relation zwischen Wohnsitz und Arbeitsstätte sowie zwischen gemeinsamem Haushaltseigentum und individuellem oder gruppenspezifischem Besitz werden von Max Weber anschaulich beschrieben (*Weber* 1924: bes. 344 ff., 370 ff., 401 ff.). – Im Prozeß der Ausdifferenzierung von Haus- und Marktwirtschaft kommt es dazu, daß (bei fortbestehender Einheit von Wohn- und Arbeitsstätte) innerhalb des Familienhaushalts – beispielsweise bei ‚Heimarbeit‘ oder in der ‚Hausindustrie‘ – erarbeitete und hergestellte Produkte vermarktet werden können, also entweder direkt von den Haushaltsangehörigen oder indirekt auf dem Wege über Verleger, Zwischenhändler u. ä. auf dem Markt zum Kauf angeboten werden (vgl. *Medick* 1976: bes. 260 ff.).

Wenden wir uns nun dem haushaltsspezifischen *Handeln* zu. Es umfaßt jenen Teil der von den Angehörigen eines abgrenzbaren Personenkreises gefaßten Beschlüsse, gesprochenen Worte und vollbrachten Taten, die in dem gemeinsamen Bewußtsein realisiert werden, das alltägliche Zusammenleben an einem bestimmten Ort zu begründen, fortzusetzen oder zu beenden[23]. So kann beispielsweise das Eheversprechen oder der Ehevertrag auch die Verpflichtung beinhalten, unter einem gemeinsamen Dach zu wohnen oder gar Tisch und Bett zu teilen; und der Beschluß eines Mannes und einer Frau, gemeinsame Kinder zu zeugen und für deren Sozialisation verantwortlich zu sein, kann mit der Entscheidung einhergehen, die Betreuung des Nachwuchses innerhalb der gemeinsamen ‚vier Wände' zu leisten. Aber dies muß nicht so sein, wie die getrennten Wohnungen legitimer Sexualpartner und Elternteile in vielen außereuropäischen Kulturen, aber auch im vorindustriellen Europa zeigen[24]. Familiale Aktivitäten als solche begründen und beinhalten also keineswegs notwendigerweise dauerhafte örtliche Gemeinsamkeit.

2.4.2. Tendenz zu hoher Interaktionsdichte zwischen einigen oder allen Haushaltsangehörigen

Allerdings sind unter heutigen Bedingungen in unserer Gesellschaft die meisten familialen Aktivitäten auf das gemeinsame Domizil konzentriert. Das trifft in der Regel zumindest für jene Phasen des Familienzyklus zu, in denen sich ein junges Paar auf den gemeinsamen Nachwuchs vorbereitet, die Betreuung des Kleinkindes übernimmt und an der Erziehung des heranwachsenden Kindes oder Jugendlichen mitwirkt. Die faktische, zeitlich andauernde Anwesenheit am gleichen Ort, ggf. sogar unter dem gemeinsamen ‚Dach' einer Wohnung oder eines Hauses, schafft die räumlichen Voraussetzungen für hohe *Interaktionsdichte*[25].

Wie das zeitgenössische Beispiel der verheirateten Wochenend-Pendler, die am Ort ihrer Erwerbsarbeit alleine oder gemeinsam mit anderen einen zweiten Haushalt (Nebenwohnsitz) führen, und das historische Beispiel des französischen Hochadels im 17. und 18. Jhdt. zeigen, führt ein gemeinsames Domizil

[23] Dieses gemeinsame Bewußtsein („Familiensinn" i. S. v. Halbwachs) bildet die Grundlage für Handlungen, die auf die Konstituierung oder Erhaltung der sozialen Organisation (Familien-)‚Haushalt' gerichtet sind; vgl. hierzu *Halbwachs* (1966: 203–242, 225 ff.).

[24] Diesbezügliche Beispiele aus außereuropäischen Kulturen findet man bei *Eickelpasch* (1974: 330 ff.); die Parallelität separater Wohnungen innerhalb eines gemeinsamen Haushalts illustriert am Beispiel des französischen Adels *Elias* (1969: 78 ff.).

[25] Zu einigen allgemeinen Merkmalen des Zusammenhangs zwischen Anwesenheit am gleichen Ort, Gruppenkohäsion und Interaktionsdichte siehe: *Homans* (1951: bes. 88 ff., 204 ff.); *Argyle* (1973: bes. 36 ff., 55 ff., 240 ff.); *Verdon* (1980: 121 ff.).

jedoch nicht unbedingt zu ständiger hoher Interaktionsdichte zwischen sämtlichen Angehörigen einer Haushaltsfamilie. Vielmehr kann der gemeinsame Wohnsitz bei Vorhandensein von zusätzlichen Domizilen sowie bei einem großen Haus („Hof") mit der Ausbildung von Teilhaushalten, also nebeneinander bestehenden Interaktionsnetzen, einhergehen. Insofern ist der formale Tatbestand der Zugehörigkeit zu einem rechtlich, räumlich oder ökonomisch abgrenzbaren Haushalt nicht ohne weiteres gleichbedeutend mit dem sozialen Tatbestand dauerhafter intensiver Interaktion[26].

Die dauerhafte räumliche Nähe der Hausgenossen verleiht dem haushaltsmäßigen Handeln ein spezifisches Ausmaß an Intimität und Exklusivität, womit die Ausbildung eines „Kollektivbewußtseins" oder „Familiensinns" (*M. Halbwachs*) einhergeht. Dieses psychosoziale Klima beinhaltet keineswegs nur positive Aspekte. Lediglich unter bestimmten Bedingungen bildet hohe Interaktionsdichte der Hausgenossen den Rahmen für solidarisches Handeln bei der Bedarfsdeckung und Befriedigung materieller Bedürfnisse, was den Haushalt zur „Hausgemeinschaft" macht *(M. Weber)*, sowie für gefühlsbetont-solidarisches Handeln bei der Sicherung des Nachwuchses, wodurch der Haushalt „Nestwärme" erhält *(E. Shorter)*. Wenn räumliche Nähe mit räumlicher Enge einhergeht, kann die hohe Interaktionsdichte mit negativen Gefühlen verbunden sein oder zu Handlungen führen, die eine Auflösung der gemeinsamen ‚Residenz' bewirken.

2.5. Haushaltsfamilie und Familienhaushalt: unterschiedliche Formen der Verknüpfung ökonomischer, familialer und residentieller Komponenten des privaten Haushalts

Nunmehr sind alle begrifflich-theoretischen Hilfsmittel dargestellt, die für eine gleichermaßen sozialhistorische wie zukunftsgerichtete Beschreibung der Veränderungen privater Haushalte benötigt werden:

[26] Hier sind zwei unterschiedliche Formen der Verknüpfung von ökonomischen, rechtlichen, räumlich-residentiellen und soziopsychischen Komponenten angesprochen: zum einen die Unterscheidung zwischen einem (ökonomisch und rechtlich abgegrenzten) „Rahmenhaushalt" und einzelnen (räumlich mehr oder weniger weit verstreuten) Teil- oder „Gliedhaushalten", wobei die Mitglieder der Gliedhaushalte in der Regel häufiger und intensiver miteinander interagieren als die Gesamtheit aller Mitglieder des Rahmenhaushalts (so beispielsweise im Falle grund- oder gutsherrlicher Rahmenhaushalte; (vgl. *Mitterauer* 1979: 31; *Egner* 1976: 48ff.); zum zweiten die Unterscheidung zwischen sozialen Teilsystemen innerhalb eines Familienhaushalts, wobei trotz gemeinsamen Domizils (‚unter einem Dach') verschiedenartig enge soziale Beziehungen und damit auch mehr oder weniger häufige Interaktionen zwischen den Haushaltsmitgliedern bestehen können (vgl. *Elias* 1969: 78ff.).

a) die Grundformen des Aktivseins der beteiligten Personen: Arbeiten, Herstellen, Handeln;
b) die zentralen Inhalte und Funktionen des Aktivseins: Bedarfsdeckung und Erhaltung der Gattung, also ökonomische und familiale Aktivitäten;
c) der räumlich-soziale Kontext des Aktivseins: Ausmaß der räumlichen Nähe und der zeitlichen Dauer gemeinsamer Residenz sowie Ausprägung der Interaktionsdichte zwischen den Beteiligten.

Die begrifflich-theoretische Abgrenzung und analytische Autonomsetzung dieser Dimensionen alltäglicher Lebensführung läßt sich in einem einfachen Schema zusammenfassen, wobei die in den Kästchen beispielhaft genannten Aktivitäten den Formen des Aktivseins (Arbeiten, Herstellen, Handeln) gemäß ihren jeweiligen Funktionen (ökonomische Bedarfsdeckung, familiale Gattungserhaltung) zugeordnet sind:

HAUSHALTS-FAMILIE und FAMILIEN-HAUSHALT als sozialräumlich konzentrierte Systeme von Aktivitäten

Aktivitätsinhalte / Aktivitätsformen	familiale Aktivitäten	ökonomische Aktivitäten
Arbeiten	Gebären, Kinderpflege etc.	Gartenbau, Kochen, Hausputz etc.
Herstellen	Eigenhändiges Zimmern einer Gartenlaube für das Tête-à-Tête, Basteln von Kinderspielzeug etc.	Schreinern eines Tisches, Häkeln einer Tischdecke etc.
Handeln	Eheversprechen, Kinderermahnung etc.	Vereinbarung von Gütertrennung, Beratung über Vorratshaltung etc.

Jede der Kombinationen von Aktivitätsformen und -inhalten umfaßt in der Alltagswirklichkeit ein breites Spektrum von konkreten Tätigkeiten. Das Spektrum dieser konkreten Tätigkeiten läßt sich in mehrfacher Hinsicht gliedern. Mit Bezug auf die eingangs formulierte Fragestellung – bezüglich des Beitrags privater Haushalte zur Lösung aktueller sozialer und wirtschaftlicher Probleme – sind folgende Differenzierungen von besonderer Bedeutung:

a) Auf der Ebene haushaltsmäßiger Aktivitäten: das Ausmaß ihrer örtlichen Konzentration bzw. Dekonzentration. Hier reicht das Spektrum der Merkmalsausprägungen von der dauerhaften Konzentration aller (ökonomischen und familialen) Aktivitäten an einem einzigen Wohnsitz bis hin zur vorübergehenden oder lang dauernden Dekonzentration der Aktivitäten auf eine Mehrzahl von Wohnsitzen.

b) Auf der Ebene ökonomischer Aktivitäten: die Unterscheidung zwischen subsistenz- und erwerbswirtschaftlichem Arbeiten, Herstellen und Handeln. Hier reicht das Spektrum der Merkmalsausprägungen von unentgeltlichem Produzieren und auf Naturalienaustausch basierendem Konsumieren (gemäß den Grundsätzen der Reziprozität und Solidarität) bis hin zum Tätigsein gegen Entgelt in Verbindung mit der Konsumtion gekaufter Güter (gemäß den Grundsätzen des Äquivalententauschs und der Marktkonkurrenz)[27].

c) Auf der Ebene familialer Aktivitäten: das Ausmaß ihrer Emotionalisierung oder affektiven Neutralisierung. Hier reicht das Spektrum der Merkmalsausprägungen von den auf ‚romantischer Liebe' basierenden Aktivitäten zwischen Mann und Frau sowie den durch ‚Elternliebe' geprägten Tätigkeiten der Kinderbetreuung bis hin zu einem weitgehend emotionsfreien, vom gemeinsamen Interesse an der Nachwuchssicherung oder Besitztradition geprägten Ausführen der Fortpflanzungs- und Aufzuchtaktivitäten.

Die drei skizzierten Spektren von Merkmalsausprägungen bilden die Grundlage für eine Konstruktion variabler Kombinationen der residentiellen,

[27] In diesem Zusammenhang ist an die Unterscheidung von Unterhalts- und Erwerbswirtschaft zu erinnern (so etwa bei *Emge* und *Smolinsky* 1973: 86 und passim.). Statt von Unterhaltsarbeit wird in der ökonomischen Diskussion auch von „Nicht-Marktarbeit" sowie von „Nicht-vermarkteter Arbeitszeit" (in Abgrenzung gegen „Erwerbs- oder Marktarbeit" und gegen „Freizeit") gesprochen; einen Überblick über die aktuelle Diskussion gibt *Krüsselberg* (1981: bes. 152ff.). – Aktivitäten außerhalb der offiziellen Markt- und Staatssphäre werden in der aktuellen Diskussion über alternative Lebensformen zum einen – unter formal-ökonomischem Blickwinkel – als „Schwarzarbeit", „Schattenarbeit" oder „informelle Arbeit" begriffen (so beispielsweise *Gershuny* 1979); zum zweiten werden sie – unter ergänzenden soziologischen und psychologischen Aspekten – als „Eigenarbeit" oder „vernakuläre Tätigkeiten" mit hohem Maß an Selbstbestimmung für die Akteure gewertet (so beispielsweise *Illich* 1981: 11ff., 29ff. und 99ff.7. Dabei wird Selbstbestimmung im Rahmen von Subsistenzaktivitäten primär als Unabhängigkeit von Markt- und Staatszwängen sowie als selbständiges Verfügenkönnen über Ablaufformen, Hilfsmittel und Ergebnisse des Aktivseins verstanden. – Derartige Unterscheidungen sind im Zusammenhang mit drei Grundprinzipien der Bedarfsdeckung zu sehen: Selbstversorgung im Rahmen reziprok-solidarischer Sozialbeziehungen; Staatsversorgung im Kontext hierarchisch geordneter Sozialbeziehungen; und Marktversorgung im Kontext preisregulierter Austauschbeziehungen (vgl. hierzu den Literaturüberblick bei *Hegner* 1981).

ökonomischen und familialen Aspekte des Zusammenlebens. Grob vereinfachend lassen sich zwei Typen von Merkmalskonstellationen unterscheiden: die Haushaltsfamilie und der Familienhaushalt.

Die *Haushaltsfamilie* (z. B. „oikos“, „familia“) ist durch folgende Merkmale gekennzeichnet: a) entweder dauerhafte Konzentration der Haushaltsangehörigen sowie der familialen und ökonomischen Aktivitäten an einem Sitz (beispielsweise in bäuerlichen Haushalten und bei selbständigen Handwerkern) oder aber räumliche Dekonzentration der Haushaltsangehörigen und Aktivitäten (wie etwa in grund- oder gutsherrlichen „Rahmenhaushalten“ und in Adelsfamilien mit einem ländlichen und einem städtischen Wohnsitz); b) Zusammenleben von verwandten und nicht-verwandten Haushaltsmitgliedern (z. B. Bedienstete, Handwerksgesellen, Mitglieder einer Wohngemeinschaft), wodurch sich eine relativ hohe Mitgliederzahl ergeben kann; c) Interdependenz familialer Tätigkeiten und eines breiten Spektrum arbeitender, herstellender und handelnder Aktivitäten der Bedarfsdeckung sowie damit verbundene Fähigkeit zu einer teilweisen Selbstversorgung; d) residentielle Verknüpfung sowie soziale Gleichstellung von erwerbsgerichtetem und unterhaltsgerichtetem Arbeiten, Herstellen und Handeln (Koinzidenz von Arbeits- und Wohnstätte; wechselseitige Abhängigkeit der Haushaltsmitglieder von den gemeinsam – teils durch entgeltliche, teils durch unentgeltliche Aktivitäten – erwirtschafteten Haushaltseinkünften); e) Überwiegen eines auf gemeinsamer Risiko- und Interessenteilung basierenden Zusammengehörigkeitsgefühls (Reziprozität) gegenüber einem auf ‚romantischer Liebe‘ und ‚Elternliebe‘ beruhenden Zusammengehörigkeitsgefühl[28].

Demgegenüber ist der *Familienhaushalt* durch folgende Merkmale gekennzeichnet: a) dauerhafte räumliche Konzentration von Haushaltsangehörigen und -aktivitäten während jener Phasen des Familienzyklus, die von der Heirat bis zum Auszug der erwachsenen Kinder oder – bei kinderlosen Paaren – bis zum Tode der Partner reichen (Ausnahmen von dieser Regel sind, abgesehen von Scheidung oder Trennung, beispielsweise Wochenendpendler mit einem zweiten Haushalt an ihrem Arbeitsort); b) Beschränkung des Kreises der Haushaltsmitglieder auf miteinander verwandte Personen (evtl. einschließlich Adoptivkinder oder Pflegekinder); c) Interdependenz familialer Aktivitäten und eines begrenzten Spektrums primär arbeitsförmiger Subsi-

[28] Diese stichwortartige Beschreibung der Haushaltsfamilie knüpft an Otto *Brunners* Studie an (1968: 103ff.). Im Unterschied zu Brunner wird hier jedoch *nicht* die Auffassung vertreten, als sei die Haushaltsfamilie im Sinne des „ganzen Hauses“ die in vorindustrieller Zeit überwiegende Haushalts- und Familienform gewesen. Neuere sozialhistorische Forschungsergebnisse machen deutlich, daß es sich bei dem „ganzen Haus“ lediglich um eine von vielen vorindustriellen Formen des alltäglichen Zusammenlebens handelte (vgl. die zitierten Arbeiten von *Laslett* 1972 und von *Mitterauer* 1979 sowie von *Imhoff* 1981.

stenztätigkeiten bei gleichzeitiger räumlich-sozialer Ausdifferenzierung der Erwerbsaktivitäten sowie damit verbundener Begrenztheit der Fähigkeit zur Selbstversorgung; d) Umsetzung eines aushäusig erzielten Erwerbseinkommens in häusliche Konsumtionsprozesse, verbunden mit solchen Subsistenztätigkeiten, die sich schlecht ‚vermarkten' lassen (z. B. Kinder- und Krankenpflege) oder die dem dominierenden Geldeinkommen ein bescheidenes Naturalieneinkommen beifügen (z. B. durch Gartenbau); e) Dominanz inter-personaler Beziehungen mit emotionaler Färbung (z. B. ‚romantische Liebe', sexuelle Attraktivität, ‚Elternliebe') gegenüber Beziehungen zwischen Personen und Sachen (z. B. gemeinsames Streben nach Erhaltung oder Vermehrung des Haushalts- und Familieneigentums).

Die Dichotomie zwischen Haushaltsfamilie und Familienhaushalt beschreibt lediglich zwei von vielen Konstellationen, die sich aus der Kombination residentieller, ökonomischer und familialer Merkmalsausprägungen ergeben können. Sie sollte auf keinen Fall als eine Typologie mißverstanden werden, die den Anfangs- und Endpunkt einer historischen Entwicklung – von vorindustriellen zu industriellen Formen des Zusammenlebens – bezeichnet. Vielmehr haben neuere sozialhistorische Forschungen gezeigt, daß der Familienhaushalt schon lange vor der industriellen Revolution eine weitverbreitete Form des Zusammenlebens gewesen ist – insbesondere in den größeren Städten, aber auch bei den ärmeren Bevölkerungsschichten in Kleinstädten und auf dem flachen Lande[29]. Um die historische Entwicklung von Familie und Haushalt angemessen verstehen zu können, ist es notwendig, *nicht-dichotome Typologien* zu entwickeln, mit deren Hilfe sich mehr als zwei Konstellationen residentieller, ökonomischer und familialer Merkmale erfassen lassen. Eine derart differenzierte Betrachtungsweise ist die begrifflich-theoretische Voraussetzung dafür, Entwicklungen zukünftiger Formen des Zusammenlebens in Haushalt und Familie begreifen und rechtzeitig voraussehen zu können.

[29] In diesem Zusammenhang muß nochmals an die Unterscheidung zwischen dem primär rechtlich und ökonomisch (vor allem grund- und besitzrechtlich) abgegrenzten „Rahmenhaushalt" einerseits und einzelnen primär sozial-räumlich abgrenzbaren „Gliedhaushalten" andererseits erinnert werden; vgl. *Mitterauer* (1979: 31); *Egner* (1976: 48 ff.). Wenn man moderne Formen des Familienhaushalts mit vorindustriellen Formen der Haushaltsfamilie vergleicht, dann ist dieser Vergleich lediglich auf der Ebene von ‚Gliedhaushalten' sinnvoll, wobei ein Teil der vorindustriellen Gliedhaushalte in vielerlei Hinsicht einem Familienhaushalt ähnelte (z. B. Beschränkung auf verwandte Mitglieder); Wahrnehmung der entgeltlichen Bedarfsdeckungstätigkeiten (z. B. als Landarbeiter außerhalb der eigenen Wohnstätte).

2.6. Gewichtsverlagerungen arbeitender, herstellender und handelnder Aktivitäten zwischen Haushalt, Markt und Staat

Haushaltsfamilie und Familienhaushalt als zwei Konstellationen des Residentiellen, Familialen und Ökonomischen beinhalten zugleich unterschiedliche Schwerpunkte und Verknüpfungen der drei Aktivitätsformen: a) In der *Haushaltsfamilie* haben arbeitende, herstellende und handelnde Aktivitäten ein annähernd gleiches Gewicht. Zwar kann sich innerhalb der Gruppe der Haushaltsangehörigen eine Aufteilung der Aktivitäten derart ergeben, daß einzelne Mitglieder vorrangig entweder arbeiten oder herstellen oder handeln, jedoch sind diese Aktivitäten – bezogen auf den Haushalt – zum einen eng miteinander verknüpft und zum zweiten konstitutiver Bestandteil sowohl der gemeinsamen Bedarfsdeckung als auch der Gattungserhaltung. b) Demgegenüber ist der *Familienhaushalt* durch eine weitgehende Ausklammerung herstellender Aktivitäten gekennzeichnet. Die Haushaltsangehörigen leisten ihren Beitrag zur Bedarfsdeckung und zur Gattungserhaltung primär in Form des Arbeitens und Handelns. Allerdings können herstellende Aktivitäten (z. B. Basteln, nicht-erwerbsmäßiges künstlerisches Schaffen) ohne Bezug zur Subsistenzsicherung (also beispielsweise als Hobby) vorkommen.

Auch diese Gegenüberstellung von Haushaltsfamilie und Familienhaushalt sollte *nicht* als gedankliches Instrument zur Rekonstruktion einer unilinearen historischen Entwicklung mißverstanden werden. Sie ist nichts weiter als ein heuristisches Hilfsmittel, dessen Anwendung weder eine unilineare noch eine zyklische Sichtweise des historischen Wandels präjudizieren soll. Allerdings könnte eine detailliertere sozialhistorische Analyse zeigen, daß die These von der „Kontraktion" und vom „Funktionsverlust" der Haushaltsfamilie (vgl. Abschn. 2.1.) in modifizierter Form ihre Berechtigung erhält, wenn man Gewichtsverlagerungen sowie Änderungen der Ausprägungen der einzelnen Aktivitätsformen zugrunde legt. In diesem Zusammenhang wären dann auch Aktivitätsverlagerungen zwischen Haushalt, Markt und Staat, also zwischen Selbst- und Fremdversorgung, zu berücksichtigen. Hierzu einige Andeutungen:

Prinzipiell läßt sich, selbst unter den Bedingungen unserer gegenwärtigen Gesellschaft, fast jede familiale Aktivität auch als nicht-haushaltsmäßige ökonomische Aktivität, also als Bestandteil der Erwerbswirtschaft vorstellen und vorfinden. So kann die Arbeit der Kinderpflege einem Hort übertragen werden; das Herstellen des Kinderspielzeugs kann in Bastelstuben oder Fabriken gegen Bezahlung erfolgen; und das Eheversprechen kann berufsmäßig und aus Gewinnstreben erfolgen. Umgekehrt können Aktivitäten des Arbeitens, Herstellens oder Handelns, die im Rahmen der erwerbswirtschaftlichen Bedarfsdeckung stattfinden, bei Veränderung des sozialen Kontexts als haushaltsbezogene Aktivitäten mit familialer Komponente betrieben werden. So kann die berufsmäßige Köchin nach der Heirat im eigenen Haushalt unentgeltlich für Mann und Kinder kochen; die Herstellung bestimmter Gebrauchsgegenstände kann – beispielsweise aus Kosten- oder Qualitätsgründen – auf Beschluß der Familienangehörigen vom Markt in den Haushalt (zurück-)verlagert werden; und die Bewältigung psychischer Krisen oder sozialer Spannungen kann, wenn man erst einmal schlechte Erfahrungen mit dem professionellen Handeln des Psychiaters, Sozialarbeiters oder Eheberaters gemacht hat, wieder in den Familienhaushalt (zurück-)verlagert und durch unentgeltliches Handeln (Sprechen, Beschließen) geleistet werden.

Dabei ist es durchaus eine offene Frage, welche Aktivitätsformen und Aktivitätsinhalte in den vergangenen 200 Jahren *schwerpunktmäßig* aus dem Familienhaushalt ausgelagert und auf Markt und Staat übertragen worden sind. Verläßliche Antworten auf diese Frage lassen sich nur geben, wenn man zum einen zwischen Familienhaushalten einzelner Sozialschichten und zum zweiten zwischen den einzelnen Phasen des Familienzyklus differenziert.

Hierzu einige Beispiele[30]: In der gehobenen und mittleren Mittelschicht wurden Teile des häuslichen *Arbeitens* schon seit dem 19. Jahrhundert – ähnlich wie bereits früher bei der Oberschicht – auf Erwerbsarbeitskräfte (Kindermädchen, Köchin, Gärtner usw.) übertragen, während in den Unterschichten der Großteil der Hausarbeit unentgeltlich von den Frauen geleistet wurde. Nach dem 1. Weltkrieg wurden in den bessergestellten Mittelschichthaushalten wachsende Anteile der häuslichen Arbeit entweder auf erwerbswirtschaftliche Dienstleistungsunternehmen (z. B. Wäschereien) übertragen oder maschinell erledigt (z. B. durch Waschmaschinen). Seit den 50er Jahren können sich auch Unterschichthaushalte bei der Hausarbeit zunehmend auf Maschinen stützen. Ein Teil der Arbeiten wird marktmäßig, also außerhalb des Haushalts, geleistet, während innerhalb des Haushalts nur noch eine Weiterverarbeitung stattfindet (z. B. bei Fertiggerichten und vorfabriziertem Kuchen).

Herstellende Aktivitäten gehen im Verlaufe der Industrialisierung bei fast allen Haushalten, allerdings mit schichtspezifischen Zeitverschiebungen, von der häuslichen Selbstversorgung auf die Marktversorgung über. Teilweise werden die Produkte völlig losgelöst vom Haushalt in gewerblichen Unternehmen hergestellt und innerhalb des Haushalts lediglich verbraucht (z. B. Kleidung); teilweise werden sie aber auch innerhalb des Haushalts weiterbearbeitet (z. B. in Form der Zubereitung oder Zusammensetzung von vorfabrizier-

30 Historische und gegenwartsbezogene Belege für die folgenden Ausführungen finden sich bei: *Shorter* (1976: 224ff., 255ff.); *Engelsing* (1978: 26 – 50); *Ottmüller* (1978: 39ff., 46ff.); *Kittler* (1980: 15ff., 26ff., 65ff., 76ff.); *Oakley* (1976: 54ff.); *Dittmer* und *Haberding* (1977); *Sonntag* (1975). – Aus Platzgründen können die Ergebnisse dieser verschiedenen Studien im folgenden nur bruchstückhaft und stark vereinfacht präsentiert werden.

ten Mobiliarteilen). Infolge der technisierten Fertigungsverfahren wird das frühere Herstellen hinsichtlich seines Ablaufs und der psychosozialen Distanz der Tätigen zu den Produkten immer mehr zum Arbeiten[31]. Gegenläufige Tendenzen zeichnen sich seit einigen Jahren im Kontext der ,Do-it-yourself-Bewegung' ab. Dabei scheint allerdings die Rückverlagerung von Reparatur- und Verschönerungsarbeiten in den Familienhaushalt weiter verbreitet zu sein als die eigentliche Herstellung von Gebrauchsgegenständen, Spielsachen und Laienkunstwerken[32]. Zeit für herstellende Aktivitäten dürften sich in der Regel vor allem junge Paare (z. B. beim Eigenheimbau), aus dem Erwerbsleben Ausgeschiedene sowie junge Eltern nehmen, die entweder aus finanziellen Gründen oder aus wiederentdeckter Freude am Herstellen Gebrauchs- und Kunstgegenstände oder Spielzeug fertigen[33]. – Es spricht einiges für die Annahme, daß Faktoren wie Größe des Haushaltsbudgets, Art des ausgeübten Berufs, Wohnsituation, Lebensalter und Phase im Lebenszyklus das Ausmaß des Engagements in nicht-erwerbsmäßigen herstellenden Aktivitäten beeinflussen.

Das zuletzt Gesagte gilt auch für das *Handeln.* Das Ausmaß des *ökonomischen* Disponierens im Rahmen des Familienhaushalts hängt davon ab, wieviel „Masse" zur Disposition steht. Abgesehen von Familienbetrieben (Kleinunternehmen) und Freiberuflern, bei denen die Grenzen zwischen Unterhalts- und Erwerbswirtschaft bisweilen fließend sein können, beschränkt sich das ökonomische Disponieren heute in der Mehrzahl der Haushalte auf die Ein-

[31] Der oft betonte Schwund früherer ökonomischer Funktionen und Aktivitäten des Familienhaushalts ist m. E. *nicht primär* als ein Schwund arbeitender Tätigkeiten, sondern in erster Linie als eine Auslagerung herstellender Aktivitäten zu begreifen. Die begrifflich-theoretische Vermischung dieser beiden Aktivitätsformen dürfte einer der Gründe für die immer wieder geführten Diskussionen über die „Produktivität" oder „Unproduktivität" häuslichen Tätigseins sein; vgl. hierzu: *Veblen* (1970: 67 ff.); *Bahrdt* (1966: 80 – 96); *Egner* (1976: 311 ff.); *Dittmer* und *Haberding* (1977). Auch wenn Egner darin zuzustimmen ist, daß die Bedienung von Haushaltsmaschinen und die Verwendung von Halbfabrikaten ebenso zur Mehrung des volkswirtschaftlichen Wohlstandes beiträgt wie erwerbsmäßige Dienstleistungen, bleibt dennoch festzustellen, daß es sich um routineförmiges Arbeiten und nicht etwa um schöpferisch-produktives Herstellen handelt; vgl. *Arendt* (1981: 80 ff.); *Ostner* (1978: 13 ff., 104 ff., 116 ff.).

[32] Zu den ökonomischen Ursachen sowie zu den Erscheinungsformen dieser Rückverlagerung von Aktivitäten vom Markt in den Haushalt siehe: *Skolka* (1976: 279 – 301); *Marien* (1978); *Gershuny* (1979); *Schmucker* (1980: 143 ff., 250 ff.); *Joerges* (1981). Zu den Auswirkungen auf die Freizeit siehe: *Andritzky* (1977).

[33] Vermutungen und erste empirische Daten, die in diese Richtung weisen, finden sich bei: *Burns* (1975a: 116 ff., 242 ff.); *Gorz* (1980: 8 – 28 und 29 – 43); *Ebert* (1980: 131 – 149).

teilung der Hausarbeit und auf Entscheidungen über die Verwendung des Geldeinkommens[34].

Weit größeres Gewicht dürfte demgegenüber auch heute noch dem *nicht-ökonomischen* Handeln zukommen, also beispielsweise dem Gespräch zwischen Eltern und Kindern, den Beratungen der Eltern über die Gestaltung der Zukunft des Nachwuchses, den Geheimniskrämereien zwischen Geschwistern oder den Liebes- und Vertrauensbezeugungen zwischen Mann und Frau. Seit Rousseaus „Emile" und Hegels Kapitel über die Familie in seiner „Rechtsphilosophie" ist immer wieder darauf hingewiesen worden, daß das Gewicht des – gefühlsbetonten – Handelns in der neuzeitlichen Familie stark zugenommen hat. Stichwortartig wiederholt seien die Hinweise auf Elternliebe, Gattenliebe, Intimität oder häusliche Gemütlichkeit. Diese *neuzeitliche* Gewichtszunahme handelnder Aktivitäten zwischen den familial verbundenen Mitgliedern des Haushalts muß bedacht werden, wenn mit Bezug auf die Familienhaushalte der *gegenwärtigen* Industriegesellschaften Anzeichen einer relativen Abnahme der intra-familialen Fähigkeit und Bereitschaft zum Handeln festgestellt werden[35]. Möglicherweise sind hier im Verlaufe der letzten 150 Jahre zu hohe Erwartungen an den Familienhaushalt herangetragen worden, dessen Mitglieder sich heute – zumindest teilweise – außerstande sehen, alle die psychosozialen Bedürfnisse zu befriedigen, die früher entweder nicht in diesem Ausmaß vorhanden waren oder aber zum Teil außerhalb des Haushalts (z. B. im Nachbarschaftskontext) befriedigt wurden.[35a]

Dabei dürfen weder im historischen Rückblick noch bei der Gegenwartsdiagnose Veränderungen, die teils schichtspezifisch sind und teils mit dem Familienzyklus variieren, übersehen werden[36]. Hierzu einige Illustrationen: Bereits seit dem Beginn der Industrialisierung sind Frauen aus der *Unterschicht* stärker in das aushäusige Erwerbsleben eingebunden als *Mittelschicht*frauen, die erst im Zuge der ‚Emanzipationsbewegung' verstärkt auf den

[34] Den diesbezüglichen Problemen hat sich in den letzten Jahren ein Teil der Verbraucherforschung zugewandt, wobei zu bedenken ist, daß mit der Technisierung der Haushalte Kaufentscheidungen immer häufiger betrieblichen Investitionsentscheidungen ähneln. Siehe hierzu: *Schmölders* (1971: 43ff., 48ff.); *Beier* (1978); *Scherhorn* (1980: 108ff.); *Joerges* (1981: 177ff.).

[35] Auf solche Defizite der modernen Familie verweisen insbesondere (Sozial-)Psychiater; vergleiche statt anderer: *Richter* (1972); *Pflüger* (1975).

[35a] Auf die Gefahren einer „gewaltig übertriebene(n) Intimität" für die Stabilität familialer Beziehungen hat *Thomas* bereits in den dreißiger Jahren hingewiesen (1965: 254ff.).

[36] Auf schichtspezifische Unterschiede zwischen familialen Kommunikations- und Sozialisationsmustern verweisen beispielsweise: *Gottschalch, Neumann-Schönwetter* und *Soukup* (1975: 82ff., 94ff.); *Milhoffer* (1973: 177ff.); zahlreiche Hinweise auf den Zusammenhang zwischen Personen-Konstellationen und Mustern des sozialen Handelns im Verlaufe der einzelnen Phasen des Familienzyklus enthält das Buch von *Rodgers* (1973).

Arbeitsmarkt drängen[37]. Mit der Erwerbstätigkeit der Frau schrumpft die verfügbare Zeit für familiales Handeln, – zumal dann, wenn die erwerbsfreie Zeit wegen fehlender Unterstützung durch den Mann weitgehend von Hausarbeit und physischer Regeneration absorbiert wird. Eine Begleiterscheinung der schwindenden Potentiale familialen Handelns ist die wachsende Inanspruchnahme von Erziehungs- und Eheberatungsstellen, von Psychiatern und Sozialarbeitern sowie von professionell organisierten Freizeitangeboten[38]. Auch im psychosozialen Bereich scheint also ein Übergang von der Selbst- zur Fremdversorgung stattzufinden, wobei schichtspezifische Unterschiede in der Nutzung personaler Dienstleistungsangebote zu berücksichtigen sind.

Was den *Familienzyklus* betrifft, so konzentriert sich emotional gefärbtes Handeln zwischen Mann und Frau stärker auf die früheren als auf die späteren Phasen des Zusammenwohnens. Des weiteren verliert das Handeln der Eltern im Umgang mit dem Nachwuchs an – zumindest relativer – Bedeutung, sobald Spielgefährten, die ‚erste Liebe' oder Studienkollegen für die Kinder wichtigere Interaktionspartner sind als die Eltern. Hinzu kommt eine kommerziell betriebene Herauslösung der Kinder und Jugendlichen aus dem Familienhaushalt, damit auch schon die Jüngsten ihr Taschengeld in Kinos, Spielhallen, Diskos und Ferienclubs abliefern können[39].

Diese wenigen Andeutungen über die Verlagerung von arbeitenden, herstellenden und handelnden Aktivitäten zwischen Selbstversorgung im Familienhaushalt einerseits und Fremdversorgung durch Markt oder Staat andererseits beanspruchen weder Vollständigkeit noch systematische Stringenz. So wäre beispielsweise bei einer differenzierten Analyse die Gegenüberstellung von Selbstversorgung im Haushalt und Fremdversorgung durch Markt oder Staat unter Rückgriff auf genossenschaftliche Formen der Bedarfsdeckung zu relativieren.

[37] Einen knappen Überblick über diese Entwicklung gibt *Brinker-Gabler* (1979: 14 ff.).

[38] Hinweise zu dieser Verlagerung eines Teils familialer Aktivitäten auf professionelle Dienste finden sich bei: *Richter* (1972: 29 ff., 45 ff., 120 ff.); *Zweiter Familienbericht* (1975: 121 ff., 126 ff.). – In den aktuellen Diskussionen über Alternativen zur Markt- und Staatsversorgung im Bereich des Handelns findet der Familienhaushalt weit weniger Beachtung als beispielsweise „Wohngemeinschaften" oder „Selbsthilfegruppen", was *Gross* (1981: 456 ff.) einleuchtend mit der seit Jahrzehnten stattfindenden „pädagogischen Diskreditierung" der Familie durch Professionelle erklärt.

[39] Aspekte der Kommerzialisierung und Organisierung der Freizeit Jugendlicher behandelt beispielsweise *Clausen* (1976: 122 ff.); zur Bedeutung familialer und professioneller Freizeitangebote in Abhängigkeit von den Phasen des Lebenszyklus siehe auch: *Rapoport* und *Rapoport* (1975: 31 ff., 190 ff., 210 ff. und 321 ff.).

Die vorangehende Skizze dient lediglich dazu, einen Forschungsansatz zu illustrieren, der auf die Untersuchung verschiedenartiger Konstellationen familialen und ökonomischen Arbeitens, Herstellens und Handelns innerhalb bestimmter sozialräumlicher Rahmenbedingungen gerichtet ist. Nur durch ausreichend komplexe begrifflich-theoretische Raster kann die Gefahr vermieden werden, daß die Sozialwissenschaften mit ihren ‚Erkenntnissen' wieder einmal weit hinter der tatsächlichen gesellschaftlichen Entwicklung herhinken. Zugleich muß vor dem Hintergrund neuerer sozialhistorischer Forschungsergebnisse die evolutionistische Annahme über die Schrumpfung der vorindustriellen Haushaltsfamilie zum modernen Familienhaushalt überwunden und durch größere Offenheit für mögliche zukünftige Entwicklungen ersetzt werden. Folgt man *Alvin Tofflers* Prognosen in „The Third Wave" (1981), dann wird der private Haushalt der Zukunft mehr Ähnlichkeit mit einer Haushaltsfamilie als mit einem Familienhaushalt haben. Zumindest könnten beide Haushaltsformen gleichberechtigt nebeneinander stehen, – falls heute noch vorhandene Hemmnisse auf seiten des Rechtssystems und der sozialen Infrastruktur (z. B. im Wohnbereich) beseitigt werden.

3. Elemente einer soziologischen Theorie sozialpolitischer Intervention

Franz-Xaver Kaufmann

Das herkömmliche Politikverständnis geht mit einer gewissen Selbstverständlichkeit davon aus, daß Politik die Ziele, die sie sich gesteckt hat, auch zu erreichen vermöge, sofern die für die Zielerreichung erforderlichen Mittel tatsächlich aufgewendet werden. Erst seit Anfang der 60er Jahre beginnt sich – zunächst in den USA, seit 1969 auch in der Bundesrepublik – ein neuartiges Politikverständnis durchzusetzen, für das die *Bewirkbarkeit* von politisch erwünschten Wirkungen ein *Problem* darstellt. Politik wird nun nicht mehr bloß handlungstheoretisch – als Verhältnis von Lage, Ziel(en) und Maßnahme(n) – rekonstruiert, sondern systemtheoretisch als mehrstufiger, durch ein erhebliches Maß an Kontingenz zwischen den einzelnen Phasen zu kennzeichnender „politischer Prozeß" verstanden. Sozialwissenschaftlichen Ausdruck findet diese neue Politikauffassung in zahlreichen Forschungsrichtungen, die hier nur stichwortartig erwähnt seien: Policy-Sciences, Social-Indicator-Movement, Evaluation-Research, Implementation-Research usw.[1]. Diese Forschungsrichtungen setzen im Regelfall die Isolierbarkeit von politischen Einzelprozessen (bzw. „politischen Programmen") voraus, eine ebenfalls noch stark vereinfachende Vorstellung, die man in jüngster Zeit durch komplexere Vorstellungen interdependenter politischer Prozesse und Programme abzulösen sucht.

Diese Entwicklung ist nicht auf Fortschritte des wissenschaftlichen Politikverständnisses zurückzuführen, sondern auch auf reale Veränderungen im

[1] Die Aufzählung der englischen Begriffe soll darauf aufmerksam machen, daß der Ursprung dieser Bewegung anwendungsbezogener Sozialwissenschaft in den Vereinigten Staaten liegt. Die Rezeption der amerikanischen Ansätze in Kontinental-Europa berücksichtigt häufig zu wenig die unterschiedlichen institutionellen Voraussetzungen von Politik, welche im Bereich der Sozialpolitik besonders markant sind. So sind in den Vereinigten Staaten die meisten sozialpolitischen Gesetze von vornherein zeitlich befristet und daher in weit höherem Maße revidierbar als in der Bundesrepublik. Auf diese Unterschiede kann im folgenden nicht systematisch eingegangen werden, doch bilden die europäischen, insbesondere die deutschen Verhältnisse den primären Erfahrungshintergrund dieses theoretischen Versuchs.

Zusammenhang von Politik. Die epochale Ausweitungstendenz der Staatstätigkeit im 20. Jahrhundert führt zu einem fortschreitenden Größenwachstum staatlicher Administration und in der Folge zu Steuerungs- und Koordinationsproblemen, welche die herkömmliche Kapazität politischer Willensbildung sprengen. Sodann bewirkt das Wachstum der Staatstätigkeit mit Bezug auf bestimmte Einwirkungsfelder auch eine Erhöhung der Interventionsdichte und damit der realen Interdependenz politischer Maßnahmen, deren Wirkungen immer häufiger in unkontrollierter Weise sich verstärken oder neutralisieren. Auf diese Weise werden die Wirkungsketten realer politischer Prozesse einerseits immer länger und andererseits immer unübersichtlicher. Das Politikmodell *eines* politischen Akteurs, der sich „Ziele setzt", „Maßnahmen beschließt" und dadurch „politisch beabsichtigte Wirkungen" erzielt, entspricht den historischen Verhältnissen absoluter Fürstenherrschaft, aber auch wenn man die Vorstellungen auf die Entscheidungen demokratisch gewählter Parlamente ausdehnt, ist sie durch die Wirklichkeit längst überholt. Der Spielraum innovativer, zielorientierter Politik wird nicht nur durch das Spiel der Interessen und entgegenstehende Machtverhältnisse, sondern im zunehmenden Maße durch die Konsequenzen früherer politischer Entscheidungen eingeengt.

Der sozialwissenschaftlichen Beschäftigung mit Politik scheint sich in dieser Situation eine große Chance zu bieten. Der Koordinationsbedarf praktischer Politik erheischt Übersicht und neue Verfahren; er erfordert Systematisierung und Generalisierung, die Entwicklung komplexerer Vorstellungen über die im politischen Geschäft wirksamen Zusammenhänge sowie über die Eigenschaften der verschiedenen Sachbereiche, auf die politische Maßnahmen einwirken. Der entstandene Bedarf an Politikberatung sollte – so läßt sich vermuten – den einschlägigen Wissenschaften neue Impulse zu Theoriebildung und empirischer Forschung geben. Auch wenn man die (in Berücksichtigung politischer Instrumentalisierungsinteressen durchaus berechtigten) Widerstände innerhalb des Wissenschaftssystems gegen anwendungsorientierte Forschung in Rechnung stellt, bleibt der bisherige Ertrag sozialwissenschaftlicher Beschäftigung mit Politik enttäuschend. Zwischen kritischer Attitüde bzw. hochabstrakten Systematisierungsversuchen auf der Theorieseite und bloß induktiven Verallgemeinerungsversuchen auf der Empirieseite bleibt ein weites Feld offen, das sich durch den Begriff *anwendungsbezogene Grundlagenforschung* bezeichnen läßt. Ziel anwendungsbezogener Grundlagenforschung ist es nicht, einen unmittelbaren Beitrag zur Lösung praktischer Probleme zu leisten, sondern die theoretischen, d. h. begrifflichen und methodischen Voraussetzungen dafür zu schaffen, daß konkrete Formen wissenschaftlicher und praktischer Empirie zur rationalen Problemlösung eingesetzt werden können[2].

[2] Zur Abgrenzung von Grundlagenforschung, angewandter Forschung und anwendungsbezogener Grundlagenforschung vgl. *Kaufmann/Lohan* (1977: 280 ff.). Zum

Der geringe Ertrag sozialwissenschaftlicher Erklärungs- und Systematisierungsleistungen politisch-administrativer Praxis ist nicht in erster Linie durch Forschungsabstinenz zu erklären, sondern durch die Tücken des Forschungsfeldes selbst. Damit sind nicht die bekannten Widerstände von Organisationen und ihren Angehörigen gemeint, sich von Außenstehenden „beforschen" zu lassen; die „Tücke des Objekts" liegt vielmehr in seiner bereits erwähnten realen Komplexität, d. h. Vielfältigkeit und Interdependenz. Es ist offensichtlich sehr schwierig, zwischen den von der politisch-administrativen Praxis hervorgehobenen Besonderheiten aller Einzelfälle und der Allgemeinheit einer Theorie *des* „politischen Prozesses" eine *mittlere Abstraktionslage* zu finden, welche gleichzeitig den abstrahierenden Einsatz sozialwissenschaftlicher Konzepte zur Rekonstruktion der Wirklichkeit *und* die kognitive Vermittlung zu praxisrelevanten Problemstellungen gestattet. Die folgenden Überlegungen zur soziologischen Konzeptualisierung von Sozialpolitik und zur Systematisierung sozialpolitischer Interventionsformen stellen einen Versuch dar, in dieser Richtung weiterzukommen[3].

3.1. Sozialpolitische Intervention als Gegenstand soziologischer Theorie

Im Unterschied zum angelsächsischen und französischen Sprachraum hat das Wort und der Wissenschaftsbereich „Sozialpolitik" bereits eine über 100jährige Tradition, so daß über die wissenschaftliche Dignität des Gegenstandes wenig Worte erforderlich scheinen. Aber die vielfältigen und stets erneuten Versuche einer Bestimmung des Begriffs „Sozialpolitik" sollten eher zur Vorsicht mahnen. Was ist das Gemeinsame, das uns berechtigt, gerade Sozialpolitik (und nicht etwa Gesellschaftspolitik oder Innenpolitik bzw. Familien-, Gesundheits-, Sozialversicherungs- oder Bildungspolitik usw.) zum Ausgangspunkt anwendungsbezogener soziologischer Theoriebildung zu machen? Die wesentlichen Argumente können hier nur stichwortartig aufgeführt werden.

hier nicht angesprochenen, aber in diesem Zusammenhang selbstverständlich mit zu bedenkenden Problem der Vermittlung sozialwissenschaftlichen Wissens in politische Handlungskontexte vgl. *Kaufmann* (1977a: 48ff.).

3 Der vorliegende Beitrag soll eine Reihe theoretischer Annahmen zur Systematisierung der sozialpolitischen Interventionsformen explizieren, die bereits in früheren Arbeiten angedeutet wurden (vgl. *Kaufmann* 1977c: 390f.; *Kaufmann* et al. 1980: 41ff.). Sein thesenförmiger Entwurf führte zu einer für mich sehr fruchtbaren Diskussion im Rahmen der Studiengruppe „Staatliche Sozialpolitik und nicht-professionelle Sozialsysteme". Kritische Anregungen von Teilnehmern an der damaligen Diskussion spiegeln sich auch in einigen Beträgen dieses Bandes; die nachfolgenden Formulierungen suchen diesen Einwänden in einigen Punkten Rechnung zu tragen.

1. Wortgeschichtlich taucht der Begriff „Social-Politik" um die Mitte des vorigen Jahrhunderts im Kontext der entstehenden Social-Wissenschaft auf, um die „Vermittlung" von „marktgesellschaftlicher ‚Privatsphäre' und rechtsstaatlicher ‚Öffentlichkeit'" zu bezeichnen (vgl. *Pankoke* 1970: bes. 177 ff.). Der Begriff hat also bereits historisch einen explizit gesellschaftstheoretischen Bezug.

2. Der Begriff ist in Wissenschaft und Praxis eingebürgert und hat gerade im letzten Jahrzehnt auch in der Praxis (z. B. durch den Einbezug „kommunaler Sozialpolitik") eine Ausweitung erfahren, die ihn nach einer zeitweisen Verengung auf den Bereich der sozialen Sicherung wiederum dem wissenschaftlichen Begriffsumfang annähert. Auch hat er sich in den letzten 20 Jahren international durchgesetzt.

3. Der Begriff verweist auf eine mittlere Abstraktionsebene der Politikbetrachtung. Er ist weder so allgemein wie „Politik" oder „Gesellschaftspolitik" noch so konkret wie die durch institutionelle Grenzen unmittelbar identifizierbaren Teilbereiche wie „Familie", „Jugend", „Arbeitsschutz", „Bildung" oder „Gesundheit".

4. Es lassen sich für die verschiedenen Teilbereiche von „Sozialpolitik" *gemeinsame* soziologische Merkmale namhaft machen, welche eine theoretische Rekonstruktion auf diesem Niveau rechtfertigen.

Die Begründung dieses letzten Arguments führt unmittelbar zum Gegenstand dieser Überlegungen.

Die Vielfalt dessen, was sich historisch als Sozialpolitik darbietet[4] wird von der Rechtswissenschaft im wesentlichen unter den Rubriken „Arbeits- und Sozialrecht", von der Nationalökonomie unter den Rubriken „Verteilungspolitik" oder „Transferökonomie" abgehandelt. Im Bereich der Politikwissenschaft und der Soziologie scheint sich „Sozialpolitik" als Gebietsbezeichnung einzubürgern, ohne daß schon von einer allgemein anerkannten theoretischen Perspektive – der verteilungstheoretischen im Bereich der Wirtschaftswissenschaften vergleichbar[5] – die Rede sein könnte.

3.1.1. Von der normativen zur wirkungsanalytischen Perspektive

Vergleicht man die vorliegenden soziologischen und politikwissenschaftlichen Ansätze[6] so besteht zunächst weitgehende Übereinstimmung dahingehend, daß

[4] Überblicke geben für Deutschland *Gladen* (1974) und *Lampert* (1980: 35 ff.). Zur internationalen Entwicklung vgl. insbesondere *Heclo* (1974) und *Flora/Heidenheimer* (Hrsg.) (1981).

[5] Zur verteilungstheoretischen Perspektive vgl. *Liefmann-Keil* (1961); *Griliches* et al. (1978).

[6] Einen Überblick über die deutschsprachigen, z. T. konkurrierenden, z. T. sich ergänzenden Ansätze bieten die Beiträge in *Murswieck* (Hrsg.) (1976) und *von Ferber/Kaufmann* (Hrsg.) (1977).

„Sozialpolitik" als Teil oder Bereich *staatlicher* Politik konzipiert wird. Dies ist insofern nicht selbstverständlich, als es – historisch gesprochen – Sozialpolitik mit dem Verhältnis von „Staat" und „Gesellschaft" (im Sinne der Hegel'schen Tradition) zu hat und die Rede von „betrieblicher" oder „kommunaler" Sozialpolitik auf außerstaatliche Träger sozialpolitischer Maßnahmen verweist. In der Tat gehört es zu den systematisch relevanten empirischen Merkmalen der deutschen Sozialpolitik, daß hier staatlich dekretierte Maßnahmen in hohem Umfange durch nichtstaatliche und d. h. gegenüber staatlichen Instanzen nicht-weisungsgebundene Träger (Sozialversicherung, Verbändewohlfahrt, Kommunen u. a. m.) durchgeführt werden[7] und das Verhältnis von staatlicher und „gesellschaftlicher" Steuerung *umstritten* ist.

Dennoch scheint es nicht zuletzt aus diesem Grunde sinnvoll, im Rahmen eines theoretischen Ansatzes den Staat als Ausgangspunkt und politischen Umschlagspunkt von Sozialpolitik anzunehmen, da auf diese Weise das umstrittene Maß staatlicher Steuerung als Beziehung des Staates zu anderen „Trägern" von Sozialpolitik (und zu den hinter ihnen stehenden gesellschaftlichen Interessen) konstruiert werden kann[8].

Wodurch unterscheidet sich jedoch Sozialpolitik von anderen Formen staatlicher Politik? Was rechtfertigt ihre gesonderte Betrachtung? Hier gehen die Auffassungen – wie die vielfältigen Definitions- und Interpretationsversuche von Sozialpolitik zeigen – unter den Autoren weit auseinander.

Ohne die Begriffsdiskussion hier im einzelnen aufzunehmen, lassen sich m. E. im wesentlichen folgende Grundorientierungen unterscheiden:

1. Maßnahmenorientierte Abgrenzungen: Sie finden sich am häufigsten in der praxisnahen Literatur und orientieren sich überwiegend an institutionellen Zuständigkeiten. Sie sind für die Theoriebildung nur als empirischer Prüfstein der Tauglichkeit abstrahierender Gesichtspunkte relevant.

2. Ziel- bzw. wertorientierte Abgrenzungen: Fast alle älteren, abstrahierenden Definitionsversuche von Sozialpolitik orientieren sich an der normativen Ausrichtung sozialpolitischer Maßnahmen, bestimmen Sozialpolitik also beispielsweise als auf die Verwirklichung von Freiheit, Wohlfahrt, sozialer Sicherheit oder sozialer Gerechtigkeit ausgerichtete Politik. Im Sinne einer vom

[6] Einen Überblick über die deutschsprachigen, z. T. konkurrierenden, z. T. sich ergänzenden Ansätze bieten die Beiträge in *Murswieck* (Hrsg.) (1976) und von *Ferber/Kaufmann* (Hrsg.) (1977).

[7] Auch wenn dies im internationalen Vergleich für die Bundesrepublik besonders deutlich hervortritt, lassen sich Phänomene der „Parastaatlichen Fremdimplementation" *(Offe)* und der Delegaton sozialpolitischer Kompetenzen an dezentrale Träger auch in anderen Ländern finden. Dies hat, wie zu zeigen sein wird, teilweise in der Sache liegende Gründe.

[8] Im Falle föderativer Staaten wie der Bundesrepubilk sind als Referenzpunkt je nach Zuständigkeit bald der Zentralstaat (Bund), bald die Gliedstaaten (Länder), in einigen Fällen auch beide Ebenen der Staatlichkeit zu berücksichtigen.

Inhalt der Zielsetzungen abstrahierenden Definition läßt sich dann mit *Zwiedineck-Südenhorst* formulieren: „Die Sozialpolitik umfaßt tatsächliches zielbewußtes Gestalten und praktisches Wollen im Hinblick auf das Soziale" (1911: 37).

3. Gegen derartige normative Bestimmungen von Sozialpolitik ist mit Recht kritisch eingewandt worden, daß normative Gesichtspunkte und „Ziele" zwischen den politischen Akteuren häufig kontrovers sind, und daß auch der Wissenschaftler „unfähig ist, für die Validität und Verbindlichkeit der zugrundegelegten normativen Standpunkte einzustehen" (*Lenhardt/Offe* 1977: 100). Statt dessen wird vorgeschlagen, Sozialpolitik von ihren gesellschaftlichen Funktionen her zu bestimmen, d. h. derjenigen Leistung, welche Sozialpolitik im Kontext einer bestimmten (konkret der kapitalistischen) Gesellschaftsformation erfüllt. So definieren beispielsweise *Sachße* und *Tennstedt* im Anschluß an *Lenhardt/Offe* Sozialpolitik als „die Gesamtheit staatlicher Maßnahmen zur Herstellung, Erhaltung und Sicherung eines verwertbaren Bestandes von Arbeitskräften in der spezifischen Form der Lohnarbeit" (1980: 14). Allerdings ist auch gegen solche „funktionale" Bestimmungsversuche der Einwand möglich, daß jegliche Funktionsbestimmung Annahmen über den systemischen Zusammenhang voraussetzt, mit Bezug auf den eine Funktion bestimmt werden soll. Für die Bestimmung derartiger „Systemreferenzen" stehen eine Vielzahl von Optionen offen, die ihrerseits nur durch (häufig verdeckte) normative Vorentscheidungen reduziert werden können. Die relative Beliebigkeit obiger ‚Funktionsbestimmung' wird beispielsweise sichtbar, wenn man berücksichtigt, daß der Kreis der Anspruchsberechtigten immer häufiger auch die Selbständig-Erwerbenden und Nicht-Erwerbsfähigen umfaßt, die Berechtigung also nicht mehr an das unselbständige Arbeitsverhältnis, sondern an die Staatsbürgerqualität anschließt. Die Unterscheidung von ‚Funktion' (als Beziehung eines Teilsystems zur übergeordneten Einheit,von der es als Teil betrachtet wird) und ‚Leistung' (als Beziehung eines Teilsystems zu anderen Teilsystemen[9]) kann hier zur Klarheit des Denkens beitragen: Zweifellos trägt Sozialpolitik zur Erhaltung gesellschaftlicher Zusammenhänge bei, allerdings nicht i. S. bloßer Stabilisierung, sondern auch der Transformation von Produktions- und Reproduktionsverhältnissen[10]. Da Sozialpolitik – wie zu zeigen sein wird – gerade in der Verknüpfung von Leistungen unterschiedlicher funktionaler Teilsysteme der Gesellschaft im Hinblick auf die Lebensbedingungen der Bevölkerung besteht, bleibt ihre Funktion ‚für das Ganze' relativ diffus bzw. vielschichtig. Dagegen lassen sich ihre Leistungen durchaus beschreiben und analysieren.

[9] Die an sich alte Unterscheidung wird von *Luhmann* (1981: 81 ff.) ausgearbeitet.

[10] Die hat bereits *E. Heimann* (1929) deutlich herausgearbeitet.

4. Die spezifische Differenz der Richtung staatlicher Politik läßt sich jedoch nicht nur durch normative, sondern ebenso durch kognitive Annahmen definieren. Wir können Sozialpolitik auch von ihrem *Wirkungsfeld* her zu bestimmen versuchen, indem wir fragen, auf welche Sachverhalte Sozialpolitik einwirkt bzw. einzuwirken beansprucht. Auch diese Definitionsversuche haben eine alte Tradition: Die ökonomische Perspektive der Sozialpolitik rekurriert noch immer auf die klassische Definition *Adolf Wagners* als „Politik des Staates, welche Mißstände im Gebiete des Verteilungsprozesses mit Mitteln der Gesetzgebung zu bekämpfen sucht" (1891: 4). Soziologisch ergiebiger erscheint die Definition von *Bortkiewicz:* „Sozialpolitik ist . . . die in Gesetzgebung und Verwaltung sich äußernde Stellungnahme des Staates zu den sozialen Gegensätzen" (1899: 334f.); zahlreiche Theoretiker der Sozialpolitik sind ihm darin gefolgt, daß das Wirkungsfeld von Sozialpolitik das *Verhältnis* zwischen verschiedenen Klassen oder sozialen Gruppen sei. Demgegenüber betonen neuere, stärker vom Wohlfahrtsgedanken herkommende Autoren die wirtschaftliche und soziale Stellung oder die „Lebenslage" von Personen bzw. Personenmehrheiten als das eigentliche Wirkungsfeld der Sozialpolitik[11].

In der Perspektive des neueren Politikverständnisses, für das die Bewirkbarkeit von politisch erwünschten Wirkungen (und natürlich ebenso der Ausschluß unerwünschter Wirkungen) ein Problem darstellt, empfiehlt es sich, die letztgenannte Betrachtungsweise zum Ausgangspunkt weiterführender theoretischer Überlegungen zu machen. Wir genügen damit nicht nur den Anforderungen, welche schon *Max Weber* (1904) an die wissenschaftliche Beschäftigung mit Sozialpolitik gestellt hat, wir gewinnen darüber hinaus unmittelbaren Anschluß an die neueren Entwicklungen in Politikwissenschaft und Soziologie und können uns gleichzeitig auf eine sehr alte sozialwissenschaftliche Tradition berufen.

3.1.2. Sozialpolitik als Intervention des Staates in die ‚sozialen Verhältnisse'

Wie bereits erwähnt, taucht der Begriff „Social-Politik" zuerst im Kontext der Hegel'schen Unterscheidung von „Staat" und „Gesellschaft" bei einer Reihe politisch durchaus unterschiedlich orientierter Denker um die Mitte des letzten Jahrhunderts auf (*Born* 1966; *Pankoke* 1970). Die in diesem Zusammenhang zu erwähnenden Gründungsväter der deutschen Sozialwissenschaft – *W. H. Riehl, F. v. Baader, R. v. Mohl* und *L. v. Stein* – unterscheiden sich zwar hinsichtlich des Gesellschaftsbegriffs und hinsichtlich der Mittel, mit denen die

[11] Unter ‚Lebenslage' versteht *Weisser* (1952) den „Spielraum", welchen Menschen „objektiv nachhaltig" bei der Befriedigung ihrer „wesentlichen Interessen" (später „Grundanliegen") haben. Zur Weiterentwicklung des Konzepts der Lebenslage vgl. den Beitrag von *A. Herlth* in diesem Band.

„Sociale Frage" zu lösen sei. Sie stimmen jedoch in der Definition dieser „socialen Frage" als Problem der durch die unterschiedlichen Eigentumsverhältnisse bedingten sozialen Ungleichheit und daraus resultierender Verelendung der vermögenslosen Bevölkerungsschicht weitgehend überein. Sozialpolitik hat es demzufolge mit der Lösung der sozialen Frage durch staatliches Einwirken auf die gesellschaftlichen Verhältnisse zu tun, ein Gedanke, der vor allem von *Robert von Mohl* und *Lorenz von Stein* mit unterschiedlichen Akzentsetzungen entwickelt wurde (vgl. *Angermann* 1962; *Böckenförde* 1976). Die sozialpolitischen Möglichkeiten des Staates können jedoch nur in dem Umfange aktiviert werden, als die sozial benachteiligten Gruppen Einfluß auf den Staat zu gewinnen vermögen; daher die große Bedeutung des allgemeinen Wahlrechts und die Bestimmung von „Sozialpolitik" als *Vermittlung* von „Staat" und „Gesellschaft". Wir vermögen heute durch eine systemtheoretische Betrachtungsweise und die damit verbundene Unterscheidung der Relationen (1) Wahlberechtigte und Politik, (2) Politik und Verwaltung, (3) Verwaltung und Publikum die Doppelbeziehung von Staat und gesellschaftlichen Kräften deutlicher zu unterscheiden und damit auch zu verdeutlichen, daß diejenigen, welche auf die Formulierung politischer Programme Einfluß nehmen, nicht notwendigerweise identisch mit deren Adressaten sind.

Das Wirkungsfeld der Außenpolitik eines Landes sind seine internationalen Beziehungen bzw. der politische Zusammenhang, in dem diese sich ereignen. Als Wirkungsfeld der Wirtschaftspolitik läßt sich das marktmäßig gesteuerte „Wirtschaftssystem" angeben; dabei ist die Isolierbarkeit von Wirtschaftspolitik gerade dadurch konstituiert, daß sich in kapitalistischen Gesellschaften Produktion und Verteilung wirtschaftlicher Güter zu einem marktmäßig gesteuerten Teilsystem ausdifferenziert haben. Wie aber läßt sich das *Wirkungsfeld von Sozialpolitik* abgrenzen? Nachdem der Terminus „Gesellschaft" heute übereinstimmend zur Kennzeichnung des auch den Staat übergreifenden „Gesamtzusammenhangs" gebraucht wird, läßt sich das Wirkungsfeld der Sozialpolitik nicht mehr durch einen Nach-Hegel'schen Gesellschaftsbegriff ansprechen. *Die scheinbare Diffusität des Wirkungsfeldes ist darauf zurückzuführen, daß ein einheitlicher teilsystemischer Zusammenhang wie im Falle der „Wirtschaft" hier nicht gegeben ist.* Adressaten sozialpolitischer Maßnahmen sind „wirtschaftlich und/oder sozial absolut oder relativ schwache Personenmehrheiten" (*Lampert* 1980: 7), die aber ihrerseits in unterschiedlichem Grade sozial organisiert bzw. isoliert sind und bei genauerer Betrachtung als „Personenmehrheiten" nur unter dem Gesichtspunkt bestimmter sozialer Merkmale (z. B. als Arbeiter, Eltern, Kinder, Schüler usw.) anspruchsberechtigt und damit anvisiert sind.

In Übereinstimmung mit einem verbreiteten Sprachgebrauch bezeichnen wir als Wirkungsfeld der Sozialpolitik die *‚sozialen Verhältnisse'*: Die sowohl deskriptive wie normative Komponente des Wortes ‚sozial' (vgl. *Geck* 1963), also die Verknüpfung von ‚zwischenmenschlich' und ‚an Gleichheit und

Gerechtigkeit orientiert' ist dabei durchaus beabsichtigt, da sie wesentliche Momente neuzeitlicher Sozialbeziehungen (die grundsätzlich als Verhältnisse zwischen gleichberechtigten Menschen konzipiert werden) einschließt[12]. ‚Soziale Verhältnisse', das sind die Lebensverhältnisse natürlicher Personen in der Perspektive ihrer Teilhabe an den unter bestimmten historischen Bedingungen gegebenen gesellschaftlichen Möglichkeiten, und zwar unter dem Gesichtspunkt ihrer Vergleichbarkeit[13]. Vergleichbar werden dabei natürliche Personen sowohl nach Kategorien gesellschaftlich definierter Eigenschaften (Statusmerkmale) als auch nach Kategorien ihrer Teilhabemöglichkeiten (Lebenslagemerkmale: Arbeitsverhältnisse, Einkommen, Wohnverhältnisse, ärztliche Versorgung, Klage- oder Mitbestimmungsrechte usw.). Insoweit als bestimmten Statuskategorien Defizite hinsichtlich bestimmter Teilhabemöglichkeiten zugeschrieben werden (was stets einen Vergleich – sei es mit einem ‚Normalstandard', sei es mit anderen Statusgruppen – impliziert) und insoweit als politische Maßnahmen auf die Behebung dieser Defizite gerichtet sind, kann man von sozialpolitischen Maßnahmen sprechen[14]. Mit dieser Definition werden hier primär analytische Zwecke verfolgt. Zwar läßt sich unschwer nachweisen, daß der explizite Sinn der meisten sozialpolitischen Maßnahmen von

[12] Daß die ältere Soziologie dem Wort ‚sozial' einen breiteren Bedeutungskontext gibt, also auch Phänomene einschließt, die der alltägliche Sprachgebrauch eher als ‚gesellschaftlich' oder gar als ‚organisiert' bezeichnen würde, sollte nicht stören. Der alltägliche Sprachgebrauch, der auf personennahe Verhältnisse abhebt, ist in diesem Fall trennschärfer, und in der Soziologie hat das Wort ‚sozial' inzwischen seine Kategorialität weitgehend verloren.

[13] Gesellschaftstheoretisch wird dieses Postulat eines Ausgleichs der Teilhabemöglichkeiten durch das Postulat der *Inklusion* legitimiert: „Jede Person muß danach Zugang zu allen Funktionskreisen erhalten können. Jeder muß rechtsfähig sein, eine Familie gründen können, politische Macht mit ausüben oder doch mit kontrollieren können; jeder muß in Schulen erzogen werden, im Bedarfsfalle medizinisch versorgt werden, am Wirtschaftsverkehr teilnehmen können. *Das Prinzip der Inklusion ersetzt jene Solidarität, die darauf beruhte, daß man einer und nur einer Gruppe angehörte.*" (*Luhmann* 1980: 30f.; vgl. bereits *Parsons* 1972: 32ff.). Wie Luhmann (1981) herausarbeitet, liegt das Prinzip der Inklusion der gesamten wohlfahrtsstaatlichen Dynamik zugrunde. Im Begriff ‚soziale Verhältnisse' ist weiterhin impliziert, daß es sich hier – analog dem *Marx*'schen Begriff der Produktionsverhältnisse um – „notwendige, von ihrem Willen unabhängige Verhältnisse" (*Marx* 1859: 8) handelt, welche die Menschen um ihrer Existenz willen eingehen: Als Arbeits- oder Mietverhältnis, als Mitglied in Berufsverbänden oder Sozialversicherungen usw., als Klient sozialer Dienste oder als Publikum von Verwaltungen. ‚Notwendig' ist das Eingehen dieser Verhältnisse aufgrund des zunehmenden Schwindens von Selbstversorgungsmöglichkeiten. Dabei kann (und dies unterschlägt die *Marx*'sche Bestimmung) ein unterschiedlicher Spielraum hinsichtlich der Wahl solcher Verhältnisse gegeben sein, deren Ausgestaltung allerdings angesichts der für moderne Teilhabeformen typischen Formalisierung dennoch als ‚von ihrem Willen unabhängig' zu qualifizieren ist.

[14] Es besteht also kein Gegensatz zwischen der älteren Definition des Wirkungsfeldes als „Verhältnisse zwischen sozialen Gruppen" und „Lebenslagen". Beide Bestimmungen

unserer Begriffsbestimmung gedeckt ist, aber natürlich sind auch andere Effekte und Absichten möglich: Insoweit sich die Statuskategorisierung beispielsweise auf organisationsfähige Personenmehrheiten bezieht, kann die Verbesserung von Teilhabemöglichkeiten auch den politischen Nebeneffekt höherer Gruppenmacht bewirken, und dies kann von einzelnen Akteuren durchaus beabsichtigt sein. Wenn wir politische Maßnahmen insoweit als sozialpolitisch bezeichnen, als sie die Verbesserung von Teilhabemöglichkeiten sozial schwacher Personenmehrheiten betreffen, so ist damit in erster Linie impliziert, daß das primäre Wirkungsfeld der politischen Maßnahmen im Bereich der Teilhabemöglichkeiten gesehen wird. Wenn beispielsweise ein Konjunkturprogramm neben der Verbesserung der Wirtschaftslage von Unternehmungen auch die Schaffung von Arbeitsplätzen bezweckt, so ist diese Schaffung von Teilhabemöglichkeiten als sozialpolitisch zu qualifizieren, jedoch im Sinne unseres analytischen Zugriffs als Nebeneffekt wirtschaftspolitischer Maßnahmen.

3.1.3. Sozialpolitische Intervention als mehrstufiger Prozeß

Neben denjenigen Einwänden, die sich aus einer anderen als der hier vertretenen wirkungsorientierten Betrachtungsweise ergeben können, muß auch ein möglicher Einwand bedacht werden, der durchaus auf der Linie unserer Betrachtungen liegt: Kann denn staatliches Handeln überhaupt auf die sozialen Verhältnisse einwirken? Beschränkt sich staatliches Handeln nicht im wesentlichen auf die Beeinflussung der gesellschaftlichen Bedingungen, von denen die sozialen Verhältnisse in höchst kontingenter Weise nur abhängen? Ein weiteres kommt hinzu: Während am Ursprung der Sozialpolitik staatliche Eingriffe in einen noch weitgehend staatsfrei konstituierten ‚gesellschaftlichen Raum' intervenierten, ist im Zuge der Entfaltung von Sozialpolitik das Verhältnis zwischen den sozialen Klassen und Gruppen beeinflußt worden. Durch sozialpolitische Maßnahmen wandeln sich die sozialen Verhältnisse und damit die sozialpolitischen Erfordernisse. Die entfaltete Sozialpolitik wird selbst Element der gesellschaftlichen Verhältnisse (*Achinger* 1958). Damit werden in gewissem Sinne die bereits etablierten sozialpolitischen Einrichtungen selbst Gegenstand

beleuchten vielmehr verschiedene Seiten eines zusammenhängenden Phänomens. Die älteren Bestimmungen gingen zumeist von der ‚Arbeiterfrage' aus und verstanden daher unter Sozialpolitik im wesentlichen die Vergrößerung der Teilhabemöglichkeiten der Arbeiter, die als soziale Klasse – also als Kollektiv – bestimmt wurden. In dem Maße allerdings, als die mit dem Arbeiterstatus verknüpften Teilhabemöglichkeiten verbessert wurden, verschwand augenscheinlich auch der ‚Klassencharakter', d. h. die höhere Komplexität der sozialen Verflechtungen wurde sichtbar und damit auch die Möglichkeit, Arbeiter und Nicht-Arbeiter nach anderen Statusmerkmalen (z. B. als ‚Erziehungsberechtigte' oder ‚über 60jährige') zusammenzufassen.

neuer staatlicher Interventionen: Sie können ausgebaut, umprogrammiert oder auch eingestellt werden. Ihre Träger entfalten – ähnlich den organisierten Gruppen sozialpolitischer Adressaten – einen nicht unerheblichen Einfluß auf die Prozesse politischer Willensbildung.

Die mit diesen Hinweisen angedeuteten analytischen Schwierigkeiten sind in den Griff zu bekommen, wenn man zwei in die neuere Theoriediskussion bereits eingeführte Perspektiven miteinander verknüpft, nämlich die politikwissenschaftliche Einsicht in die Mehrstufigkeit politischer Prozesse und die soziologische Unterscheidung unterschiedlicher Ebenen gesellschaftlicher Realität. Der Gedanke einer *Mehrstufigkeit politischer Prozesse* hat sich im Zusammenhang mit der systemtheoretischen Betrachtungsweise von Politik entwickelt (bahnbrechend *Easton* 1965a, b). Grundlegend ist dabei der (bereits im Prinzip der Gewaltenteilung angelegte) Gedanke einer strukturellen Trennung von Politik und Verwaltung, welche jedoch prozessual in hohem Umfang durch Prozesse der Informationsverarbeitung miteinander verbunden sind. Der Output des ‚politischen Systems' (z. B. ein Gesetz) wird zum Input des ‚administrativen Systems'. Ersteres ist allerdings auch auf Informationen und Leistungen des letzteren angewiesen; diese können ihrerseits entweder als Inputs in den politischen Entscheidungsprozeß oder als Rückkopplungsmechanismen (hierzu *Deutsch* 1963) konzipiert werden.

Diese zweistufige Betrachtungsweise ist zur Mehrstufigkeit steigerbar: Es lassen sich auch innerhalb des politischen und des administrativen Systems strukturell ausdifferenzierte Teilsysteme identifizieren, die durch Output-Input und Feedback-Relationen miteinander verknüpft sind. Dieses Problem wurde zunächst im Zusammenhang mit der Planungstheorie erkannt und als Problem mehrstufiger Planung thematisiert (vgl. *Luhmann* 1968; *Ozbekhan* 1969). Durch die in der Zwischenzeit eingetretene stärkere Betonung des Politikvollzugs hat sich die Sensibilität für den Umstand deutlich erhöht, daß staatliche Maßnahmen nicht nur unter Einwirkung vielfältiger Einflüsse konzipiert und beschlossen werden, sondern daß auch ihr Vollzug i.d.R. durch andere Träger und Einrichtungen erfolgt als diejenigen, die sie beschlossen haben (vgl. *Pressman/Wildavsky* 1973; *Scharpf* et al. 1976). Hieraus folgt eine gegenüber älteren, normativen Auffassungen des politischen Prozesses veränderte Perspektive: An die Stelle eines handlungstheoretischen, am Zweck-Mittel-Denken orientierten Politikbegriffs tritt die (inter-)systemtheoretische Auffassung eines mehrstufigen politischen Prozesses, innerhalb dessen einerseits übergreifende politische Vorstellungen (‚Ziele', ‚Programme') kleingearbeitet und in wirkungsrelevante Maßnahmen umgesetzt werden, bei dem jedoch gleichzeitig auf jeder Stufe – und d. h. hinsichtlich jedes beteiligten Systems – zusätzliche Einflüsse mit zu berücksichtigen sind, die zu Zielverschiebungen, Vollzugsdefiziten oder Nebenwirkungen Anlaß geben können. Diese Problematik wird vor allem unter dem Stichwort Implementationsforschung abgehandelt (zusammenfassend *Windhoff-Héritier* 1980; *Sabatier/Mazmanian* 1982). Empirische Untersuchungen politischer Prozesse lassen jedoch erkennen, daß die Trennung von politischer Planung und Politikvollzug auch überzogen werden kann, daß also effektive Politik nicht zuletzt darauf beruht, daß zwischen beiden Bereichen ausreichende Verknüpfungen bestehen. Deshalb wird neuerdings versucht, die Implementationsproblematik wiederum in eine übergreifende steuerungstheoretische Formulierung des Politikproblems überzuführen[15].

Die Konzeptualisierung gesellschaftlicher *Realität als Mehrebenenphänomen* geht zuerst auf strukturfunktionalistische Arbeiten zurück. So unterscheidet *T. Parsons* vier „Organisationsebenen der Sozialstruktur", auf denen jeweils die Funktionserfordernisse des AGIL-Schemas analysiert werden[16]. Für *Parsons* stehen diese Organisationsebenen in einem Verhältnis hierarchischer Determination, d. h. Strukturen und Prozesse auf der ‚Gesellschaftsebene' bestimmen darüber, was auf der ‚institutionellen Ebene' möglich ist, von der ihrerseits die ‚managerielle Ebene' und von letzterer die ‚technische' oder ‚primäre' Ebene abhängig ist. In modernen Gesellschaften artikuliert sich nach *Parsons* die gesamtgesellschaftliche Ebene primär politisch (und nicht mehr religiös), es wird m.a.W. dem politischen System eine Art Steuerungsprimat für die Gesamtgesellschaft zugesprochen, dessen normative und faktische Potenz nicht problematisiert wird, also eine der älteren politischen Theorie analoge Auffassung[17].

Die an der Problemstellung von *Parsons* ansetzende Gesellschaftstheorie von *Niklas Luhmann* unterscheidet sich hinsichtlich der Formulierung zentraler gesellschaftlicher Integrationsmechanismen von *Parsons* und postuliert im Prozeß gesellschaftlicher Evolution eine relative Verselbständigung der ausdifferenzierten „Funktionssysteme" (genannt werden Staat, Wirtschaft, Familie, Religion, Wissenschaft, Erziehung und Gesundheit) sowie eine zunehmende Unabhängigkeit der verschiedenen Ebenen der Sozialstruktur, welche als Gesellschafts-, Organisations- und Interaktionsebene thematisiert werden

[15] In diesem Sinne resümiert *Mayntz* (1980: 14ff.) die in jenem Band präsentierten Ergebnisse des Forschungsverbundes „Implementation politischer Programme". Im akademischen Jahr 1981/82 wird am Zentrum für interdisziplinäre Forschung der Universität Bielefeld eine internationale Forschergruppe das Thema „Steuerung und Erfolgskontrolle im öffentlichen Sektor" bearbeiten.

[16] Die folgende Darstellung orientiert sich an der programmatischen Zusammenfassung von *Parsons* (1959). Vgl. auch *Parsons/Smelser* (1956) und die präzisierende Interpretation bei *Johnson* (1960: 214ff.).

[17] Bekanntlich tritt in dieser Hinsicht die von *Marx* herkommende Analyse zur soeben skizzierten Position in einen radikalen Gegensatz, insofern als für die kapitalistische Gesellschaftsformation eine grundsätzliche Abhängigkeit des Staates von den Verwertungserfordernissen des Kapitals postuliert wird. *N. Luhmann* formuliert die damit angesprochene Problematik als Problem des „funktionalen Primats" vgl. hierzu zusammenfassend *Leisering* (1979: 29ff.).

(*Luhmann* 1975). Hierin äußert sich dasselbe Bedürfnis nach Formulierung komplexerer Theoriezusammenhänge, wie wir sie am Beispiel der Theorie politischer Prozesse bereits kennengelernt haben. Im folgenden argumentiere ich mit den drei Ebenenbegriffen *Luhmanns*, halte allerdings die von *Parsons* eingeführte ‚institutionelle Ebene' (allerdings mit etwas anderer Akzentuierung) wie auch die zusätzliche Berücksichtigung der Individualebene im Rahmen komplexer soziologischer Analysen für unverzichtbar (vgl. *Kaufmann* 1981a: 256ff.).

In einer seiner jüngsten Publikationen geht *Luhmann* unmittelbar auf die Funktionsprobleme des Wohlfahrtsstaates ein und diagnostiziert: „Der klassische Begriff des Sozialstaates befindet sich heute in einer Art Selbstauflösung„ (1981: 7). Sein Versuch, eine politische Theorie für den Wohlfahrtsstaat zu entwickeln, läuft auf eine möglichst weitgehende thematische Reinigung des Politischen (als Ermöglichung der Herstellung bindender Entscheidungen) hinaus. Der Staat soll nur diejenigen Aufgaben übernehmen, für deren Erfüllung er durch die ihm verfügbaren Kommunikationsmedien Recht und Geld ausgerüstet ist. *Luhmann* diagnostiziert die Bereiche der Bildungs- und Sozialpolitik als diejenigen, in denen der Staat typischerweise in seiner Leistungsfähigkeit überfordert sei. Vor dem Hintergrund verknappter Haushaltsmittel liest sich diese Diagnose leicht als Empfehlung, Einsparungen gerade in diesen Bereichen vorzunehmen[18]. Auch wenn *Luhmann* sich nicht unmittelbar auf die Diagnostik einer ‚Krise des Wohlfahrtsstaates' beruft, so weisen seine Ausführungen doch in dieselbe Richtung: Die „Logik des Wohlfahrtsstaates" wird auf dem Gedanken der Kompensation (und nicht demjenigen der Teilhabe!) aufgebaut und als unbeschränkt steigerbar angesehen. Hieraus resultiert zum einen eine Überforderung staatlicher Haushalte (‚Finanzkrise') sowie eine Überforderung des politischen Systems mit Entscheidungszumutungen (‚Steuerungskrise'). Beide Effekte zusammen führen zu einer Verschlechterung der sozialpolitischen Leistungen und damit zu wachsender Unzufriedenheit in der Bevölkerung (‚Legitimationskrise')[19].

Es sei nun keineswegs bestritten, daß die Entwicklung des Wohlfahrtsstaates Folgeprobleme nach sich zieht; entscheidend ist aber die Frage, inwieweit hier tatsächlich sich selbst steigernde krisenhafte Zirkel in Gang kommen, welche

[18] Man kann die Ausführungen *Luhmanns* auch bloß als Empfehlung lesen, daß der Staat beim Einsatz des für ihn charakteristischen Kommunikationsmediums Macht/Recht die Grenzen der Wirkungsmöglichkeiten dieses Mediums beachtet. Insoweit trifft sich Luhmanns Postulat mit den Intentionen des vorliegenden Versuchs. Es ist dann allerdings nicht einzusehen, weshalb diese Grenzen lediglich an Hinweisen auf die Sozialpolitik und nicht beispielsweise auch auf die qualitative Wirtschaftsförderung aufgezeigt werden.

[19] Vgl. *Narr/Offe* (1975); *Kielmannsegg* (1976); *Strasser* (1979).

die bisherigen Formen wohlfahrtsstaatlicher Politik grundsätzlich in Frage stellen[20].

Aufgrund der hier vertretenen Auffassung ist *Luhmann* durchaus darin zuzustimmen, daß sozialpolitische Probleme typischerweise nicht unmittelbar durch staatliche Maßnahmen zu lösen sind, da die in Frage stehenden Teilhabemöglichkeiten nicht das politische System in seiner theorietypischen Gestalt betreffen[21]. Sozialpolitische Maßnahmen schaffen bzw. verpflichten typischerweise Träger, deren Zugehörigkeit zur staatlichen Administration kontingent ist, d. h. sie haben keine hoheitlichen Aufgaben, die ihnen übertragenen Aufgaben können typischerweise sowohl in staatlicher wie in nicht-staatlicher (z. B. privatwirtschaftlicher, kommunaler, gemeinnütziger) Regie erfüllt werden[22].

Idee und Praxis des Sozialstaates verpflichten die politischen Organe keineswegs, die Erbringung sozialer Leistungen zu verstaatlichen, wie die Praxis in der Bundesrepublik besonders deutlich zeigt. Die Stipulierung sozialer Rechte auf nationaler wie internationaler Ebene[23] läßt jedoch deutlich erkennen, was den Kern der wohlfahrtsstaatlichen Programmatik ausmacht: „Jeder Mensch . . . hat Anspruch darauf, durch innerstaatliche Maßnahmen und internationale Zusammenarbeit unter Berücksichtigung der Organisation und der Hilfsmittel jedes Staates in den Genuß der für seine Würde und die freie Entwicklung seiner Persönlichkeit unentbehrlichen wirtschaftlichen, sozialen und kulturellen Rechte zu gelangen“[24]. Es geht hier also offensichtlich nicht um Kompensation, sondern um Teilhabe, wie dies dem Gedanken der Inklusion

[20] Die Nachweise in dieser Hinsicht sind bisher eher dürftig. Vgl. hierzu *Flora* 1979.

[21] Bestimmt man das politische System lediglich mit Rücksicht auf die Funktion ‚Ermöglichung der Herstellung bindender Entscheidungen', so beschränken sich die Teilhabemöglichkeiten natürlicher Personen (d. h. unter Ausklammerung möglicher Mitgliedschaftsrechte in Organisationen) auf das aktive und passive Wahlrecht bzw. die Ansprüche auf Rechtsschutz. In der Konsequenz fällt die *Luhmann*'sche Theorie hier auf die Bestimmung des Staates als Rechtsstaat zurück. Seine Ausführungen bleiben hinsichtlich der ja schon lange debattierten Frage nach dem Verhältnis von Rechtsstaatlichkeit und Sozialstaatlichkeit – deren Kombination ja gerade das Problem des Wohlfahrtsstaates ausmacht – in einer Weise abstrakt, daß man füglicherweise bezweifeln kann, daß es sich hier um eine „politische Theorie *für den* Wohlfahrtsstaat“ (1981: 11) handelt.

[22] Im Versicherungs-, Erziehungs- und Gesundheitsbereich ist die Koexistenz unterschiedlicher rechtlicher Arrangements besonders ausgeprägt.

[23] Auf nationaler Ebene sind insbesondere die sog. Sozialstaatsklauseln (Art. 20 I, 28 I) des Grundgesetzes zu erwähnen, ferner die §§ 1 bis 10 des Deutschen Sozialgesetzbuches. Auf internationaler Ebene ist auf die europäische Sozialcharta sowie die allgemeine Erklärung der Menschenrechte der Vereinten Nationen (Art. 22 bis 27) zu verweisen.

[24] Art. 22 der Menschenrechtserklärung; im einzelnen sind sodann folgende Rechte aufgeklärt: Recht auf Arbeit (Art. 23), auf Erholung und Freizeit (Art. 24), auf angemessene Lebenshaltung, Mütter- und Kinderschutz (Art. 25), auf Bildung (Art. 26), auf Teilnahme am kulturellen Leben (Art. 27). Vgl. auch *Zacher* (1980).

entspricht. Daß die Einwirkungsmöglichkeiten des Staates zur Gewährleistung dieser Rechte beschränkt sind, ist noch kein ausreichendes Argument, den Staat von dieser Gewährleistungsaufgabe freizusprechen. Vielmehr wird man, da Leistungen des Staates ja *typischerweise* Leistungen für andere gesellschaftliche Teilsysteme sind, die sozialpolitische Problematik wie folgt formulieren müssen: Wie müssen staatliche Einwirkungen beschaffen sein, um die Tätigkeit von Organisationen, deren Leistungen von Bedeutung für die Lebensführung natürlicher Personen sind, i. S. des Inklusionspostulats zu beeinflussen. Die soziologische Analyse sozialpolitischer Prozesse muß daher diese als Zusammenhang von staatlichen Einwirkungen auf der institutionellen Ebene, von parastaatlichen und frei organisierten Trägern auf der organisatorischen Ebene und von Teilhabechancen von Individuen auf der interaktiven Ebene rekonstruieren. So wird die Vorstellung eines mehrstufigen sozialpolitischen Prozesses mit derjenigen unterschiedlicher Ebenen gesellschaftlicher Wirklichkeit verknüpft.

3.1.4. Die Ambivalenz sozialpolitischer Intervention

Gegenstand einer soziologischen Theorie der Sozialpolitik ist somit das Eingreifen des Staates in die ‚sozialen Verhältnisse', genauer gesagt; in die strukturierten Bedingungen, unter denen Menschen ihr alltägliches Leben führen. Hierzu gehört sowohl der Bereich der Produktion (‚Arbeit') als auch derjenige der Reproduktion (Sozialisation, Regeneration des Arbeitsvermögens, für außerökonomische Zwecke disponible Zeit).

Drei elementare Merkmale gilt es in diesem Zusammenhang festzuhalten:

1. Sozialpolitik bedeutet stets Intervention des Staates in ein bereits strukturiertes ‚soziales Feld'. Was aus staatlichen Maßnahmen wird, ist von Eigenschaften dieses Feldes mit abhängig. In diesem Punkt unterscheidet sich eine soziologische Betrachtungsweise von Sozialpolitik am deutlichsten von der politikwissenschaftlichen, welche ausschließlich vom Staat her denkt. Die soziologische Betrachtungsweise muß daher mehrperspektivisch angelegt sein, d. h. sie hat Möglichkeiten und Restriktionen aller an einem sozialpolitischen Prozeß beteiligten Akteure mit zu berücksichtigen und gewinnt ihre Erkenntnis gerade aus der Verknüpfung dieser Perspektiven.

2. Sozialpolitik bedeutet stets ein mit Gesichtspunkten *individueller* Wohlfahrt von Zielgruppen *legitimiertes* Eingreifen. Unabhängig davon, was einzelne politische Akteure zur Befürwortung einer als sozialpolitisch deklarierten Maßnahme veranlaßt hat (z. B. eine Wahl zu gewinnen oder einen Revolutionsversuch zu verhindern oder Arbeitsplätze für arbeitslose Akademiker zu schaffen) stets wird als ‚offizieller' Grund eine Verbesserung der Situation aller oder bestimmter Gruppen von Einwohnern genannt, und i.d.R. besteht auch

ein plausibler Zusammenhang zwischen beschlossenen Maßnahmen und deklarierten ‚Zielen‘[25].

3. Neben der Annahme individueller Nützlichkeit ist bei sozialpolitischen Maßnahmen stets *kollektive Bedeutung* zu unterstellen[26]. Nicht die Erfüllung jedes individuellen Bedürfnisses – auch wenn es massenhaft verbreitet ist – vermag öffentliches Eingreifen zu legitimieren. Dieses setzt vielmehr ein ‚öffentliches Interesse‘ voraus, für das allerdings oft recht vielfältige (im Extremfall auch widersprüchliche Begründungen) vorgebracht werden.

a) Die *Theorie öffentlicher Güter* unterstellt ‚öffentliche Bedürfnisse‘ oder ‚kollektive Nutzen‘, deren Befriedigung durch eine rein marktmäßig gesteuerte Produktion nicht gesichert werden kann. ‚Sozialpolitische Güter‘ gehören dabei typischerweise zur Klasse der ‚meritorischen Güter‘, bei denen zwar individuell zurechenbare Nutzen (z. B. Schulbildung) entstehen, welche aber gleichzeitig ‚externe Effekte‘ (z. B. Qualifizierung von Arbeitskraft) zeitigen, an denen ein öffentliches Interesse besteht[27]. Das öffentliche Interesse richtet sich also auf die mutmaßlichen *Folgen,* welche aus der Befriedigung bzw. Nicht-Befriedigung individueller Bedürfnisse entstehen. Die ökonomische Theorie betrachtet dabei vor allem den Produktions- und Verteilungsaspekt bestimmter Güter, bzw. den ökonomischen Nutzen und den Kostenaspekt externer Effekte. Dies ist jedoch nur *ein* Aspekt kollektiver Bedeutung.

b) Andere Gesichtspunkte kommen von der soziologischen *Theorie sozialer Probleme* her in den Blick. Nicht jegliche Form individuellen Leidens oder sozialer Abweichung gilt schon als soziales Problem. Vielmehr bedarf es kollektiver Definitionsprozesse, um bestimmte soziale Sachverhalte zum ‚sozialen Problem‘ zu erheben. Stößt man durch vordergründige Begründungsversuche ‚sozialer Probleme‘ hindurch und fragt nach solideren Grundlagen zur Bestimmung und vor allem Gewichtung sozialer Probleme, so stößt man auf

[25] Die Individualisierung des Wohlfahrtsbezugs ergibt sich nicht nur aus dem normativen Individualismus okzidental-kapitalistischer Gesellschaften, sondern auch aus der Analyse der Evolutionsbedingungen moderner Gesellschaft: Die Umstellung von segmentären auf funktional-differenzierte Gesellschaftsformationen bewirkt strukturell eine ‚Freisetzung des Individuums‘ *(G. Simmel)* oder drastischer: Eine Reduzierung der gesellschaftlichen Bedeutung des Menschen auf seine individuelle Privatheit und den Status eines Umweltfaktors sozialer Systeme *(Luhmann).* Gerade hieraus resultiert die Zentralität des Inklusionspostulats (vgl. *Luhmann* 1980: 30 f.). Beschränkt man die sozialpolitische Zielsetzung allerdings auf Dimensionen individueller Wohlfahrt, so entgeht man kaum der Konsequenz eines potentiell unlimitierten sozialstaatlichen Aufgabenprogramms.

[26] Die Bezeichnung ‚Kollektivnutzen‘ wird hier bewußt durch ‚kollektive Bedeutung‘ ersetzt, um eine ökonomistische oder utilitaristische Reduktion der Problemstellung zu vermeiden.

[27] Zur Theorie meritorischer Güter vgl. *Musgrave* (1966: 14ff.); *Head* (1974); *Wittmann* (1978: 15ff.).

Vorstellungen ‚sozialer Unordnung', in die sowohl normative Gesichtspunkte als auch Quasi-Theorien über typische Ereignisse und deren Ursachen eingehen. Unterschiedliche ‚Definitoren' (z. B. die Mehrheit der Bevölkerung, Regierungsvertreter, Soziologen oder Betroffene) können sowohl hinsichtlich der normativen Gesichtspunkte als auch hinsichtlich der Quasi-Theorien unterschiedliche Auffassungen vertreten (*Albrecht* 1977). Die Konsensfähigkeit sozialer Problemdefinitionen hängt dabei mit vom Ausmaß allgemein geteilter Ordnungsvorstellungen ab. Das ‚öffentliche Interesse' orientiert sich nach dieser Auffassung nicht lediglich an Kosten-Nutzen-Kalkülen, sondern an Vorstellungen über die potentielle Bedrohung einer sozialen Ordnung, deren ideale Merkmale als Bewertungskriterien problematischer Sachverhalte dienen, während als kognitive Selektionskriterien etwa die Zahl der von einem problematischen Sachverhalt Betroffenen, der Intensitätsgrad der Belastung und das Ausmaß abzusehender schädlicher Konsequenzen dienen können (vgl. *Haferkamp* 1977: 204ff.).

c) Endlich läßt sich ein ‚öffentliches Interesse' auch unmittelbar politikbezogen bestimmen, als Interesse an politischer Unterstützung oder zum mindesten Konsolidierung einer immer mehr oder weniger prekären ‚öffentlichen Ordnung' oder ‚Massenloyalität' *(Narr/Offe)*. Während im vorangehenden Gedankenstrang die Beeinflussung sozialer Verhältnisse sozusagen als Selbstzweck erscheint, wird hier unmittelbar oder mittelbar unterstellt, daß sich staatliche Bemühungen zur Beeinflussung sozialer Problemlagen für die politischen Akteure ‚auszahlen'[28].

Diesen drei typischen Begründungsversuchen ist gemeinsam, daß sie eine kollektive Bedeutung der individuellen Wohlfahrtsförderung unterstellen, wobei diese kollektive Bedeutung je nach politischem Standpunkt unterschiedlich bewertet werden mag.

Fassen wir diese drei Gesichtspunkte zusammen, so zeigt sich, wie und weshalb die Einleitung und Durchführung sozialpolitischer Maßnahmen unterschiedliche Interessen tangiert, welche je nach ihren strukturierten Einflußchancen schwächer oder stärker im Prozeß der Politikformulierung oder des Politikvollzugs zum Zuge kommen.

Sozialpolitische Intervention ist daher immer ambivalent: Man kann weder davon ausgehen, daß sozialpolitische Interventionen stets primär im Hinblick auf die Interessen der deklarierten Zielgruppen erfolgen, noch ist zu erwarten, daß selbst ‚wohlmeinende' staatliche Maßnahmen immer auf Zustimmung der von ihnen Betroffenen stoßen. *Staatliche Interventionsversuche werden sowohl*

[28] Inwieweit und unter welchen Bedingungen das hier anvisierte ‚öffentliche Interesse' noch mit dem ‚Gemeinwohl' oder ähnlichen Vorstellungen über den Nutzen staatlicher Ordnung zusammenhängt, ist bekanntlich eine der umstrittenen Fragen politischer Theorie, die an dieser Stelle ausgeklammert werden muß.

hinsichtlich ihrer Interpretation als auch hinsichtlich ihrer objektivierbaren Leistungen durch die innerhalb des Interventionsfeldes wirksamen organisatorischen, kognitiven und normativen Strukturen ‚gebrochen'. Diese ‚Brechung' kann nicht einfach mit Politikversagen gleichgesetzt werden. Dennoch ist zu vermuten, daß solche Brechungen – welche auch als Ausdruck der bereits erwähnten Kontingenz sozialpolitischer Prozesse zu verstehen sind – nicht bloß zufällig und in unbeeinflußbarer Form auftreten. Wäre dies der Fall, so wäre jedes Interesse an einer Theorie sozialpolitischer Steuerung illusorisch. Es gibt jedoch gute Gründe dafür, anzunehmen, daß über den *Sinn*, d. h. die manifesten Ziele oder intendierten Hauptwirkungen bestimmter sozialpolitischer Maßnahmen ein weitgehender Konsens besteht (vgl. *Kaufmann* 1977b) und daß nicht alle Formen staatlicher Intervention gleiche Wirkungen zeitigen und mit beliebigen Brechungen rechnen müssen.

Im zweiten Teil dieses Beitrages soll daher versucht werden, systematisch begriffliche Grundlagen für eine Analyse von Bedingungen und Grenzen erfolgreicher sozialpolitischer Intervention zu schaffen. Wir gehen also davon aus, daß die Steuerung sozialpolitischer Eingriffe durch die Mechanismen politischer Willensbildung allein notwendigerweise zu kurz greifen. Hier wird zwar über die Selektion politisch zu bearbeitender Probleme entschieden und es werden die grundlegenden Bedingungen der Durchführung sozialpolitischer Maßnahmen formuliert. Damit ist jedoch noch wenig über ihre Wirkungsweise und erst recht ihre tatsächliche Wirkung gesagt. Die folgenden Überlegungen versuchen, typische Formen der Wirkungsweise sozialpolitischer Maßnahmen ansatzweise zu rekonstruieren, um auf diese Weise eine wirkungsbezogene Analyse der Sozialpolitik theoretisch zu begründen. Die Ausarbeitung und empirische Prüfung zusammenhängender Hypothesen über die Wirkungsweise sozialpolitischer Maßnahmen trägt wesentlich zur Klärung der zentralen Probleme angewandter sozialwissenschaftlicher Grundlagenforschung über Sozialpolitik – nämlich der Effektivitäts- und der Steuerungsproblematik – bei.

3.2. Interventionsformen

Die skizzierte Komplexität des sozialpolitischen Zusammenhangs läßt eine theoretische Bearbeitung nur auf der Basis von Vereinfachungen zu. Genauer gesagt: Die Auswahl und das konsequente Durchhalten vereinfachender Ausgangsannahmen entscheiden über den heuristischen Wert einer Theorie. Da es bei der Entwicklung einer soziologisch fundierten Sozialpolitiklehre um die Verknüpfung von soziologischen Einsichten und generalisierten praktischen Fragestellungen geht, muß das Auswahlkriterium der vereinfachenden Ausgangsannahmen nach beiden Seiten hin offen sein[29]. Dies dürfte für das im Vorangehenden entwickelte Bezugsproblem einer soziologischen Theorie der Sozialpolitik zutreffen. Wir können es in die Frage kleiden: Wie und unter welchen Bedingungen lassen sich mit staatlich induzierten Maßnahmen bestimmbare Wirkungen mit Bezug auf die „sozialen Verhältnisse", oder alltagssprachlicher: die Arbeits- und Lebensverhältnisse der Bevölkerung erzielen? Die Frage erscheint praktisch relevant, ausreichend generalisiert und für eine Analyse mit Hilfe soziologischer Konzepte und Methoden geeignet.

Es geht nun darum, Gesichtspunkte zu finden, unter denen die Vielfalt sozialpolitischer Maßnahmen sowie unsere Erfahrungen mit diesen Maßnahmen vergleichend geordnet werden können. Unserem Bezugsproblem entsprechend gehen wir davon aus, daß sich sozialpolitische Maßnahmen *nach ihrer Wirkungsweise* systematisieren lassen. Das Ziel unserer theoretischen Bemühungen ist es also, Ordnungsgesichtspunkte zu entwickeln, unter denen sich vorhandene bzw. mögliche Erfahrungen über die Wirkungsweise sozialpolitischer Maßnahmen vergleichend erfassen lassen, um auf diese Weise systematische Generalisierungen zu ermöglichen.

Hierzu soll die nachfolgende Skizze unterschiedlicher Interventionsformen einen Beitrag leisten. Wir gehen dabei von der vereinfachenden Annahme aus, daß staatliche Interventionen in die sozialen Verhältnisse auf die Erzielung *typischer* Effekte angelegt sind, daß sich also die Vielzahl behaupteter oder tatsächlicher sozialpolitischer Intentionen auf eine überschaubare Zahl kategorialer Effekte reduzieren lassen. Wir unterscheiden vier Typen sozialpolitisch anzustrebender Wirkungen:

1. Die Verbesserung des rechtlichen Status von Personen.
2. Die Verbesserung der Einkommensverhältnisse von Personen.
3. Die Verbesserung der materiellen und sozialen Umwelt von Personen.
4. Die Verbesserung der Handlungskompetenz von Personen.

Diese Systematisierung orientiert sich am oben (S. 57) explizierten Prinzip der Inklusion als funktionalem Äquivalent zur früheren elementaren Solidarität. Es läßt sich leicht zeigen, daß es sich hier um vier unterschiedliche Voraussetzungen für die Teilhabe an den typischen Formen moderner Bedürfnisbefriedigung, Interessenartikulation und kultureller Orientierung handelt: In dem Maße, als die Möglichkeiten der Selbstversorgung zurückgegangen sind und die Menschen von Prozessen der Marktversorgung und der öffentlichen

[29] Natürlich ist nicht damit zu rechnen, daß sich mit soziologischen Mitteln die Gesamtheit der sozialpolitischen Probleme besser als mit den Mitteln anderer Sozialwissenschaften rekonstruieren läßt. Wir verfolgen lediglich die Absicht, systematische Grundlagen für die Einbringung der soziologischen *neben* der ökonomischen, politikwissenschaftlichen und juristischen Perspektive in die notwendigerweise interdisziplinäre Analyse praktischer sozialpolitischer Probleme zu entwickeln.

Versorgung abhängig geworden sind[30], in dem Maße, als das dem Menschen Lebensdienliche von Leistungen organisierter Gebilde abhängt, deren Eigendynamik den Erfahrungshorizont und die Einflußmöglichkeiten des Einzelnen überschreitet, bedarf es zur Teilhabe der Definition und des Schutzes spezifischer Rechte des Einzelnen gegenüber derartigen Organisationen. Es bedarf weiterhin des Angebots entsprechender Leistungen oder Handlungsmöglichkeiten in der erreichbaren Umwelt, es bedarf einer gewissen Handlungskompetenz, um Teilhabe realisieren zu können und es bedarf – zum mindesten im Bereich der Marktversorgung, aber mittelbar auch für die meisten anderen Teilhabeformen – der Verfügung über Geldmittel, um Teilhabe realisieren zu können. Diese vier Voraussetzungen gesellschaftlicher Teilhabe sind nur in sehr beschränktem Umfange substituierbar: Man kann etwa geringe Handlungskompetenz bei überdurchschnittlichem Einkommen durch die Bezahlung von Beratern, Rechtsvertretern usw. kompensieren oder größere Entfernungen für die Inanspruchnahme eines Angebots in Kauf nehmen. Oder man kann die Rechtsstellung bzw. das Angebot unentgeltlicher Advokation so sehr verbessern, daß Personen mit geringer Handlungskompetenz weniger Nachteile erleiden. Wie aber etwa das Beispiel des Verbraucherschutzes zeigt, sind solchen Kompensationen enge Grenzen gesetzt: Häufig nützen die kompensatorisch gedachten Einrichtungen Personen mit größerer Handlungskompetenz mehr. Grundsätzlich handelt es sich um vier verschiedene, *notwendige* Bedingungen gesellschaftlicher Teilhabe, die erst in ihrem Zusammenspiel *hinreichende* Bedingungen schaffen.

Offensichtlich handelt es sich hier also um vier kategoriale Aspekte der Lebenslage von Personen, die nun im Hinblick auf die verschiedenen Einzelbereiche (z. B. Arbeit, Wohnung, Gesundheit, Infrastruktur, usw.) spezifiziert werden können.

Diese Typologie möglicher sozialpolitischer Wirkungen genügt jedoch nicht zur Charakterisierung von Interventionsformen, da sie lediglich mögliche Effekte, nicht jedoch die Intervention selbst, die sich stets als mehrstufiger Maßnahmenkomplex darstellt, ins Auge faßt. Zu untersuchen ist also, ob sich die Typologie als Ordnungsgesichtspunkt sozialpolitischer Maßnahmen eignet. Wenn es gelingt, den Großteil dieser Maßnahmen in spezifischer Weise einem dieser vier Effekttypen zuzuordnen, so dürfte eine heuristisch fruchtbare Vereinfachung gelungen sein, die sich als Ausgangspunkt der Charakterisierung unterschiedlicher Interventionsformen und der Untersuchung ihrer Wirkungsweise eignet. Dies sei in der hier gebotenen Kürze versucht.

[30] Ich bediene mich der Einfachheit halber hier einer ökonomischen Terminologie, welche für die mitgemeinten politischen und kulturellen Teilhabemöglichkeiten weniger geeignet ist.

3.2.1. Rechtliche Interventionsform: Maßnahmen zur Verbesserung des rechtlichen Status von Personen(mehrheiten)

Die Einräumung von Schutzrechten (z. B. bei Frauen- und Kinderarbeit) sowie die Ausgestaltung des individuellen und später kollektiven Arbeitsrechts stellen die älteste Form sozialpolitischer Intervention dar. Auch heute noch stellt die Ausgestaltung der Rechtsbeziehungen, beispielsweise die Verstärkung des Verbraucherschutzes, die Modifikation des elterlichen Sorgerechts, die Einführung eines Rechtsanspruchs auf Sozialhilfe oder auf Auskunfterteilung, die Modifikation des elterlichen Sorgerechts oder des Mietrechts eine wesentliche Form sozialpolitischer Intervention dar[31].

Die rechtliche Interventionsform ist nicht mit dem Einsatz von Recht als typischem Steuerungsmittel des Staates zu verwechseln. Die Rechtsstaatlichkeit gebietet, daß jegliche Form staatlicher Intervention sich rechtlicher Formen bedient. Der ganz überwiegende Teil aller sozialpolitisch relevanten Rechtsnormen betrifft jedoch nicht unmittelbar den Rechtsstatus der Adressaten sozialpolitischer Maßnahmen. Nur solche Modifikationen von Rechtsnormen, die ihrem Sinn nach darauf gerichtet sind, die Position des als schwächer geltenden Partners in einem Rechtsverhältnis zu stärken[32], können der rechtlichen Interventionsform zugeordnet werden. Dabei interessiert hier nicht der Inhalt des Rechtsverhältnisses (z. B. die Einräumung eines Rechtes auf Rente wäre ihrem Inhalt nach der ökonomischen Interventionsform zuzuordnen), sondern der Tatbestand des Rechtsanspruchs selbst (hier etwa im Unterschied zur Fürsorge oder zum Almosen).

Grundsätzlich unterscheidet sich die rechtliche Intervention im sozialpolitischen Bereich nicht von anderen Bereichen. Die Untersuchung der Bedingun-

[31] Einen Überblick über die rechtliche Regulierung der familialen Verhältnisse gibt der nachfolgende Beitrag von *Sachße/Tennstedt*.

[32] Während zur Zeit des Frühkapitalismus die Machtdifferenz zu Recht vor allem auf das Moment des Vermögens bzw. der Vermögenslosigkeit zurückgeführt wurde, besteht die Machtdifferenz unter spätkapitalistisch-wohlfahrtsstaatlichen Bedingungen im wesentlichen im Grad der Organisiertheit: Typischerweise stehen „natürliche" Personen „juristischen" Personen gegenüber, d. h. auf der einen Seite des Rechtsverhältnisses befinden sich Einzelpersonen, auf der anderen arbeitsteilige Organisationen (z. B. Betriebe, Sozialversicherungen, Krankenhäuser, Sozialämter bzw. deren Rechtsträger). Das Prinzip der formalen Organisation trennt deutlich zwischen Beteiligten und Betroffenen (*Kirsch* 1971: 31). Dabei scheint sich eine typische Inkongruenz der Interaktionsstile von Organisationen und Personen herauszubilden, welche *Coleman* (1979: 77) auf die knappe Formel gebracht hat, „Personen behandeln andere Personen bevorzugt und kooperative Akteure behandeln andere kooperative Akteure bevorzugt".

gen eines effektiven Rechtsschutzes kann daher bei der juristischen Rechtstatsachen-Forschung und der Rechtssoziologie ansetzen[33].

Notwendige Voraussetzung, um von rechtlicher Intervention im hier gemeinten Sinne sprechen zu können, ist die Einräumung definierter Individualrechte, denen definierte Rechtsverpflichtete gegenüber stehen. Nicht alle sozialen Sachverhalte eignen sich gleichermaßen für eine rechtliche Normierung. Überall dort, wo der konkrete Situationsbezug für den Erfolg von Handlungsweisen und Entscheidungen konstitutiv ist, wo es also entscheidend auf die spezifischen Umstände ankommt, versagt die auf Generalisierung angelegte Form rechtlicher Regelung (vgl. *Pankoke* 1977). Im Bereich der Sozialpolitik gilt dies vor allem für die personenbezogenen Dienstleistungen; die rechtliche Regelung behilft sich hier regelmäßig mit der Einräumung von Ermessensspielräumen und mit unbestimmten Rechtsbegriffen.

Erste Vorbedingung des gesellschaftlichen Wirksamwerdens rechtlicher Intervention ist die Entstehung und Verbreitung eines entsprechenden Rechtsbewußtseins. Dabei muß damit gerechnet werden, daß die Diffusion auch nur elementarer Vorstellungen über Rechtsverhältnisse außerhalb der professionellen Jurisprudenz erhebliche Zeit beansprucht. Das gilt bereits für organisierte Handlungszusammenhänge (z. B. das nicht juristisch geschulte Personal von Betrieben, Verwaltungen und sozialen Diensten), aber in noch weit stärkerem Maße für die typischen Normbenefiziare, d. h. diejenigen, die aufgrund der ihnen eingeräumten Rechte Forderungen geltend machen können. Dabei kann angenommen werden, daß ein öffentliches Rechtsbewußtsein sich um so eher bildet, je verbreiteter die entsprechenden Rechtsverhältnisse in einem bestimmten sozialen Kontext sind und je höher die Kommunikationsdichte innerhalb dieses sozialen Kontextes ist. Rechtskenntnisse sind zudem in hohem Maße bildungs- und berufsabhängig (vgl. *Grunow et al.* 1978: 59 ff.). Daraus läßt sich schließen, daß rechtliche Interventionen, soweit ihr Erfolg die spontane Mitwirkung der Normbenefiziare voraussetzt, nur sehr allmählich wirksam werden, d. h. aber auch, daß häufige Rechtsveränderungen das Rechtsbewußtsein verunsichern und daher die Effektivität beeinträchtigen können[34].

[33] Unsere eigenen Forschungserfahrungen im Hinblick auf die rechtliche Interventionsform beziehen sich auf die Finanzverwaltung. Vgl. *Grunow et al.* (1978). Ansätze zur Wirkungsanalyse rechtlicher Interventionen im sozialpolitischen Bereich finden sich bei *Böhle/Altmann* (1972); *Binkelmann et al.* (1972). Ein ausreichend komplexer Untersuchungsansatz, der die Mehrstufigkeit des Implementationsprozesses staatlicher Normen in ausreichendem Maße berücksichtigt, findet sich m. W. im deutschsprachigen Raum lediglich am Beispiel der Implementation von Umweltschutznormen bei *Hucke et al.* (1980).

[34] Besonders augenfällig wurde dies am Rückgang der Ehescheidungsziffern nach dem Inkrafttreten des neuen Ehescheidungsrechts. Zur Wirksamkeit des Familienrechts siehe *Simitis/Zenz* (1975).

Spezifische Restriktionen der Wirksamkeit dieser Interventionsform entstehen vor allem aus zwei Sachverhalten: Zum einen greifen derartige Interventionen häufig in unmittelbare Interessenkonstellationen ein, wobei nicht damit zu rechnen ist, daß die jeweils mächtigeren Interessen derartige Modifikationen widerstandslos hinnehmen. Normkonformität ist keineswegs selbstverständlich. Insoweit konträre Interessenlagen von sozial mächtigeren Normadressaten zu vermuten sind (und eine Machtdifferenz ist im Bereich der sozial schwachen Personenmehrheiten in der Regel gegeben) stellt sich das Problem einer Kontrolle der Normkonformität. Hierfür kommen grundsätzlich sowohl Formen öffentlicher Aufsicht als auch Formen kollegialer oder organisationsinterner Kontrolle wie auch endlich verschiedene Formen der Advokation des Normbenefiziars in Frage. Im Regelfalle dürften die „Basiskontrollen“ am effektivsten sein, also diejenigen Faktoren, welche auf eine Normakzeptanz im unmittelbaren Umgang mit dem Normbenefiziar hinwirken. Rechtspflege und Aufsichtsbehörden können durch ein Ansteigen konflikthafter Rechtsverhältnisse rasch überfordert werden. Dennoch ist die rechtliche Interventionsform entscheidend durch staatliche Aufsicht und Rechtspflege bestimmt. Die Aufsichtsrechte sind dabei im Bereich öffentlicher Träger sozialpolitischer Maßnahmen wesentlich ausgeprägter als im Bereich freier oder privater Träger. Immerhin gehört jedoch die Einführung der Gewerbeaufsicht zu den ältesten sozialpolitischen Maßnahmen und stellte eine wesentliche Bedingung der Effektivierung des Arbeitsschutzes dar (vgl. *Nahnsen* 1975).

Es muß hier also typischerweise mit einer mehrstufigen Kontrolle gerechnet werden: Die gerichtliche Kontrolle ist nur solange effektiv, als die vorangehenden Kontrollprozesse eine angemessene Selektivität aufweisen. Im weiteren ist zu berücksichtigen, daß die Normbenefiziare (und nicht selten auch die Normadressaten) im Regelfalle juristische Laien sind, deren Rechtskenntnis gering, deren Normauffassungen variabel und deren Wirklichkeitswahrnehmung nicht juristisch geprägt ist. Eine Forcierung des rechtlichen Charakters von Sozialverhältnissen kann in vielen Fällen die Bedingungen fortgesetzter Interaktion beeinträchtigen, so daß dysfunktionale Nebeneffekte als Folge rechtlicher Interventionen im Sozialbereich dort zu erwarten sind, wo der normale Kontrollmodus die Form *sozialer* Kontrolle ist, also beispielsweise innerhalb der Familie, bei nachbarschaftlich strukturierten Mietverhältnissen, im Kleinbetrieb und bei den personenbezogenen Dienstleistungen.

Rechtliche Interventionen weisen grundsätzlich einen hohen Grad an Generalisierbarkeit auf, d. h. sie eignen sich vorzüglich als Instrument gesamtstaatlichen Eingreifens. Sofern nicht unmittelbar staatliche Stellen von den Verpflichtungen betroffen sind, sind die auf den Staat entfallenden Kosten vergleichsweise gering. Sie umfassen im wesentlichen die Kosten der Aufsicht und Rechtspflege. Dagegen sind mit rechtlichen Interventionen häufig Kosten Dritter verbunden, so daß mit konträren Interesselagen und daher auch mit systematischen Normverstößen zu rechnen ist. Insoweit als Rechtsverhältnisse zwischen Dritten betroffen sind, muß daher im Interesse des Rechtsschutzes sozial schwachen Personenmehrheiten Aufsicht und Rechtsschutz dezentralisiert angeboten werden. Die organisatorischen Implementationsprobleme erscheinen im Regelfall vergleichsweise gering, das zentrale Problem liegt im Bereich der Durchsetzung bzw. der Akzeptanz der Maßnahmen, und zwar sowohl auf Seiten der Begünstigten (Wissen, Handlungsfähigkeit) als der Belasteten (konträre Interessen).

3.2.2. Ökonomische Interventionsform: Maßnahmen zur Verbesserung der Einkommensverhältnisse von Personen(mehrheiten)

Die wirtschaftliche Lage eines Individuums, d. h. seine Fähigkeit, die unmittelbaren materiellen Lebensbedürfnisse zu befriedigen, stellt einen zentralen Sektor der Lebenslage dar. Unter den Bedingungen eines privatkapitalistisch organisierten Wirtschaftssystems ist die wirtschaftliche Lage im wesentlich vom periodisch verfügbaren Einkommen abhängig. Für Personen, die sich ein solches Einkommen weder aufgrund von Vermögen noch aufgrund von Arbeit erwerben können, sind frühzeitig Maßnahmen der Einkommenssicherung getroffen worden. Im Unterschied zur rechtlichen Intervention, deren Träger notwendigerweise hoheitlicher und damit staatlicher Befugnisse bedürfen, trifft dies für die ökonomische Interventionsform nur noch bedingt zu. Zwar bedarf die Erhebung von Steuern und öffentlichen Abgaben (z. B. Sozialversicherungsbeiträgen) in demokratischen Rechtsstaaten selbstverständlich der gesetzlichen Grundlage, man wird zudem mit einem mehr oder weniger großen Abgabewiderstand rechnen müssen und daher im Grenzfall auch hoheitliche Mittel der Abgabeneintreibung bereithalten. Dennoch können wir im Bereich der Administration ökonomischer Interventionen bereits eine Aufgabenteilung zwischen staatlichen und „gesellschaftlichen" Trägern feststellen: Zum mindesten in der Bundesrepublik Deutschland sind Unternehmungen („Arbeitgeber") im Bereich der Beibringung von Lohnsteuern wie Sozialabgaben direkt beteiligt, darüber hinaus werden die für die interpersonelle Umverteilung zentralen Sozialversicherungsträger paritätisch von Arbeitgeber- und Arbeitnehmervertretern verwaltet. Allerdings ist dieser Grundgedanke der deutschen Sozialversicherung in den letzten zwei Jahrzehnten zunehmend durch direkte staatliche Interventionen zum Zwecke des Finanzausgleichs ausgehöhlt worden. Man geht dabei vom Gedanken einer „Einheit des Sozialbudgets" aus, welche durch entsprechende statistische Operationen inzwischen auch sichtbar gemacht wird. Die ökonomische Interventionsform hat sich aus der Armenfürsorge und der privaten bzw. genossenschaftlichen Versicherung heraus entwickelt. Der zunehmende Staatseinfluß findet seine theoretische Grundlage in der keynesianischen Wirtschaftstheorie, derzufolge

„aller Sozialaufwand immer aus dem Volkseinkommen der laufenden Periode gedeckt werden muß" (*Mackenroth* 1952: 45).

Diese Vorstellung umgreift allerdings nicht nur die „Einkommensleistungen", sondern auch die „Sachleistungen" und „allgemeinen Dienste und Leistungen" des Sozialbudgets[35]. Wenngleich in volkswirtschaftlicher Betrachtungsweise die sogenannten Realtransfers ebenfalls als Einkommensumverteilungen betrachtet werden können, fallen sie doch nicht unter die Kategorie ökonomischer Intervention im hier gemeinten Sinne, sie sind vielmehr im wesentlichen der ökologischen Interventionsform zuzuordnen (s. u.). Realtransfers unterliegen nämlich sowohl hinsichtlich der Bedingungen ihrer Produktion als auch der Bedingungen ihrer Akzeptanz bzw. Wirksamkeit ganz anderen Bedingungen als Einkommenstransfers, und sie werden auch aus der Perspektive der Betroffenen nicht als Einkommensbestandteile erfahren, sondern anderen Dimensionen der Lebenslage zugerechnet. Der ökonomischen Interventionsform werden also nur solche öffentlichen Maßnahmen zugeordnet, die die Lebenslage der Bevölkerung in Form einer unmittelbar erfahrbaren Modifikation des verfügbaren Einkommens beeinflussen[36]. Als sozialpolitisch sind sie zu bezeichnen, insoweit sie zu einer Verbesserung der wirtschaftlichen Lage ökonomisch benachteiliger Personenmehrheiten führen. Während die Einräumung neuer Rechtsansprüche auf Einkommensleistungen oder die Einführung bzw. Abschaffung neuer Gründe der Steuererhebung bzw. -minderung analytisch der rechtlichen Interventionsform zuzurechnen sind, sind Modifikationen der Höhe von Leistungen und Abgaben der ökonomischen Interventionsform zuzuordnen[37]. Bei den folgenden Überlegungen zur Wirkungsweise ökonomischer Intervention heben wir auf die sozialpolitisch intendierte Hauptwirkung und damit auf die Leistungsseite ab. Die Aufbringungsseite, d. h. die Finanzierung erscheint in dieser Perspektive dann als die zentrale Restriktion dieser Interventionsform: Zusätzliche Einkommensleistungen setzen notwendigerweise Abgaben oder aber Ausgabenverzichte der öffentlichen Hand an anderer Stelle voraus. Die Effektivität ökonomischer Intervention im Sinne eines Nettoumverteilungseffektes hängt dann im wesentlichen von der Selektivität der zumeist vielfältigen rechtlichen Regelungen von Abgabeverpflich-

35 Das Sozialbudget wird seit 1970 periodisch vom Bundesminister für Arbeit und Sozialordnung in den „Sozialberichten" veröffentlicht.

36 Einen Überblick über die ökonomischen Interventionen zugunsten der Familie gibt der Beitrag von *Pfaff* und *Kerschreiter* in diesem Band.

37 Dies ist zum einen definitorisch zwingend, zum anderen aber auch zweckmäßig: Modifikationen der Leistungs- bzw. Abgabegrößen sind verfahrensindifferent. Nur am Rande sei übrigens erwähnt, daß in anderen Ländern auch das Instrument staatlich dekretierter Mindestlöhne oder Lohnsteigerungen für die rechtliche Beeinflussung von Einkommensverteilungen von Bedeutung ist. In der Bundesrepublik ist dieser Bereich ganz der Tarifautonomie überlassen und fällt damit aus der hier gewählten, vom Staat ausgehenden Perspektive heraus.

tungen und Leistungsansprüchen ab. Ihre Untersuchung ist seit längerem Gegenstand der empirischen Wirtschaftsforschung[38]. Von erheblicher Bedeutung ist weiterhin das Ausmaß an Geldwertstabilität: Je stärker die Inflation, desto wahrscheinlicher sind im Endeffekt nachteilige Verteilungskonsequenzen für die sozial schwachen Bevölkerungsschichten (*Würgler* 1973; *Streissler* 1973; *Borner* 1974). Die Implementation ökonomischer Interventionen ist im Einzelfall vergleichsweise einfach, die Administration kann grundsätzlich zentralisiert erfolgen, soweit die Feststellung der Anspruchsberechtigung aufgrund schriftlicher Nachweise relativ einfach möglich ist. Die Akzeptanz der Leistungen ist grundsätzlich hoch, d. h. es kann davon ausgegangen werden, daß die Anspruchsberechtigten ihre Ansprüche geltend machen, sofern sie darum wissen. Es zeigen sich hier die Vorteile des sehr flexiblen Kommunikationsmediums „Geld", welches sich infolge seiner Abstraktheit in besonderer Weise für generalisierende Maßnahmen eignet. Da Geld zur Deckung beliebiger Bedürfnisse geeignet ist, kann von einer hohen Nutzeneinschätzung bei jedermann ausgegangen werden (vgl. *Heinemann* 1969).

Aus diesen Umständen ergeben sich jedoch gleichzeitig spezifische Probleme bei möglicherweise intendierten Verfeinerungen ökonomischer Intervention und beim Versuch, mit Hilfe *zweckgebundener* Geldleistungen spezifische, über die Erhöhung des verfügbaren Einkommens hinausgehende Effekte zu erzielen. Eine Erhöhung der sozialpolitischen Selektivität von Geldleistungen, wie sie etwa für den Bereich der Hilfe zum Lebensunterhalt oder des Wohngeldes charakteristisch ist, setzt umfangreiche Tatbestandsermittlungen und in der Regel die Kombination verschiedener Merkmale voraus. In diesem Falle erhöht sich der administrative Aufwand erheblich und muß zudem dezentralisiert werden, um die beabsichtigte Selektivität in etwa realisieren zu können.

Die vollumfängliche Realisierung ökonomischer Rechtsansprüche erscheint um so wahrscheinlicher, als die Sachverhalte, nach denen sich der Rechtsanspruch bemißt, (1) einfach und allgemein einsichtig sind, (2) in der Bevölkerung weit verbreitet sind und (3) nicht diskriminierender Art sind. Je komplizierter die rechtlichen Bedingungen der Leistungsgewährung und je partikulärer die Gründe der Anspruchsberechtigung, desto unwahrscheinlicher ist die Entwicklung eines allgemeinen Bewußtseins hinsichtlich der Anspruchstatbestände, das eine gesetzesadäquate Inanspruchnahme erwarten läßt. Im weiteren ist nicht zu übersehen, daß mit steigender Differenzierung der Anspruchskriterien auch die Entscheidungssituation der Administration komplexer wird und dem unmittelbaren Prozeß der Interaktion zwischen Anspruchsberechtigten und Personal der leistungsgewährenden Stelle

[38] Vgl. zuerst *Schmidt et al.* (1965), sowie nunmehr die Arbeiten des Sonderforschungsbereichs „Mikroanalytische Grundlagen der Gesellschaftspolitik", vgl. *Krupp et al.* (1981); *Schmähl* (1982).

wachsende Bedeutung zukommt. Es ist daher z. Zt. eine durchaus noch offene Frage, inwieweit eine Erhöhung der Selektivitätskriterien bei ökonomischen Interventionen zu einer Verbesserung der Effektivität, d. h. der Verteilungswirkungen und der Armutsbekämpfung führt, da damit gerechnet werden muß, daß die sozial benachteiligsten Gruppen gleichzeitig diejenigen sind, welche die größte Scheu vor dem Umgang mit Behörden, aber auch eine vergleichsweise geringe Handlungskompetenz im Behördenkontakt entwickeln[39].

Eine Grenze der Wirkungsweise ökonomischer Interventionen ergibt sich dort, wo mit Geldleistungen *bestimmte* soziale Verhaltensweisen anvisiert werden. Selbst bei an sich zweckgebundenen Leistungen wie z. B. dem Wohngeld sind verhaltensmodifizierende Anreizwirkungen fraglich. Die ökonomische Interventionsform ist überall dort am Platze, wo die Präferenzen der Leistungsempfänger als akzeptabel vorausgesetzt werden können und das erforderliche Angebot an Gütern und Diensten auf marktmäßige Weise sicherzustellen ist. Einkommensumverteilungen sind die dem Konzept der „sozialen Marktwirtschaft" kongeniale Form sozialpolitischer Intervention (*Kaufmann et al.* 1980: 120ff.).

3.2.3. Ökologische Interventionsform: Maßnahmen zur Verbesserung der materiellen und sozialen Umwelt von Personen(mehrheiten)

Während die rechtliche und die ökonomische Interventionsform sozusagen den klassischen Bereich der staatlichen Sozialpolitik abdecken, haben sich die beiden im folgenden zu besprechenden sozialpolitischen Interventionsformen erst in den letzten zwei Jahrzehnten als Formen bewußter politischer Intervention herauskristallisiert. Vom Gegenstandsbereich her geht es hier vor allem um diejenigen Aspekte der Sozialstaatlichkeit, welche in verwaltungswissenschaftlicher Perspektive als „Daseinsvorsorge" (hierzu *Gröttrup* 1973), in ökonomischer Perspektive als „(soziale) Infrastruktur" (hierzu *Frey* 1972; *Asam* 1978), aus soziologischer Perspektive vor allem als soziale Dienste (hierzu *Badura/Groß* 1976; *Gartner/Riessman* 1978) angesprochen werden. Der Umfang dieser drei Begriffe ist nicht deckungsgleich, aber stark überlappend, und es muß hier schon aus Raumgründen auf eine genauere Abgrenzung verzichtet werden[40]. Die hier in Frage stehenden Leistungen werden regelmäßig auf

[39] Zum gegenwärtigen Stand der Armutsbekämpfung in der Bundesrepublik vgl. *Hauser et al.* (1981); zu den Problemen des Behördenkontakts im Bereich der Sozialhilfe vgl. *Grunow/Hegner* (1978) sowie dies. in: *Kaufmann* (Hrsg.) (1979: bes. 349ff.); zur Untersuchung der Wirkungsweise von Sozialhilfe und Wohngeld vgl. *Kaufmann et al.* (1980: 234ff.).

[40] Zum Begriffshorizont der sozialökologischen Intervention vgl. *Kaufmann/Schäfer* (1979: 40ff.).

örtlicher Ebene erbracht, ihre Träger sind selten der Zentralstaat (z. B. Arbeitsverwaltung), häufiger die Gliedstaaten (z. B. Schul- und Hochschulwesen), am häufigsten die Kommune oder freie Träger (Verkehrsbetriebe, Sportstätten, Krankenhäuser, Kindergärten, Beratungsstellen, sozialer Wohnungsbau, Jugend- und Altenzentren)[41]. Einrichtungen dieser Art gibt es seit langem, aber ihre Thematisierung als politische Aufgabe erfolgte in der Bundesrepublik erst allmählich seit dem Ersten Weltkrieg und systematisch seit Mitte der 60er Jahre.

Unter sozialpolitischen Gesichtspunkten erscheint dieser große und vielfältige Maßnahmenkomplex vor allem in zweierlei Hinsicht relevant:

1. Es handelt sich um *räumlich gebundene Angebote,* deren Leistungen einen unmittelbaren Kontakt mit den Leistungsadressaten voraussetzt. Die räumliche Bindung ergibt sich dabei aus Merkmalen sowohl des Angebots wie der Nachfrage: Typischerweise handelt es sich um Einrichtungen mit einer baulichen Grundlage[42], und zum anderen sind die Adressaten der zu erbringenden Leistungen selbst ortsgebunden; dies ergibt sich bereits aus der Residenzialität menschlicher Existenz, welche auch im Zeitalter des Automobils von erheblicher Bedeutung bleibt. Die zu erbringenden Leistungen sind entweder als räumliche Angebote zur Selbstbedienung (z. B. Parks, Sportstätten, Sprachlabors) oder als personenbezogene Dienstleistungen (im Unterschied zu Geld und Waren) nicht beliebig mobilisierbar. Sie müssen, um ihre Adressaten zu erreichen, in deren engerer oder weiterer Umwelt (je nach Mobilität der Adressaten) angeboten werden, wenn sie wirksam werden sollen. Dies berechtigt, die hier erforderlichen sozialpolitischen Interventionen unter dem Gesichtspunkt der *Umweltgestaltung* zu thematisieren (vgl. *Kaufmann/Schäfer* 1977).

2. Im Teilbereich der personenbezogenen Dienstleistungen erscheint eine bloß ökologische Betrachtungsweise allerdings als verkürzend. Hier genügt ein räumlich nahegelegenes Angebot offenischtlich nicht, um die erwünschten sozialpolitischen Effekte zu erzielen. Hier kommt es vielmehr entscheidend auf die Kommunikation zwischen dem Personal der Einrichtung und ihrer Klientel an, d. h. die sozialpolitisch relevante Leistung wird unmittelbar im zwischenmenschlichen Kontakt erbracht oder setzt ihn doch konstitutiv voraus. Es genügt also nicht, die erforderlichen Einrichtungen und Personalstellen bereitzuhalten, sondern es muß darüber hinaus eine bestimmte Qualität der Dienstleistungen erzielt werden, welche erst die erwünschten Effekte bewirkt. Diesen

[41] Insoweit öffentliche Planungsleistungen angesprochen sind, kann mittelbar auch das Angebot privatwirtschaftlicher Leistungen hier in Betracht gezogen werden, doch wird dieser Grenzfall im folgenden nicht weiter verfolgt.

[42] Von der unter bestimmten Bedingungen durchaus möglichen Mobilisierung der Einrichtungen durch ambulante Dienste wird allerdings noch viel zu wenig Gebrauch gemacht.

zweiten Aspekt dieses Problems werden wir anschließend unter dem Stichwort „pädagogische Intervention“ thematisieren.

Legitimiert vor allem durch den Begriff der „Lebensqualität“ hat die öffentliche Hand im letzten Jahrzehnt die Verantwortung für die direkte Gestaltung der Lebens- und Versorgungsbedingungen der Bevölkerung übernommen. Charakteristisches Merkmal derartiger Interventionen ist es, daß sie auf die Gestaltung der Strukturen der dauerhaften Umwelt der Bevölkerung gerichtet sind, also einen starken räumlichen Bezug aufweisen. Die Wirksamkeit derartiger Interventionen hängt davon ab, inwieweit die geschaffenen Einrichtungen und angebotenen Dienste tatsächlich in die Lebenslage ihrer Zielgruppen eingehen, also *bei Bedarf verfügbar* sind. Räumliche Nähe erscheint vor allem bei den wenig mobilen unterprivilegierten Bevölkerungsgruppen eine notwendige, allerdings nicht hinreichende Bedingung.

Will man sich die Problematik der ökologischen Interventionsform vergegenwärtigen, so ist zunächst nach den sozialpolitischen Gründen für die staatliche Intervention zu fragen. Weshalb, so könnte man fragen, wird die Steuerung der Produktion dieser Leistungsangebote nicht dem Markt oder allenfalls der kommunalen Selbstverwaltung oder dem Ermessen freigemeinnütziger Träger anheimgestellt? Im Hintergrund steht auch hier die Problematik der Inklusion, welche sozialpolitisch als Gleichheit der Zugangschancen interpretiert wird[43]. Ökologische Interventionen scheinen sozialpolitisch vor allem dann gerechtfertigt, wenn davon ausgegangen werden muß, daß eine bloß marktmäßige Steuerung des Angebots bestimmter Leistungen zu räumlichen und/oder sozialen Versorgungsdisparitäten führt und wenn ein öffentliches Interesse an einem höheren oder gleichmäßigeren Versorgungsniveau angenommen wird. Die geringe Mobilität (und z. T. Teilbarkeit) der Güter läßt die Marktsteuerung auf der Angebotsseite, eine ungenügende Bereitschaft oder Fähigkeit der Leistungsadressaten, kostendeckende Preise zu bezahlen, auf der Nachfrageseite problematisch erscheinen. Versorgungsdisparitäten ergeben sich aber auch bei kommunaler Produktion (infolge der unterschiedlichen Finanzausstattung der Kommunen) und bei freigemeinnütziger Produktion (infolge fehlender Koordination unterschiedlicher Träger). Dies führt zum Bemühen des Staates, mit Hilfe von Planungen, Finanzzuweisungen und gegebenenfalls Auflagen und Kontrollmaßnahmen Einfluß auf das Angebot zu gewinnen.

Art und Ausmaß staatlicher Intervention werfen hier wesentlich komplexere

[43] Dabei wird also davon ausgegangen, daß die Inanspruchnahme bestimmter Einrichtungen gleichzeitig einen individuellen und einen kollektiven Nutzen stifte (meritorische Güter, s. o. S. 64). Als Begründung für den kollektiven Nutzen werden dann entweder gesellschaftlich anerkannte Wertorientierungen (z. B. Recht auf Bildung, Arbeit, Gesundheit usw.) oder aber auch als sozial schädlich angesehene Folgen angegeben, die sich aus der Nichtinanspruchnahme im Bedarfsfalle ergeben sollen. Vgl. *Kaufmann/Schäfer* (1979: 30 ff.).

Probleme auf, als im Falle der rechtlichen und ökonomischen Interventionsform. Hier kommt der mehrstufigen Betrachtungsweise der Leistungserbringung und des Zusammenspiels staatlicher und nichtstaatlicher Träger, auf die im ersten Teil bereits hingewiesen wurde, zentrale Bedeutung zu. Anders formuliert: Die Konversionsleistungen sind hier auf unterschiedlichen Stufen des Prozesses der Leistungserbringung unterschiedlich und gerade deshalb kontingenter[44]. Zwar spielen auch hier Rechtsgrundlagen und Finanzzuweisungen eine erhebliche Rolle, aber sie schlagen nicht bis zur Endleistung durch, diese erfolgt vielmehr in der Form einer Bereitstellung bestimmter Nutzungsmöglichkeiten, die auf sehr spezifische Bedürfnisse zugeschnitten sind.

Bei der theoretischen Rekonstruktion der hier auftauchenden Probleme, geht es im wesentlichen um die Frage, wie denn überhaupt der Staat Einfluß auf die Gestaltung der materiellen und sozialen Umwelt seiner Bürger nehmen kann. Beschränkt man sich auf die Analyse möglichst kurzer Wirkungsketten (wie dies unserem gesamten Ansatz entspricht), so erfolgt der staatliche Eingriff zunächst über die Planung von Raumnutzungen (Regionalplanung); diese Form der Raumplanung setzt sich auf kommunaler Ebene fort und führt zu räumlichen Differenzierungen, welche die Habitatqualität, also Wohnung und Wohnungsumfeld der Bürger entscheidend beeinflussen (vgl. *Strohmeier* 1981: Kap. 3). Neben die Raumplanung tritt die Fachplanung, z. B. als Krankenhausbedarfsplanung, Altenplanung, Jugendplanung, wobei die Planungskompetenzen auf die Gebietskörperschaften unterschiedlich verteilt sind. An der Planungskompetenz selbst sowie an Einflußmöglichkeiten auf die Planungsentscheidungen besteht verständlicherweise ein erhebliches Interesse der jeweils in Frage stehenden Träger. Die erste entscheidende Konversionsleistung liegt nämlich auf der Planungsebene, wobei hier nicht zuletzt über das relative Gewicht einzelner Träger mitentschieden wird.

Bei keiner anderen Interventionsform ist das Eigeninteresse der Träger sozialpolitischer Leistungen in gleichem Maße mit dem Prozeß der Leistungserbringung verbunden wie im Bereiche der ökologischen Intervention. Es geht hier stets nicht nur um die Leistungen selbst, sondern gleichzeitig auch um den Umfang der „Domäne“ bestimmter Träger in Konkurrenz zu anderen Trägern. Dementsprechend stellt hier das Verhältnis von Zentralisation und Dezentralisation der Kompetenzen sowohl ein zentrales politisches wie auch ein zentrales wissenschaftliches Thema dar (vgl. *Schäfer* 1982). Die eigentliche Schwierigkeit besteht dabei darin, ein zweckmäßiges Verhältnis von Zentralisation und Dezentralisation der Kompetenzen hinsichtlich der jeweils notwendigen Schritte im Hinblick auf die Leistungserbringung zu gewinnen. Sind die Kompetenzen eindeutig geklärt und aufeinander abgestimmt, erscheint die

[44] Vgl. hierzu den Beitrag von *A. Herlth* in diesem Band.

Durchführung der Planungen im Rahmen vorhandener Mittel grundsätzlich wenig problembeladen. Der eigentliche Engpaß liegt im Erfordernis des Zusammenwirkens zwischen Staat und intermediären Instanzen, denen gegenüber das staatliche Durchsetzungsvermögen zum mindesten im Rahmen des in der Bundesrepublik herrschenden politischen Systems außerordentlich beschränkt ist. Diese Beschränkung des Durchsetzungsvermögens hat jedoch vermutlich auch positive Aspekte im Hinblick auf die Leistungserbringung, kann doch grundsätzlich davon ausgegangen werden, daß die intermediären Instanzen im Grundsatz orts- und bürgernäher sind, d. h. die spezifischen Verhältnisse und Problemlagen besser kennen als zentrale Instanzen[45].

Eine zweite Restriktion der Wirksamkeit der ökologischen Interventionsform ergibt sich auf der Ebene der Inanspruchnahme geschaffener Einrichtungen durch problembelastete Personen(-mehrheiten). Die hier in Frage stehenden Problembelastungen sind sehr vielfältig und betreffen die verschiedensten Aspekte der Lebenssituation. Einkommensschwäche ist hier zumeist keine primäre Ursache, wenngleich sie häufig mit überdurchschnittlicher Problembelastung korreliert (vgl. *Hauser et al* 1981). Es besteht Grund zur Annahme, daß das Leistungsangebot umweltbezogener Einrichtungen von der Bevölkerung keineswegs proportional zum Grade ihrer Problembelastung genutzt wird, sondern daß sich hier spezifische Selektivitäten der Inanspruchnahme ergeben. Während dieses Problem für Einrichtungen, welche in Selbstbedienung genutzt werden, bisher kaum untersucht ist, ergibt sich diesbezüglich eine starke Evidenz bei den personenbezogenen Dienstleistungen[46]. Das Problem der selektiven Anspruchnahme läßt sich (nach *Wirth* 1982) in vier Stufen rekonstruieren:

1. Die grundsätzliche Wahrscheinlichkeit des Auftretens von Nachfrage nach sozialen Diensten erscheint abhängig von der Problemanfälligkeit, der individuellen Handlungsfähigkeit und der Verfügbarkeit notwendiger Ressourcen (Wissen, Geld, insbesondere jedoch Zeit) bei unterschiedlichen Bevölkerungsgruppen.

2. Eine gewisse Nachfragedisposition ist noch nicht identisch mit der Artikulation einer *bestimmten* Nachfrage, d. h. der Entscheidung zur Inanspruchnahme einer bestimmten Einrichtung. Wenn ein Problem das erste Mal auftritt, so sind die entsprechenden Einrichtungen in der Regel noch nicht persönlich bekannt, es bedarf also eines Suchprozesses, der seinerseits bestimmte (psychische, zeitliche, häufig auch finanzielle) Kosten mit sich bringt. Es hängt einerseits vom subjektiv empfundenen Problem- oder Leidensdruck, andererseits

[45] Zu unterschiedlichen Aspekten des Problems der „Bürgernähe" im Rahmen der ökologischen Interventionsform vgl. *Kaufmann* (Hrsg.) (1977; 1979). – Zur Implementation sozialpolitischer Programme mit einer starken ökologischen Komponente vgl. *Dahme et al.* (1980); *Domscheit/Kühn* (1981).

[46] Vgl. *Wirth* (1982); *Asam* (1978); *Skarpelis-Sperk* (1978); *Kaufmann et al.* (1980: 125 ff., 315 ff.).

aber auch von der wahrgenommenen Angemessenheit, Verfügbarkeit und Zugänglichkeit entsprechender Einrichtungen ab, inwieweit es zu einer spezifischen Nachfrage kommt.

3. Soweit es sich nicht um Selbstbedienungseinrichtungen handelt, wird die Nachfrage zur Inanspruchnahme nur über eine Bewerbungsphase, in welcher die Kapazität und die Selektivität der jeweiligen Einrichtung die entscheidende Rolle spielt. Soziale Dienste entwickeln charakteristische Aufnahmestrategien, bei denen dem eigenen Interesse des Personals bzw. der Einrichtung selbst nicht selten maßgebliche Bedeutung zukommt. So werden häufig lieber leichte als schwere Fälle aufgenommen, bei denen die Erfolgsaussichten (und damit die Legitimierbarkeit der Einrichtung) günstiger sind.

4. Ist der problembelastete Bewerber angenommen, so vollzieht sich die eigentliche Inanspruchnahme in der Regel als ein über Zeit sich erstreckender Interaktionsprozeß des Klienten mit dem Personal der Einrichtung, welches typischerweise entweder bewahrend/pflegerische, therapeutische, erzieherisch-bildende oder beratende Leistungen erbringt. Die Inanspruchnahme ist also nur im Grenzfall ein einmaliger Akt; sie setzt eine fortgesetzte Mitwirkung des Klienten und die hierfür entsprechende Motivation voraus. Der Erfolg der Inanspruchnahme als eigentliches Wirksamkeitskriterium ist damit von interpersonellen Prozessen abhängig, deren Beeinflußbarkeit Gegenstand der nachfolgenden Interventionsform ist.

3.2.4. Pädagogische Interventionsform: Maßnahmen zur Verbesserung der Handlungsfähigkeit von Personen(mehrheiten)

Wie bereits im ersten Teil bemerkt, setzt gesellschaftliche Teilhabe stets Handlungsfähigkeit voraus, das wird selbst noch am negativen Gegenbeispiel totalisierender Bewahrungseinrichtungen wie Gefängnissen und Pflegeanstalten deutlich, welche alle anderen Teilhabemöglichkeiten ausschließen. Es besteht also ein erhebliches sowohl normatives wie faktisches öffentliches Interesse an der Steigerung der Handlungsfähigkeit aller Gesellschaftsmitglieder, zum mindesten so lange, als sich diese Handlungsfähigkeit in gesellschaftlich erwünschten Bahnen der Teilhabe bewegt. Manche Maßnahmen – beispielsweise das allgemeinbildende Schulwesen und das Gesundheitswesen – sind auf die Erhöhung bzw. Wiederherstellung allgemeiner Handlungskompetenzen gerichtet; hier ist mißbräuchlicher Einsatz nicht zu vermeiden: Der gesunde und intelligente Verbrecher ist schwerer zu fassen[46]!

[46] B. Rosewitz hat mich zu Recht darauf hingewiesen, daß die Einordnung therapeutischer Maßnahmen in die Taxonomie der Interventionsformen Schwierigkeiten bereitet. Soweit es die leistungsanbietenden Einrichtungen betrifft, läßt sich die Problematik unter der ökologischen Interventionsform m. E. im Grundsatz adäquat abhandeln; die relative Unplausibilität ergibt sich hier aus dem Umstand, daß der staatliche Ein-

Ein Großteil der der pädagogischen Intervention zuzurechnenden Maßnahmen ist jedoch auf die Entwicklung spezifischer Handlungskompetenzen gerichtet, beispielsweise die Berufsbildung, die Beratung in spezifischen Problemlagen oder die Information über spezifische Sachverhalte. Hier liegt bereits im Typus des Angebots eine inhaltliche Steuerung, d. h. es werden bestimmte soziokulturelle Bestände gestärkt und andere vernachlässigt; in gewisser Hinsicht gilt das natürlich auch für das allgemeinbildende Schulwesen, soweit dort curriculare Entscheidungen getroffen werden.

Pädagogische Interventionen im hier gemeinten Sinne können sich sowohl direkt auf Personen(-mehrheiten) beziehen, deren gesellschaftliche Handlungskompetenz allgemein (z. B. als Kinder oder Jugendliche bzw. Angehörige gesellschaftlicher Randgruppen) oder in spezifischer Weise (z. B. als Verkehrsteilnehmer, Steuerzahler, Erziehungsberechtiger, Behinderter) beeinträchtigt erscheint. Sozialpolitisches Ziel der Maßnahmen ist hier typischerweise eine direkte Erhöhung der Handlungsfähigkeit durch bildende, beratende, rehabilitative oder informative Anstrengungen. Es geht hier also darum, bestimmte, in der allgemeinen Kultur vorhandene soziokulturelle Bestände an Individuen in der Weise zu vermitteln, daß dadurch ihre Teilhabemöglichkeiten gesteigert werden[47].

Die pädagogische Intervention kann sich aber auch an Dritte wenden, welche mit problembelasteten Personen(mehrheiten) zu tun haben. In erster Linie ist

fluß auf die ambulante Versorgung aufgrund der Rechtslage vorläufig minimal ist; im Falle eines staatlichen Gesundheitsdienstes wäre die Parallelität offenkundig. Was nun die Leistung selbst angeht, so habe ich erwogen, die zu behandelnde Interventionsform als „pädagogisch-therapeutische" zu bezeichnen oder auch einen eigenen therapeutischen Typus auszudifferenzieren. Beide Versuche konnten mich jedoch nicht überzeugen, da man – zum mindesten in westlichen Gesellschaften – die Steuerung des therapeutischen Prozesses bisher von staatlichen Einwirkungen weitgehend freigehalten hat. (Vgl. hierzu auch die Bedenken von *P. Gross* unten S. 298ff.). Die staatliche Gesundheitspolitik beschränkt sich darauf, zum einen Rechtsansprüche auf Therapie zu setzen (rechtliche Interventionsform) und Therapieeinrichtungen entweder direkt zu finanzieren oder durch die Einrichtung einer Krankenversicherung finanziell sicherzustellen. Die neuesten Steuerungsversuche des Gesundheitswesens lassen noch keine klare Struktur erkennen, die sich theoretisch rekonstruieren ließe. Für Ansätze zur Analyse vgl. *Badura* (1979); *Brexel* (1979); *Wiesenthal* (1980). – Indem ich das Bezugsproblem der Handlungsfähigkeit ins Zentrum der pädagogischen Interventionsform rücke, lassen sich auch Probleme der Ermöglichung therapeutischer Maßnahmen hier insoweit subsumieren, als diese auf eine Stärkung der Selbstheilungskräfte des Patienten („Rehabiliation i. e. S.") gerichtet sind. Operative und medikamentöse Therapie erscheinen im hier vorgeschlagenen theoretischen Zugriff als Annex der ökologischen Intervention. Das mag unter gesundheitspolitischen Fragestellungen wenig befriedigend sein, scheint aber unter dem Gesichtspunkt einer bereichsübergreifenden Systematisierung durchaus vertretbar.

[47] Eine beispielhafte Erörterung der dabei auftauchenden Probleme findet sich im Beitrag von *Lüscher* unten S. 191ff.

hier an die Berufsausbildung erziehender, heilender, beratender und helfender Berufe zu denken. Sodann aber auch an öffentliche Maßnahmen zugunsten bestimmter Problemgruppen, wie sie sich in jüngster Zeit etwa in den internationalen Initiativen des „Jahres für" (die Frau, das Kind, den Behinderten usw.) manifestieren. Gemeinsam ist all diesen Maßnahmen, daß sie auf die Ermöglichung bzw. Verstärkung von Vermittlungen soziokultureller Bestände an Personen gerichtet sind, daß sie also Prozesse sozialen Lernens in inhaltlicher Hinsicht beeinflussen wollen. Dies ist selbst wiederum ein vielstufiger Prozeß, bei dem aber – ähnlich wie im Falle der rechtlichen und der ökonomischen Interventionsform – die erforderlichen Konversionsprozesse grundsätzlich gleichartig sind, d. h. es geht stets um die Ermöglichung von Lernen, um die Verknüpfung von Wissen und Motivation zur Entfaltung von Kompetenz. Typischerweise setzen solche Lernprozesse interpersonelle Kommunikationen voraus[48]. Wir können an dieser Stelle auf die hier einschlägigen kommunikationstheoretischen, sozialpsychologischen und pädagogischen Wissensbestände nur summarisch verweisen[49].

Welche Möglichkeiten hat der Staat, um auf solche Prozesse sozialen Lernens einzuwirken? Es kommt nicht von ungefähr, daß pädagogische Interventionen in hohem Maße gesellschaftspolitisch umstritten sind (vgl. etwa *Luhmann* 1981; *Gross* 1981 und in diesem Band). Die Bedenken sind dabei sowohl normativer wie effektivitätsbezogener Art. Insoweit als die angestrebte Wirkung in der Änderung von Bewußtseinszuständen, Problemwahrnehmnungen und Fähigkeiten, also von personenbezogenen Eigenschaften liegt, stellt sich die Frage, wer in einer pluralistischen Gesellschaft das Recht haben soll, über solche Orientierungen zu entscheiden, insbesondere, inwieweit dem Staat selbst hier Kompetenzen zuzumessen sind. Vor allem in jüngster Zeit sind Versuche einer direkten politischen Intervention mit pädagogischen Absichten zu beobachten, z. B. Gesundheitsaufklärung, Verkehrserziehung, Verbraucheraufklärung[50]. Informationen sind im Zeitalter der Massenmedien grundsätzlich zentral steuerbar, allerdings scheint ihre Wirksamkeit im Rahmen der heute allgemein akzeptierten Theorie mehrstufiger Kommunikation (vgl. etwa *Watzlawick* 1969) als sehr begrenzt. Informationen werden wieder vergessen und kaum handlungsrelevant, soweit sie nicht durch Prozesse sozialer Kommunikation verstärkt werden. Soziale Kommunikationen können dabei sowohl

[48] Wir rücken damit Prozesse des programmierten Lernens an den Rand unserer Überlegungen; auch sie haben übrigens in der Regel interpersonell induzierte Motivverstärkungen zur Wirksamkeitsbedingung.

[49] Literatur, welche die hier anvisierte steuerungstheoretische Perspektive einnimmt, ist noch außerordentlich selten. Vgl. etwa *Corwin* (1973); *Luhmann/Schorr* (1979); *Domscheit/Kühn* (1981); *Gross* (1981).

[50] *R. Mayntz* (1980: 6) spricht in diesem Zusammenhang von „persuasiven Programmen". Vgl. *Dahme et al.* (1980 a).

verstärkend als auch uminterpretierend oder abschwächend wirken. Schon von daher ergibt sich die hohe Kontingenz staatlicher Einflußnahmen auf soziale Lernprozesse, so daß die Möglichkeiten direkter Steuerung von Lerninhalten durch staatliche Maßnahmen wahrscheinlich recht begrenzt sind.

Wesentlich erfolgversprechender erscheinen daher *mittelbare Maßnahmen*, insbesondere Maßnahmen zur Qualifikation und eventuell Professionalisierung des in sozialpolitischen Einrichtungen tätigen Personals[51]. Dagegen scheint die Entwicklung von Curricula als spezifischer Steuerungsform schulischer Lernprozesse bisher zu wenig überzeugenden Resultaten geführt zu haben (*Knab* 1981). Doch handelt es sich hier zweifellos noch um ein weites Feld.

In jedem Falle läßt sich festhalten, daß die staatlichen Einflußmöglichkeiten in diesem Bereich nicht nur umstritten, sondern auch weitgehend *unkontrollierbar* sind. Der Einfluß intervenierender und situativer Faktoren ist so hoch, daß auch evaluierende Studien hier wenig generalisierbare Resultate versprechen. Diese Sachlage führt jedoch bei staatlichen Stellen nicht automatisch zur Einsicht in die notwendigen Grenzen eigenen Tuns, sondern häufig zu zusätzlichen Anstrengungen der Kontrolle, welche sich jedoch durchaus als kontraproduktiv erweisen können[52]. Auf jeden Fall gilt, daß in diesem Bereich der Inanspruchnahmemotivation bzw. der Mitwirkungsbereitschaft der Klientel entscheidende Bedeutung für den Erfolg der Maßnahmen zukommt. In diesem Zusammenhang wird immer wieder auf Nebenfolgen der Verrechtlichung, Bürokratisierungs- und Professionalisierungstendenzen hingewiesen, welche die Mitwirkungsbereitschaft der Klientel beeinträchtigen und es wird nach Möglichkeiten gesucht, um unterschiedliche Formen der Selbsthilfe bzw. kollektiver Selbsthilfe als adäquatere Formen sozialer Interaktion zur Steigerung der Handlungsfähigkeit zu institutionalisieren (vgl. etwa *Badura et al.* 1979; *Badura/v. Ferber* (Hrsg.) 1981; *Badelt* 1980; *Gretschmann* 1980). Diese noch keineswegs ausdiskutierten Argumente erscheinen heute zweifellos auch unter dem Gesichtspunkt aktuell, daß von einer Stärkung der Selbsthilfepotentiale eine Reduktion der Kostenintensität personenbezogener Dienstleistungen sich erhofft wird. Soll dieses Argument nicht zur bloßen Legitimation des Abbaus sozialer Leistungen verkommen, gilt es, die Wirksamkeitsbedingungen pädagogischer Interventionen gründlicher zu untersuchen und zu klären. Dabei wird nicht nur den Bedingungen sozialen Lernens, sondern ebenso den Bedingungen der Motivation leistungserbringenden Personals gesteigerte Achtung zu schenken sein. Auch wenn die Wirksamkeit pädagogischer Interventionen schwer feststellbar ist, besteht aufgrund des doch recht beeindruckenden Erfolges aller modernen Bildungssysteme Anlaß zur Vermutung, daß die staatlichen Mög-

[51] Zur Bedeutung derartiger Maßnahmen für die Reform des Elementarbereichs vgl. *Bevers* (1980); *Domscheit/Kühn* (1981).

[52] Vgl. etwa für den Bereich der Drogenberatungsstellen *Raschke/Schliehe* (1979).

lichkeiten pädagogischer Intervention nicht so gering sind, wie sie gegenwärtig häufig eingeschätzt werden. Wichtig ist allerdings, daß sie in besonders hohem Umfange auf ergänzende soziale Leistungen (z. B. der Familie oder von sozialen Netzwerken) angewiesen sind. Die Frage nach dem möglichen Zusammenwirken von Staat, intermediären Instanzen und Formen kollektiver Selbsthilfe kann im Augenblick nur gestellt, nicht aber beantwortet werden[53].

3.3. Zusammenfassung

Ziel des vorliegenden Beitrags war es, analytisch brauchbare Kategorien zur Klassifikation sozialpolitischer Maßnahmen nach den Bedingungen ihrer Wirkungsweise zu entwickeln. Das Ergebnis dieser Überlegungen wird in Form einer Übersicht zusammengefaßt, die hier nicht noch einmal kommentiert sei. Wichtig erscheint die Frage nach den Einsatzmöglichkeiten der entwickelten Typologie.

Typologien politischer Interventionen gibt es bereits in größerer Zahl[54], doch wird dabei der Interventionsbegriff sehr unterschiedlich gefaßt und die Systematiken sind entsprechend heterogen. Es war daher notwendig, im ersten Teil dieses Beitrags die Grundlagen der im zweiten Teil entwickelten Typologie ausführlich zu entwickeln. Gewisse Ähnlichkeiten ergeben sich mit Typologien von *F. Scharpf*[55] und *R. Mayntz*[56]. Diese Klassifikationsversuche ähneln dem unsrigen insoweit, als sie (im Unterschied zu den meisten übrigen Klassifika-

[53] Im Hinblick auf diese Fragestellung hat die Deutsche Forschungsgemeinschaft im Jahre 1981 ein eigenes Schwerpunktprogramm initiiert. Vgl. *Kaufmann et al.* 1981.

[54] Ich danke Herrn B. Rosewitz für die Erstellung einer entsprechenden Literaturübersicht.

[55] *Scharpf* (1976: 15) unterscheidet vier Arten staatlicher Einflußinstrumente zur Steuerung ökonomischer und sozialer Prozesse:
1. Unmittelbare Verhaltenssteuerung durch mit Zwangsgewalt sanktionierte Gebote und Verbote,
2. mittelbare Verhaltenssteuerung durch positive und negative Anreize, etwa Subventionen und steuerliche Belastungen,
3. mittelbare Verhaltenssteuerung durch die Bereitstellung von Infrastruktur-Vorleistungen,
4. unmittelbare Leistungserbringung durch den Staat.

[56] *R. Mayntz* entwickelte zunächst (1977: 59f.) eine Typologie von sieben Kategorien politischer Programmtypen, welche im jüngsten Beitrag (1980: 5f.) zu fünf Regelungstypen zusammengefaßt werden:
1. regulative Politik
2. Anreize und finanzielle Transfers
3. öffentliche Erstellung von Infrastruktur und technischen Dienstleistungen
4. Informations- und Überzeugungsprogramme und
5. Setzung von Verfahrensnormen.

Übersicht: sozialpolitische Interventionsformen

Dimensionen / Interventionsform	rechtliche	ökonomische	ökologische	pädagogische
I Wirkungsweise	Wirkt auf die rechtlichen Grundlagen sozialer Beziehungen durch die Ordnung und den Schutz von Rechtsverhältnissen	Wirkt auf die Struktur der verfügbaren Haushaltseinkommen durch interpersonelle Umverteilung von Primäreinkommen	Wirkt auf Verteilung räumlich gebundener Teilhabemöglichkeiten durch Planung von Raumnutzung und Schaffung von Infrastruktur	Wirkt auf die Vermittlung sozio-kultureller **Bestände an Personen**; inhaltliche Beeinflussung von Lernprozessen.
II Typische Maßnahmen	Einräumung von Schutz-, Beteiligungs-, Inanspruchnahme-, Beschwerderechten sowie Beteiligungsverpflichtungen. Verfahrensregelungen, Gerichtsbarkeit, Aufsichtsorgane	Steuern und Abgaben Transferzahlungen Steuererleichterungen	Landes- u. Stadtentwicklungsplanung, Sozialplanung, Wohnungsbau Finanzierung von Einrichtungen	Professionalisierung, Curricula Angebot von Bildung, Beratung, Rehabilitation und Information Unterstützung von Selbsthilfeaktivitäten
III sozialpolitisch intendierte Hauptwirkung	Stärkung der Rechtsstellung sozial schwacher Personenmehrheiten im Hinblick auf Teilhabemöglichkeiten	Erhöhung der verfügbaren Einkommen von Personenmehrheiten mit ungenügendem **Primäreinkommen**	Verbesserung der Zugangschancen und der Qualität von lebenslagerelevanten Umweltsegmenten	Erhöhung der Handlungsfähigkeit von Personen mit Bezug auf legitime Teilhabemöglichkeiten
IV Trägerschaft	notwendigerweise staatlich	(para)staatlich, z. T. verbandliche Selbstverwaltung	Zusammenwirken staatlicher und intermediärer Instanzen	Staat, intermediäre Instanzen, kollektive Selbsthilfe
V Zentralproblem der Realisierung	Rechtswahrnehmung Normkonformität	Finanzierung	inter-organisatorische Koordination, Inanspruchnahme	interpersonelle Kommunikation als Wirksamkeitsbedingung
VI Generalisierbarkeit von Regelungen	hoch	hoch	niedrig	niedrig
VII öffentliche Kosten	niedrig	hoch	hoch, verteilungsabhängig	variabel
VIII Implementierbarkeit	zentral – dezentral, mittelschwer	zentral, leicht	zentral – dezentral mittelschwer	dezentral, schwierig
IX Akzeptanz	interessen- und kompetenzabhängig	i.d.R. unproblematisch bei Zweckbindung selektiv	selektiv/variabel	unkontrollierbar/umstritten

tionsversuchen) analytischen Gesichtspunkten den Vorrang vor objekt- oder institutionenbezogenen bzw. gemischt analytischen und institutionellen Gesichtspunkten geben. Die hier vorgeschlagene Typologie versucht, konsequent den Gesichtspunkt der Verknüpfung von staatlichen Mitteln und beabsichtigten Wirkungen beizubehalten, um auf diese Weise möglichst trennscharfe, d. h. unterschiedlichen Bedingungen und Regelmäßigkeiten gehorchende Typen herauszuarbeiten, die sich in verschiedenen Dimensionen unterscheiden (vgl. Übersicht). Die hier vorgenommenen Verknüpfungen von Merkmalsausprägungen in den einzelnen Dimensionen sind natürlich zu einem großen Teil hypothetisch, wenngleich durch einzelne Forschungsergebnisse gedeckt. Einzelne sozialpolitische Maßnahmen können durchaus Elemente mehrerer Interventionsformen miteinander verknüpfen, doch halte ich diese Aspekte analytisch für sauber trennbar, also beispielsweise das Problem des Rechtsanspruchs auf Rente und das Problem der Rentenhöhe oder die Frage des Angebots von Bildungseinrichtungen und die Frage der Lehrerausbildung und der Bildungsinhalte. Die Klassifikation soll dazu dienen, den rasch anwachsenden Bestand an Studien zur Planung, Implementation und Wirksamkeit politischer Maßnahmen unter zusammenhängenden Gesichtspunkten zu systematisieren und somit eine Generalisierung dieses weitverstreuten Wissens vorbereiten.

4. Familienpolitik durch Gesetzgebung: Die juristische Regulierung der Familie*

Christoph Sachße/Florian Tennstedt

Vorbemerkung

Die gesetzliche Festlegung der rechtlichen Grundlagen familiären Zusammenlebens gehört zu den Traditionsbeständen staatlicher Familienpolitik. Schon eine kursorische Durchsicht verschiedener familienrechtlicher Kodifikationen zeigt, daß es auch juristisch „die“ Familie nicht gibt; daß vielmehr die Gesetzgeber unterschiedlicher historischer Epochen und gesellschaftlicher Verhältnisse sowohl den innerfamiliären Status der einzelnen Familienmitglieder wie auch deren Rechte und Pflichten nach innen und außen höchst unterschiedlich bestimmt haben. Die familiären Leitbilder des jeweiligen Gesetzgebers waren dabei regelmäßig politisch hoch kontrovers, und auch aktuelle familienrechtliche Reformen – wie die unlängst in Kraft getretene Neuregelung des Rechts der elterlichen Sorge – zählen zu den innenpolitischen Konfliktthemen erster Ordnung.

Die Problematik gegenwärtiger Familiengesetzgebung ist darüber hinaus aber vor allem dadurch gekennzeichnet, daß es neben dem Kernbereich des Familienrechts i.e.S., also den zivilrechtlichen Regelungen des 4. Buches des Bürgerlichen Gesetzbuches, eine Fülle weit verstreuter, z. T. „versteckter“ sozialrechtlicher Gesetze und Vorschriften gibt, die von beachtlicher familienpolitischer Bedeutung sind und die Familie als „Lebensverhältnis“ tiefgreifend beeinflussen. Erst eine Zusammenschau all dieser heterogenen Regelungen kann also die familienpolitischen Leitvorstellungen gegenwärtiger zivil- und sozialrechtlicher Gesetzgebung erschließen.

Wir wollen im folgenden eine Bestandsaufnahme wenigstens der wichtigsten familienrelevanten gesetzlichen Regelungen des Zivil- und Sozialrechts sowie ihrer Entstehung und Entwicklung versuchen. Unser Interesse gilt dabei vor allem dem Herausarbeiten der familiären Leitbilder, die den jeweiligen Gesetzgebungen zugrundeliegen oder anders gesagt: der Frage, ob den

* Ein Abkürzungsverzeichnis befindet sich am Ende des Beitrags.

vielfältigen gesetzlichen Regelungen und ihrer Reform überhaupt eine einheitliche familienpolitische Leitvorstellung zugrundeliegt.

Es zählt zu den kaum je bezweifelten Grundannahmen familienrechtlicher Reformdiskussion, *daß* das Familienrecht für den sozialen Zusammenhang „Familie" von zentraler Bedeutung ist. Die Selbstverständlichkeit dieser Annahme kontrastiert eigentümlich mit dem geringen Bestand von Informationen darüber, *wie* und in welchem Ausmaß familiäre Lebensbedingungen durch gesetzliche Reformen zu beeinflussen sind. Angesichts dieses fast völligen Fehlens theoretischer Vorarbeiten zur Wirkungsanalyse juristischer Interventionen familienpolitischer Art[1] beschränken wir uns auf die Untersuchung normativer Regelungen und ihrer Leitbilder, ihrer Entstehung und Veränderung. Nicht dagegen untersuchen wir die faktischen sozialen Auswirkungen rechtspolitischer Maßnahmen auf die empirischen Lebensverhältnisse von Familien. Zum Problem der sozialen Auswirkungen juristischer Normen im Bereich der Familienpolitik wollen wir lediglich abschließend einige vorläufige und eher unsystematische Überlegungen beisteuern.

4.1. Familie und Familienrecht

4.1.1. Der bürgerliche Familienbegriff: Familie als rechtsfreier Raum

In den Diskussionen um die bereits erwähnte gesetzliche Reform der elterlichen Sorge wurde – gegenüber konservativer Kritik an vorgeblicher Verstaatlichung der Familie – gelegentlich eingewendet, daß bereits das Preußische Allgemeine Landrecht erheblich mehr staatliche Einflußnahme auf die familiäre Erziehung vorgesehen habe als die Regelungen des Bürgerlichen Gesetzbuches.

In der Tat beinhalten die familienrechtlichen Teile des ALR eine Fülle von detaillierten Vorschriften, die das Verhalten der Ehegatten untereinander und ihren Kindern gegenüber regeln. So erklärt § 65, zweiter Teil, zweiter Titel den Unterhalt der Kinder primär zur Sache des Vaters, die körperliche Pflege dagegen wird gemäß § 76 II 2 der Mutter zugewiesen, die darüber hinaus von Gesetzes wegen gehalten ist, ihr Kind selbst zu säugen, § 67 II 2. Der Vater hinwiederum soll bestimmen, wie lange sie das zu tun hat, § 68 II 2. Für die Ausrichtung der Erziehung wird den Eltern gesetzlich ein mate-

[1] Wir übernehmen die von Franz-Xaver Kaufmann u. a. vorgeschlagene Einteilung sozialpolitischer Interventionen in rechtliche, ökonomische, ökologische und pädagogische und konzentrieren uns im folgenden auf die rechtliche Interventionsform. Vgl. *Kaufmann et al.* 1978: 32 ff. sowie den Beitrag von Kaufmann in diesem Band.

rielles Erziehungsziel vorgegeben. § 108 II 2 bestimmt: „Die Eltern sind schuldig, ihre Kinder zu künftigen brauchbaren Mitgliedern des Staates, in einer nützlichen Wissenschaft, Kunst oder Gewerbe vorzubereiten." Im einzelnen hängt die künftige „Lebensart" des Sohnes zwar „zunächst vom Ermessen des Vaters ab", § 109 II 2. Partizipationsrechte des Sohnes sind aber durchaus vorgesehen. So verpflichtet die berühmte Vorschrift des § 110 II 2 den Vater sogleich, „auf die Neigung, Fähigkeiten und körperlichen Umstände des Sohnes vorzüglich Rücksicht (zu) nehmen". Vom 14. Lebensjahr an kann der Sohn bei „gänzlicher Abneigung gegen die vom Vater geregelte Lebensart" sogar eine Entscheidung des Vormundschaftsgerichts erwirken, § 112 II 2. Religiöse Unterweisung wird den Eltern zwar einerseits gesetzlich vorgeschrieben, § 75 II 2. Die Wahl der Religionsgemeinschaft ist aber ebenfalls vom 14. Lebensjahr an den Kindern selbst überlassen, § 84 II 2.

Das ALR enthält also eine ganze Reihe „kinderfreundlicher" Bestimmungen, ähnlich denen, die auch in der jüngsten Reformdiskussion wieder zur Debatte standen. Jede Parallelisierung gesetzgeberischer Maßnahmen heute und damals wäre indes voreilig, da sie den völlig verschiedenen gesellschaftlichen Kontext außer Acht ließe. Die geschilderten Regelungen des ALR stehen in einem historischen Zusammenhang, den man als „individualrechtliches Aufbrechen" des vorbürgerlichen, am „Ganzen Haus" orientierten Familienbegriffes bezeichnen kann. Unter dem Einfluß naturrechtlicher Vorstellungen der Aufklärung wurden in der zweiten Hälfte des 18. Jahrhunderts traditionelle, statusrechtliche Vorstellungen, die allenfalls den Begründungsakt der Ehe als („Eingehungs")Vertrag verstanden, Ehe und Familie aber als der individuellen Disposition entzogene Institution begriffen, zugunsten einer konsequenten vertragsrechtlichen Interpretation verdrängt. Die Familienmitglieder erfahren dadurch eine individualrechtliche Aufwertung. Auch Frauen und sogar Kinder werden in einer solchen vertragsrechtlichen Denkweise – zumindest tendenziell – als gleichberechtigte Rechtssubjekte anerkannt, die wechselseitig vereinbarten Rechten und Pflichten unterliegen, wenngleich sich die Anwendung des Vertragsmodells auf das Verhältnis von Eltern und Kindern nie vollständig durchsetzte (*Schwab* 1975).

Am Preußischen Allgemeinen Landrecht läßt sich der – nur scheinbar paradoxe – Prozeß der individualrechtlichen Aufwertung der einzelnen Familienmitglieder gerade *durch* detaillierte staatliche Reglementierung der Familie, durch ein kompromißloses Hineinregieren auch in die intimsten Sphären aufweisen. Zwar ist gem. § 38 II 1 die Eheschließung als Vertrag anzusehen. Sie setzt die freie Einwilligung beider Partner voraus. Dennoch werden nicht nur die – bereits geschilderten – Pflichten der Eltern gegenüber ihren Kindern, sondern auch die Pflichten der Ehegatten untereinander in einer heute geradezu grotesk anmutenden Form gesetzlich im Detail vorgegeben,

z. B. müssen die Ehegatten gem. § 175 II 1 „vereint miteinander leben“ und „auch wegen Widerwärtigkeiten dürfen sie einander nicht verlassen“, § 176 II 1, lediglich „öffentliche Geschäfte, dringende Privatangelegenheiten und Gesundheits-Reisen entschuldigen die Abwesenheit“, § 177 II 1. Die „eheliche Pflicht“ dürfen die Ehgatten einander „anhaltend nicht versagen“, § 178 II 1, wenn allerdings „deren Leistung der Gesundheit des einen oder des anderen Ehegatten nachteilig sein würde, kann sie nicht gefordert werden“, § 179 II 1. Maßregelungen dieser Art waren schon in der Zeit nach ihrem Inkrafttreten keineswegs unumstritten[2]. Sie veranlaßten in der Mitte des 19. Jahrhunderts den Staatsrechtler Clemens Theodor *Perthes* zu der Bemerkung, „das Preußische Landrecht verfügte über die Verhältnisse der Familie und des Hauses, als ob dieses sich zum Staate ebenso wie die Caserne oder das Zuchthaus verhielt (*Perthes* 1845: 273). Gleichwohl führten sie im Ergebnis dazu, daß die Rechtsposition der Ehefrauen im Hinblick auf Geschäftsfähigkeit (§§ 195 II 1 ff.), eheliches Vermögensrecht (§§ 205 II 1 ff.), Ehescheidung (§§ 668 II 1 ff., insbes. § 716 II 1), insbesondere aber auch die nichtehelicher Mütter (§§ 1015–1119 II 1) durchaus gefestigter war als z. B. später im Bürgerlichen Gesetzbuch (*Gerhard* 1978: 154ff.).

Diese individualrechtliche Emanzipation der Familienmitglieder zu tendenziell selbständigen Rechtssubjekten paßte nun gut in das absolutistische Programm der Produktion des „staatsunmittelbaren Untertanen“. Denn sie diente der Beseitigung der „patria potestas“ als ständisch-mediatisierender und in diesem Sinne auch politischer Gewalt. Die individualrechtliche Emanzipation der Familienmitglieder und die rechtliche Reglementierung der Familie durch den absolutistischen Gesetzgeber stehen daher in dieser spezifischen historischen Situation keineswegs im Widerspruch zueinander. Sie beinhalten vielmehr parallele Strategien zur Beseitigung quasi-politischer familiärer Bindungen und damit der Stabilisierung eines Auseinandertretens von öffentlicher Gewalt und entpolitisierter Gesellschaft[3].

Der Prozeß der Konstituierung von Familie als Privatbereich geht Hand in Hand mit der allmählichen Rückbildung aller produktiven, erwerbswirtschaftlichen Elemente der Familie. Während der Begriff „Hauswesen“ im traditionellen Sinne des „Ganzen Hauses“ die Familie noch als Produktionsgemeinschaft verstand, entsprechende familiäre Arbeitsverpflichtungen vorsah und konsequenterweise das Gesinde zur Familie rechnete, verkümmert das Hauswesen seit dem Ende des 18. Jahrhunderts immer mehr zum

[2] Vgl. dazu die instruktive Stellungnahme des preußischen Revisors zum Entwurf einer Neufassung von Teil II Titel 1 aus dem Jahre 1830, abgedruckt bei *Gerhard* 1978: 396f.

[3] Wir beschränken uns hier auf diese vergröbernde Zusammenfassung und verweisen im übrigen auf die differenzierte Analyse von *Koselleck* 1967, insbes.: 52–77.

„Haushalt", die Familie zur Konsumtionsgemeinschaft. Dies zeigt sich u. a. daran, daß die Ehefrau von der Gehilfin des Mannes im als Erwerbsbetrieb verstandenen Hauswesen zur Leiterin des Hauswesens i. S. des privatisierten Haushalts avanciert (§ 194 II 1 ALR: „Die Frau ist schuldig, dem Hauswesen des Mannes nach dessen Stande und Range vorzustehen."), die Erwerbstätigkeit des Mannes dagegen aus dem Hauswesen ausgelagert und nur noch mittelbar über die Unterhaltspflicht an die Familie rückgebunden bleibt (*Schwab* 1975: 272 ff.).

Im Zuge des 19. Jahrhunderts findet zunehmend eine Abkehr von der individualrechtlichen Interpretation von Ehe und Familie statt. Die Familie wird als „sittliche Institution" verstanden, in die die Individuen eingeschmolzen werden. Sie unterliegt gleichsam einem Verinnerlichungsprozeß. Die Definition der Familie (nicht der Individuen) als „Keimzelle von Staat und Gesellschaft" beinhaltet zugleich eine polemische Wendung gegen jede staatliche Reglementierung der Familie, einen „Entrechtlichungsprozeß" in dem doppelten Sinne, daß nurmehr die Familie als ganze, nicht ihre einzelnen Angehörigen als Rechtssubjekte anerkannt werden und zugleich der familiäre Innenraum gegen staatliche Eingriffe abgeschirmt wird. Der rechtsfreie Innenraum der Familie erlaubt die Restauration einer rechtlich ungebundenen Herrschaftsposition des Ehemannes und Vaters in einer von allen erwerbswirtschaftlichen Komponenten entkleideten privaten Intimsphäre. Umgekehrt wird den einzelnen Familienmitgliedern der Individualrechtsschutz gegenüber der Familie (d. h. vor allem ihrem Oberhaupt) weitgehend versagt, die elterliche (d. h. väterliche) Gewalt als rechtlich ungebundene Herrschaftsgewalt ausgestaltet. Das Familienrecht wird zum Privatrecht. Gleichzeitig ziehen sich Gesetzgeber und Rechtswissenschaft zunehmend von der Behandlung der *persönlichen* Verhältnisse der Ehegatten und des Erziehungsverhältnisses von Eltern und Kindern zurück.

Die so verstandene Familie ist als spezifisch *bürgerliche* in ihrem Zuschnitt auf die Reproduktionsbedürfnisse von Produktionsmitteleigentümern vielfach analysiert worden: Der Vater sorgt für den Unterhalt der Familie und hat die elterliche Gewalt inne. Sein Eigentum am Unternehmen im Zusammenhang mit der Testierfreiheit bildet die materielle Grundlage der elterlichen Gewalt und ermöglicht es ihm, die Erfüllung der Unterhaltsverpflichtungen der Kinder zu erzwingen. Er bestimmt Ausbildung und Beruf der Kinder. Die Frau gebärt die Kinder und zieht sie auf. Ihre Zuständigkeit beschränkt sich auf den Haushalt. Im übrigen ist sie nicht geschäftsfähig. Als Gegenleistung für die Aufzucht der Kinder und die Führung des Haushalts erhält sie lebenslangen Unterhalt. Die Kinder unterliegen der elterlichen Gewalt, die mit der Möglichkeit der Enterbung sanktioniert ist. Sie werden unterhalten: der Sohn, bis er zur Verwaltung des väterlichen Erbes fähig ist; die Tochter, bis sie ihrerseits einen Produktionsmitteleigentümer heiratet.

Schritte auf dem Weg zur juristischen Festschreibung dieses Familienbildes sind die Ansätze zu einer Reform des Ehescheidungsrechts des Preußischen Allgemeinen Landrechts im Jahre 1842, die radikale Rücknahme der frauenfreundlichen Positionen des Nichtehelichenrechts des Allgemeinen Landrechts durch das Gesetz vom 24. 4. 1854 (PrGS 1854: 193ff.) und vor allem die juristische Absicherung der Familie als „sittlicher Institution" durch die Entwicklung einer institutionsrechtlichen Ehe- und Familienlehre unter dem maßgeblichen Einfluß von Friedrich Carl v. Savigny[4].

Die rechtliche Verallgemeinerung der so verstandenen Familie erfolgt in Deutschland durch das Bürgerliche Gesetzbuch vom 18. 8. 1896 (RGBl 1896: 195ff.). In den entsprechenden Regelungen des 4. Buches des BGB werden die familiären Strukturen, wie sie sich im 19. Jahrhundert entwickelt haben, rechtlich festgeschrieben. Gemäß § 1354 stehen dem Ehemann alle das eheliche Leben betreffenden Entscheidungen alleine zu, insbesondere bestimmt er Wohnort und Wohnung. Einen selbständigen Wohnsitz kann die Ehefrau nicht begründen, § 10. Die Frau erhält den Familiennamen. des Mannes, § 1355. Sie ist zur Leitung des und zur Mitarbeit im Haushalt berechtigt und verpflichtet, § 1356 I. Insoweit steht ihr die sogenannte Schlüsselgewalt zu, d. h. sie kann Rechtsgeschäfte mit Wirkung für den Ehemann abschließen, § 1357. Außerdem ist sie zur (unentgeltlichen) Mitarbeit im Geschäft des Ehemannes verpflichtet, § 1356 II.

Eine eigene Erwerbstätigkeit der Frau kommt nur ausnahmsweise in Betracht. Insoweit steht dem Mann in bestimmtem Umfang das Kündigungsrecht für das Arbeitsverhältnis seiner Frau zu, § 1358. § 1360 I normiert die Unterhaltspflicht des Mannes. Die Ehefrau ist demgegenüber nur dann und insoweit unterhaltsverpflichtet, als der Mann außerstande ist, sich selbst zu unterhalten, § 1360 II. Das Vermögen der Frau jedoch wird mit der Eheschließung grundsätzlich der Verwaltung und Nutznießung des Mannes unterworfen, § 1363.

[4] 1842 wurde Carl Friedrich von Savigny von Friedrich Wilhelm IV. zum Gesetzgebungsminister gemacht und mit den Revisionsarbeiten am ALR betraut. Sein Mitarbeiter E. L. v. Gerlach legte 1842 einen Entwurf für ein neues Ehescheidungsrecht vor, der durch eine Indiskretion an die „Rheinische Zeitung" gelangte und dort publiziert wurde. Die Publikation rief heftigen Unwillen in der Bevölkerung hervor, was dazu führte, daß der Entwurf in dieser Form nicht Gesetz wurde und nur ein Teil als „Verordnung über das Verfahren in Ehesachen" am 28. 6. 1844 erlassen wurde.
Nach dem Scheitern der Reform verfaßte Savigny eine „Darstellung der in den preußischen Gesetzen über die Ehescheidung unternommenen Reformen", in der er die Grundzüge seiner Lehre von der Ehe als Institution entwickelte, die in der Folge von der Rechtswissenschaft übernommen wurde und dem Familienrecht des Bürgerlichen Gesetzbuchs zugrunde lag. Vgl. hierzu die Übersicht bei *Gerhard* 1978: 169ff.

Die elterliche Gewalt über die Kinder liegt grundsätzlich allein bei dem Vater, § 1627. Er allein hat das ausdrückliche Recht, „angemessene Zuchtmittel gegen (!) das Kind anzuwenden", § 1631 II. Der Mutter kommt die elterlicheGewalt nur bei Tod des Vaters oder Verwirkung zu, § 1684, und kann dann noch durch die vormundschaftsgerichtliche Bestellung eines Beistandes beschränkt werden. Die elterliche Gewalt umfaßt die Sorge für die Person und das Vermögen des Kindes, § 1627. Die persönliche Sorge „umfaßt das Recht und die Pflicht, das Kind zu erziehen, zu beaufsichtigen und seinen Aufenthalt zu bestimmen", § 1631 I. Sie wird beschränkt lediglich durch die Vorschrift des § 1666. Danach hat das Vormundschaftsgericht immer dann „die zur Abwendung der Gefahr erforderlichen Maßregeln zu treffen", wenn „das geistige oder leibliche Wohl des Kindes dadurch gefährdet" wird, „daß der Vater das Recht der Sorge für die Person des Kindes mißbraucht, das Kind vernachlässigt oder sich eines ehrlosen oder unsittlichen Lebenswandels schuldig macht". Das BGB schreibt also keinerlei materielle Erziehungsziele vor, sondern steckt nur formal den äußeren Rahmen der im übrigen ungeregelten elterlichen Gewalt durch den Mißbrauchstatbestand des § 1666 ab.

Der familiäre Unterhalt – soweit er nicht die Ehegatten untereinander betrifft – ist im Familienrecht des BGB im Abschnitt über die Verwandtschaft geregelt, §§ 1589ff. Unterhaltspflichtig sind einander demnach prinzipiell die Verwandten in gerader Linie. Die faktischen Unterhaltsleistungen werden in diesem Rahmen von der Bedürftigkeit, § 1602 I, und der Leistungsfähigkeit, § 1603 I, einerseits sowie der Rangfolge von Verpflichtung und Berechtigung, §§ 1606, 1608 und 1609 bestimmt. Die Einzelheiten können hier außer Betracht bleiben. Wichtig ist in unserem Zusammenhang aber zweierlei: Betrachtet man § 1608 I, der den Vorrang der Unterhaltsverpflichtung des Ehegatten vor allen Verwandten bestimmt (§ 1584 bestimmt gleiches für den geschiedenen Ehegatten) und § 1603 II, der eine gesteigerte Unterhaltspflicht der Eltern gegenüber ihren minderjährigen, unverheirateten Kindern beinhaltet, so schimmert durch die Systematik des Unterhaltsrechts die Struktur der Kleinfamilie. Zum anderen fällt ins Auge, daß auch das System des Unterhaltsrechts – der Verwandtschaft in auf-und absteigender Linie folgend – ganz auf die Reproduktion von Produktionsmitteleigentümern zugeschnitten ist: Der Vater unterhält die Kinder, um später – wenn diese das Erbe übernommen haben – selbst von ihnen unterhalten zu werden. Diese Systematik veranlaßte Anton *Menger* schon 1890 zu der Bemerkung: „Auch jener Teil des Privatrechts, durch welchen die Fortpflanzung des Menschen und der Wechsel der Generationen geordnet wird, leidet an denselben Gebrechen wie das Vermögensrecht, indem auch hier die Rechtsregeln und Rechtsinstitute des Familienrechts vom Standpunkt der Besitzenden ausgedacht und ausgebildet sind" (*Menger* 1927: 41).

Die skizzierte rechtliche Normierung der „Hausfrauenehe" durch den Gesetzgeber von 1896 bildet gleichsam den juristischen Schlußstein einer sozialen Entwicklung, die Gunnar *Heinsohn* und Rolf *Knieper* polemisch, aber durchaus zutreffend als Prozeß der „Verhaustierung" der Frau gekennzeichnet haben (*Heinsohn/Kieper* 1974).

Nun entspricht diese Familienstruktur weder unseren heutigen Vorstellungen noch auch dem heute geltenden Recht. Das traditionelle Familienbild des BGB ist in den letzten 25 Jahren Gegenstand einer ganzen Kette rechtlicher Reformen gewesen, die im folgenden kurz umrissen werden sollen.

4.1.2. Familienrechtsreform in der Bundesrepublik: Die Verrechtlichung des familiären Innenraumes

Die familienrechtlichen Regelungen des BGB erwiesen sich über Jahrzehnte als durchaus stabil. Sie wurden lediglich durch das Gesetz über die religiöse Kindererziehung vom 15. 7. 1921 (RGBl 1921: 939f.), das das Selbstbestimmungsrecht in Fragen der religiösen Erziehung für Jugendliche vom vollendeten 14. Lebensjahr an einführte und insoweit an die eingangs geschilderten Regelungen des ALR anknüpfte, und das Reichsjugendwohlfahrtsgesetz von 1922, das bei drohender oder eingetretener Verwahrlosung des Kindes Einschränkungen der elterlichen Gewalt auch jenseits des § 1666 BGB vorsah, geringfügig modifiziert.

Seit Mitte der 50er Jahre dagegen unterliegt das Familienrecht einem raschen und tiefgreifenden Wandel, der im folgenden kurz skizziert werden soll. Den Auftakt der Reformwelle bildet Artikel 117 I GG, der vorsieht, daß jegliche rechtliche Regelung, die der Gleichberechtigung der Frau widerspreche, spätestens am 31. 3. 1953 außer Kraft treten sollte. Unbeeindruckt von diesem Auftrag des Grundgesetzes ließ der damalige Gesetzgeber die Frist verstreichen. Und auch nach der Entscheidung des Bundesverfassungsgerichts vom 18. 12. 1953 (NJW 1954: 65ff.), die die Unwirksamkeit aller Artikel 3 II GG entgegenstehenden bürgerlich-rechtlichen Vorschriften seit dem vom Verfassungsgesetzgeber bestimmten Termin bestätigte und die damit entstandene gesetzliche Lücke einstweilen der richterlichen Gestaltung anvertraute, dauerte es noch bis zum 18. 6. 1957, bis der Gesetzgeber sich zu einer entsprechenden Neuregelung bereitfinden mochte. Das Gesetz über die Gleichberechtigung von Mann und Frau (BGBl I 1957: 609 ff.), das am 1. 7. 1958 in Kraft trat, sah dann umfangreiche Veränderungen im Verhältnis der Ehegatten zueinander und zu den Kindern vor:

§ 1354 und § 10 wurden ersatzlos gestrichen. Familienname bleibt der des Mannes, immerhin kann die Frau nun ihren Namen anhängen, § 1355. Die Berechtigung und Verpflichtung der Frau zur Haushaltsführung bleibt zwar bestehen, wird aber durch die Berechtigung zu eigener Erwerbstätigkeit, soweit dies „mit ihren Pflichten in Ehe und Familie vereinbar" ist, ergänzt, § 1356 I. Die einseitige Verpflichtung der Frau zur Mitarbeit im Geschäft des Mannes wird durch eine wechselseitige Verpflichtung beider Ehegatten abgelöst. (Eine Verpflichtung des Mannes zur Mitarbeit im Haushalt kennt das Gesetz allerdings damals noch nicht.)

§ 1358 wird ersatzlos gestrichen. In der Konsequenz dieser Ansätze juristischer Gleichberechtigung der Frau wird dann die einseitige Unterhaltsverpflichtung des Mannes durch die beiderseitige von Mann und Frau ersetzt. Allerdings, so § 1360, kommt die Frau ihrer Verpflichtung in der Regel durch Führung des Haushalts nach. Das Leitbild der Hausfrauenehe wird also aufrechterhalten.

Die elterliche Gewalt steht nach der Neuregelung beiden Eltern gleichermaßen zu, § 1626. Sie haben sie in gegenseitigem Einvernehmen auszuüben und sich zu einigen, § 1627. Sollte dies allerdings nicht gelingen, so sollte nach dem Willen des Gleichberechtigungsgesetzes das letzte Wort beim Vater liegen. Das Bundesverfassungsgericht (NJW 1969: 1483) hat diesen sogenannten Stichentscheid des Vaters allerdings alsbald für nichtig erklärt, so daß inzwischen die völlige Gleichstellung der Eltern verwirklicht ist.

Das „Erste Gesetz zur Reform des Ehe- und Familienrechts" vom 14. 6. 1976 (BGBl I, 1421 ff.) hat erneut tiefgreifende Änderungen der juristischen Familienstruktur gebracht. So können die Ehegatten nunmehr wählen, ob sie den Namen des Mannes oder den der Frau zum Familiennamen nehmen wollen, § 1355. Die Hausfrauenehe als Familienleitbild ist nunmehr explizit abgeschafft. Die Ehegatten können sich jetzt aussuchen, ob sie eine Haushaltsführungs- (und d. h. jetzt: Hausfrauen- oder Hausmanns)Ehe, eine Doppelverdiener- oder aber eine Zuverdienstehe führen wollen, § 1356 I. Das Recht auf Erwerbstätigkeit *beider* Ehegatten ist in § 1356 II festgelegt. Eine Regelung von Mitarbeitsverpflichtungen gibt es dagegen nicht mehr. Die beiderseitige Verpflichtung der Ehegatten zum Unterhalt ist in § 1360 beibehalten. § 1360 S. 2 stellt klar, daß dieser Verpflichtung durch die Haushaltsführung Genüge getan wird. Diese Regelung gilt jetzt also ausdrücklich auch für den Ehemann.

Auch die Reform des Scheidungsrechts durch das 1. EheRG hat erhebliche Rückwirkungen auf die Struktur von Ehe und Familie. Dabei sind insbesondere zwei Entwicklungslinien hervorzuheben: Zum einen der Übergang vom Verschuldens- zum Zerrüttungsprinzip bei den Scheidungsvoraussetzungen, §§ 1565ff; zum anderen der grundsätzliche Verweis auf die Verwertung der eigenen Arbeitskraft in der Regelung des Unterhalts nach Scheidung, §§ 1569 ff. Auch der Unterhaltsanspruch nach der Scheidung ist jetzt vom Verschulden unabhängig, wird aber nur noch dann gewährt, wenn der Betroffene sich nicht durch eigene Arbeitskraft unterhalten kann. Dies gilt *auch* für die Frau. Jüngere Frauen, die auch während der Ehe berufstätig waren, haben daher in der Regel keinerlei Unterhaltsansprüche mehr an den früheren Ehemann[5].

Wenn die bisher geschilderten Reformen vor allem das Bild der Ehe und die Beziehungen der Ehegatten untereinander betrafen, so betrifft das Gesetz zur Herabsetzung des Volljährigkeitsalters vom 22. 3. 1974 (BGBl I 1974: 1713ff.) – in Kraft seit 1. 1. 1975 – das Verhältnis der Eltern zu ihren Kindern. Die Vorverlegung des Volljährigkeitsalters auf 18 Jahre bedeutet, daß die Kinder um drei Jahre früher aus der elterlichen Gewalt entlassen werden, der Einfluß der Eltern auf ihre Kinder also signifikant beschränkt wird.

Von besonderer Bedeutung in diesem Zusammenhang ist die Reform des Rechts der elterlichen Sorge, die nach einer langen und wechselvollen Vorgeschichte im Juni 1979 endlich vom Bundestag verabschiedet wurde. Bereits 1973 hatte die Bundesregierung einen Entwurf zur Reform des Rechts der elterlichen Gewalt (§§ 1626ff. BGB) vorgelegt (BR/DS 690/73) und 1974 im Bundestag eingebracht (BT/DS 7/2060 v. 2. 5. 1974). In der 7. Legislaturperiode wurde der ursprüngliche Regierungsentwurf von den Fraktionen von SPD und FDP geringfügig verändert und erneut im Bundestag eingebracht (BT/DS 8/111).

Die zuständigen Ausschüsse wurden eingeschaltet, Expertenanhörungen fanden statt[6], und am 10. 5. 1979 wurde der inzwischen erheblich modifizierte Entwurf vom Bundestag in dritter Lesung verabschiedet. Der Bundesrat erhob Einspruch gegen das Gesetz, der Vermittlungsausschuß wurde eingeschaltet[7]. Er schloß sich den Änderungswünschen des Bundesrates nicht an. Der Einspruch des Bundesrates wurde vom Bundestag in seiner Sitzung am 21. und 22. 6. 1979 überstimmt und das Gesetz schließlich am 22. 6. 1979 verabschiedet (BGBl I 1979: 1061ff.). Es ist zum 1. 1. 1980 in Kraft getreten[8].

Erklärtes Ziel der Reform ist es, den Kinderschutz zu verbessern und die

[5] So jedenfalls die grundsätzlichen Intentionen des Gesetzgebers. Im Gesetzgebungsverfahren ist allerdings der Grundsatz durch so viele Rückausnahmen „entschärft" worden, daß das neue Unterhaltsrecht in bestimmten Fällen geradezu als „Scheidungsverhinderungsgrund" angesehen wird. Vgl. dazu die einschlägigen Kommentare zu §§ 1569ff. BGB, zuletzt *Derleder* 1981. Für seine zusammenfassende journalistische Würdigung vgl. „Der Spiegel", Nr. 48 v. 26. 11. 1979: 50 ff.

[6] Vor dem Rechtsausschuß (öffentlich), vor dem Ausschuß für Jugend, Familie und Gesundheit (nichtöffentlich). Zur Anhörung vor dem Rechtsausschuß vgl. Presse- und Informationszentrum des Deutschen Bundestages 1978.

[7] Die Debatten im Bundesrat sind leicht gekürzt abgedruckt in: Das Parlament Nr. 25 v. 23. 6. 1979: 9ff.

[8] Die abschließenden Debatten im Bundestag sind leicht gekürzt abgedruckt in: Das Parlament Nr. 27 v. 7. 7. 1979: 5ff.

Verantwortung der Eltern für ihre Kinder stärker als bisher zu betonen. Drei Schwerpunkte der Reform lassen sich dabei ausmachen: Die Ausgestaltung des Eltern-Kind-Verhältnisses, die Abgrenzung der Erziehungskompetenzen der Eltern untereinander und die Ausgestaltung der Schwelle für öffentliche, d. h. insbesondere vormundschafts- bzw. familiengerichtliche Eingriffe in den familiären Erziehungsprozeß[9]. Im ersten Bereich ist vorab auf die terminologische Umformung der elterlichen Gewalt zur elterlichen Sorge zu verweisen, § 1626 Abs. 1. Daß dies mehr ist als nur eine Floskel, zeigen weitere Vorschriften. Neu ist § 1618a, eine Generalklausel, die Eltern wie Kinder zu wechselseitiger Rücksicht und Verantwortung mahnt. § 1626 Abs. 2 verpflichtet die Eltern zu – mit dem Lebensalter des Kindes wachsender – Rücksichtnahme auf die Bedürfnisse und Interessen des Kindes. Er konkretisiert das Leitbild einer „konsensuellen Erziehung" des § 1618a. § 1631a hebt in diesem Zusammenhang alle Erziehungsfragen im Zusammenhang von Ausbildung und Beruf des Kindes besonders hervor. § 1631 Abs. 2 enthält das Verbot „entwürdigender Erziehungsmaßnahmen". Diese – angesichts von Artikel 1 GG an sich triviale Vorschrift – ist das schließliche Resultat der z. T. heftigen, inhaltlich aber immer noch nicht abgeschlossenen Diskussion um das Verbot elterlicher Züchtigung.

Für das Verhältnis der Eltern untereinander bei Ausübung der elterlichen Sorge ist § 1628 einschlägig. Er besagt, daß bei Nichteinigung der Eltern über bestimmte „Angelegenheiten der elterlichen Sorge, deren Regelung für das Kind von erheblicher Bedeutung ist", das Vormundschaftsgericht die Entscheidung – auf Antrag – einem Elternteil übertragen kann. Er schließt damit eine Lücke, die durch die oben erwähnte Entscheidung des Bundesverfassungsgerichts zum „Stichentscheid" des Vaters (NJW 1959: 1483) entstand. Der Gesetzgeber normiert hier im wesentlichen die Regelung, die von der Rechtsprechung angesichts der vorhandenen Gesetzeslücke entwickelt worden ist (*Palandt* 1979; ausführlich *Rebmann/Säcker:* 1978: 14 ff. zu § 1627).

Zum dritten Problembereich ist auf § 1631a Abs. 1 zu verweisen, der nicht nur die besondere Rücksichtnahme der Eltern auf Ausbildungs- und Berufswünsche des Kindes vorschreibt, sondern auch die Verpflichtung, gegebenenfalls fachkundigen (öffentlichen) Rat von Lehrern oder Berufsberatern einzuholen. In § 1631a Abs. 2 wird ein neuer Eingriffstatbestand für das Vormundschaftsgericht geschaffen, dem bei offensichtlicher Mißachtung der elterlichen Verpflichtung nach Abs. 1 Entscheidungsmöglichkeiten eröffnet werden. Gemäß § 1631b ist eine Unterbringung des Kindes, die mit

[9] Für eine knappe Darstellung der neuen gesetzlichen Regelung im Kontext der Reformdiskussion der letzten Jahre vgl. *Belchaus* 1979 und *H. Gross* 1979, ausführlicher und mit zahlreichen Literaturnachweisen: *Diederichsen* 1980. Zur Kritik unter verfassungsrechtlichen Aspekten vgl. *Schmitt-Glaeser* 1980.

Freiheitsentzug verbunden ist, den Eltern nur mit Genehmigung des Vormundschaftsgerichts erlaubt. Diese Vorschrift erweitert damit eine Regelung, wie sie bislang nur für den Vormund galt, auch auf die Eltern. Die §§ 1666 und 1666a stellen schließlich den Generaltatbestand für vormundschaftsgerichtliche Einschränkungen der elterlichen Sorge dar. Die Neubestimmung der Grenzlinie zwischen familiärer Erziehungsautonomie und staatlichen Kontrollbefugnissen gehörte zu den umstrittensten Problemen der Reform. In den früheren Entwürfen war beabsichtigt, als Voraussetzung für Eingriffe des Vormundschaftsgerichts pauschal eine „Gefährdung des Wohls des Kindes" vorzusehen. Unter dem Druck der Kritik an dieser Vorstellung[10] präzisierte der Gesetzgeber dann die Eingriffsvoraussetzungen in Anlehnung an die gegenwärtig noch geltende Regelung des § 1666, beseitigte das Erfordernis schuldhaften Handelns der Eltern als Voraussetzung vormundschaftsgerichtlichen Eingriffs ausdrücklich[11] und verteilte die gesamte Regelungsmaterie auf zwei Paragraphen. Insgesamt kann man sagen, daß die schließlich verabschiedete Neufassung des „Mißbrauchskomplexes" kaum mehr ist als die gesetzliche Normierung dessen, was Rechtsprechung und Rechtslehre schon unter Geltung des alten § 1666 vorbereitet haben. Die materielle Neuregelung der Voraussetzungen vormundschaftsgerichtlicher Entscheidung wird ergänzt durch Verfahrensvorschriften, in denen die persönliche Anhörung von Eltern und insbesondere Kindern strikter als bisher zur Entscheidungsvoraussetzung erhoben wird, § 50 a – c des Gesetzes über die Freiwillige Gerichtsbarkeit.

Über alle Abstriche hinweg, die der Gesetzgeber von seinen ursprünglichen Vorstellungen machen mußte, läßt die gesetzliche Neuregelung der elterlichen Sorge doch einige grundsätzliche Veränderungen gegenüber dem früheren Rechtszustand erkennen. Bei der gesetzlichen Neubestimmung des Verhältnisses von Eltern und Kindern hat der Gesetzgeber davon abgesehen, den Kindern eigene, subjektive, gegebenenfalls auch einklagbare Rechte

[10] Kritik wurde einerseits am Begriff des „Kindeswohls" geübt, der als juristisches Eingriffskriterium zu vage und wenig faßbar sei, zum anderen wurden verfassungsrechtliche Bedenken aus Art. 6 Abs. 2 GG erhoben, die insbes. den Zusammenhang von § 1626 Abs. 2 (Verpflichtung zur Rücksicht auf die Interessen des Kindes) und § 1666 (Gefährdung des Kindeswohls) zum Anlaß nahmen, einen Verstoß des Gesetzgebers gegen das „Familienbild des Grundgesetzes" zu behaupten. Für eine scharfe, z. T. polemische Kritik vgl. *Schmitt-Glaeser* 1978; *Lecheler* 1979; moderierter und differenzierter dagegen *Diederichsen* 1978 mit einem Überblick über die wichtigste Literatur zur Reformdiskussion.

[11] Das subjektive elterliche Verschulden war auch in der alten gesetzlichen Regelung nicht ausdrücklich vorgesehen. Es wurde als Eingriffskriterium von der Rechtsprechung entwickelt, seit Jahren aber zumindest von Teilen der Rechtslehre zunehmend abgelehnt. Für einen Überblick vgl. *Rebmann/Säcker* 1978, 22 zu § 1666 mit weiteren Nachweisen.

gegenüber ihren Eltern einzuräumen. Der angestrebte verstärkte Schutz der Kinder und die Wahrung ihrer Interessen soll vielmehr durch eine verstärkte Pflichtbindung des elterlichen Erziehungsrechts erreicht werden. Elterliche Sorge heißt also vor allem auch Eltern*verantwortung*. Die Präzisierung dieser elterlichen Verantwortung erfolgt im Gesetz einerseits durch Normierung gesetzlicher Leitbilder und Leitvorstellungen für familiäre Erziehungsprozesse (§§ 1618f, 1626 Abs. 2, 1631 Abs. 2, 1631a Abs. 1), andererseits durch vermehrte Einbeziehung öffentlicher Instanzen in den familiären Erziehungsprozeß, sei es, daß neue Beratungs- oder Kontrolltatbestände geschaffen werden (§§ 1631a Abs. 1, Abs. 2); sei es, daß die Eingriffsschwelle bei schon bestehenden Tatbeständen tiefer als bislang angesetzt wird (§§ 1666, 1666a). Die erwähnten gesetzlichen Leitbilder nun sind unmittelbar nicht mit irgendwelchen Sanktionen bewehrt. Wenn also z. B. die Eltern „Fragen der elterlichen Sorge" nicht pausenlos mit ihren Kindern diskutieren, wie es § 1626 Abs. 2 vorschwebt und es gelegentlich gar am dort geforderten „Einvernehmen" fehlen lassen, so zieht dies unmittelbar weder Bestrafung noch sonstige Zurechtweisung nach sich. Wenn aber in einem vormundschaftsgerichtlichen Verfahren gemäß § 1666 zu entscheiden ist, ob „das körperliche, geistige oder seelische Wohl des Kindes durch mißbräuchliche Ausübung der elterlichen Sorge, durch Vernachlässigung, durch unverschuldetes Versagen der Eltern . . ." gefährdet ist, dann kommt dem „leitbildwidrigen" Erziehungsverhalten der Eltern durchaus erhebliche Bedeutung zu. Die Betonung des Schutzes der *Kinder*, ihrer Eigeninteressen und Bedürfnisse bedeutet also faktisch die Erweiterung der Eingriffsbefugnisse *öffentlicher* Instanzen, d. h. einen partiellen Austausch des Erziehungsträgers. Die gesetzgeberischen Reformmaßnahmen zielen nun nicht auf eine *Ersetzung* der Familie durch öffentliche Erziehungseinrichtungen und -maßnahmen, sondern auf deren Ergänzung und Flankierung. Juristisch gesprochen: das elterliche Erziehungsrecht – durch Artikel 6 Abs. 2 GG mit Grundrechtqualität ausgestattet – gewährleistet nicht länger einen rechtsfreien Herrschaftsraum. Die familiäre Erziehung wird „verrechtlicht". Das subjektive Recht der Eltern auf Erziehung ihrer Kinder wird keineswegs abgeschafft, sondern an bestimmte Rechtspflichten gekoppelt. Seine Ausübung wird öffentlicher Kontrolle unterworfen, also gleichsam unter den Vorbehalt gesellschaftlicher Funktionalität gestellt. Das subjektive Recht steckt nicht länger mehr die Grenzen eines individuellen Freiheitsraumes ab, sondern wird gesellschaftlich funktionalisiert (*Preuß* 1979).

In dem familienrechtlichen Reformprozeß der letzten 25 Jahre lassen sich zwei unterschiedliche Tendenzen erkennen. Was das Verhältnis der Ehegatten untereinander angeht, so haben die Reformen, insbesondere das Gesetz über die Gleichberechtigung von Mann und Frau und das Erste Gesetz zur Reform des Ehe- und Familienrechts, den Spielraum der Ehegatten für die individuelle Ausgestaltung ihrer ehelichen Verhältnisse erheblich erweitert. War früher die Hausfrauenehe gesetzlich vorgeschrieben, so bleibt es heute der Eigengestaltung der Ehegatten überlassen, ob sie eine Doppelverdiener-, Zuverdiener-, Hausmanns-oder Hausfrauenehe führen wollen. In diesem Bereich findet also ein Rückzug des Gesetzgebers und damit eine Hinwendung zur individuellen Eigengestaltung der Ehegatten statt (*Gernhuber* 1979). Anders im Verhältnis der Ehegatten zu ihren Kindern: Hier findet zunehmend eine Anbindung elterlicher Erziehungsbefugnisse an normative Vorgaben und öffentliche Kontrollbefugnisse statt, so daß sich hier mit Recht von einem Prozeß der „Verrechtlichung des familiären Innenraumes" sprechen läßt.

Beiden Tendenzen gemeinsam ist, daß sie im Ergebnis auf einen Abbau rechtlicher Ungleichheit in der Familie, die tendenzielle juristische Gleichstellung aller Familienmitglieder hinauslaufen würden. Das Familienbild des Reformgesetzgebers ist also nicht länger ein aus der Gesellschaft ausgegrenzter, eigenen Vergesellschaftungsmechanismen folgender Freiraum, sondern ein über Vertragsfreiheit und normative Vorgaben an die herrschenden Vergesellschaftungsmodalitäten rückgebundenes Assoziationsverhältnis, das dadurch zugleich für gesamtgesellschaftliche Zielsetzungen flexibilisiert und funktionalisiert wird.

4.2. Die Familie im Sozialrecht

Die normativen Grundlagen der Familie sind mit dem Familienrecht des Bürgerlichen Gesetzbuches allerdings erst sehr ungenügend erfaßt. Neben das Familienrecht i.e.S. treten zunehmend eine Fülle sozialrechtlicher Regelungen, die mehr oder minder unmittelbar auf die Familie bezogen sind und die Familie als Lebensform tiefgreifend beeinflussen und gestalten. Wir wollen im folgenden einen Überblick über die wichtigsten sozialrechtlichen Materien in diesem Bereich geben.

4.2.1. Familie und öffentliche Erziehung: Das Jugendhilferecht

Die oben skizzierten Reformen im Bereich des elterlichen Erziehungsrechts blieben unvollständig dargestellt, solange nicht die gesetzlichen Regelungen öffentlicher Erziehung mit in den Blick kommen. Auch wenn Art. 6 II GG betont, daß die Erziehung der Kinder „das natürliche Recht der Eltern und die ihnen zuvörderst obliegende Pflicht" sei, der Primat familiärer Erziehung also mit Verfassungsrang ausgestattet ist, so hat die Familie doch keineswegs ein Erziehungsmonopol. Der gesamte Bereich allgemeinbildender Schulen und Hochschulen ist in Deutschland staatlich organisiert, womit ein wesentlicher Bereich von Erziehung der Zuständigkeit der Familie entzogen ist. All dieses ist nicht neu, wenn auch – zumindest in Randbereichen (elterliche Mitbestimmung) – nicht unproblematisch. Die aktuellen Auseinandersetzungen um das Verhältnis öffentlicher und familiärer Erziehung finden in einem anderen Bereich statt: dem der Jugendhilfe, auf den wir etwas näher eingehen wollen.

Daß Erziehung auch außerhalb von Schulen und Hochschulen – zumindest *auch* – eine gesellschaftliche Aufgabe ist, wurde erstmalig durch das Reichsjugendwohlfahrtsgesetz von 1922 gleichsam offiziell anerkannt. Mit diesem Gesetz wurde den verstreut bereits existierenden öffentlichen Erziehungsmaßnahmen eine einheitliche gesetzliche Grundlage gegeben und das Jugendamt als zentrale Institution öffentlicher Erziehung ins Leben gerufen. Auch das RJWG betonte jedoch den Vorrang der Familienerziehung. Und in der Praxis entwickelte sich öffentliche Erziehung auch weiterhin als öffentliche Ersatzerziehung für die Fälle des Scheiterns familiärer Erziehung, behielt also ihren vornehmlich jugendpolizeilichen Charakter. Dieser Zustand wird seit langem kritisiert, und immer wieder wird darauf hingewiesen, daß dafür nicht zuletzt die gesetzliche Grundlage selbst, das RJWG verantwortlich sei.

Die Reform des Jugendhilferechts ist seit Jahren heftig in der Diskussion. Im April 1973 wurde der Diskussionsentwurf einer Expertenkommission vorgelegt. Durch Referentenentwürfe des zuständigen Ministeriums vom März und August 1974 wurde dieser z. T. erheblich verändert. Am 31. 10. 1977 wurde erneut ein gänzlich überarbeiteter Referenten-Entwurf vorgelegt, dem am 8. November 1978 ein Entwurf der Bundesregierung folgte (BR/DS 517/78). Nach Beratungen in den Ausschüssen wurde der überarbeitete Entwurf am 23. Mai 1980 vom Bundestag verabschiedet (BR/DS 287/80). Da der Bundesrat dem Gesetz die Zustimmung versagte (vgl. BR/DS 287/80, Anlage), kam das Gesetz in der 8. Legislaturperiode nicht zustande. In der 9. Legislaturperiode wurde das Reformvorhaben bislang nicht wieder aufgegriffen. Daß die Familienerziehung auch in Zukunft den Vorrang vor der öffentlichen haben soll, betonen alle Reformentwürfe – vom DE 1973 bis zum Regierungsentwurf 1978 übereinstimmend. Jugendhilfe soll aber – nach den Intentionen der Reform – nicht mehr nur reaktiv und repressiv in Fällen des Scheiterns der Familienerziehung eingreifen, sondern verstärkt freiwillige, offene und präventive Erziehungshilfen für alle Kinder und Jugendlichen vorsehen, nicht nur mehr für solche, die in ihrer Entwicklung bereits gestört oder gefährdet sind. Dementsprechend hebt der DE 1973 die „Ausgestaltung der Jugendhilfe zu einem selbständigen, die Erziehung und Bildung im Elternhaus, Schule und Beruf unterstützenden Erziehungsträger“ (Geleitwort S. 3) besonders hervor und trägt dem auch in seiner Ausgestaltung im einzelnen Rechnung. Der Referentenentwurf 1977 dagegen setzt seine Schwerpunkte bewußt anders. Die Begründung, S. 3, sagt ausdrücklich, daß „die Leistungen der Förderung der Erziehung in der Familie und der familienunterstützenden Hilfen zur Erziehung" ... stärker zu einem Schwerpunkt der Reformkonzeption ausgebaut wurden.

Der Regierungsentwurf vom 9. November 1978 schließlich betont die „Stärkung der Erziehungskraft der Familie" als oberstes Ziel der Reform. Wenn also in allen Entwürfen gleichermaßen das schwindende Vertrauen in die naturwüchsigen Sozialisationspotenzen der Familie deutlich wird, so haben sich die Konsequenzen, die daraus gezogen werden, im Referentenentwurf 1977 und im Regierungsentwurf 1978 ersichtlich gewandelt. Nicht planmäßige Ergänzung und teilweise Ersetzung familiärer Erziehung durch öffentliche Erziehung werden angestrebt. Vielmehr soll versucht werden, den Primat der Familienerziehung dadurch zu erhalten, daß diese selbst zum Gegenstand umfangreicher öffentlicher Beratungs- und Stützungsmaßnahmen gemacht wird. Einzige relevante Ausnahme von diesem Trend ist die Vorschulerziehung. Öffentliche, familienergänzende Vorschulerziehung soll nach wie vor auf ein Versorgungsniveau von 100 % ausgebaut werden.

Diese Tendenz der Jugendhilfereform zur „Familienstützung" soll an einem Beispiel aus der Rechtsprechung (BVerwG FamRZ 1977: 541ff.) noch etwas verdeutlicht werden.

Nach dem jetzt geltenden Jugendwohlfahrtsgesetz bedarf derjenige, der Pflegekinder aufnimmt, einer Erlaubnis des Jugendamtes, § 28 JWG. Wer eine solche Erlaubnis hat, erhält für die Versorgung von Pflegekindern unter bestimmten Umständen ein Pflegegeld und ein sogenanntes Erziehungsgeld, §§ 28, 6 II JWG. Wer als Pflegekind anzusehen ist, definiert § 27 JWG. Danach ist *nicht* Pflegekind, wer sich bei Verwandten oder Verschwägerten bis zum dritten Grade befindet. Das Gesetz geht also von der Normalkonstellation aus, daß ein Kind in einer fremden Familie zur Pflege untergebracht wird, der dann bei Vorliegen der entsprechenden Erlaubnis Pflege- und Erziehungsgeld gewährt werden. Anders im hier diskutierten Fall. Hier war das Kind bei seinen Großeltern, die in wirtschaftlich bescheidenen Umständen lebten, untergebracht. Die Mutter war nicht auffindbar und leistete auch keinerlei Unterhalt. Das Jugendamt zahlte zunächst ein Pflege- und Erziehungsgeld, stellte später die Zahlungen aber unter Hinweis auf neuere Urteile höherer Gerichte ein. Der sich hieraus entspinnende Rechtsstreit kam bis vors Bundesverwaltungsgericht und wurde von diesem folgendermaßen entschieden:

Ein *Pflege*geld könne hier schon deswegen nicht gezahlt werden, weil das Enkelkind gemäß § 27 II JWG kein *Pflege*kind sei. Wirtschaftliche Jugendhilfe gemäß § 6 II JWG könne andererseits nur im Zusammenhang mit erzieherischen Hilfen geleistet werden, da das JWG primär ein *Erziehungs*gesetz sei. Erzieherische Hilfen könnten aber nur da in Betracht kommen, wo der Anspruch des Kindes auf Erziehung „nicht von der Familie erfüllt wird" § 1 III JWG. Da die Großeltern jedoch zur Familie zu rechnen seien, werde hier der Anspruch des Kindes auf Erziehung von der Familie erfüllt, womit jede erzieherische Hilfe ausscheide und – in der Konsequenz – auch jede wirtschaftliche Hilfe. Die Großeltern seien damit auf die Sozialhilfe verwiesen, über die im anhängigen Verfahren nicht zu entscheiden war. Für ihre Bereitschaft, das Kind bei sich aufzunehmen und großzuziehen (wozu sie nicht verpflichtet waren), wurden die Großeltern auf diese Weise damit bestraft, daß ihnen jegliche wirtschaftliche Unterstützung versagt wurde. Das Bundesverwaltungsgericht versucht hier, familiäre Erziehungspotenzen aus Kostengründen in einer Form zu mobilisieren, die eher geeignet ist, noch bestehenden Resten großfamiliärer Hilfs- und Erziehungsbereitschaft endgültig den Garaus zu machen. Die Jugendhilfereformer haben dieses Problem genau gesehen. Um Ergebnisse, wie sie das Bundesverwaltungsgericht hier in seiner bravourösen Rechtsauslegung erzielt hat, in Zukunft unmöglich zu machen, trifft die im Bundestag verabschiedete Vorlage folgende Regelung: Gemäß § 43 II Ziff. 3 brauchen Verwandte und Verschwägerte bis zum dritten Grad danach keine Pflegeerlaubnis mehr, wenn sie ein Kind zur Pflege aufnehmen. Gemäß § 45 I soll ein Minderjähriger einen Anspruch auf Familienpflegegeld haben, wenn sein Anspruch auf Erziehung nicht in der eigenen Familie erfüllt wird. Unter Erziehung in der „eigenen Familie" soll künftig aber nach der ausdrücklichen Definition des Gesetzes nur die durch die Eltern oder einen Elternteil verstanden werden, § 3 Ziff. 7. Der Regierungsentwurf will also die weiteren Familienangehörigen gegenüber fremden Pflegeeltern ausdrücklich privilegieren. Er versucht, familiäre Erziehungspotentiale nicht durch Sanktion zu erzwingen, sondern durch Gratifikation zu mobilisieren.

Wir können resümieren, daß die Entwicklungstendenzen des Rechts der öffentlichen Erziehung durchaus denen des (eingangs dargestellten) Rechts der elterlichen Sorge entsprechen: das Vertrauen des Gesetzgebers in die Erziehungspotenzen der Familie ist offenkundig nicht mehr ungebrochen. Die gesetzgeberischen Konsequenzen hieraus bestehen jedoch nicht primär in der Bereitstellung *alternativer* Sozialisationseinrichtungen, sondern im Versuch, durch flankierende Stütz- und Beratungsmaßnahmen die familiären Potenzen zu stärken oder mindestens am Leben zu erhalten.

4.2.2. Die externe Absicherung des familiären Unterhalts

Die Alimentations- oder Unterhaltspflicht in der Familie ist eines der interessantesten Momente der Intervention des Staates in die Familie mit rechtlichen Mitteln im sozialpolitischen Kontext. Sie entsteht als prinzipielles Problem in dem Zeitpunkt, in dem die Arbeits- und Erwerbspflicht schlechthin als Familienpflicht aufhört, die für Spätmittelalter und frühe Neuzeit typische erwerbswirtschaftliche Komponente des Familienbegriffs sich zurückbildet und die wirtschaftliche Anschauungsweise der Familie auf den Konsumbereich beschränkt wird. Etwa vom Ende des 18. Jahrhunderts an wird die Arbeits- und Berufswelt dann nur noch durch die Unterhaltspflicht an die Familie gebunden, also mittelbar: den Familienmitgliedern ist lediglich die Pflicht auferlegt, „aus ihrem (außerhäuslich gedachten) Einkommen das Nötige für den gemeinschaftlichen Verbrauch in die Familienkasse einzuzahlen" (*Schwab* 1975: 274). Die „Alimentationspflicht (Unterhaltspflicht), die sich aber gar nicht primär als Arbeitspflicht darstellt, sondern als Schuldigkeit, aus Kapital oder Arbeit den gemeinschaftlichen Verbrauch zu finanzieren" (274), wird nun aber über den Staat wieder als Arbeitspflicht verwirklicht, und zwar im Prinzip dann, wenn die „Nährpflicht" des Mannes gegenüber Frau und Kind oder auch die der Mutter gegenüber dem unehelichen Kind verletzt wird.

Die im Preußischen Allgemeinen Landrecht von 1794 festgelegte Unterhalts-(Alimentations-)pflicht der Verwandten (§§ 63 und 251 II 2, §§ 14, 15 II 3) normiert zunächst nur das familienrechtliche Binnenverhältnis. Erst im Konfliktfall konnte mit Hilfe der staatlichen Jurisdiktion das im Normalfall latente Rechtsverhältnis manifest werden.

Für die sozialwissenschaftliche Analyse des Verhältnisses von Sozialpolitik und Familie ist jedoch eine erst 1855 eingeführte Möglichkeit der rechtlichen Intervention weitaus aufschlußreicher, weil dadurch der rechtliche Status eines eventuell säumigen Nährpflichtigen entscheidend beeinträchtigt werden konnte. In der Novelle zum Preußischen Gesetz über Armenpflege vom 21. Mai 1855 findet sich folgende armenpolizeiliche Bestimmung, die sowohl den ersten direkten Konnex zwischen privater Reproduktionspflicht (durch Arbeit) und sozialpolitischer Intervention herstellt als auch die erste externe „Absicherung" des familienrechtlichen Unterhaltsverhältnisses mit öffentlichrechtlichen Mitteln darstellt. Diese Bestimmung lautet: „Läßt ein Ehemann seine Ehefrau, ein Vater oder, wenn der Vater tot oder verschollen ist, eine Mutter die ehelichen, noch nicht 14 Jahre alten Kinder – oder eine Mutter ihre unehelichen Kinder eben dieses Alters, der gesetzlichen Verpflichtung zuwider, derart hilflos, daß diese Angehörigen der Armenpflege anheimfallen, so kann eine solche Person, falls sie Armenpflege nicht in Anspruch genommen und deren Notwendigkeit nicht nachgewiesen hat, sobald der Versuch fruchtlos geblieben ist, sie im Verwaltungs-oder gerichtlichen Wege eine Unterstützung jener Angehörigen exekutorisch anzuhalten, auf so lange, als das Bedürfnis der Armenpflege für die Angehörigen fortdauert, in einer Arbeitsanstalt untergebracht werden" (Art. 13, PrGS 1855: 311). An dieser Vorschrift fällt auf, daß 1. ihre ratio auf Abschreckung zielt, auf Minderung der öffentlich-kommunalen Belastung durch Armenunterstützungszahlungen und 2. der Arbeitszwang ohne richterlichen Beschluß eintreten konnte. In der Begründung und der Landtagsdebatte wurde darauf hingewiesen, daß sich *Zwangsmaßregeln* zur Aufrechterhaltung der Nährpflicht als unumgänglich notwendig erwiesen hatten und gerichtliche Maßnahmen nicht ausreichend seien, um *rechtzeitig* die Hilfe auch wirklich zu beschaffen (*Sachße/Tennstedt* 1980: 195 ff. u. 244 ff.).

Am 15. Mai 1871 wurde dann, tatbestandsmäßig einschränkend, in § 361 Abs. 5 RStGB als Übertretung definiert: „Wer sich dem Spiel, Trunk oder Müßiggang dergestalt hingibt, daß er in einen Zustand gerät, in welchem er zu seinem Unterhalte oder zum Unterhalte derjenigen, zu deren Ernährung er verpflichtet ist, durch Vermittlung der Behörde fremde Hilfe in Anspruch genommen werden muß." Hierin lag eine bedeutsame Einschränkung gegenüber der armenpolizeilichen Vorschrift: nur die aus bestimmten, in diesem Ursachenzusammenhange schwer nachweisbaren Anlasse entstandene Unfähigkeit zur Ausübung der Alimentationspflicht, nicht aber die Verletzung der Pflicht als solcher war strafbar (RGSt 1, 366). Diese Vorschrift war gleichzeitig die *einzige* Vorschrift betreffend Nährpflichtverletzung in Preußen bis zum Jahre 1894. Inzwischen war nämlich das Gesetz über den Unterstützungswohnsitz vom 6. Juni 1870 (BGBl 360) ergangen, das armenpolizeiliche Bestimmungen, insbesondere also auch solche über Zwangsmaßnahmen gegen Nährpflichtige überhaupt enthielt. Durch dieses Reichsgesetz über das Armenwesen war gleichzeitig das „vortreffliche und notwendige Vorbeugungsmittel gegen die Auflösung der Familienbande und gegen die leichtsinnige Spekulation auf die Hilfe der Kommune bezeichnete Einrichtung, daß Menschen, welche ihren oft reichlichen Verdienst zu ihren Lüsten vergeuden und Frau und Kind im Elend lassen, durch Resolut der Verwaltungsbehörde zur Detention in einem Arbeitshause verurteilt werden" konnten (*von Friedberg* 1870, zit. nach *Zimmermann* 1892: 211), faktisch aufgehoben. In dem Preußischen Ausführungsgesetz zum Unterstützungswohnsitz vom 8. März 1871 (GS. S 130) wurde der verwaltungsrechtliche Arbeitszwang nun explizit unter Bezugnahme auf § 361 Abs. 5 RStGB und die dort eingeführte Korrektionshaft (§ 362 RStGB) nicht wieder eingeführt. In die gleiche rechtsstaatliche Richtung zielte das Argument, daß die Zulassung des Arbeitshauszwanges zur Vollstreckung der Aufhebung der Schuldhaft durch Gesetz vom 29. Mai 1868 widerspräche. Einige deutsche Staaten folgten diesem Beispiel Preußens, andere, so namentlich Sachsen, Bayern und später auch Württemberg nicht. In Württemberg sah man keine Konkurrenz zu den strafrechtlichen Bestimmungen, weil es sich hier nicht um eine Strafe, „sondern um die Verhängung einer im Polizeirechte begründeten Folge des Genusses öffentlicher Unterstützung handle" (*Lohse* 1909: 33).

Soweit ersichtlich ging nun aber von den kommunalen Armenverwaltungen, weitgehend repräsentiert durch den „Deutschen Verein für Armenpflege und Wohltätigkeit" ein politischer Druck aus, und zwar erstens auf die Reichsregierung, die Vorschriften des RStGB zu verschärfen, und zweitens auf die Landesregierungen, nach dem alten preußischen Vorbild und der neueren bayerischen, sächsischen und württembergischen Gesetzgebung, den armenpolizeilichen Arbeitszwang bei Nährpflichtverletzung wieder einzuführen.

Als vorläufiger gesetzgeberischer Kompromiß wurden mit der Novellierung des Reichsgesetzes über den Unterstützungswohnsitz aber nicht die armenpolizeilichen Befugnisse erhöht, sondern § 361 RStGB durch eine neue Nr. 10 ergänzt, durch die mit Haft bestraft wurde, „wer, obschon er in der Lage ist, diejenigen, zu deren Ernährung er verpflichtet ist, zu unterhalten, sich der Unterhaltspflicht trotz der Aufforderung der zuständigen Behörde derart entzieht, daß durch Vermittlung der Behörde fremde Hilfe in Anspruch genommen werden muß". Als „fremd" wurde dabei jede Hilfe angesehen, die nicht von dem an erster Stelle Unterhaltspflichtigen geleistet wurde (KG Berlin, JW 54 [1925], I: 390).

Diese Vorschrift bewährte sich aber nach einer vom „Deutschen Verein" durchgeführten Wirkungsanalyse nicht, vor allem deshalb – so nahm man an –, weil die korrektionelle Nachhaft im Anschluß an die Strafverbüßung nach § 362 RStGB nicht mehr vorgesehen war. 1912 kehrte man, unter ausdrücklicher Berufung auf die Untersuchungen und Forderungen des „Deutschen Vereins" in Preußen zur Gesetzgebung von 1855 zurück. In das Gesetz, betreffend die Ausführung des Bundesgesetzes über den Unterstützungswohnsitz (GS: 195) wurde nun in § 1 a normiert: „Wer selbst oder in der Person seiner Ehefrau oder seiner noch nicht 16 Jahre alten Kinder aus öffentlichen Armenmitteln unterstützt wird, kann auch gegen seinen Willen auf Antrag des Unterstützenden oder des erstattungspflichtigen Armenverbandes durch Beschluß des Kreis-(Stadt-)Ausschusses für die Dauer der Unterstützungsbedürftigkeit in einer öffentlichen Arbeitsanstalt oder in einer staatlich als geeignet anerkannten Privatanstalt untergebracht werden; der Untergebrachte ist verpflichtet, für Rechnung des Armenverbandes die ihm angewiesenen Arbeiten nach dem Maß seiner Kräfte zu verrichten. Als unterstützt gilt der Ehemann oder der unterhaltspflichtige Elternteil oder – bei unehelichen Kindern – die Mutter auch dann, wenn die Unterstützung der Ehefrau oder der Kinder ohne oder gegen den Willen der Unterhaltspflichtigen gewährt ist.

Die Bedeutung, die diese Vorschrift zumindest mentalitätsmäßig für die Armenverwaltungen hatte, erhellt sich aus einem Bericht über die Jahresversammlung des „Deutschen Vereins" in der zum wiederholten Male deren Einführung gefordert worden war: „Die Verhandlungen ... waren lebhafter als bei irgendeinem anderen Gegenstande.

In einer Versammlung, in der die überwiegende Mehrzahl der Teilnehmer Vertreter der praktischen Armenpflegetätigkeit waren, mußte durch die Verhandlungen der Zorn und das Gefühl der Ohnmacht hindurch zittern, von dem jeder praktisch tätige Armenpfleger gegenüber diesen schamlosen Elementen der Bevölkerung erfüllt ist und erfüllt sein muß" (*Münsterberg* 1905: 81).

1914 existierte also im Deutschen Reich überwiegend folgende Rechtssituation: eine privatrechtlich im BGB normierte Unterhaltspflicht war an den Grenzzonen zur Armensozialpolitik in doppelter Weise öffentlichrechtlich, „extern" abgesichert: in §§ 361 Nr. 5 u. 10, 362 StGB und in den Ausführungsgesetzen zum UWG von Preußen, Sachsen, Württemberg, Baden, Lübeck, Bremen, Hamburg, Oldenburg, Mecklenburg-Schwerin, Anhalt sowie schließlich Elsaß-Lothringen.

In der Weimarer Republik blieb diese Situation erhalten, ja sie wurde sogar noch mehr verallgemeinert, indem die Landesgesetzgebung zur Armenpolizei in dieser Hinsicht durch die Reichsgesetzgebung übernommen wurde. In § 20 der (Reichs-)Verordnung über die Fürsorgepflicht vom 13. Februar 1924 (RGBl I, S. 100) wurde bestimmt: „Wer obwohl arbeitsfähig infolge seines sittlichen Verschuldens der öffentlichen Fürsorge selbst anheimfällt oder einen Unterhaltsberechtigten anheimfallen läßt, kann von der Verwaltungsbehörde auf Antrag des vorläufig oder endgültig verpflichteten Fürsorgeverbandes oder desjenigen, der dem Fürsorgeverbande die Kosten der Unterstützung zu ersetzen hat, in einer vom Lande als geeignet anerkannten Anstalt oder sonstigen Arbeitseinrichtung zur Arbeit untergebracht werden, wenn er Arbeit beharrlich ablehnt oder sich der Unterhaltspflicht beharrlich entzieht."

Die Rechtssituation wurde dann am 9. März 1943 durch die Verordnung zum Schutze von Ehe, Familie und Mutterschaft (RGBl I: 140) geändert, die in Art. 1 für „Angriffe auf Ehe, Familie und Mutterschaft" neue Straftatbestände einführte, die dann durch die Ausführungsverordnung vom 18. März 1943 (RGBl I: 169) in das RStGB aufgenommen wurden. Danach wurde u. a. die Übertretungsvorschrift des § 361 Nr. 10 RStGB ersetzt: „Wer sich einer gesetzlichen Unterhaltspflicht vorsätzlich entzieht, so daß der Lebensbedarf des Unterhaltsberechtigten gefährdet ist und ohne öffentliche Hilfe oder die Hilfe anderer gefährdet wäre, wird mit Gefängnis bestraft." Dieser Tatbestand entsprach im wesentlichen dem des aufgehobenen § 361 Nr. 10 StGB, hatte aber eine neue, bevölkerungspolitisch-familienpolitische Motivation bekommen, es ging dabei – so die Rechtsprechung – um ein Unrecht „gegen die Bande des Bluts und der Familie" (so BGHSt 5, 108 u. OLG Hamm NJW 1960: 1632). Darüber hinaus war in diesem strafrechtlichen Kontext das Arbeitshaus durch das Gefängnis ersetzt worden.

Nach § 170 b i. d. F. des 4. StrRG vom 23. 11. 1973 (BGBl I 1725) – „Wer sich einer gesetzlichen Unterhaltspflicht entzieht, so daß der Lebensbedarf des Unterhaltsberechtigten gefährdet ist oder ohne die Hilfe anderer gefährdet wäre, wird mit Freiheitsstrafe bis zu drei Jahren oder mit Geldstrafe bestraft" – gilt diese Bestrafung der Verletzung der Unterhaltspflicht noch heute, während die Übertretungsvorschriften der §§ 361 Nr. 5 und 362 StGB durch Art. 19 Nr. 206 EG StGB vom 2. 3. 1974 (BGBl I 469) aufgehoben wurden. Die Vorschrift des § 170 b StGB ist nach der hM ihrer bevölkerungsbiologischen Motivation wieder entkleidet worden und gilt heute wieder als individualrechtliche Vorschrift zum Schutz des Unterhaltsberechtigten vor Gefährdung seines Lebensbedarfs (BGHSt 26: 116), sie soll zugleich die Allgemeinheit vor ungerechtfertigter Inanspruchnahme öffentlicher Mittel bewahren (BGHSt 12, 169; OLG Saarbrücken NJW 1975: 507).

Im Fürsorge-(Sozialhilfe-)recht zeigte sich nach 1949 ein gewisser Wandel:

Das Gesetz Nr. 14 der US-Militärregierung verbot (bis 1955) in deren Gebiet die Unterbringung in einem Arbeitshaus, und das galt auch für § 20 RFV. Zwischen 1955 und 1961 galt § 20 RFV aber wieder allgemein. Das Bundessozialhilfegesetz sah 1961 in § 26 wieder die Unterbringung in einem Arbeitshaus vor, u. a. dann, wenn sich jemand trotz wiederholter Aufforderung beharrlich weigerte, zumutbare Arbeit zu leisten und Unterhaltsberechtigten deshalb laufende Hilfe zum Lebensunterhalt zuteil werden mußte – allerdings nur nach einer gerichtlichen Anordnung. Durch das 3. Änderungsgesetz zum BSHG vom 25. 3. 1974 (BGBl I: 777) wurde aber diese Vorschrift aufgehoben, obwohl das Bundesverfassungsgericht die Verfassungsmäßigkeit in diesem Punkte bejaht hatte (BVerfG 30, 47).

Insgesamt zeigt sich hier ein Rückzug der staatlichen Jurisdiktion und Verwaltung aus der „Stabilisierung" bzw. Durchsetzung der auf dem Privatrecht beruhenden Unterhaltsverpflichtungen. Dieses geht heute so weit, daß in § 25 Abs. 3 BSHG in erheblicher Ausweitung des früheren § 13 Abs. 3 RFV der Ausschluß des Anspruchs auf Hilfe bei der Weigerung zur Verrichtung zumutbarer Arbeit eingeschränkt wird, um die abhängigen Familienmitglieder zu schützen: "Soweit wie möglich ist zu verhüten, daß die unterhaltsberechtigten Angehörigen . . . oder andere mit ihnen in Haushaltsgemeinschaft lebenden Hilfeempfänger durch die Versagung oder die Einschränkung der Hilfe mitbetroffen werden."

Die Geschichte der Sanktionierung von Nährpflicht- und Unterhalts-„verletzungen" im sozialpolitischen Kontext zeigt also insgesamt, daß die Sanktionierungsmaßnahmen ergriffen wurden, um ein bürgerliches Familienmodell „durchzusetzen", das im Bürgertum mittels des dort vorhandenen Privateigentums und der dortigen Einkommensverhältnisse sich leichter praktizieren ließ als innerhalb der Lohnarbeiterschaft, deren marktmäßig bestimmte Lohneinkommen prinzipiell nicht auf die Nährpflichterfüllung angelegt waren. In der gesamten Diskussion darum wurde das Problem der zur Familienernährung unzureichenden Arbeitseinkommen – vom Falle der Unfähigkeit zur Arbeit abgesehen – nicht diskutiert. Für die Anwendung der Sanktionen scheinen moralisierende und fiskalische Interessen der kommunalen Armenverwaltungen ausschlaggebend gewesen zu sein, die soziale Gesamtproblematik wurde gleichwohl schon recht früh analysiert. Die endgültige Abschaffung im Jahre 1974 wurde allerdings nicht sozialpolitisch, sondern verwaltungspolitisch begründet. Für die Unterbringung geeignete Arbeitshäuser in den Ländern waren nicht mehr genügend vorhanden; ihre Schaffung würde im Hinblick auf die geringe Zahl der Fälle, in denen § 26 zur Anwendung komme, dem Grundsatz der Verhältnismäßigkeit der Mittel nicht entsprechen. Aus sozialpolitischer Perspektive ist nun interessant, daß dieser aus Rechtsprinzipien hergeleitete Sanktionsrückgang Hand in Hand geht mit der im folgenden darzustellenden Substitution von Unterhalt durch sozialrechtliche Ansprüche im monetären Bereich und im Bereich der Dienstleistungen.

4.2.3. Die Substitution des familiären Unterhalts durch das Sozialrecht

a) Familiärer Unterhalt und Sozialversicherung

Die Familie ist im Sozialversicherungsrecht nicht einheitlich definiert, direkter oder indirekter Ausgangspunkt aller Bezugnahmen ist die bürgerlich-rechtliche „Unterhaltsfamilie", und fast alle Regelungen stehen im Spannungsverhältnis zwischen bürgerlich-rechtlicher Unterhaltsverpflichtung, Erwerbseinkommen und Existenzsicherung. Am deutlichsten ist das in § 205 RVO im Rahmen der Familienkrankenhilfe definiert: „Versicherte erhalten für den unterhaltsberechtigten Ehegatten und die unterhaltsberechtigten Kinder . . ." (vgl. auch §§ 1262ff. RVO). Das impliziert allerdings schon eine Beschränkung der an sich bestehenden Unterhaltsverpflichtung. In ähnlicher Weise hat auch 1915 das Reichsversicherungsamt eine Abgrenzung vorgenommen: Es beschränkt den Familienbegriff auf die Eltern und deren waisenrentenberechtigte Kinder, damals Kinder unter 15 Jahren (AN 1915: 671). Diese Auffassung wurde bis in die 60er Jahre hinein praktiziert, obwohl inzwischen die Waisenrentenberechtigung auf Kinder im Alter bis zu 18 bzw. 25 Jahren ausgedehnt wurde. Das Einkommen der Kinder wurde dabei nicht berücksichtigt. 1968 stellte das Bundessozialgericht andere Grundsätze auf: Bei der Ermittlung des „Unterhalts der Familie" (bei Witwenrentengewährung) hatte ein im Haushalt der Eltern lebendes Kind außer Betracht zu bleiben, sofern es nicht unterhaltsberechtigt i.S.d. § 1602 II BGB war und der gemeinsamen Unterhaltskasse auch nicht mehr zur Verfügung stellte, als es selbst verbrauchte (BSGE 18, 185). Im übrigen wird entsprechend Art. 6 GG und § 1360a I BGB als Familie nur der Familienkreis angesehen, der sich durch engste Unterhaltsgemeinschaft auszeichnet: die Eltern und ihre unterhaltsberechtigten Kinder.

Demgegenüber findet sich ein recht weiter Familienbegriff bei den Bestimmungen über das Sterbegeld (§§ 203, 205b RVO). Hier sind u. U. bezugsberechtigt: der Ehegatte, die Kinder, die Eltern oder die Geschwister. Andererseits erhält der Versicherte Sterbegeld: beim Tode des Ehegatten, eines lebend geborenen Kindes und solcher Angehöriger, die mit ihm in häuslicher Gemeinschaft lebten und von ihm überwiegend unterhalten worden sind. Beim Sterbegeld ist also das Merkmal „häuslicher Gemeinschaft" ein entscheidendes Abgrenzungskriterium.

Von hier aus wird es schwer, von einem einheitlichen Familienbild der Sozialversicherung zu sprechen. Die Situation wird dadurch komplizierter, daß das Hauptziel der Sozialversicherung die soziale Sicherung der abhängig Beschäftigten, „des Arbeitnehmers", im Falle des Eintritts bestimmter Risiken ist. In den Schutzbereich der Sozialversicherung sind weitere Personengruppen einbezogen worden. Dabei haben allerdings die Personen, die familienhaft, d. h. ohne marktförmige Verrechnung Arbeitsleistungen erbringen, keinen eigenen Mitgliederstatus erhalten. Für die Rechtsinstitute der freiwilligen Versicherung und der Weiterversicherung bieten sich für nichtberufstätige Familienangehörige allerdings mehrere Möglichkeiten, sich den Schutz der Sozialversicherung zu erwerben oder zu erhalten. Die „klassischen" Formen der Familiensicherung sind aber nicht diese Berechtigungen kraft eigener Mitgliedschaft, sondern besondere Rechtsinstitute, die in der Krankenversicherung unter „Familienhilfe" und in der Unfall- und Rentenversicherung unter „Hinterbliebenenrente" firmieren.

Im Folgenden wollen wir nun vor allem die Probleme der „Erfassung" und Bewertung des Unterhalts in der Familie bzw. im sogenannten Familienlastenausgleich in der Sozialversicherung analysieren. Die klassische Form des Unterhalts bestand in monetären Leistungen des Erwerbstätigen an seine nicht-erwerbstätigen Familienangehörigen. So stellte 1905 Heinrich *Rosin* fest: „Die Familienrente soll einen Ersatz dafür bieten, daß der bisher vom Versicherten zum Unterhalt seiner Familie angewendete Arbeitsverdienst nunmehr wechselt . . . Der Unterhalt der Familie muß aus dem *Arbeitsverdienste*, nicht aus sonstigem Vermögen bestritten sein. Beides ist jedoch nicht peinlich zu urgieren . . ." (*Rosin* 1905: 904). Gegenwärtig jedoch geht es nicht mehr allein um diese monetären Leistungen aus *außerhäuslicher Erwerbs*tätigkeit, sondern vor allem auch um die Probleme der *innerfamiliären Dienstleistungen* als Form des Unterhalts bzw. deren Substitution bzw. Kompensation durch die Sozialversicherung. Diese Probleme der familialen Unterhaltssicherung (nicht-professionelles Sozialsystem) können als „Sonderfall" der Professionalisierung von Dienstleistungen interpretiert werden. Die *Realisierung* bzw. Anerkennung dieser „neu entdeckten" Form der Unterhaltsleistung im Sozialversicherungsrecht brachte in der Krankenversicherung andere Probleme als in der Rentenversicherung. Die in der gesetzlichen Krankenversicherung abgesicherten Risiken sind Krankheit, Mutterschaft und Tod, was rechtstechnisch die Einführung entsprechender Versicherungsfälle zur Folge hatte. Die vorgeschriebenen Leistungen der gesetzlichen Krankenversicherung sind (§ 179 I RVO):

1. Maßnahmen zur Früherkennung von Krankheiten,
2. Krankenhilfe,
3. Mutterschaftshilfe,
4. sonstige Hilfen,
5. Sterbegeld,
6. Familienhilfe.

Die Familienhilfe ist dabei in unserem Zusammenhang die interessanteste Leistung. Der in Gestalt der Familienhilfe (§ 205 RVO) gewährte Schutz gilt der Abwehr des Schadens des Versicherten (abhängig Beschäftigten), der ihm durch die Erkrankung eines Familienmitglieds aufgrund seiner bürgerlichrechtlichen Unterhaltsverpflichtung entsteht. Gesichert ist primär das eigene Vermögensinteresse des Versicherungsnehmers, das durch eine Erkrankung einer der mitversicherten Personen gemindert werden kann.

Das Gesetz betreffend die Krankenversicherung der Arbeiter vom 15. 6. 1883 hatte die Familienhilfe nicht als Regelleistung vorgesehen, es erlaubte nur den Versicherungsträgern, satzungsrechtlich Krankenpflege für Familienangehörige einzuführen. Die Reichsversicherungsordnung von 1911 beließ es dabei, und gab den Familienangehörigen aber ggf. eigene Ansprüche auf Leistungen bei der Familienhilfe. Im Bericht der Reichstagskommission zur RVO werden die Leistungen der Familienhilfe als solche definiert, welche dem Familienmitglied aus eigenem, wenn auch aus der Person des Versicherten abgeleiteten Recht gewährt würden. Demgemäß sprach die RVO 1911 selbst von „berechtigten Familienmitgliedern" (§§ 218, 219 II RVO). Das Reichsversicherungsamt hat aber 1918 (AN 1918: 424) – fast contra legem – nicht die Familienangehörigen, sondern die Versicherten selbst als Träger des Anspruchs auf Familienhilfe angesehen.

1930 wurde die Familienkrankenhilfe als Regelleistung eingeführt, aber gleichzeitig die Interpretation des Reichsversicherungsamtes im Gesetz verankert, nach der die Familienhilfe nur Rechte des Versicherten begründe: Leistungen erhalten seitdem die Versicherten „für" ihre Familienangehörigen. Das wirkte sich auch auf die Familienwochenhilfe aus, die schon 1919 Regelleistung geworden war, eine entsprechende „Klarstellung" erfolgte allerdings erst durch das Finanzänderungsgesetz 1967 (Art. 1 § 1 Nr. 7, § 205 a I RVO).

Somit ist der formale Anknüpfungspunkt der Leistungsberechtigung immer noch die Erwerbstätigkeit dadurch, daß die mitversicherten Familienangehörigen keinen eigenen Anspruch auf die Leistungen der Familienhilfe haben, anspruchsberechtigt vielmehr i. d. R. das erwerbstätige, unterhaltsverpflichtete Familienmitglied ist. Dieses wird auch dadurch unterstrichen, daß die Familienhilfe subsidiär ist (BSG 28, 47). Von dem Unterhaltsprinzip her ist es nur konsequent, wenn Helmar *Bley* die Familienhilfe zu den Exonerationsleistungen rechnet, die darauf gerichtet sind, ein Güterdefizit, entstanden durch zusätzliche Belastung aufgrund des Risikoeintritts, zu beseitigen oder zu mindern (*Bley* 1980: 168). Von der juristischen Konstruktion her ist die Familienhilfe also primär Entlastung von privatrechtlichen Unterhaltsverpflichtungen im Rahmen der Gesundheitssicherung. Die fehlende Anspruchsberechtigung der Mitversicherten kann durchaus als Widerspruch zur Anerkennung der Hausfrauenleistung als Unterhaltsleistung gesehen werden – ein „Durchhalten" dieses Begriffs von Unterhalt würde in vielen Fällen den gegenwärtigen, abgeleiteten Anspruch auf Familienhilfe aufheben. Andererseits ist es wiederum konsequent, wenn im Rahmen der Familienhilfe gemäß § 205 I RVO die Leistungen an Versicherte und Mitversicherte in gleichem Umfang gewährt werden – mit Ausnahme des Krankengeldes. Das Krankengeld, das gemäß § 182 I Nr. 2 RVO gewährt wird, wenn Krankheit den *Versicherten* arbeitsunfähig macht, soll Ausgleich für den Wegfall des Arbeitseinkommens und damit u. U. für geminderte Unterhaltsfähigkeit bieten.

In manchen Fällen gewährt die Krankenkasse allerdings auch Ausgleich für die Haushaltsführung der mitversicherten Ehefrau. Die RVO von 1911 bestimmte in § 185 I: „Die Kasse kann mit Zustimmung des Versicherten Hilfe und Wartung durch Krankenpfleger, Krankenschwestern oder andere Pfleger namentlich auch dann gewähren, wenn die Aufnahme des Kranken in ein Krankenhaus geboten, aber nicht durchführbar ist, oder ein wichtiger Grund vorliegt, den Kranken in seinem Haushalt oder seiner Familie zu belassen".

Diese Vorschrift galt in dieser Form bis 1974. Sie war primär zur Krankheitsbekämpfung gedacht und stellte deshalb in erster Linie auf die Person des erkrankten Versicherten ab. Immerhin schloß der Wortlaut, wie das RVA schon 1941 vorsichtig festgestellt hat, die Gewährung von Haushaltshilfe nicht ohne weiteres aus (AN 1941: 214). Das RVA hielt es für zulässig, daß „im Interesse der baldigen Gesundung der Frau und im Interesse der gesamten Familie" bei Erkrankung der Hausfrau die Hauspflege auf die Haushaltshilfe ausgedehnt wurde. Dies wurde zwar wesentlich mit der „nationalsozialistischen Weltanschauung" begründet, aber diese weite Auslegung des § 185 RVO wurde herrschende Meinung. In der Praxis fand diese Interpretation aber wenig Resonanz, vermutlich wegen der offensichtlichen Schwierigkeiten mit der organisatorischen Durchführung.

1973 wurde durch das KLVG mit § 185 b RVO die bisherige „herrschende Meinung" in Form einer neuen Gesetzesbestimmung novelliert: Unter der Voraussetzung, daß u. a.

1. der Erkrankte (Versicherter *oder Ehefrau*) wegen Krankheit, Entbindung oder Kur „außer Haus" muß und deshalb
2. die Weiterführung des Haushalts nicht möglich ist und
3. im Haushalt ein Kind lebt, das das 8. Lebensjahr noch nicht vollendet hat oder das behindert und auf Hilfe angewiesen ist,

wurde Haushaltshilfe gewährt.

Für die Krankenversicherung bedeutet diese Vorschrift eine weitere Übernahme des Ausgleichs familialer Unterhaltsverpflichtungen bzw. eine Anerkennung der Familienfunktionen. In der landwirtschaftlichen Krankenversicherung (§§ 35, 36 S. 1 KLVG) entfiel sogar die Beschränkung auf Haushalte mit Kleinkind.

Diese Gesetzesnovellierung führte, abgesehen von den Problemen der

Organisation der entsprechenden Dienstleistungen, zu neuen Problemen im Hinblick auf die „Monetarisierung“ familienhafter Leistung, d. h. bis dahin durch das nichtprofessionelle Sozialsystem Familie getragene Leistungen wurden durch die Krankenkasse finanziell unterstützt.

Die Spitzenverbände der Sozialversicherungsträger bestimmten durch gemeinsames Rundschreiben vom 2. 12. 1974 (OKK 1974: 218), welche Kosten angemessen und damit erstattungsfähig sein sollten. Dabei wurde danach differenziert, ob die Ersatzkraft mit dem Versicherten bzw. dem Ehegatten verwandt war oder nicht. Der BMA übernahm mit Rundschreiben vom 18. 3. 1975 (BVBl 1975: 68) diese Regelung weitgehend auch für die Kriegsopferversorgung. Das Bundessozialgericht übernahm diese Differenzierung nicht, stellte vielmehr mit Urteil vom 13. 7. 1977 (SGb 1977: 299) fest:

1. Im Haushalt des Versicherten lebende erwachsene Personen, die zur Weiterführung des Haushalts imstande sind, schließen – ohne Rücksicht auf verwandtschaftliche Bindungen oder unterhaltsrechtliche Beziehungen – den Anspruch auf Haushaltshilfe (§ 185b RVO) aus.
2. Als „selbstbeschaffte Ersatzkraft“ im Sinne des § 185 II RVO in der bis zum 30. 6. 1977 geltenden Fassung kommen alle außerhalb des Haushalts lebenden geeigneten Personen in Betracht; das Verhältnis der Verwandtschaft zu dem Versicherten oder seinem Ehegatten ist unerheblich.

Inzwischen ist diese Rechtsprechung aber weitgehend obsolet geworden, denn aufgrund des Krankenversicherungs-Kostendämpfungsgesetzes (KVKG) vom 27. 6. 1977 ist dem § 185b II RVO folgender Satz angefügt worden: „Für Verwandte und Verschwägerte bis zum zweiten Grade werden keine Kosten erstattet; die Krankenkasse kann jedoch die erforderlichen Fahrtkosten und den Verdienstausfall erstatten, wenn die Erstattung in einem angemessenen Verhältnis zu den sonst für eine Ersatzkraft entstehenden Kosten steht.“

Für diese Einschränkung enthält der Gesetzentwurf nachstehende Begründung: „Die durch das Leistungsverbesserungsgesetz vom 19. 12 1973 (BGBl. I: 1925) eingeführte Haushaltshilfe hat in der Öffentlichkeit Kritik in den Fällen hervorgerufen, in denen Angehörige von Versicherten für die Erfüllung einer aus der familienhaften Bindung bestehenden sittlichen Verpflichtung, Verwandten und Verschwägerten bei Krankheit Hilfe und Pflege zu leisten, eine Bezahlung zu Lasten der Versichertengemeinschaft erhalten. Die Einschränkung der Kostenerstattung für nahe Verwandte und Verschwägerte ist daher geboten. Der letzte Halbsatz soll eine kostensparende Regelung im Einzelfall ermöglichen“ (BT/DS 8/166: 26).

In der weiteren parlamentarischen Beratung war die Änderung des § 185b II RVO unumstritten. Sie trat am 1. 7. 1977 in Kraft. Diese Gesetzesänderung ist unter dem Gesichtspunkt der Unterhaltssubstitution durch öffentliche Sozialleistungen besonders interessant: einerseits wird, wie noch gezeigt werden wird, bei *monetären* Leistungen die bürgerlich-rechtliche Unterhaltsverpflichtung durch die Sozialgesetzgebung kontinuierlich reduziert, andererseits wird bei *nicht-monetären* Unterhaltsleistungen die Unterhaltspflicht betont – kann aber nicht erzwungen werden. Nur der Vollständigkeit halber sei betont, daß nach zivilrechtlichen Normen Verschwägerte *nicht* einander zum Unterhalt verpflichtet sind. Das gleiche gilt für die Verwandten in der Seitenlinie (Geschwister). Der Gesetzgeber rekurriert deshalb auch nicht direkt auf Unterhaltsverpflichtung, sondern auf familienhafte Bindung bzw. sittliche Verpflichtung, die er erstreckt bis zu Schwiegereltern (-sohn, -tochter) einerseits und Geschwister des Ehegatten andererseits.

In ähnlich restriktiver Weise hat das BSG mit Urteil vom 14. 7. 1977 festgestellt (Leitsatz): „Einem Versicherten steht für die Hilfeleistungen seiner Ehefrau bei der von ihm durchzuführenden Heimdialyse keine Entschädigung zu.“ Diese Hilfeleistung wird definiert als „selbstverantwortliche Eigenleistung der Familie, denn es gehört zu den Pflichten jedes Versicherten und zumindest seiner mit ihm im Haushalt lebenden Familienangehörigen, alles ihren Kräften zumutbare zu tun, um neben den vorgesehenen Leistungen der Krankenkasse zur Behebung ihres eigenen Krankheitszustandes oder des Krankheitszustandes ihrer Familienangehörigen beizutragen“ (BSGE 44, 141).

Außerdem ist durch das KVKG der Begriff der Hauspflege i. S. des § 185 RVO auf professionelle Hilfskräfte eingeengt worden, § 185 I S. 1 regelt nun erschöpfend, durch welche Personen die Hauspflege zu erfolgen hat. Sofern diese Bedingung aber erfüllt ist, macht es – so der Kommentar von Horst *Peters* – für die Anwendung keinen „Unterschied, ob die Pflegeperson i. S. des § 185 S. 1 zu dem Kranken in einem Verwandtschafts- oder Schwägerschafts- oder Eheverhältnis steht oder nicht. Zweifelhaft kann jedoch sein, ob die Pflege eines Kranken in Erfüllung einer gesetzlichen Unterhaltspflicht einer Anwendung des § 185 gegenüber den Vorrang hat. Das ist sicher dort nicht der Fall, wo die Unterhaltspflicht mit der häuslichen Krankenpflege nicht in Einklang zu bringen ist, wie z. B. bei geschiedenen Ehegatten. Aber auch im Verhältnis der Ehegatten zueinander (vgl. §§ 1360 ff. BGB) oder der Verwandten untereinander (vgl. §§ 1601 ff. BGB), das von der gegenseitigen Unterhaltsverpflichtung getragen wird, wird nicht ohne weiteres ein Ausschluß des § 185 angenommen werden dürfen, weil die KV und damit auch die häusliche Krankenpflege gerade zum Ausgleich der Wechselfälle des Lebens geschaffen ist und eine Sekundärhaftung der KV – von dem Fall des § 185 II abgesehen – nicht ohne weiteres ersichtlich ist. Auch bei Ehegatten oder Verwandten untereinander wird man daher § 185 nur dann nicht durchgreifen lassen dürfen, wenn die Unterhaltspflicht auch in Ansehung der Hilfe und Wartung bei Krankheit tatsächlich erfüllt wird und dem Pfleger damit keine andere laufende Einnahme geschmälert wird oder verlorengeht[12]."

Im Recht der gesetzlichen Rentenversicherung, insbesondere dem der Hinterbliebenenrenten zeigen sich nun die Probleme der Anerkennung nichtmonetärer Unterhaltsleistungen in einer etwas anderen Perspektive. Diese wurde dadurch hervorgerufen, daß 1963 das Bundesverfassungsgericht die Arbeit der Hausfrau und Mutter einer Berufstätigkeit gleichstellte und aus dem Gleichheitssatz die Auffassung herleitete, daß die Arbeit der Frau als Mutter und Hausfrau mit ihrem wirtschaftlichen Wert als Beitrag zum Unterhalt der Familie zu betrachten sei (BVerfG 17, 12). Damit entstand in der Sozialversicherung generell das Problem der Substitution bzw. Kompensation von innerfamiliären *Dienstleistungen* durch die Sozialversicherung. Diese Form der familialen Unterhaltssicherung (nichtprofessionelles Sozialsystem) erhielt damit eine Relevanz für das System der Sozialversicherung. Diese neue Vorstellung wurde im Bereich der Rentenversicherung vom BSG konsequent ausgebaut (zuletzt: BSGE 38, 179).

Der Wert der Haushaltsführung soll danach so ermittelt werden, daß man fragt, welche Mittel für die Haushaltsarbeit beim Einsatz familienfremder Hilfskräfte aufzuwenden gewesen wären. Es wird ausgeführt: die hausfrauliche Tätigkeit sei vielfältiger Art und teils körperlicher, teils geistiger Natur, im Einzelfall kämen für die Verrichtung der Arbeiten deshalb verschiedene Arbeitskräfte in Betracht: Hausgehilfinnen, Hauswirtschaftsangestellte, Haushälterinnen, Kinderpflegerinnen usw. Um eine dadurch bedingte „ungerechtfertigte Ausweitung" der Witwerrente zu vermeiden, bedürfen nach dem BSG die Aufwendungen für familienfremde Hilfskräfte u. U. noch einer dem „Lebenszuschnitt" der Familie angemessenen Korrektur. Im Witwenrecht ist also der „Wert der Hausfrauentätigkeit" und damit die Funktion der Familie bzw. der familienhaften Tätigkeiten für Sozialisation und Unterhalt anerkannt.

Gegenwärtig macht nun aber wieder, wenn auch aus anderen Gründen, die Problematik der Hinterbliebenenrenten einen erheblichen Teil der sozialrechtlichen Diskussion aus (*Bley* 1980: 85). Hier sollen jedoch nur die wichtigsten Erkenntnisse des Bundesverfassungsgerichts und Bundessozialgerichts

[12] *Peters* 1980, Anm. 7 zu § 185 RVO; anders noch das RVA (Bescheid v. 16. 11. 1942) und der Reichsarbeitsminister (Erlaß v. 2. 3. 1943): „Der Umstand, daß eine erwerbstätige Mutter infolge der Pflege eines erkrankten Kindes verhindert ist, ihrer Beschäftigung nachzugehen, begründet keinen Anspruch auf Gewährung von Krankengeld ... Bei der Hauspflege handelt es sich um eine Sachleistung die im allgemeinen nicht durch Geldzahlungen an den Versicherten abgegolten werden kann. Zudem ergibt sich die Verpflichtung der Mutter, ein erkranktes Kind zu betreuen, aus ihrer elterlichen Fürsorgepflicht" (Entscheidungen und Mitteilungen Bd. 50: 366).

dazu referiert werden, die den Ausgangspunkt der gegenwärtigen Diskussion bilden. Dabei wird die gegenwärtige Rechtssituation angegriffen, nach der im Falle eines verheirateten Ehepaares, von dem ein Partner stirbt, unterschiedliche Regelungen im Hinblick auf die „Rente danach" gelten:

1. Der Mann behält im Falle des Todes seiner Frau die eigene Rente (abgeleitet aus dem Entgelt in einem früheren Beschäftigungsverhältnis „Lohnersatzfunktion") *in voller Höhe,*
2. die Witwe dieses Mannes erhält als Anspruch „aus abgeleitetem Recht" (Kurt Brackmann) eine Witwenrente in Höhe von – in der Regel – 60 v. H. der bisherigen Versichertenrente (§ 1268 RVO) sog. „Unterhaltsersatzfunktion".
3. Witwerrente erhält der Ehemann nach dem Tode seiner versicherten Ehefrau nur, wenn die Verstorbene den Unterhalt ihrer Familie überwiegend bestritten hat (§ 1266 RVO). Es kommt hier also auf den tatsächlichen Unterhaltsausfall an.

In seiner Entscheidung vom 12. 3. 1975, die Auslöser für die gegenwärtigen Vorschläge zur sozialen Sicherung der Frau und der Hinterbliebenen war, hat das Bundesverfassungsgericht (BVerfG 39, 169) vor allem auf die Wandlungen hingewiesen, die spätestens seit den 60er Jahren „hinsichtlich des Erwerbsverhaltens der verheirateten Frauen als auch hinsichtlich der Bedarfslage beim Tod eines Ehegatten eingetreten" sind. In seiner Entscheidung vom 6. 6. 1978 hat das Bundesverfassungsgericht (BVerfG 48, 346) wieder auf die „fortschreitende Entwicklung" im Hinblick auf Erwerbstätigkeit der Frau und damit „Abweichungen" vom bürgerlichen Familienmodell hingewiesen, die unbedingte Witwenrente aber nicht in Frage gestellt. Ausgangspunkt ist dabei die unterschiedliche Zielsetzung des Gesetzgebers mit den verschiedenen Renten, nämlich „dem Versicherten Lohnersatz und seinem Hinterbliebenen Unterhaltsersatz zu leisten", wobei „der Versichertenrente Beiträge zugrunde liegen, während die Hinterbliebenenrente ohne eigene Beitragsleistung des Rentenempfängers und ohne erhöhte Beitragsleistung des Versicherten gewährt wird".

Das Bundesverfassungsgericht stellt dann weiter fest, „daß die Witwe nach dem Tod ihres Mannes aus ihrer Hinterbliebenenrente desto eher eine Absicherung ihrer Existenz erfahren wird, je mehr auch das Erwerbseinkommen oder die Versichertenrente vor dem Tod ihres Mannes Grundlage des gemeinsamen Lebensbedarfs war . . . Es ist ersichtlich, daß eine Witwenrente, die mehr als die Hälfte der für beide gezahlten Rente beträgt, unter zivilrechtlichen Gesichtspunkten des Unterhalts allen denkbaren Umständen gerecht wird". Sodann folgt die in unserem Zusammenhang entscheidende Feststellung, daß „der Gesetzgeber dadurch, daß er die Hinterbliebenenversorgung in das soziale Zwangsversicherungssystem einschloß, dem einzelnen grundsätzlich die finanzielle Vorsorge für seine Hinterbliebenen abgenommen und sie der Solidargemeinschaft überbürdet" hat. Hier wird also für den Bereich der Rentenversicherung bestätigt, was für den Bereich der Krankenversicherung schon festgestellt wurde: die Substitution *monetärer* Familien(unter-)haltsfunktionen durch öffentliche Sozialleistungen.

Das Bundesverfassungsgericht hatte zuvor auch die gegenwärtige Rechtslage, insbesondere zu Witwen- und Witwerrente (Nr. 3 u. 3) bestätigt, aber im wesentlichen nur deshalb, weil noch immer etwa 70 v. H. der verheirateten Frauen nicht berufstätig waren. 1984 müsse aber die Materie durch den Gesetzgeber neu geregelt sein, weil bis dahin das „Hausfrauenmodell" als gesetzgeberische Typvorstellung empirisch überholt sei: bis dahin seien die Jahrgänge, von denen ein höherer Prozentsatz der Ehefrauen erwerbstätig sei, ins Rentenalter nachgerückt, so daß man nicht mehr auf den Regelfall der nicht berufstätigen Ehefrau abstellen könne (BSGE 39, 169).

Die Abkoppelung der Leistungen der Sozialversicherung von den familienrechtlichen monetären Verpflichtungen ist in der Unfallversicherung zum Teil noch weiter fortgeschritten als in den bisher dargestellten Bereichen der Kranken- und Rentenversicherung. Dafür sei hier ein Beispiel von Josef *Müller* wiedergegeben:

Im Mai 1973 starb der Vater eines minderjährigen Kindes an den Folgen eines in Ausübung seines Vertreterberufs erlittenen Arbeitsunfalls. Das Kind erhielt danach folgende Leistungen: Waisenrente aus der gesetzlichen Unfallversicherung ($^1/_5$ des Jahresverdienstes des Vaters von 60 000,– DM = 1000,– DM monatlich), dazu die Waisenrente aus der Angestelltenversicherung des Vaters mit monatlich 111,50 DM, so daß für das sechsjährige, bei seiner Mutter lebende Kind monatlich 1111,50 DM zur Verfügung standen. Zu den Rentenerhöhungen der Zwischenzeit kommt heute noch das Kindergeld von monatlich (mindestens) 50,– DM. Als Unterhalt hatte der Vater zu seinen Lebzeiten nur einen Bruchteil dieser Beiträge gezahlt (*Müller* 1977: 376). Die öffentlich-rechtlichen Sozialleistungen gehen in diesem Bereich über den zivilrechtlichen Unterhalt erheblich hinaus.

Zwischen Familie und Sozialversicherung bestehen nach dem Gesagten verschiedenartige Beziehungen:

1. Zum einen dienen die Leistungen der Sozialversicherung in verschiedener Weise der Entlastung von zivilrechtlichen (familiären) Unterhaltsverpflichtungen, indem für die Absicherung bestimmter Lebensrisiken nicht mehr an die Situation des Individuums als Familienmitglied, sondern an seine Eigenschaft als Arbeitnehmer angeknüpft wird.

2. Auch die abgeleitet–mittelbare Sicherung von Familienmitgliedern dient der Entlastung der Familie von Unterhaltsverpflichtungen, aber nicht durch die Konstruktion eigener Ansprüche der Familienmitglieder, die an „familienunabhängige" Voraussetzungen anknüpfen, sondern dadurch, daß die Ansprüche des Versicherten (Arbeitnehmer) auf Risiken seiner Familienangehörigen erweitert werden.

3. Bei der Entlastung der Familie von Unterhaltsverpflichtungen durch Leistungen der Sozialversicherung ist zu unterscheiden zwischen monetärer Unterhaltsleistung und Unterhalt durch persönliche Dienstleistungen. Wäh-

rend die ersten zunehmend und bruchlos durch öffentliche Sozialleistungen substituiert werden, ist die Beziehung von Familie und Sozialversicherung bei dem zweiten widersprüchlich. Im Krankenversicherungsrecht gibt es hier die Tendenz, familiäre Dienste als gesellschaftliche Gratisarbeit auch weiterhin vorauszusetzen.

4. In den Strukturprinzipien der Sozialversicherung selbst finden sich Elemente, die einen Ausgleich *für* geleisteten familiären Unterhalt beinhalten („Familienlastenausgleich"). Sie folgen der gleichen Logik wie z. B. das Kindergeld oder die Gewährung steuerlicher Kinderfreibeträge.

b) Familie und öffentliche Ausbildungsförderung

Bereits ein kursorischer Überblick über die verstreuten gesetzlichen Regelungen der Finanzierung von Bildung und Ausbildung des gesellschaftlichen Nachwuchses zeigt, daß die zivilrechtliche Konzeption des Bürgerlichen Gesetzbuches, Bildung und Ausbildung im Rahmen des familiären Unterhalts zu finanzieren, § 1610 II BGB, heute weitgehend von der gesellschaftlichen Realität überholt wurde.

Hier ist zunächst hervorzuheben, daß im gesamten Bildungsbereich – mit Ausnahme des Vorschulsektors – die sachlichen, persönlichen und institutionellen Ressourcen den Benutzern vom Staate gratis zur Verfügung gestellt werden (Schul- und Hochschulgeldfreiheit). Im Schulbereich besteht außerdem Lernmittelfreiheit. Die *besonderen* Kosten der Bildung sind also nicht vom familiären Unterhalt zu bestreiten, und zwar unabhängig vom Einkommen der betreffenden Familie. Lediglich im Bereich der Vorschule werden Eigenbeträge der Eltern erhoben, die aber keineswegs kostendeckend sind (vgl. § 14 Kindergartengesetz von Nordrhein-Westfalen, § 8 Kindergartengesetz von Rheinland-Pfalz).

Daneben werden aber auch die *allgemeinen* Lebenshaltungskosten für den Bildungs- und Ausbildungszeitraum zumindest teilweise öffentlich finanziert. Das Bundesausbildungsförderungsgesetz sieht pauschalierte Unterhaltsleistungen für den gesamten Bereich der Hochschule und für Teilbereiche des Schulwesens vor, §§ 2, 10 BaföG. Diese werden zum Teil als Darlehen, zum Teil als Zuschuß gewährt. Die Leistungen nach dem BaföG sind allerdings vermögens-und einkommensabhängig. Berücksichtigt wird hier das Einkommen/Vermögen des Auszubildenden selbst, seines Ehegatten und seiner Eltern, § 11 II: Überschreitet deren Einkommen/Vermögen eine bestimmte Grenze, so wird es auf die Förderung angerechnet. Auch dann, wenn die Eltern den angerechneten Unterhaltsbeitrag nicht leisten, wird Ausbildungsförderung gewährt. Der zivilrechtliche Anspruch des Auszubildenden wird dann auf das Amt für Ausbildungsförderung übergeleitet, §§ 36, 37. Im Rahmen der Voraussetzungen des § 7 II wird Ausbildungsförderung außer für eine erste auch noch für eine weitere Ausbildung geleistet. Die im einzelnen recht komplizierten Details der staatlichen Ausbildungsförderung können hier außer Betracht bleiben. Für unseren Zusammenhang ist lediglich festzuhalten:

– Anzurechnendes Vermögen und Einkommen sowie die Überleitung zivilrechtlicher Ansprüche beschränken sich auf die Angehörigen der Kleinfamilie. Der Familienbegriff des Ausbildungsförderungsrechts ist also enger als der des Familienrechts.

– Die Unterhaltspflicht auch der Kleinfamilienangehörigen wird im Ausbildungsförderungsrecht von den zivilrechtlichen Kriterien der „Leistungsfähigkeit" in § 1603 BGB gelöst und an das Überschreiten bestimmter Einkommens- und Vermögensgrenzen gekoppelt. Eventuell bestehende zivilrechtliche Unterhaltsverpflichtungen werden öffentlich-rechtlich „entlastet".

– Die öffentliche Ausbildungsförderung geht in bestimmten Fällen sogar weiter als die zivilrechtliche Unterhaltspflicht. So ist eine weitere Ausbildung – wie erwähnt – im Rahmen des BaföG unter gewissen Voraussetzungen zu fördern. Für den Bereich zivilrechtlicher Unterhaltspflicht hat der BGH (NJW 1977: 1774; OLG Stuttgart NJW 1979: 1166ff.) dagegen entschieden, daß die Eltern mit der Finanzierung einer Erstausbildung ihre Schuldigkeit getan haben. Zivilrechtliche Unterhaltspflichten werden hier öffentlich-rechtlich „überholt".

Die öffentliche Finanzierung beruflicher Ausbildung, insbesondere gemäß § 40 AFG weist strukturelle Ähnlichkeiten mit der Ausbildungsförderung nach BaföG auf und soll daher hier nicht eigens dargestellt werden.

Wir wollen vielmehr die für unseren Diskussionszusammenhang interessanten Konsequenzen aus dem Gesagten kurz resümieren:

Die Tendenz der öffentlichen Ausbildungsförderung geht dahin, Bildung und Ausbildung des gesellschaftlichen Nachwuchses unabhängig von der materiellen Leistungsfähigkeit der Familie der Auszubildenden zu machen. Die Familie wird von Unterhaltsverpflichtungen entlastet. Insofern kann man sagen, daß die Familie als Unterhaltsgemeinschaft tendenziell aufgelöst wird. Daß Bildung und Ausbildung zunehmend materiell von der Familie unabhängig gemacht werden, hat zudem Auswirkungen auf die *inhaltliche* Erziehungskompetenz der Familie, indem die Möglichkeit geschmälert wird, durch materielle Sanktionen auf die Wahl von Ausbildung und Beruf der Kinder Einfluß zu nehmen.

Andererseits liegt darin, daß die Familie vom materiellen Risiko der Ausbildungsfinanzierung entlastet wird, auch ein Anreiz zur Familiengründung.

c) Familie und Sozialhilfe

Im 19. Jahrhundert entfaltet sich in Deutschland die bürgerliche Gesellschaftsordnung, die als eine ihrer Grundlagen die Familie sieht. In unseren

Ausführungen zur externen Absicherung des familiären Unterhalts haben wir bereits hervorgehoben, daß gerade die Armenfürsorge in spezifischer, bislang wenig beachteter Weise, in den Zwang einbezogen war „dem die bürgerliche Gesellschaft wie jede vor ihr unterstand" (*Habermas* 1968: 59). Karl *Flesch* hat das prägnant in die Worte gefaßt: „Unsere Gesellschaft beruht auf Arbeitsvertrag und Familie, nicht auf der Armenpflege. Jede Art der Armenpflege, die es erleichtert oder gar dazu verlockt, daß jemand die Unterhaltung der Seinen von sich abwälzt, ist schädlich und verderblich im höchsten Grade" (*Flesch* 1901: 4). Das Bundessozialhilfegesetz in der Fassung vom 13. 2. 1976 knüpft zwar grundsätzlich und in der Regelung vieler Fragen an das alte Fürsorgerecht an, es ist jedoch nicht zu übersehen, daß der Gesetzgeber auch in der Sozialhilfe zu neuen Regelungen gekommen ist, und zu diesen gehört in dem hier interessierenden Kontext der Abbau externer Zwänge zur Absicherung des familiären Unterhalts bis hin zu einem gewissen Abbau privatrechtlich-monetärer Unterhaltsverpflichtungen einerseits und einem gewissen Aufbau von ökonomischen Anreizsystemen zur Sicherung des Unterhalts durch persönliche Dienstleistungen andererseits.

Das BSHG enthält als einziges Sozialgesetz eine familienbezogene Sollvorschrift mit programmatischem Charakter: „Die Sozialhilfe soll die Kräfte der Familie zur Selbsthilfe anregen und den Zusammenhalt der Familie festigen" (§ 7 Satz 2 BSHG). Unter Familie wird hier im Anschluß an die bisherige Fürsorgepraxis die Lebens- und Wirtschaftsgemeinschaft verstanden, „in welcher der Hilfeempfänger in mehr oder weniger gegenseitiger Abhängigkeit lebt, die seine Entwicklung prägt, deren Schicksal sein eigenes maßgeblich bestimmt. Der Begriff der Familie ist hier weit zu fassen. Er umfaßt nicht nur Ehegatten und Kinder, sondern auch weitere Verwandte (§ 1589 BGB) und Verschwägerte (§ 1590 BGB), wie ein voreheliches Kind und andere in den Familienverband für einen längeren Zeitraum aufgenommene und dort betreute Personen" (*Mergler/Zink* 1975: 52f.).

Das BSHG realisiert diese Programmatik zunächst dadurch, daß es Alternativen zur Familie, die keiner privatrechtlichen Unterhaltspflicht unterliegen, nicht besser stellt als Familien. In § 122 BSHG heißt es: „Personen, die in eheähnlicher Gemeinschaft leben, dürfen hinsichtlich der Voraussetzungen sowie des Umfanges der Sozialhilfe nicht besser gestellt werden als Ehegatten." In der amtlichen Begründung zu dieser Vorschrift, die im alten Fürsorgerecht keinen Vorgänger hatte, heißt es: „In einer Reihe von Vorschriften wird bei den Voraussetzungen und dem Umfang der Sozialhilfe auf die Einkommens- und Vermögensverhältnisse der Ehegatten abgestellt. Würde hinsichtlich der Personen, die in eheähnlicher Gemeinschaft leben, nichts besonderes bestimmt werden, so würden die Personen jede für sich betrachtet werden und damit häufig zu höheren Leistungen gelangen, als wenn sie verheiratet wären. Dies verhütet die Bestimmung des § 122" (855).

Hier kann nun nicht im einzelnen dargelegt werden, wie bei der Feststellung der Bedürftigkeit eines Hilfesuchenden auch der familiäre Unterhalt, bei Ehegatten das Einkommen und Vermögen beider, bei Kindern das Einkommen und Vermögen auch der Eltern oder des Elternteils berücksichtigt wird (§§ 11 Abs. 1 S. 2, 28, 79 Abs. 1 u. 2, 90 Abs. 1 S. 2) – rechnerische Bezugsgröße ist hier i.d.R. die sogenannte Bedarfsgemeinschaft, den Rechtsanspruch hat jedes Familienmitglied für sich als Person („jedes"), nicht die Familie als ein mögliches Rechtssubjekt. Im Kontext dieser „Bedarfsgemeinschaft" handelt es sich im wesentlichen um ein subsidiäres Anknüpfen an die privatrechtlichen Unterhaltsverpflichtungen. Interessanter sind demgegenüber die *Sonderformen* der unterhaltsmäßigen Inpflichtnahme der Familie durch die Vorschriften des BSHG:

1.) Familiennotgemeinschaft und Unterhaltsvermutung: § 16 BSHG

Schon die Rechtsprechung des Bundesamtes für Heimatwesen hatte Grundsätze darüber entwickelt, in welchem Umfange es einem nach bürgerlichem Recht nicht unterhaltspflichtigen Mitglied einer Familiengemeinschaft ‚zugemutet' werden kann, für ein in Not geratenes Familienmitglied zu sorgen (BAH 94, 297, BVerwG FEVS 6, 1). In § 16 BSHG ist diese durch Rechtsprechung geprägte Entwicklung der Betonung gegenseitiger Hilfe aufgrund sittlicher Verpflichtung (ohne bürgerlich-rechtliche Unterhaltspflicht) zur gesetzlichen Unterhaltsvermutung ausgebaut worden: „Lebt ein Hilfesuchender in Haushaltsgemeinschaft mit Verwandten oder Verschwägerten, so wird vermutet, daß er von ihnen Leistungen zum Lebensunterhalt erhält, soweit dies nach ihrem Einkommen und Vermögen erwartet werden kann. Soweit jedoch der Hilfesuchende von den in Satz 1 genannten Personen Leistungen zum Lebensunterhalt nicht erhält, ist ihm Hilfe zu Lebensunterhalt zu gewähren." Durch diese Vorschrift wird einerseits die durch das bürgerliche Recht bestimmte Unterhaltspflicht nicht erweitert, andererseits wird als regelmäßige gesetzliche Tatsachenvermutung (mit Beweislast zum Nachweis des Gegenteils!) ein Unterhalt durch die Verwandten und/oder Verschwägerten in einer Wohn- und Wirtschaftsgemeinschaft angenommen.

2.) Monetäre Anreize zur Mobilisierung familienhafter Dienstleistungen (§ 69 BSHG)

Der Gesetzgeber hat als eine der „Hilfen in besonderen Lebenslagen" in § 68 – 69 BSHG die Hilfe zur Pflege geschaffen. Danach ist Personen, die infolge Krankheit oder Behinderung so hilflos sind, daß sie nicht ohne Wartung und Pflege bleiben können, Hilfe zur Pflege zu gewähren. Der Gesetzgeber hat nun der häuslichen Pflege eine besondere Bedeutung zugemessen und dabei dem Abbau traditionell selbstverständlicher familialer Unterhaltsleistungen (nicht zuletzt durch Ausweitung der Lohnarbeit, insbesondere Berufstätigkeit der Frauen) Rechnung getragen und in § 69 BSHG finanzielle Anreize für nicht-professionelle Hilfen geschaffen, die von Aufwendungsersatz, Beihilfen, Übernahme von Beiträgen für eine angemessene Alterssicherung bis hin zu einem „dynamisierten" Pflegegeld von 200,– DM gehen. Dieser Versuch der Sicherung wirksamer Hilfe für Pflegebedürftige durch monetäre Anreize erstreckt sich aber nur implizit auf Familienangehörige, explizit ist er weiter gerichtet: auf „Personen, die dem Pflegebedürftigen nahestehen" oder auf die „Wege der Nachbarschaftshilfe".

3.) Abbau oder Konterkarierung der Unterhaltspflicht zwischen Verwandten zweiten oder entfernteren Grades durch das Überleitungsverbot des § 91 Abs. 1 S. 1 BSHG?

Durch das 3. Änderungsgesetz zum BSHG vom 1. 4. 1974 wurde § 91 Abs. 1 BSHG dahingehend geändert, daß – wenn der Sozialhilfeträger anstelle eines zivilrechtlich Verpflichteten Unterhalt an den Bedürftigen geleistet hat – eine Überleitung des zivilrechtlichen Unterhaltsanspruchs auf den Träger der Sozialhilfe nicht mehr stattfindet, wenn der Unterhaltspflichtige mit dem Hilfeempfänger im zweiten oder entfernteren Grade verwandt ist. Übergeleitet werden also nur noch Ansprüche über Verwandte ersten Grades (Eltern/Kinder bzw. Kinder/ Eltern) und Ehegatten. Das Bundesverwaltungsgericht hat nun ausgeführt, daß der mit der Gerichtsnovelle verwirklichte Verzicht auf die Überleitung die bürgerlich-rechtlichen Unterhaltsansprüche unberührt gelassen hat (FamRZ 1977: 544). Das gilt aber nur bei sehr enger juristischer Interpretation – faktisch wird die monetäre zivilrechtliche Unterhaltspflicht weitgehend eingeschränkt. Im übrigen gibt es bereits Stimmen, die auch zivilrechtliche Konsequenzen aus dem 3. Änderungsgesetz ziehen wollen (*Kunz* 1977: 294): Der entferntere Verwandte soll gegenüber dem Unterhaltsanspruch des Bedürftigen auf die Sozialhilfe verweisen können und damit auch zivilrechtlich von seinen Verpflichtungen frei werden, womit die Subsidiarität der Sozialhilfe aufgehoben wäre – jedenfalls bezüglich monetärer Unterhaltsverpflichtungen der Familie. Insbesondere die zuletzt erwähnte Regelung deutet darauf hin, daß die Sozialhilfe ihre Rolle als „Ausfallbürge" tendenziell aufgibt. Auch in der Sozialhilfe bestätigt sich die Tendenz, den Unterhalt familienunabhängig zu organisieren, wie sie insbesondere in der Sozialversicherung und der Ausbildungsförderung zu beobachten ist[13]. Juristisch schlägt sich dies allerdings nicht in einer expli-

[13] Diese Tendenz bestätigt sich im übrigen auch im Unterhaltsvorschußgesetz vom 27. 6. 1979 (BGBl I, S. 1184) auf das wir hier nicht näher eingegangen sind, da es überwiegend zivilrechtliche und zivilprozessuale Probleme betrifft. Durch dieses Gesetz wird ein typischerweise besonderen familiären und finanziellen Belastun-

ziten *Abschaffung* zivilrechtlicher Unterhaltsansprüche nieder, sondern in ihrer zunehmenden *Substitution* durch sozialrechtlich verbürgte Leistungsansprüche (*Hahn-Kemmler* 1980, *Naendrup* 1980: 225ff.).

Die Zusammenstellung der Beziehungen von öffentlichen Sozialleistungen und familiärem Unterhalt ergibt zunächst ein recht uneinheitliches Bild.

Einerseits ist die Tendenz, den Unterhalt der Individuen von der familiären Leistungsfähigkeit abzulösen, unübersehbar. Diese Gewährung sozialrechtlicher Unterhaltsansprüche kann indes nicht ohne weiteres als „Familienauflösung" begriffen werden. Denn andererseits bleiben die sozialrechtlichen Ansprüche, insbesondere in der Sozialversicherung in vielfältigen Formen an die Familie als „Lebensform" rückgebunden. So stellt die abgeleitet – mittelbare Sicherung von Familienangehörigen (Mitversicherung) ein typisches Beispiel einer Familienprivilegierung dar. Drittens gibt es in Teilbereichen der Sozialversicherung eine Tendenz zur Monetarisierung familiärer Dienstleistungen, die ja ebenfalls darauf hinweist, daß diese Dienstleistungen nicht mehr ganz selbstverständlich sind, sondern positiver Anreize bedürfen. Zum Teil werden solche Dienstleistungen – so in der Krankenversicherung – noch als unentgeltliche vorausgesetzt.

Der oben (4.2.2) dargestellte Rückzug des Staates aus der polizei- und strafrechtlichen Sanktionierung privatrechtlicher Unterhaltsverpflichtungen ist also die Konsequenz eines Substitutionsprozesses, in dem privatrechtlicher Unterhalt immer mehr durch öffentlich-rechtliche Sozialleistungen ersetzt wird; eines Substitutionsprozesses, der zwar in mehrfacher Weise an die privatrechtlichen Strukturen rückgebunden bleibt, sie aber zugleich folgenreich unterhöhlt.

Die Gesamtentwicklung läuft auch hier auf eine tendenzielle Gleichstellung der Familienmitglieder hinaus: die familien*internen* Ungleichheiten und Abhängigkeiten von einzelnen Familienmitgliedern werden zugunsten einer umfassenden Abhängigkeit aller Familienmitglieder von familien*externen* Leistungen, seien es marktförmige Arbeitseinkommen, seien es sozialstaatliche Leistungen, abgebaut.

4.3. Zur Problematik familienbezogener Gesetzgebung: die öffentliche Inpflichtnahme von Privatheit

Die vorstehende Durchsicht der wichtigsten zivil- und sozialrechtlichen, familienrelevanten Gesetze, läßt sich grob dahin zusammenfassen, daß die

gen ausgesetzter Personenkreis (Kinder bis zum vollendeten 6. Lebensjahr) gegen Verzögerung oder Ausfall der monatlichen Unterhaltsleistungen der Eltern durch eine öffentliche Sozialleistung abgesichert. Vgl. dazu *Scholz* 1980.

Familie heute in ein weit gespanntes Netz gesetzlicher Regelungen verschiedenster Art eingebunden ist, die im Ergebnis darauf hinauslaufen, die elterlichen Erziehungsbefugnisse an normative Vorgaben und öffentliche Kontrollbefugnisse anzukoppeln und den familiären (zivilrechtlichen) Unterhalt zunehmend durch sozialrechtliche Unterhaltsleistungen zu substituieren. Unsere Analyse betraf bisher allerdings lediglich die normativen Regelungen, ihre Entwicklung und ihre Leitbilder, womit über ihre faktischen, sozialen Auswirkungen auf konkrete familiäre Lebensverhältnisse noch wenig gesagt ist. Die *soziologische* Frage nach den Wirkungen juristischer Interventionen in die familiären Lebensverhältnisse wollen wir – wie eingangs schon gesagt – hier nicht beantworten. Wir wollen lediglich versuchen, sie unter Zuhilfenahme einiger *juristischer* Kategorien zu präzisieren.

Dazu wollen wir zunächst zwischen „ausführungsbedürftigen" und „selbstexekutierenden" Rechtsnormen unterscheiden. Unter ausführungsbedürftigen Normen verstehen wir solche, die zur Hervorbringung der von ihnen angestrebten Rechtswirkung eines besonderen exekutivischen Ausführungsaktes bedürfen; unter selbstexekutierenden Normen dagegen solche, die selbst *unmittelbar* den rechtlichen Status oder die rechtlichen Kompetenzen der Normadressaten verändern. Für die sozialen Auswirkungen ausführungsbedürftiger Normen sind zunächst und vor allem Art und Umfang ihrer Inanspruchnahme von Bedeutung. Diese wiederum hängt erstens von der *Normstruktur* der infragestehenden Regelung ab. Hierbei geht es um die Frage, ob die betreffende Vorschrift dem Normadressaten einen (einklagbaren) Rechtsanspruch zuweist oder ihm bestimmte Begünstigungen nur (wie im klassischen Polizeirecht) im Wege eines „Reflexrechts" zuteil werden läßt, der Verpflichtung der Verwaltung zum Ergreifen bestimmter Maßnahmen bei Vorliegen bestimmter Voraussetzungen also keine Möglichkeit des Betroffenen entspricht, diese Maßnahmen gerichtlich zu erzwingen. Weiter ist für die Normstruktur von Bedeutung, ob und inwieweit die infragestehende Norm den Verwaltungsbehörden Ermessens- oder Beurteilungsspielräume einräumt und damit ihre Optionen gegenüber dem Betroffenen erweitert.

Die Inanspruchnahme ausführungsbedürftiger Normen wird weiter vom *Normkontext* beeinflußt. Damit sind die verwaltungsorganisatorischen und sozialen Rahmenbedingungen für die Wahrnehmung von Rechten und das Ausschöpfen von Ansprüchen gemeint. Auch dort, wo Normadressaten ein Rechtsanspruch eingeräumt wird, sind ja eine Fülle administrativer und sozialer Zugangsschwellen und Durchsetzungsschranken möglich, so daß gesetzlich vorgesehene Leistungen trotz Bestehens von Rechtsansprüchen nicht in Anspruch genommen werden. Alle einschlägigen Untersuchungen weisen darauf hin, daß z. B. in der Sozialhilfe gerade aufgrund solcher Mechanismen die Differenz zwischen Leistungs*berechtigten* und Leistungs-

empfängern erheblich ist (zuletzt *Hartmann* 1981). Drittens schließlich ist die Inanspruchnahme von ausführungsbedürftigen Normen abhängig vom Vorhandensein und dem Wirkungsgrad von Sanktions- und Kontrollinstanzen. Das schlichte Vorhandensein solcher Einrichtungen erlaubt für sich wiederum keine Aussagen über ihre Wirksamkeit, solange nicht Zugangs- und Durchsetzungschancen auch hier für die Adressaten oder unterschiedliche Gruppen von ihnen analysiert und präzisiert sind.

Für die sozialen Auswirkungen ausführungsbedürftiger Normen sind neben der Inanspruchnahme selbst auch deren Folgewirkungen bedeutsam. Hier ist allerdings zu beachten, daß es sich bei ausführungsbedürftigen Normen stets um zwei hintereinander geschaltete, unterschiedliche Typen sozialpolitischer Interventionen handelt: die gesetzliche Regelung und der auf ihr beruhende Ausführungsakt (die juristische Intervention also) bilden die Grundlage einer ökonomischen, pädagogischen oder ökologischen Intervention; die Grundlage also z. B. für Geldzahlungen an Familien (Kindergeld). Welche sozialen Auswirkungen die Geldsumme – einmal „in“ der Familie – nun tatsächlich auf deren Lebensverhältnisse hat, ob – im Beispiel – das Kindergeld tatsächlich den Kindern zugute kommt und wenn ja, in welcher Weise, ist kein Problem der Wirkungen der *juristischen* Intervention, sondern ein solches der *ökonomischen.* Insoweit hat sich die Analyse der Wirkungen der juristischen Intervention auf den Umfang und die Bedingungen der Inanspruchnahme selbst zu beschränken. Anders dagegen bei Folgen, die sich nicht aus der schlichten Tatsache ihrer Inanspruchnahme ergeben. So kann die Inanspruchnahme nicht-subsidiärer Sozialleistungen familiäre Unterhaltsansprüche zum Erlöschen bringen (*Hahn-Kemmler* 1980). Die bis heute in der Sozialhilfe enthaltenen diskriminierenden Elemente können Anspruchsberechtigte nicht nur von der Durchsetzung ihrer Ansprüche zurückhalten, sondern wirken sich – gerade bei Inanspruchnahme – auch zu ihren Lasten aus etc.

Wir wollen dieses Bedingungsgefüge möglicher sozialer Auswirkungen juristischer Interventionen im Rahmen familienbezogener Sozialpolitik an einem Beispiel verdeutlichen: § 7 Satz 2 BSHG bestimmt, daß die Sozialhilfe die Kräfte der Familie zur Selbsthilfe anregen und den Zusammenhalt der Familie festigen soll. Erste Voraussetzungen dafür, daß die Sozialhilfe diese familienfördernde Wirkung entfalten kann, ist ihre Inanspruchnahme durch die Berechtigten. Gemäß § 4 Abs. 1 BSHG besteht auf Sozialhilfe ein Rechtsanspruch, sofern die gesetzlichen Voraussetzungen ihrer Gewährung vorliegen. Das BSHG grenzt sich damit unmißverständlich gegenüber den armenpolizeilichen Traditionen älterer fürsorgerechtlicher Regelungen ab. Allerdings besteht gemäß § 4 Abs. 2 BSHG auch heute noch ein ganz erheblicher Ermessensspielraum, was Art und Umfang der Leistungen angeht. Das Gesetz selbst weist also der Verwaltung auch heute noch – trotz Einräumung von Rechtsansprüchen – eine sehr eigenständige Rolle bei der Ausgestaltung der Sozialhilfe zu.

Daß sich – trotz § 4 – in der konkreten gesetzlichen wie administrativen Ausgestaltung der Sozialhilfe bis heute eine Fülle von „Zugangsschwellen" finden, die die Inanspruchnahme von Sozialhilfeleistungen durch einen nicht unerheblichen Teil von Berechtigten verhindern, wurde wiederholt belegt. Dies bedeutet für unseren Zusammenhang, daß die Sozialhilfe ihre familienfördernde Wirkung schon deswegen nicht entfalten kann, weil der „Normkontext" verhindert, daß die Sozialhilfe einen Teil der leistungsberechtigten Familien erreicht.

Entscheidungen der Sozialhilfebehörden können vor den Verwaltungsgerichten angefochten werden, sie sind also gerichtlich überprüf- und gegebenenfalls veränderbar. Was dies für die Inanspruchnahme der Sozialhilfe letztlich bedeutet, läßt sich indes erst dann angeben, wenn Zugangsschwellen und Durchsetzungschancen im Rahmen von verwaltungsgerichtlichen Klageverfahren gerade für Sozialhilfeempfänger näher analysiert sind.

Was nun die Folgen einer Inanspruchnahme von Sozialhilfe angeht, so können die diskriminierenden Momente, die Sozialhilfe im Bewußtsein der Bevölkerung bis heute enthält, z. B. dazu führen, daß die Autorität der Eltern (durch Sozialhilfeempfang) in den Augen ihrer Kinder herabgesetzt wird oder daß die Kinder in der Schule verhöhnt werden, weil die Eltern Sozialhilfe empfangen, was alles zu nachhaltigen Spannungen in der Familie führen kann und keineswegs ihren Zusammenhalt stärkt. Die Überleitung von Unterhaltsansprüchen gemäß §§ 90f. BSHG aufgrund gewährter Sozialhilfe kann zu familiären Zerwürfnissen oder Spannungen führen. Die Nichtüberleitung gemäß § 91 andererseits, also die faktische Aufhebung der Subsidiarität, könnte das familiäre Verantwortungsbewußtsein – wiederum im Widerspruch von § 7 BSHG – gerade schwächen. So sind also eine Fülle von Folgewirkungen denkbar, die sich unmittelbar aus Struktur und Kontext der gesetzlichen Regelungen ergeben und die analysiert sein müssen, ehe sich über die Veränderungen, die juristische Interventionen in der Familie hervorrufen, genaueres sagen ließe. Nicht in unseren Zusammenhang gehört dagegen die Untersuchung der Auswirkungen bestimmter Geldsummen, persönlicher oder sachlicher Hilfen, die aufgrund der gesetzlichen Sozialhilfebestimmungen an bestimmte Familien geleistet werden; ob also z. B. die festgesetzten Regelsätze und Mehrbedarfe die ihnen in § 7 zugeschriebene Wirkung tatsächlich entfalten etc. Hierbei – darauf wiesen wir schon hin – handelt es sich um Probleme der ökonomischen, pädagogischen und ökologischen Intervention, nicht der juristischen.

Kommen wir abschließend auf die Bedeutung selbstexekutiver Normen für die sozialpolitische Steuerung der Familie zu sprechen. Solche Normen finden sich im Familienrecht des Bürgerlichen Gesetzbuches insbesondere dort, wo Prozesse familiärer Sozialisation geregelt werden. Wir wollen unterscheiden zwischen Normen, die die Rahmenbedingungen erzieherischen Handelns festlegen (z. B. die Zuweisung der elterlichen Sorge an die Eltern, § 1626 Abs. 1 BGB) und solchen, die den pädagogischen Prozeß selbst steuern sollen (z. B. die Verpflichtung auf das Leitbild einer „konsensuellen Erziehung" in § 1618a und § 1626 Abs. 2 BGB). Bei den erstgenannten beschränkt sich die juristische Intervention auf die Zuweisung von Kompetenzen. Deren pädagogische Ausfüllung bleibt – in unserem Beispiel – Sache der Eltern. Die juristische Intervention ist die Basis mehr oder minder autonom vorgestellten erzieherischen Handelns der Eltern. Bei dem letztgenannten Typus von Normen dagegen verfließen die Grenzen von Recht und Pädagogik, von juristischer und pädagogischer Intervention in eigentümlicher Weise: Das Recht wird selbst zum Instrument pädagogischer Belehrung.

Die sozialen Auswirkungen solcher Normen auf die familiären Lebensverhältnisse sind schwer abschätzbar. Zum einen wird das erzieherische Verhalten der Eltern wahrscheinlich sehr viel mehr von sozialen Umständen wie Wohnungsgröße, Familieneinkommen und Bildungsstand beeinflußt (also Faktoren, auf die die genannten Normen keinerlei Einfluß nehmen) als von der Kenntnis oder Unkenntnis gesetzlicher Erziehungsleitbilder. Zum zweiten ist die Gefahr eines rechtlichen „Selbstwiderspruchs", eines Konflikts unterschiedlicher Teile der Rechtsordnung hier besonders groß. So lassen sich aus der Rechtsprechung zur Haftung der Eltern für von ihren Kindern angerichtete Schäden im Rahmen der Aufsichtspflicht des § 832 BGB bis heute (aus haftungsrechtlicher Praktibilität womöglich plausible) eher autoritäre, auf Befehl und Gehorsam basierende Erziehungsbilder gewinnen, die zu den legislativen Leitbildern des neu geordneten Rechts der elterlichen Sorge kontrastieren (*Barabas et al.* 1975: 196ff.). Die pädagogischen Intentionen des Familienrechts geraten in Widerspruch zur deliktrechtlichen Schadensabwicklung. Damit ist zugleich das dritte hier bedeutsame Problem angesprochen: Die Auswirkungen selbstexekutierender Normen hängen ab vom Vorhandensein von Kontroll- und Sanktionseinrichtungen sowie deren Funktionsweise. Genauer gesagt: Die Konturen der erzieherischen Leitbilder selbst, um die es hier geht, ergeben sich erst aus den Inhalten, mit denen die familiengerichtliche Rechtsprechung sie füllt, nicht aus den Intentionen des Gesetzgebers selbst, der seinerseits auf die Interpretationen der Gerichte keinerlei unmittelbaren Einfluß nehmen kann. Wir haben es hier mit einem sozialpolitischen Effekt zu tun, den man als „gesellschaftliche Fremdimplementation" bezeichnen kann (*Lenhardt/Offe* 1977).

Wenn also über die konkreten Auswirkungen gesetzlich festgeschriebener pädagogischer Leitbilder schwerlich eindeutige Aussagen zu machen sind, so signalisiert deren Existenz doch tiefgreifende Umstrukturierungen der gesellschaftlichen Organisation von Erziehung. Die zu Beginn unserer Darstellung näher untersuchten Prozesse der Verrechtlichung von familiärer Erziehung sind begleitet von der Zunahme von Rechtsnormen, die auf die Steuerung pädagogischer Prozesse abzielen. Die Verrechtlichung von Erziehung geht also parallel mit einer Pädagogisierung des Rechts. Die Formalordnung des bürgerlichen Familienrechts wird mit pädagogischen Zielsetzungen gleichsam material aufgeladen. Damit verändern sich auch die Bedingungen der Kontrolle der Befolgung gesetzlicher Anordnungen. Sie wird weniger im Wege gerichtlicher Normauslegung als vielmehr im Wege fachlicher Begutachtung vollzogen. Prozessual bedeutet dies eine Aufwertung der Rolle des Sachverständigen gegenüber dem Richter. Justizförmige Verfahren stellen zunehmend nur noch den Rahmen für Auseinandersetzungen um fachliche Probleme, gegenüber denen die richterliche Tatsachenfeststellung und Normauslegung allmählich zum Beiwerk verkommt. Politisch läuft dies auf einen Wandel der Herrschaftsformen hinaus, den man als „Professionalisierung des Rechts" bezeichnen kann.

Neu an dieser Entwicklung ist *nicht* der Einbruch materialer Wertorientierungen in die Formalordnung des bürgerlichen Rechts. Generalklauseln wie § 242 BGB („Treu und Glauben") haben immer schon die Grenzstellen der juristischen Formalordnung markiert und auch im Familienrecht wurde bereits vor den jüngsten Reformen die Grenzlinie zwischen familiärer Erziehung und staatlicher Kontrolle durch eine solche Klausel gezogen: die traditionelle Mißbrauchsklausel des § 1666 BGB alter Fassung. Neu ist vielmehr die durch pädagogisierende Rechtsnormen vorangetriebene Verwissenschaftlichung und Professionalisierung familiärer Erziehung. Dieser Prozeß der Ausbreitung ökonomischer und administrativer Rationalität in lebensweltliche Bereiche läßt sich in Anlehnung an *Norbert Elias* (1977) als monopolistische „Vermachtung", als gesellschaftliche Funktionalisierung vormals „naturwüchsig" organisierter Bereiche kommunikativen Handelns verstehen. Er ist durch eine eigentümliche Ambivalenz gekennzeichnet. „Die Zweideutigkeit des reformerischen Eingriffs in die Beziehungen zwischen Eltern und Kindern, Lehrern und Schülern, zwischen Arbeitskollegen, Nachbarn usw. liegt darin, daß sie gleichzeitig eine Abkoppelung von traditional eingelebten Normen, aber eben auch von Wertorientierungen überhaupt bedeutet. Die Abkoppelung soll und kann eine Emanzipation aus verkrusteten Gewaltverhältnissen fördern, aber auf der anderen Seite bringt sie die Gefahr einer bürokratischen Austrocknung kommunikativer Beziehungen, die Gefahr einer keineswegs befreienden, sondern ertötenden Formalisierung im Kern nicht formalisierbarer Beziehungen mit sich" (*Habermas* 1979: 28). Die gesellschaftliche Funktionalisierung kommunikativer Lebenswelten – so scheint es – läuft Gefahr, nur um den Preis ihrer bürokratischen Austrocknung erkauft werden zu können. Die Ausbreitung pädagogisierender

Rechtsnormen ist eine Begleiterscheinung der Zunahme pädagogischer Interventionen in der Sozialpolitik.

In ihren konkreten sozialen Auswirkungen kaum abschätzbar und daher auch weder konsens- noch mehrheitsfähig, genügen jene wie diese kaum den Anforderungen an eine „rationale Sozialpolitik" (vgl. den Beitrag von *Gross* in diesem Band). Einigermaßen abschätzbar ist lediglich die ihnen innewohnende Tendenz zur Professionalisierung von Lebenswelt und damit zur „Enteignung" dezentraler lebensweltlicher Kompetenzen. Gegenüber allzu großem sozialpolitischem Reformeifer in Richtung auf eine weitere Verrechtlichung von Erziehung und Pädagogisierung des Rechts scheint daher Zurückhaltung geboten.

Abkürzungen

AFG	– Arbeitsförderungsgesetz
ALR	– Preußisches Allgemeines Landrecht
AN	– Amtliche Nachrichten des Reichsversicherungsamtes
BAföG	– Bundesausbildungsförderungsgesetz
BAH	– Entscheidungen des Bundesamtes für Heimatwesen
BGB	– Bürgerliches Gesetzbuch
BGBl	– Bundesgesetzblatt
BGHSt	– Entscheidungen des Bundesgerichtshofs in Strafsachen
BR/DS	– Drucksachen des Bundesrates
BSGE	– Entscheidungen des Bundessozialgerichts
BSHG	– Bundessozialhilfegesetz
BT/DS	– Drucksachen des Deutschen Bundestages
BVBl	– Bundesversorgungsblatt
BVerfG	– Bundesverfassungsgericht
BVerwG	– Bundesverwaltungsgericht
FamRZ	– Zeitschrift für das gesamte Familienrecht
FEVS	– Fürsorgerechtliche Entscheidungen der Verwaltungs- und und Sozialgerichte
JW	– Juristische Wochenschrift
KG	– Kammergericht
KLVG	– Krankenversicherungsleistungsverbesserungsgesetz
KVKG	– Krankenversicherungs-Kostendämpfungsgesetz
NJW	– Neue Juristische Wochenschrift
OKK	– Die Ortskrankenkasse
OLG	– Oberlandesgericht
PrGS	– Gesetzessammlung für die Kgl. Preußischen Staaten (ab 1907: Preußische Gesetzsammlung)
RFV	– Reichsverordnung über die Fürsorgepflicht

RGBl – Reichsgesetzblatt
RJWG – Reichsjugendwohlfahrtsgesetz
RVA – Reichsversicherungsamt
RVO – Reichsversicherungsordnung
SGb – Die Sozialgerichtsbarkeit
StGB – Strafgesetzbuch
ZBlJugR – Zentralblatt für Jugendrecht und Jugendwohlfahrt

5. Die Familie im Umverteilungsprozeß: Monetäre Leistungen für Ehegatten und Kinder

Anita B. Pfaff/Manfred Kerschreiter

5.1. Theoretische Grundlagen

5.1.1. Ökonomische Beziehungen der Familie

Zweifelsohne ist die Familie weit mehr als ein Wirtschaftssubjekt-Produzent, Konsument sowie Leistender und Empfangender im Umverteilungsprozeß. Dies sei vorausgeschickt, wenngleich sich dieser Beitrag primär mit dem ökonomischen Röntgenbild sozialer Beziehungen – der Rolle im Umverteilungsprozeß – auseinandersetzt. Umverteilung ist von zentraler Bedeutung für die Familie – zwischen den Mitgliedern der Familie selbst; direkt zwischen Familien; zwischen Familien, jedoch indirekt über intervenierende Mechanismen wie karitative, parafiskalische und fiskalische Institutionen. Die Umverteilungsfunktion erfolgt in der Form von freiwilligen (oder auch unfreiwilligen) Übertragungen – wie Transfers – von Geld, Gütern und Dienstleistungen. Ihre wirtschaftliche Bedeutung wird darin ersichtlich, daß ohne sie auch rein marktmäßige Austauschformen – in denen der für den Eigenkonsum nicht erforderliche Überschuß der Produktion gegen äquivalente Überschüsse anderer Individuen oder Familien in einem bilateralen Prozeß ausgeglichen wird – nicht denkbar wären. Denn ohne unilaterale bzw. reziproke Transfers wären die Grundeinheiten des sozialen Gefüges – Individuen und Familien – nicht überlebensfähig. Sie üben deshalb über enge ökonomische Zielsetzungen der Allokation, des Wachstums, der Stabilität und der Verteilung hinausgehende Funktionen der individuellen und sozialen Sicherung und Integration sowie der gesellschaftlichen und politischen Systemerhaltung aus.

Die Familie bzw. der private Haushalt[1] tritt im Wirtschaftskreislauf sowohl als Empfänger von Leistungen öffentlicher, parafiskalischer und anderer pri-

[1] In der ökonomischen Theorie wie auch in den meisten Statistiken über ökonomische Beziehungen tritt der Haushalt und nicht die Familie als das relevante Sub-

vater Haushalte auf; gleichzeitig stellt der private Haushalt selbst Leistungen an diese anderen Haushalte zur Verfügung. In Abbildung 1 werden diese einkommensrelevanten wirtschaftlichen Beziehungen schematisch aufgezeigt: Die Beziehungen zu den Unternehmungen, die im wesentlichen Tauschbeziehungen darstellen, sind als geschwungene Linien aufgezeichnet; die Transferströme – seien es reale oder monetäre, freiwillige oder unfreiwillige bzw. gesetzlich festgelegte – sind durch gerade Linien dargestellt.

Hierbei wird ein breiter Einkommensbegriff unterstellt, der sowohl (a) monetäre Einkommen aus der Bereitstellung von Produktionsfaktoren (z. B. Arbeit, Kapital) sowie (b) monetäre Transfers anderer Familien und Institutionen (z. B. Renten, Pensionen, Kindergeld, Unterhaltszahlungen) und (c) Realtransfers (z. B. über infrastrukturelle Einrichtungen des Bildungs- und Gesundheitswesens, Kindergärten) umfaßt.

Ein Haushalt tritt generell sowohl als Leistender an und Empfänger von einer Institution auf. Leistung und Empfang kann innerhalb einer Zeitperiode zusammentreffen (z. B. Zahlung von Krankenversicherungsbeiträgen und Empfang von Leistungen der Krankenversicherungsträger; Zahlung von Steuern und Empfang von Kindergeld) oder zu verschiedenen Zeitpunkten erfolgen (Zahlung von Rentenversicherungsbeiträgen und Rentenbezug).

Im Prinzip ließe sich für eine bestimmte Zeitperiode eine Transferbilanz eines Haushaltes erstellen: eine Gegenüberstellung von Leistungen des Haushalts und Leistungen an den Haushalt. In der Praxis ist die Erstellung einer solchen Bilanz jedoch mit großen methodischen Schwierigkeiten verbunden (vgl. Punkt 5.2. unten).

5.1.2. Struktur- und Funktionswandel

Obwohl die ökonomischen Funktionen der Familie (Produktion, Konsum, Transfer) in allen Zeitepochen vorhanden waren und weiterhin bestehen werden, hat in den letzten hundertfünfzig Jahren, vor allem aber auch in den letzten Dekaden, eine Gewichtsverlagerung zwischen einzelnen Funktionen oder Sub-Funktionen stattgefunden.

jekt wirtschaftlichen Handelns auf. Da jedoch die Großzahl der Haushalte Familienhaushalte sind, ist in vielen Fällen ein synonymer Gebrauch von Haushalt und Familie in Hinblick auf die wirtschaftlichen Beziehungen und Verhältnisse vertretbar. Außerdem entspricht auch der historische Vorläufer unseres heute dominanten Familientyps der Kernfamilie, nämlich das „Haus", eher dem Haushalt als der Familie, insofern als nicht nur ein Verband von Blutsverwandten darin erfaßt war.

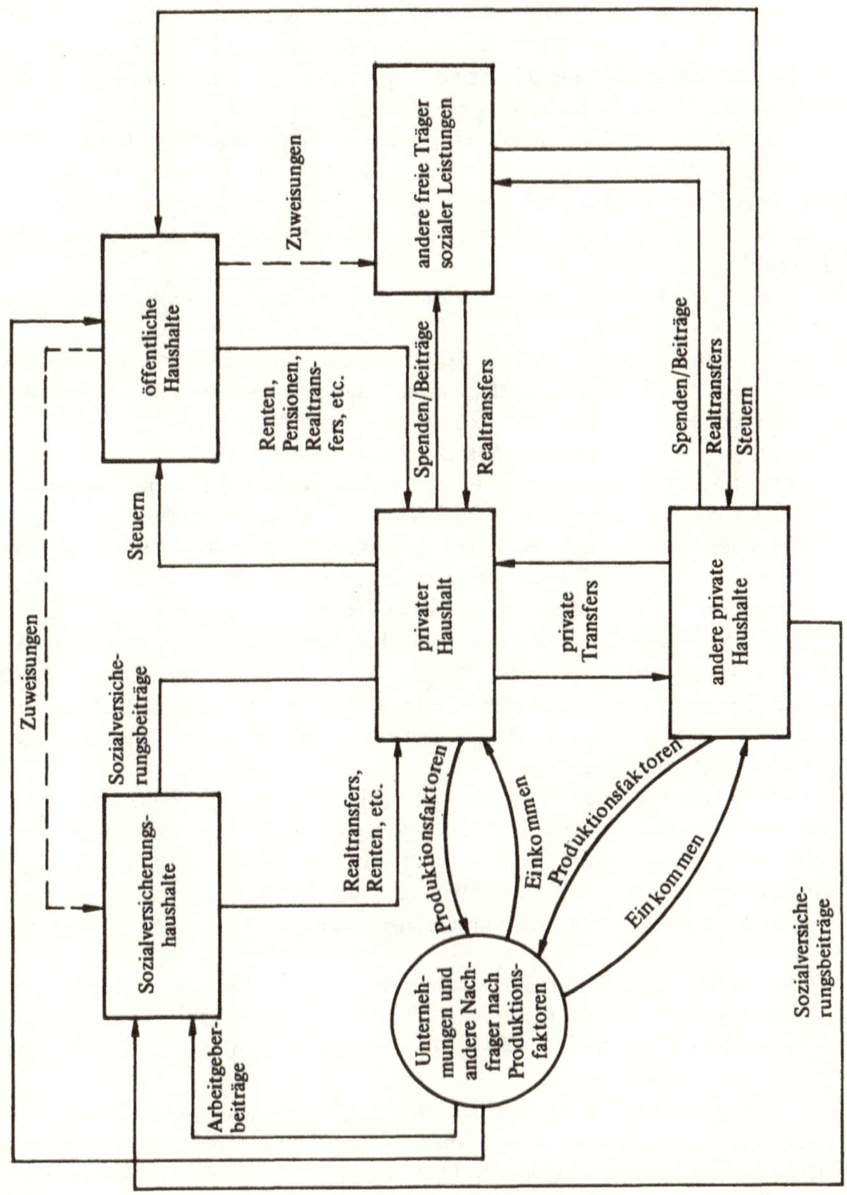
öffentliche Haushalte
andere freie Träger sozialer Leistungen
Zuweisungen
Renten, Pensionen, Realtransfers, etc.
Spenden/Beiträge
Realtransfers
Spenden/Beiträge
Realtransfers
Steuern
Steuern
privater Haushalt
private Transfers
andere private Haushalte
Steuern
Zuweisungen
Sozialversicherungsbeiträge
Sozialversicherungshaushalte
Realtransfers, Renten, etc.
Produktionsfaktoren
Einkommen
Produktionsfaktoren
Einkommen
Unternehmungen und andere Nachfrager nach Produktionsfaktoren
Arbeitgeberbeiträge
Sozialversicherungsbeiträge

Diese Veränderung wird von einem Wandel der Familienstruktur begleitet – von der Groß- zur Kleinfamilie – als Folge der industriellen Revolution, durch die fortschreitende Urbanisierung; durch die zunehmende Erwerbstätigkeit der Frau u. a. m. Sie ging Hand in Hand mit

a) einem Verlust der Funktion als private Produktionsgemeinschaft;

b) einem Wandel der Funktion der Kinder von Mitproduzenten (oder Produktionsfaktoren und „Vorsorgeinvestitionen" für das Alter) bis hin zu reinen Konkurrenten um Konsumgüter (Belastung der Realeinkommen der Haushalte);

c) einer stark marktorientierten Form der Bedürfnisbefriedigung und Produktion.

ad a): Mit der durch die industrielle Revolution bedingten Abnahme der Bedeutung des landwirtschaftlichen und des handwerklichen Sektors und dem Bedeutungszuwachs der industriellen Produktionsweise geht auch die Verlagerung der Produktion aus der Familie, dem Haus, Hand in Hand: Während die Familie vorher als Produktionsgemeinschaft von der Größe profitieren konnte – eine größere Zahl von Arbeitskräften bedeutete ein höheres Produktionspotential und damit potentiell ein größeres Realeinkommen – steht heute die Familie um so ungünstiger da, je höher ihr Anteil an Personen ist, die keiner außerhäuslichen Erwerbstätigkeit nachgehen können.

ad b): Während in vielen Familien früher Kinder eher eine Erhöhung des Produktionspotentials bedeutet haben, so sind sie heute, bedingt durch rechtliche und arbeitsorganisatorische Umstände (vgl. den Beitrag von *Sachße/Tennstedt* in diesem Band), fast nur als Konsumenten an dem realen Familieneinkommen beteiligt.

Damit stellen Kinder finanziell eine Belastung des Haushalts dar („konkurrierende Konsumenten") ohne zugleich einen Beitrag zum realen oder monetären Einkommen zu leisten. Denn nur wer Produktionsfaktoren anbietet oder Produziertes am Markt verkauft, kann das monetäre Familienbudget erhöhen – in der Kleinfamilie also allenfalls erwachsene Männer und Frauen.

Die Belastung der Familie wird auch dadurch erhöht, daß kinderlosen Alleinstehenden und Verheirateten der Eintritt ins Erwerbsleben wesentlich leichter fällt als alleinerziehenden Elternteilen oder beiden Elternteilen bei vollständigen Familien.

Vor der Schaffung öffentlicher Alterssicherungsprogramme durch den Staat wurde der Unterhalt nicht mehr erwerbsfähiger Eltern zunächst ausschließlich und später überwiegend von ihren Kindern geleistet. Kinder stellten somit eine „Investition" in die eigene Alterssicherung dar. Denn die Erziehung der Kinder begründete einen „bilateralen Generationsvertrag", der von den Eltern im Alter und bei Erwerbsunfähigkeit eingelöst werden konnte. Seit Beginn dieses Jahrhunderts hat eine gravierende strukturelle

Veränderung von den privaten zu den öffentlichen Transfers hin stattgefunden. Der Generationenvertrag hat sich somit aus einem bilateralen in einen multilateralen verwandelt. Das Netz der sozialen Sicherung bei Krankheit, Alter und Erwerbsunfähigkeit sowie auch Arbeitslosigkeit hat bewirkt, daß die eigenen Kinder für den Unterhalt der Eltern in aller Regel nicht direkt in Anspruch genommen werden. Gleichzeitig ist dieses Netz der sozialen Sicherheit – was die monetären Leistungen betrifft – heute so gestaltet, daß den, der keine Kinder aufzuziehen hat und dem damit eine Erwerbstätigkeit eher ermöglicht ist, sogar eine bessere monetäre Sicherung als den Kindererziehenden erwartet. Die Entwicklung zum multilateralen Vertrag führte auch zu einer verengten Konzentration auf finanzielle Ströme. Sie ließ außer acht, daß die Elterngeneration als Teil ihrer Leistung auch die Erziehungsleistung für eine entsprechende Zahl von Personen der nächsten Generation erbringen muß, d. h. eine Dreigenerationsbetrachtung erforderlich ist (vgl. *Dreier* 1965 und *Dinkel* 1981: 101ff.). Die relativen Nachteile der Kindererziehung treffen vor allem die Elternteile, die im Interesse der Kindererziehung und Haushaltsführung auf eine Erwerbstätigkeit verzichten. Dies sind meist die Mütter. Sie haben keine Sicherung bei Invalidität und eine qualitativ schlechtere Sicherung im Alter und bei Krankheit.

ad c): Die Auslagerung der Produktion aus der familialen Gemeinschaft bedeutet gleichzeitig, daß die Befriedigung ökonomischer Bedürfnisse vor allem mit Gütern erfolgt, die individuell am Markt erworben werden. Daraus folgt, daß die wirtschaftliche Verfügungsmacht positiv von der Zahl der außerhäuslich Erwerbstätigen, die monetäres Einkommen beitragen, beeinflußt wird. (Von den Einkünften aus Vermögen sei hier wegen der relativ geringen Bedeutung für den Unterhalt der meisten Familien abgesehen.)

Dieser Wandel steht in enger Beziehung mit der Entwicklung des gesamtwirtschaftlichen Umverteilungsprozesses. Die Großfamilie war nicht nur Produktions- sondern auch Umverteilungsgemeinschaft. Sie konnte noch über intrafamiliale Transfers einen großen Teil der Sicherungsfunktionen wahrnehmen – von der Krankheit bis hin zur Invalidität und Alterssicherung. In der Klein- und Kleinstfamilie ist dies nicht länger möglich: Hier müssen direkte und indirekte interfamiliale Transfers diese Sicherungsfunktionen übernehmen bzw. unterstützen. Diese Veränderung hat insbesondere Auswirkungen auf die Lastenverteilung zwischen Familien mit und ohne Kinder.

5.1.3. Zur Funktion des Familienlastenausgleichs im Umverteilungsprozeß

Der Familienlastenausgleich hat die Funktion, die einseitige Belastung der Familien mit (mehr) Kindern durch Transfers von Familien ohne (mit weniger) Kinder(n) auszugleichen. Er soll verhindern, daß eine weitgehende

„Sozialisierung der Nutzen“ und „Privatisierung der Kosten“ der Kinder erfolgt. Nach der heutigen rechtlichen Ausgestaltung der monetären und realen Leistungen für Familien wird ein voller Ausgleich der Belastungen für Kinder jedoch nicht gewährt (dies trifft auch für Sozialhilfeempfänger zu). Auch wird bei Unmöglichkeit einer Arbeitsaufnahme (z. B. bei alleinstehenden Müttern) der Verdienstentgang (monetäre Opportunitätskosten) nicht entschädigt.

Die Familientransfers sind vielmehr so bemessen, daß sie in der Regel wohl einen partiellen, aber keinen totalen Ausgleich für die durch das Vorhandensein von Kindern anfallenden ökonomischen Belastungen der Familie darstellen.

Wichtige Formen des Ausgleichs finden sich auch in der gezielten Bereitstellung von infrastrukturellen Einrichtungen („Realtransfers“) für Kinder, wie Kindergärten, Schulen, Freizeiteinrichtungen und spezifischen Gesundheitsleistungen. Diese Realtransfers weisen mitunter starke Substitutionsbeziehungen zu monetären Transfers auf.

Als Ausgleich für Belastungen stellen Familientransfers zum einen eine Umverteilung intertemporaler Art dar (*Molitor* 1976: 185). Darüberhinaus ist jedoch auch das Element der interpersonellen oder interfamilialen Umverteilung zu beachten (vgl. 5.2.). In dem Maße, in dem Verheiratete oder Familien mit Kindern Transfers erhalten oder mehr Transfers erhalten als Ledige oder Familien ohne oder mit weniger Kindern, tritt eine Umverteilung von den letzteren zugunsten der ersteren ein. Bei einer umfassenden Betrachtung des Generationenvertrages und der Umverteilungsvolumina tritt allerdings ein anderes Umverteilungsergebnis auf: Die nachwachsende Generation garantiert den Unterhalt der Elterngeneration. Nur zu einem geringen Teil tragen die Kinderlosen dieser Generation über Familientransfers zum Unterhalt der Kinder bei (Wissenschaftlicher Beirat für Familienfragen 1979: 102). Allenfalls leisten sie etwas mehr für den Unterhalt ihrer Elterngeneration als die Familien mit Kindern. So betrachtet zeigt sich aber eher eine ökonomische Begünstigung von Kinderlosen oder von Personen mit weniger Kindern.

5.2. Die empirische Erfassung familialer Leistungen

5.2.1. Methodische Probleme der Realtransfer- und Periodenbetrachtung

Bei der empirischen Erfassung familialer Transfers stellt sich eine Fülle konzeptioneller und methodischer Probleme:

a) bei der Zurechnung, Bewertung und Inzidenz von *Realtransfers;*

b) bei der *Perioden-* vs. *Lebenszeitbetrachtung.*

ad a): Im Gegensatz zu den monetären Transfers, deren Höhe und (formale) Inzidenz relativ genau ermittelt werden können, stellen sich bei den Realtransfers Probleme vor allem

- der Zurechnung
- der Bewertung und
- der Inzidenz.

Zunächst zum Problem der *Zurechnung* von Realtransfers: Sind die Nutzen bzw. die Kosten eines Realtransfers jedem Haushalt, jeder Person gleichermaßen zuzurechnen unter der Annahme, daß es sich um öffentliche Güter handle? Jedoch wird erkannt, daß unterschiedliche Nutzung solcher Angebote vorliegen, weil nicht nur objektiv sondern auch subjektiv empfundene Nutzungsbarrieren bei der Inanspruchnahme von Realtransfers zur Geltung kommen (*Pfaff, M. et al.* 1975, *Asam* 1978, *Skarpelis-Sperk* 1978, vgl. auch den Beitrag von *Herlth* in diesem Band und den Verweis auf *Kaufmann et al.* 1980).

Eine *Bewertung* analog der Marktpreisbildung kann für öffentliche oder von Trägern der freien Wohlfahrt bereitgestellte Transfers nicht erfolgen, da kein „Marktpreis" für entsprechende Leistungen existiert. Eine monetäre Bewertung kann somit nur inputbezogen, d. h. kostenbezogen erfolgen. In empirischen Untersuchungen wird häufig auf die Bewertung durch Ausgaben zurückgegriffen (vgl. *Mackscheidt* 1976: 67, *Inifes* 1977: 53 ff., *Asam* 1978, *Inifes* 1979). Dieser Bewertungsansatz kann aufgrund verschiedener Ursachen kritisert werden (vgl. *Inifes* 1979: 12 f.), die sowohl in den ökonomischen Kosten der Realtransfers wie auch in ihrer Relation zum monetären Einkommen der Haushalte gelegen sind.

Neben dem Problem der Bewertung wird die *Inzidenz* von Realtransfers (was Überwälzungsvorgänge betrifft) als untergeordnet angesehen (*Mackscheidt* 1976: 60, *Hanusch* 1976: 139). So lang eine Inzidenz auf Familien-, nicht Personenebene untersucht wird, scheint dieses Vorgehen akzeptabel.

ad b): Eine sehr wesentliche Komponente des Umverteilungsprozesses, nämlich die spezifische Rolle der Stellung im Lebenszyklus, muß in einer Periodenbetrachtung verloren gehen. Gerade aber Familientransferprozesse beinhalten Elemente der intertemporalen Umverteilung im Lebenszyklus. Betrachtet man die Familie als relevante Bezugseinheit, so ist zunächst der alleinstehende Ledige oder Geschiedene nicht Empfänger von Familientransfers. Mit der Eheschließung werden der Familie gewisse Transfers eröffnet (z. B. Ehegattensplitting im Steuerrecht, unentgeltliche Mitversicherung nicht erwerbstätiger Ehegatten in der gesetzlichen Krankenversicherung). Sobald in der Familie Kinder vorhanden sind, steigen diese Transfers je nach Zahl, Alter und Ausbildungsstatus der Kinder, um nach deren Ausscheiden aus dem Elternhaushalt wieder abzunehmen. Nach dem Tod eines unterhaltspflichtigen Ehegatten nimmt in aller Regel aufgrund der Hinterbliebenenrenten das Transfervolumen wiederum zu. Überlebt hingegen ein Unterhaltspflichtiger, fallen nach einer Übergangszeit die Familientransfers für Ehegatten meist zur Gänze weg. Dieser temporale Aspekt der *Umverteilung im Lebenszyklus* reflektiert sich innerhalb einer Zeitperiode als *horizontale Umverteilung* zwischen Familientypen, d. h. Ledigen und Verwitweten, Verheirateten, Kinderlosen und Familien mit Kindern, Familien mit weniger oder mehr Kindern. Ob eine Familie in ihrer Nettoposition (empfangene Transferleistungen minus eigenem Finanzierungsanteil an den Transfers) Geber oder Empfänger von Transfers ist, läßt sich a priori nur schwer sagen. Auch Empfänger von Transfers tragen durch ihre eigene Steuerleistung und Beitragsleistung zur Finanzierung von Transfers bei. Dies geschieht nicht nur über die Anteile an Lohn- und Einkommensteuer, sondern auch die von Familien getragenen Anteile der Mehrwertsteuer bzw. aller anderen Steuern (vgl. Abb. 1, S. 133).

Wie hoch die Anteile von Steuern und Transfers bei einzelnen Familientypen (bzw. in einzelnen Lebensphasen) ausfallen, hängt jedoch auch sehr wesentlich von der Einkommensposition einer Familie bzw. *vertikalen Umverteilung,* d. h. der Umverteilung zwischen verschiedenen Einkommensgruppen ab. Manche Abgaben steigen bei gegebenem Familienstand und Kinderzahl mit dem Einkommen absolut und relativ (z. B. Einkommensteuer); andere steigen absolut aber nicht relativ (z. B. Mehrwertsteuerbelastung – vgl. *Pfaff, M./Dennerlein* 1979, *Dennerlein* 1979); andere sind in bestimmten Bereichen proportional zum Einkommen (z. B. Sozialversicherungsbeiträge bis zur Bemessungsgrenze). Manche Transfers sind einkommensunabhängig (z. B. Kindergeld), andere steigen mit dem Einkommen (z. B. Steuerersparnis durch Splitting), und andere sinken mit steigendem Einkommen und fallen über bestimmten Grenzen gänzlich weg (z. B. Wohngeld). (Zum Versuch, Umverteilungseffekte bei verschiedenen Haushaltstypen zu berechnen vgl. *Inifes* 1977 und *Karrenberg et al.* 1980).

Mit noch größeren Unwägbarkeiten ist beim Versuch zu rechnen, die Nettoposition im intertemporalen Umverteilungsprozeß zu bestimmen. Ist eine Person – und in dieser Betrachtung kann es nur um die Person und nicht um die Familie gehen – im Laufe ihres Lebens ein Nettotransferempfänger (d. h. leistet sie mehr Transfers als sie bekommt) oder ist sie Nettotransfergeber (d. h. sie bekommt mehr als sie leistet).

Dem Konzept nach sind verschiedene Ansätze denkbar. Entweder könnte historisch untersucht werden, wieviel eine Person in der Vergangenheit geleistet und empfangen hat. In einem so gebildeten Saldo spiegeln sich vor allem aber auch generelle Bedingungen wie wirtschaftliches Wachstum, Leistungsrecht, historische Ereignisse (Kriege, ausgeprägte Krisen) aber auch der Wandel von Wertvorstellungen und der Struktur der Transferökonomie (Verlagerung von privaten Aufgaben auf größere Solidargemeinschaften) wider.

Eine Erfassung, beschränkt auf die über öffentliche und parafiskalische Haushalte laufenden Transfers, würde in der Regel dazu führen, daß der Transferempfang bei den heute älteren Menschen größer ist als ihre Finanzierungsleistung. Vergleiche interpersoneller Natur sind deshalb nur innerhalb von Geburtskohorten sinnvoll, weil nur für sie die gleichen sozial-kulturellen, politisch-rechtlichen und gesamtwirtschaftlichen Rahmenbedingungen Geltung haben.

Alternativ können „synthetische" Lebensverläufe untersucht werden, indem die Bedingungen eines Zeitpunktes für verschiedene Lebensphasen oder Lebensalter so aneinandergereiht werden, als wären sie hintereinander aufgetreten. So ermittelte Transfersalden beschreiben die Umverteilungseigenschaften des Systems in einem Zeitpunkt, nicht jedoch die tatsächliche Situation einzelner Personen oder Gruppen. (Eine Anwendung dieser Methode auf den Bildungsbereich findet sich in *Fuchs* 1976, *Pfaff, M./Fuchs/Kohler* 1977.)

Schließlich können Lebensläufe bzw. daraus abgeleitete Transferverläufe modellhaft konstruiert werden, indem ein Populationsquerschnitt einer Periode fortgeschrieben wird. Dabei können für die historische Entwicklung im wirtschaftlichen und politischen Bereich verschiedene Szenarien angewandt werden (z. B. das Modell *Dynasim* des Urban Institute, Washington, D. C.).

Unabhängig vom Ansatz sind bei der Lebensverlaufbetrachtung verschiedene konzeptionelle Probleme zu bewältigen, wie z. B. die Diskontierung von Transfer- und Leistungsströmen, auf die hier nicht näher eingegangen werden kann.

Die konzeptionellen und methodischen Probleme veranlassen uns zur folgenden Vorgehensweise:

a) Realtransfers werden in der weiteren Behandlung ausgeklammert, da sie eine umfassende eigenständige Analyse erfordern. (Siehe dazu auch den Beitrag von *Herlth* in diesem Band).

b) Es wird zwar im folgenden eine Periodenbetrachtung gewählt. Jedoch sollte bei den vorgestellten Ergebnissen immer beachtet werden, daß eine Lebenszeitbetrachtung wichtige zusätzliche Einsichten in die Umverteilungsfunktion familialer Transfers gewähren kann.

5.2.2. Übersicht über die familialen Transfers

Die wichtigsten Arten von monetären familialen Leistungen sind in Übersicht 1 zusammengefaßt. Hierbei wird von einer im funktionalen Sozialbudget gehandhabten Abgrenzung abgewichen. Es werden auch Leistungen zugunsten von Familien erfaßt, die dort anderen Funktionen zugeordnet werden. Wir unterscheiden hierbei Leistungen an bzw. für Ehegatten, Leistungen an bzw. für Kinder und andere familienmodifizierte Leistungen. Unter Ehegattenleistungen werden Maßnahmen erfaßt, die an Ehepartnern oder an Hinterbliebene gewährt werden und zur Entlastung der gemeinsamen Lebenshaltung bzw. als Unterhaltsersatz dienen sollen. Das Vorhandensein von bzw. die Sorge für Kinder wird bei diesen Maßnahmen nicht verlangt. (Ausnahme: Rente wegen Kindererziehung).

Übersicht 1: Familiale Transferleistungen (Stand 1980/81)

Leistungsgewährung / Art der Leistung	Berechtigten-Empfängerkreis Leistungskriterien	Höhe des Transfers im Einzelfall	Organisatorische Abwicklung	Zielvorstellung
I. Leistungen an Ehegatten				
Splitting nach dem Einkommensteuergesetz	Ehepaare, Witwen oder Witwer (bis 2 Jahre nach dem Tod des Ehegatten)	Steuerersparnis bis 13.644 DM p.a. je nach zu versteuernden Einkommen	– Transfer wird durch Finanzämter als Steuerermäßigung bei Arbeitnehmern mit Steuklasse III (/V) oder/und – als Rückerstattung bei Lohnsteuerjahresausgleich bzw. Einkommensteuererklärung im darauffolgenden Jahr gewährt	– Berücksichtigung verminderter steuerlicher Leistungsfähigkeit von Verheirateten gegenüber Alleinstehenden
Witwenrenten der gesetzlichen Rentenversicherung	Witwen (Rentenberechtigte) der sozialen Rentenversicherung sowie von Sondersystemen[1])	60 v.H. der Berufsunfähigkeitsrente des Versicherten (kleine Witwenrente – wenn Witwe noch nicht 45 Jahre ist oder kein waisenrentenberechtigtes Kind hat). 60 v. H. der Erwerbsunfähigkeitsrente (große Witwenrente), wenn Witwe mehr als 45 Jahre ist, oder berufs- oder erwerbsunfähig ist oder ein waisenrentenberechtigtes Kind erzieht oder für ein Kind mit körperlichen oder geistigen Gebrechen sorgt.	Systeme der Arbeiterrenten-, Angestellten- und knappschaftlichen Rentenversicherung, Sondersysteme für Rentenversicherung der Handwerker[2]), Landwirte[3]), freie Berufe[4]). Regelmäßige jährliche Anpassung	Sicherung eines angemessenen und beitrag- bzw. einkommensäquivalenten Lebensunterhaltes im Alter (Unterhaltsersatz)
Witwenpensionen	Witwen von Beamten (gleiche Regelung für Witwer von Beamtinnen)	60 v. H. des verdienten Ruhegehalts bei Beamtenwitwen[5])	Beamtenversorgung	dto.
Hinterbliebenenrenten der Unfallversicherung	Hinterbliebene von durch Unfall oder Berufskrankheit Verstorbener	30 - 40 v. H. des Jahresarbeitsverdienstes des Verstorbenen	Rentenantrag beim Unfallversicherungsträger	Unterhaltsersatz
Witwenrenten der Kriegsopferversorgung (10 Anp. G. KOV)	Witwen von Kriegsopfern	Grundrente 420 DM p. M. (1980)	Staatliche Versorgungsämter	dto.

Leistungsgewährung / Art der Leistung	Berechtigten-Empfängerkreis Leistungskriterien	Höhe des Transfers im Einzelfall	Organisatorische Abwicklung	Zielvorstellung
II. Leistungen an Kindern				
Mutterschaftsgeld	Werdende krankenversicherte Mütter in einem Arbeitsverhältnis. Zahlung des Mutterschaftsgeldes: 6 Wochen vor (Kannbestimmung) bis 8 Wochen nach der Geburt, bei Früh- und Mehrlingsgeburten bis 12 Wochen nach der Geburt eines Kindes	3,5 DM - 25 DM p.T., bei höherem Nettoarbeitgeld zahlt der Arbeitgeber den Differenzbetrag	Beantragung bei der eigenen Krankenversicherung	Schutz der Mutterschaft
	Mittversicherte Familienangehörige bzw. Versicherte ohne Ansprüche auf Krankengeld erhalten das M.G. als einmalige Leistungen in Höhe von 35,– DM bzw. 150,– DM	einmaliger Betrag in Höhe von 150,– DM		
	Mutterschaftsgeld im Rahmen des Mutterschaftsurlaubes (vom 3. - 6. Monat nach der Geburt des Kindes) an Arbeitnehmerinnen	Durchschnittliches Nettoeinkommen der letzten drei Monate, bis maximal 750 DM p.M.		
Mutterschaftsurlaub	Seit 1.7.1979 besteht zusätzlich zu den Mutterschutzfristen Anspruch auf viermonatigen Mutterschaftsurlaub. Für diese Zeit besteht – Kündigungsschutz (sowie für zwei weitere Monate) – Anspruch auf Mutterschaftsgeld in Höhe ihres bisherigen Nettolohns bis zu maximal 750 DM/Monat (abgabefrei) – beitragsfreie Weiterversicherung in der Renten- und Krankenversicherung sowie bei der Bundesanstalt für Arbeit			
Kindergeld nach dem Bundeskindergeldgesetz	Eltern von Kindern – bis zum 18. Lebensjahr – bis zum 23. Lebensjahr, wenn die Kinder nach dem Schulabgang keinen Arbeitsplatz finden oder eine Berufsausbildung nicht begonnen werden kann – bis zum 27. Lebensjahr, wenn sie sich in Schul- oder Be-	50,– DM für das 1. Kind 100,– DM für das 2. Kind 200,– DM für jedes weitere Kind (1980) ab 1.2.1981 50.– DM für das 1. Kind 120,– DM für das 2. Kind 240,– DM für jedes weitere Kind	Gewährung auf Antragstellung zuständig: Kindergeldkassen der Arbeitsämter zweimonatliche Auszahlung unregelmäßige Anpassung an wirtschaftliche Entwicklung im Abstand von ca. 2 Jahren	– Minderung der Unterhaltskosten von Kindern – kein voller Lastenausgleich angestrebt – durch Ausgestaltung der Transferzahlungen Förderung großer Familien

Leistungsgewährung / Art der Leistung	Berechtigten-Empfängerkreis Leistungskriterien	Höhe des Transfers im Einzelfall	Organisatorische Abwicklung	Zielvorstellung
	rufsausbildung befinden: wenn ein Kind als einzige Hilfe des Haushaltsführenden in einem Haushalt mit mindestens vier weiteren Kindern tätig ist: wenn ein Kind anstelle des länger als 90 Tage arbeitsunfähigen Haushaltsführenden den Haushalt führt und diesem Haushalt ein weiteres Kind angehört – über das 27. Lebensjahr hinaus, wenn sie sich noch in Ausbildung befinden und Wehr-, Polizeivollzugs- oder Entwicklungsdienst geleistet haben – unbegrenzt bei unverheirateten körperlich und geistig behinderten Kindern Kindergeld ist unabhängig vom Einkommen der Eltern und Alter der Kinder. Die gleichen Beträge erhalten ausländische Arbeitnehmer aus der EG, die im Bundesgebiet beschäftigt sind. Für Kinder von Eltern aus Griechenland, Jugoslawien, Portugal, Spanien und Türkei, die nicht mit den Eltern im Bundesgebiet leben, werden niedrigere Kindergeldsätze gezahlt. Bezieher von Kinderzuschüssen oder Kinderzulagen können nicht gleichzeitig Kindergeld in Anspruch nehmen!			
Kinderzuschüsse	Rentenempfänger mit Kindern (der Arbeiter-Angestellten- und Knappschaftlichen Rentenversicherung)	ARV, AnRV: 152,90 DM p.M. KnRV: (1980) 154,50 p.M. 240,– (Kindergeld) ab dem 3. Kind, wenn Bezieher im Inland lebt	Berücksichtigung bei Stellung des Rentenantrags	Entlastung von Kinderkosten
Kinderzulagen	Rentenempfänger der Unfallversicherung mit Kindern	10 v.H. der UV-Rente pro Kind, mind. Höhe des Kindergeldes	dto.	dto.

Leistungsgewährung / Art der Leistung	Berechtigten-Empfängerkreis Leistungskriterien	Höhe des Transfers im Einzelfall	Organisatorische Abwicklung	Zielvorstellung
Kinderbetreuungsfreibetrag	Alleinstehende mit Kindern oder Verheiratete mit Kindern Abzugsbeträge: – bei Kinderbetreuung A: max. 600,– DM p.a. EmK: max. 1.200,–DM DM p.a. für jedes Kind unter 18 Jahren – bei Beschäftigung einer Hausgehilfin 1.200,– DM p.a., wenn Beschäftigung der Hausgehilfin wegen Krankheit oder Behinderung des Steuerpflichtigen, seines Ehegatten oder seines Kindes erforderlich ist.	Steuerersparnis bis 672 DM p.a. je nach zu versteuerndem Einkommen	Steuererstattung bei Einkommensteuerklärung oder Lohnsteuerjahresgleich	zusätzliche steuerliche Entlastung der Kinderbetreuung
Kinderfreibeträge bei der Vermögensteuer (§ 6 VStG 1980)	Freibetrag pro Kind 70 000,– DM	Steuerersparnis bis 350 DM p.a. und Kind je nach Höhe des Vermögens	Steuerminderung bei Vermögensteuererklärung	Erleichterung der Vermögensbildung bei Steuerpflichtigen mit Kindern
Waisenrenten	Waisen von Versicherten der Gesetzlichen Rentenversicherung		Rentenantrag bei der Gesetzlichen Rentenversicherung	Unterhaltsersatz für Waisen
	Waisen von Unfall-Verstorbenen	20 v.H. (Halbwaisen), 30 v.H. (Vollwaisen) des Arbeitsverdienstes des Verstorbenen	Rentenantrag bei der zuständigen Unfallversicherung	dto.
	Waisen von Kriegsbeschädigten	118,– DM (Halbwaisen) 222,– DM (Vollwaisen)	Rentenantrag bei den zuständigen Versorgungsämtern	dto.

Leistungsgewährung / Art der Leistung	Berechtigten-Empfängerkreis Leistungskriterien	Höhe des Transfers im Einzelfall	Organisatorische Abwicklung	Zielvorstellung
Bundesausbildungsförderungs-Gesetz (BAFöG) 1979	Schüler von weiterführenden allgemeinbildenden Schulen und Fachoberschulen ab Klasse 11, bei auswärtiger Unterbringung oder beim Besuch einer Berufsfachschule einschl. der Klassen aller Formen der beruflichen Grundbildung ab Klasse 10, Schüler von Abendhauptschulen-, Berufsaufbauschulen und Abendrealschulen, Studenten an Fachschulen, Abendgymnasien und Kollegs sowie an Höheren Fachschulen, Akademien und Hochschulen. Die Förderung erfolgt in Abhängigkeit vom Schul-/Hochschultyp, Berufsausbildung, Unterbringung (zu Hause oder auswärts), vom Einkommen des Studenten und seines Ehegatten, vom Einkommen der Eltern sowie dem Familientyp.	Schüler: bis 260 DM p.M. Studenten: bis 620 DM p.M. (Darlehensanteil der Förderung bei Studenten 130 bzw. 150 DM) Schüler nach Berufsausbildungsabschluß: bis 560,– DM ab 1982: 7. Bafög-Änderungsgesetz 270,– p.M. 660,– p.M. sowie Änderung des anrechenbaren Einkommens	Antragstellung erforderlich zuständig: Ämter für Ausbildungsförderung bei den Städten und Landkreisen (Schüler) bzw. Studentenwerken (Studenten) Darlehensanteile der Förderung werden durch Bundesverwaltungsamt verwaltet	Kindern aus wirtschaftlich und sozial schlechter gestellten Familien eine Ausbildung zu ermöglichen
Ausbildungsfreibeträge (§ 33a II EStG 1980)	Steuerpflichtige mit Kindern Ausbildungsfreibetrag pro Kind in Berufsausbildung – 18 Jahre: 1.800 DM p.a. bei auswärtiger Unterbringung – über 18 Jahre, zu Hause: 2.400 DM p.a. – über 18 Jahre, auswärtig untergebracht: 4.200 DM p.a. Auf die Ausbildungsfreibeträge wird das Einkommen des Kindes über 2.400 DM p.a. (inclusive BAFöG-Zuschüsse) angerechnet	Steuerersparnis bis 2.688 DM p.a. je nach zu versteuerndem Einkommen	Steuererstattung durch Einkommensteuererklärung oder Lohnsteuerjahresausgleich bzw. Steuerminderung durch Eintragung als Freibetrag bei Lohnsteuerpflichtigen	Steuerentlastung von Eltern mit Kindern in Berufsausbildung
III. Familienmodifizierte Leistungen – Steuervergünstigungen allgemeiner Tariffreibetrag	Steuerpflichtige Alleinstehende: 510,– DM p.a. Verheiratete: 1.020,– DM p.a.	Steuerersparnis bis 571,20 DM p.a. je nach zu versteuerndem Einkommen	Steuererstattung bei Einkommensteuererklärung oder Lohnsteuerjahresausgleich. Bei Lohnsteuer beim Abzugsverfahren berücksichtigt.	Zusätzliche Entlastung zum in den Steuertarif eingearbeiteten Grundfreibetrag von 3.690 DM (7.380 DM)

Art der Leistung / Leistungsgewährung	Berechtigten-Empfängerkreis Leistungskriterien	Höhe des Transfers im Einzelfall	Organisatorische Abwicklung	Zielvorstellung
Haushaltsfreibeträge (§ 32 III EStG)	Steuerpflichtige über 49 Jahre – Haushaltsfreibetrag 840,- DM, Steuerpflichtige mit mind. einem Kind – Haushaltsfreibetrag 3.000 DM, wenn keine Splitting-Veranlagung erfolgen kann und keine getrennte Veranlagung erfolgt.	Steuerersparnis bis 1.600 DM p.a. je nach zu versteuerndem Einkommen	Steuerentlastung durch Einkommensteuererklärung oder Lohnsteuerjahresausgleich	Entlastung von Alleinstehenden mit Kindern
Vorsorgepauschale (§ 10c EStG 1980)	Arbeitnehmer 18 v.H. des Arbeitslohns Höchstgrenzen A: 3.150 DM p.a. E: 6.300 DM p.a. AmK EmK: A, E +: 900 DM je Kind Obergrenze für alle: 18 v.H. der RV-Jahresbeitragsbemessungsgrenze (1981: 9480 DM gerundet), durch 30 teilbar) Mindestbetrag A: 300 DM p.a. E: 600 DM p.a.	Steuerersparnis bis 5.073,60 DM p.a. je nach Einkommenshöhe und Kinderzahl	Steuerminderung: wird bei Lohnsteuerberechnung des Arbeitgebers berücksichtigt	Entlastung der Sozialabgaben von Lohnsteuer Vereinfachung des Sonderausgabeabzugs bei Arbeitnehmern
Sonderausgaben	Steuerpflichtige mit Vorsorgeleistung (Versicherungen, Bausparleistungen) Mindestabzugsbeträge A: 240,– DM p.a. E: 480,– DM p.a. Grundhöchstbetrag A: 2.100,– DM p.a. E: 4.200,– DM p.a. AmK, EmK: A, E + 600,– DM p.a. je Kind Versicherungshöchstbetrag A: 2.500,– DM p.a. E. 5.000,– DM p.a. Zusatzhöchstbetrag A: 1.050,– DM p.a. E: 2.100,– DM p.a. AmK, EmK: A, E + 300,– je Kind nur zu 50 v.H.	Steuerersparnis bis 5.740,– DM p.a. 420 DM p.a. je Kind je nach Höhe des zu versteuernden Einkommens	Steuer Einkommensteuererklärung bzw. Lohnsteuerjahresausgleich	Steuerentlastung bei Vorsorgemaßnahmen

Leistungsgewährung / Art der Leistung	Berechtigten-Empfängerkreis Leistungskriterien	Höhe des Transfers im Einzelfall	Organisatorische Abwicklung	Zielvorstellung
Unterhalts-Leistungen	Steuerpflichtige mit Unterhaltsleistungen an geschiedene Ehegatten max. abzugsfähig 9.000 DM p.a.	Steuerersparnis bis 5.040 DM p.a. je nach Höhe der Unterhaltszahlung und des zu versteuernden Einkommens	dto.	Steuerentlastung bei Unterhaltszahlungen
Steuerbegünstigtes Bausparen (§ 10 IV, V EStG)	Steuerpflichtige Maximale Beträge zur vollen Absetzung p.a. (1980) Alleinstehende: 2.100,– DM Verheiratete: 4.200,– DM Erhöhung pro Kind 600,– DM zusätzliche Höchstbeiträge zur 50% Absetzung Alleinstehende: 1.050,– DM Verheiratete: 2.100,– DM Erhöhungsbetrag pro Kind 300,– DM nach vier Jahren: zusätzliche Beschränkund der Beträge auf das Eineinhalbfache der durchschnittlichen Jahresbeiträge der ersten vier Jahre	Steuerersparnis bis 2.688,– DM p.a. je nach zu versteuerndem Einkommen	Im Rahmen einer Einkommensteuererklärung oder eines Lohnsteuerjahresausgleichs als Sonderausgaben absetzbar	Förderung des Wohnungs- bzw. Hauseigentums
Außergewöhnliche Belastungen (§ 33 EStG 1980)	Steuerpflichtige Absetzungsfähig sind Belastungen, die bei Alleinstehenden 5 - 7 v.H. Ehepaaren 4 - 6 v.H. Steuerpflichtigen mit bis zu 2 Kindern 2 - 4 v.H. ab 3 Kindern 1 - 2 v.H. des Gesamtbetrags der Einkünfte übersteigen	Steuerersparnis je nach berücksichtigungsfähigen Ausgaben und Einkommen	Steuererstattung durch Einkommensteuererklärung oder Lohnsteuerjahresausgleich, auch Steuerermäßigung durch Eintragung als Freibetrag bei Lohnsteuerpflichtigen	Steuerentlastung bei besonderen (im wesentlichen krankheitsbedingten) Notlagen in Abhängigkeit vom Familienstand und Kinderzahl
Ehegattenfreibeträge bei der Vermögenssteuer (§6 VStG)	Freibetrag Steuerpflichtiger: 70.000,– DM Freibetrag Ehegatte: 70.000,– DM Steuersatz: 0,5 v.h. des Vermögens	Steuerersparnis 0 - 700 DM p.a. je nach Höhe des Vermögens	Steuerminderung bei Vermögensteuererklärung	Erleichterung der Vermögensbildung bei Verheirateten
– Wohngeld	Mieter und Eigentümer selbstbewohnter Ein- und Mehrfamilienhäuser Berechnungsgrundlage: Familieneinkommen gekürzt um Werbekosten, Kinderfreibeträge, Pauschalsätze (15 - 30%) etc., Familienmitglieder, Höhe der zuschußfähigen Miete/Belastung	bis ca. 900 DM p.M. ab 1981 kinderbezogene Verbesserung des Wohngeldes für Haushalte mit 2 und mehr Personen und alleinerziehende Mütter und Väter	Antragstellung erforderlich Wohngeldbehörden durch Landesrecht bestimmt i.a. Verwaltungen der Städte und Landkreise Erhöhung ab 1.1.81	Sicherstellung eines angemessenen, familiengerechten Wohnraums

Leistungsgewährung / Art der Leistung	Berechtigten-Empfängerkreis Leistungskriterien	Höhe des Transfers im Einzelfall	Organisatorische Abwicklung	Zielvorstellung
– Vermögensbildung Sparprämiengesetz	Sparer Höchstbeträge A: 800,– DM p.a. Ep: 1.600,– DM p.a. Prämien 14 v. H., für jedes Kind Erhöhung um 2 v.H. Einkommensgrenzen A: 24.000,– DM p.a. Ep: 48.000,– DM p.a. Erhöhung pro Kind: 1.800,– DM p.a.	bis 288 DM p.a. und 38 DM je Kind p.a.	Abschluß eines Sparvertrages bei einem Kreditinstitut und Beantragung einer Sparprämie für die angesparten Beträge am Ende des Jahres Für Neu-Verträge ab 31.11.80 keine Prämiengewährung mehr	Förderung der Vermögensbildung
Wohnungsbauprämiengesetz	Bausparer Höchstbeiträge, Einkommensgrenzen wie bei Sparprämiengesetz Prämien: 18 v.H., für jedes Kind Erhöhung um 2 v.H.	bis 288 DM p.a. und 38 DM je Kind p.a.	Abschluß eines Bausparvertrages Reduktion der Prämie auf 14 v.H. ab 13.11.80 auf Neu-Verträge Verlängerung der Festlegungsfrist von 7 auf 10 Jahre	dto.
3. Vermögensbildungsgesetz	Arbeitnehmer, die Teile ihres Lohns sparen (Lohnabzugsverfahren) Höchstgrenze 624 DM p.a. Arbeitnehmersparzulage 30 v.H.; ab drei Kindern 40 v.H. Einkommensgrenzen wie bei Sparprämiengesetz Beiträge z.T. vom Arbeitgeber aufgebracht (Tarifverträge)	bis 25,04 DM p.a. je Sparleistung und Familienstand	Auszahlung durch den Arbeitgeber bei Lohnabrechnung	Förderung der Vermögensbildung bei Arbeitnehmern
– öffentlicher Dienst Beihilfen entsprechend den Beihilfevorschriften des Bundes und der Länder	Beamte, z.T. Arbeiter und Angestellte im Öffentlichen Dienst 50 v.H. der Krankheitskosten, auch der Ehegatten; Erhöhung um 5 v.H. je Kind bis max. 70 v.H.; bei stat. Behandlung Erhöhung um 10 v.H. Erhöhung des v.H.-Satzes, wenn die betr. Krankheit nicht durch Versicherung abgedeckt wird bis max. 90 v.H.; Senkung des v.H.-Satzes für nicht beihilfeberechtigten Ehegatten auf 10 v.H., wenn dessen Einkommen mehr als 18.000 DM p.a. beträgt	10 v.H. – 90 v.H. der Behandlungskosten	Antrag des Behilfeberechtigten bei der zuständigen Staatsoberkasse	Zuschuß des öffentlichen Arbeitgebers zur Krankenversicherung der Beamten bzw. Unterstützung des Beamten im Krankheitsfall zur Erleichterung der Krankheitskosten

Leistungsgewährung / Art der Leistung	Berechtigten-Empfängerkreis Leistungskriterien	Höhe des Transfers im Einzelfall	Organisatorische Abwicklung	Zielvorstellung
Familienzuschläge (im Ortszuschlag)	Öffentliche Angestellte und Beamte unterschiedliche Höhe des Ortszuschlages nach Familienstand, Kinderzahl und Tarifgruppe A: 508,95 – 607,94 DM p.M. EoK, A1K: 618,45 – 722,90 DM p.M. EmK, A2u.m.K.: 716,80 – 1.227,15 DM p.M. und 102,96 DM je Kind ab dem 7. Kind	618,45 – 1.227,15 DM p.M. und 102,96 DM pro Kind ab dem 7. Kind	Berücksichtigung bei monatlicher Gehaltszahlung	Berücksichtigung des Familienstandes in Kinderzahl im Gehalt
– Kriegsopferversorgung (Leistungen nach dem Bundesversorgungsgesetz)	Opfer des letzten Weltkriegs A: Grundrente 134 – 701 DM p.M. (1980, 10. AnpG-KOV) je nach Grad der Erwerbsunfähigkeit (30 v.H. – 100 v.H.) E, A: und 77 DM p.M. Witwen: Grundrente (1980) 420 DM p.M.	134 – 701 DM Grundrente (1980)	Betreuung über Versorgungsämter, Anpassung jährlich	Versorgung der Opfer und ihrer Angehörigen des letzten Krieges
– Sozialhilfe	1. Hilfe zum Lebensunterhalt: Anspruchsberechtigte: Personen ohne Einkommen und Vermögen sowie fehlende Unterstützung durch Verwandte Mehrbedarf für bestimmte Gruppen – Personen ü. 65 J. – Erwerbsunfähige – werdende Mütter – allein erziehende in häuslicher Gemeinschaft mit mind. 2 Kindern unter 16 J. (Mehrbedarf von 50% bei 4 und mehr Kindern)	ϕ Regelsatz für einen Haushaltsvorstand: 309,- DM p.M. (100% vom Regelsatz) Für Haushaltsangehörige von ... bis ... J. Regelsatz p. M. bis 7 139 DM (45%) 8 - 11 201 DM (65%) 12-15 232 DM (75%) 16-21 278 DM (90%) über 21 247 DM (80%) (Stand 1.1.1980) Eigene Einkommen werden auf den Regelsatz angerechnet Mehrbedarf 30% d. Regelsatzes + Wohnkosten	Antragstellung beim Sozialamt Erhöhung des Regelbedarfs ab 1.1.81 auf 316 DM p.M. und ab 1.7.81 auf 318 DM p.M.	Hilfe für bedürftige Personen
	2. Hilfe in besonderen Lebenslagen: Anspruchsberechtigte: wie bei 1., existieren jedoch Einkommensfreibeträge Gewährung für – Ausbildung – Familienplanung – werdende Mütter u. Wöchnerinnen – Weiterführung des Haushalts	Individuell gestaltete Geld- u. Sachleistungen		

1) Vgl. Bundesminister für Arbeit und Sozialordnung (1977: 61 – 160)

2) Rentenversicherung der Handwerker wird organisatorisch bei Arbeiterrentenversicherung geführt. Leistungen analog zum ARV. Beiträge nach einem jährlich in einer Rechtsverordnung festgelegten Durchschnittsbeitrag (1980: 396,– DM p.M.). Arbeitslosigkeit wird als Ausfallzeit nur dann gewertet bei Löschung aus der Handwerksrolle. Krankheit und Arbeitsunfähigkeit nur dann als Ersatz oder Ausfallzeit gewertet, wenn keine rentenversicherungspflichtigen Personen – ausgenommen Lehrlinge – beschäftigt werden.

3) Altershilfe für Landwirte: Anspruchsgrundlage ist die Erfüllung einer Wartezeit von mind. 180 Monaten, Vollendung des 65. Lebensjahres und Hofübergabe. Witwengeld 1980: 288,70 DM, unverh., verwit.
Landabgaberente erhalten Landwirte nach EG-Richtlinien als Maßnahme zur landwirtschaftlichen Strukturverbesserung. Voraussetzung: Landaufgabe, Hofgröße unter 25 ha, Alter des Landwirts mind. 55 Jahre. Landabgaberente an Verheiratete: 1980: 403,70 DM. Bei Mehreinzahlung von mehr als 180 Monaten Erhöhung der Renten um je 3% je Jahr.

4) Versicherungspflichtig sind Lehrer und Erzieher (Klavier-, Gesangs-, Zeichen-, Schwimm-, Reitlehrer u.a.), Musiker, Krankenpfleger u.a., Hebammen, Seelotsen und Artisten. Versicherung erfolgt in der Angestelltenrentenversicherung.
Eigene Versicherungs- und Versorgungswerte bestehen für die Berufsgruppen der Ärzte, Zahnärzte, Tierärzte, Rechtsanwälte, Wirtschaftsprüfer, Steuerberater, Steuerbevollmächtigte und teilweise Architekten. Beiträge und Leistungen auch innerhalb eines Berufsbandes stark unterschiedlich. Leistungen an Hinterbliebene sind in der Regel vorgesehen, ebenso Anpassungen der Rente. Leistungsgewährungen des öfteren aber erst ab 65. – 70. Lebensjahr des Versicherten.

5) Kürzung der Rente nach § 20 II Beamte VG, wenn die Witwe mehr als 20 Jahre jünger als der Beamte war unter Berücksichtigung des Altersunterschiedes und der Dauer der Ehe ausgenommen, wenn ein Kind aus der Ehe hervorgegangen ist. In der Regel keine Rente, wenn die Ehe weniger als drei Monate bestanden hatte oder erst nach Eintritt des Beamten in den Ruhestand erfolgt ist und der Beamte bereits 65 Jahre alt war.

A Alleinstehende
E Ehepaar
EoK Ehepaar ohne Kind
EmK Ehepaar mit Kind

Zu nennen sind hier:

a) das Splitting im Einkommensteuerrecht

b) die Witwenrente, -pension, -versorgung.

ad a): Das Splitting ist eine Regelung im Einkommensteuerrecht, die bewirkt, daß die Ehepartner von der Steuerprogression z. T. entlastet werden. Dies erfolgt in der Weise, daß unterstellt wird, auf jeden der Ehepartner entfalle die Hälfte des gemeinsamen zu versteuernden Einkommens. Auf dieses Einkommen wird dann der Steuertarif angewandt, und die sich ergebenden Steuern auf die beiden Einkommenshälften werden addiert und die Ehegatten mit der sich so ergebenden Steuer belastet. Das Splitting-Verfahren wird bei nicht getrennt lebenden Ehepartnern und bei Hinterbliebenen im ersten Jahr nach dem Tod des Ehepartners angewandt (§ 32 a V, VI EStG).

Das Splitting stellt einen impliziten Transfer, d. h. eine Ermäßigung der Steuerschuld dar. Als Vergleichsnorm, gegenüber der die Ermäßigung erfolgt, wird dabei die individuelle separate Besteuerung der Einkommen jedes einzelnen Ehepartners nach der Grundtabelle unterstellt. (In der Lohnsteuer entspricht diese Norm der Steuerklasse I.) Die Definition des Splittingsvorteils nach dieser Methode bewirkt gleichzeitig, daß er bei gegebenem gemeinsamen Einkommen der Ehepartner umso geringer ausfällt, je gleicher das Einkommen beider Partner ist (vgl. Modellrechnung in Abschnitt 5.4.).

Die Entlastung steigt dabei mit steigendem Einkommen an. Als problematisch am Splitting ist anzusehen, daß die Familien nicht entsprechend ihrem Bedarf, sondern mit der Höhe ihres Einkommens ansteigend entlastet werden (vgl. *Recktenwald* 1971: 175 – 187. Zur Diskussion des Splitting, das 1958 nach einem Urteil des BVG vom 17. 1. 57 in das Einkommensteuerrecht eingeführt wurde, sowie zu alternativen Regelungen wie z. B. Ehegattenfreibeträge vgl. *Albers* 1957: 423–446).

ad b): Witwenrenten und -pensionen sind im weiteren Sinn zu Familienleistungen zu rechnen, da sie an Ehegatten (von Verstorbenen) gehen. Die Leistungsgewährung ist ein Ausfluß der Unterhaltspflicht des Verstorbenen (*Ruland* 1973). In der gesetzlichen Rentenversicherung orientieren sich die Leistungen an Witwen an den Ansprüchen des verstorbenen Versicherten. Zu unterscheiden ist hier die sog. kleine Witwenrente (60 vH der Berufsunfähigkeitsrente des verstorbenen Versicherten für kinderlose Witwen unter 45 Jahren) und die große Witwenrente (60 vH der Erwerbsunfähigkeitsrente oder Altersrente des verstorbenen Versicherten). Leistungen an Witwer sind möglich, wenn die verstorbene Ehefrau überwiegend den Unterhalt der Familie bestritten hat (§§ 1266 Abs. 1 RVO, 46 Abs. 1 AVG, 66 Abs. 1 RKG; vgl. hierzu auch *Richter* 1979: 220).

In ähnlicher Weise ausgestaltet sind Leistungen an Hinterbliebene nach dem Handwerkerversicherungsgesetz und in einigen freien Berufen, wobei für letztere regionale Versorgungswerke mit durchaus unterschiedlichen Leistungen existieren (vgl. Bundesminister für Arbeit und Sozialordnung 1977: 143–150)[2].

Die Leistungen an die hinterbliebene Witwe/den hinterbliebenen Witwer nach der Beamtenversorgung betragen auch 60 vH der Leistung, die an den Verstorbenen/die Verstorbene zu zahlen gewesen wäre, wobei sich allerdings die Berechnungsgrundlage für die Pension von der für die Rente unterscheidet. Bei der Hinterbliebenenversorgung scheint, was die Leistungshöhe betrifft, das Problem der Kumulation von Leistungen (vgl. Transfer-Enquête-Kommission, 1979) weniger bedeutsam als vielmehr das Problem der Vermeidung von Unterversorgung trotz des Zusammentreffens mehrerer Renten (Transfer-Enquête-Kommission 1979: 137–141, *Pentenrieder* 1980: 120 ff. Sachverständigenkommission für die Soziale Sicherung der Frau und der Hinterbliebenen 1979: 28).

Neben den Leistungen für Ehegatten sind im Bereich familialer Leistungen vor allem die Leistungen an Kinder von Bedeutung. Hier sind im wesentlichen zu nennen:

c) Kindergeld

d) Kinderzuschüsse und Waisenrenten

e) Leistungen nach dem Bundesausbildungsförderungsgesetz (BAFöG) sowie

[2] Bei diesen z. T. geringen Leistungen ist aber zu berücksichtigen, daß diese oft ergänzt werden durch Leistungen aus privaten Versicherungen bzw. Ablösesummen durch Abgabe der Praxis etc.

f) Ausbildungsfreibeträge
g) Kinderfreibeträge.

ad c): Kindergeld wird in Abhängigkeit von der Ordnungszahl der Kinder bis zum 18. Lebensjahr bzw. bei Schul- oder Berufsausbildung bis zum 27. Lebensjahr gewährt. Das Alter der Kinder und das Einkommen der Eltern haben keinen Einfluß auf die Höhe der Transferzahlung. (Zu alternativen Ausgestaltungsmöglichkeiten vgl. Zweiter Familienbericht.) Das Kindergeld beträgt (1981) DM 50 für das erste Kind, DM 120 für das zweite und DM 240 für das dritte und jedes weitere Kind.

ad d): Kinderzuschüsse und Waisenrenten werden an hinterbliebene Kinder von Versicherten der Gesetzlichen Rentenversicherung, Unfallversicherung, Kriegsopferversorgung und Beamtenversorgung an Stelle des (niedrigeren) Kindergeldes gezahlt.

ad e): Leistungen im Rahmen des BAFöG werden Schülern und Studenten in Abhängigkeit des Einkommens der Eltern, des Schultyps und des Wohnorts (bei oder getrennt von den Eltern lebend) gewährt, um somit für Kinder aus niedrigeren Einkommensschichten die rein ökonomischen Zugangsbarrieren zur höheren Schulbildung zu beseitigen.

Darüberhinaus bestehen noch einkommensteuerliche Hilfen: Ausbildungsfreibeträge und Kinderbetreuungsfreibeträge.

ad f): Ein Ausbildungsfreibetrag in Höhe von DM 1800 bis DM 4200 pro Kind und Jahr wird einem Steuerpflichtigen in Abhängigkeit vom Alter und Unterbringungsort bei Berufsausbildung des Kindes gewährt. Es handelt sich hierbei um eine zusätzliche Leistung zum Kindergeld, wobei allerdings die Begünstigung (Steuerentlastung) mit dem zu versteuernden Einkommen zunimmt.

ad g): Der Kinderbetreuungsfreibetrag stellt eine modifzierte Wiedereinführung der mit der Steuerreform 1975 abgeschafften Kinderfreibeträge dar, ohne daß allerdings zu sehen wäre, inwiefern die damals zur Abschaffung führenden Gründe (ansteigende Steuerentlastung mit steigendem Einkommen, Begünstigung der höheren Einkommen) an Bedeutung verloren hätten.

Neben den bereits genannten wichtigsten familialen Leistungen existieren noch eine Reihe von Maßnahmen, die zwar auch an Alleinstehende bzw. für Ehepartner und Kinder gewährt werden, aber bei Gewährung an Familien spezifische Vergünstigungen aufweisen und deshalb hier anzuführen sind. Es handelt sich hierbei um Maßnahmen im Bereich

h) des Steuerrechts
i) des Wohnungswesens
j) der Vermögensbildung
k) des öffentlichen Dienstes und
l) der Sozialhilfe.

ad h): Bei den Steuerermäßigungen sind zu unterscheiden: Steuervergünstigungen im *Einkommensteuerrecht* – Haushaltsfreibeträge (DM 3000 p. a. an Alleinstehende mit Kindern bzw. Alleinstehende ab dem 50. Lebensjahr; steuerbegünstigtes Bausparen (Erhöhung der Prämie um 2 vH pro Kind); außergewöhnliche Belastungen (Erhöhung bei Verheirateten von DM 1200 p. a. des vH-Satzes des Absetzungsbetrages in Abhängigkeit vom Einkommen, Familienstand und Kinderzahl); im *Grundsteuerrecht* (Ermäßigung der Steuermeßzahl von 3,5 vH auf 2,1 vH für Einfamilienhäuser) und im *Vermögenssteuerrecht* – Ehegatten- und Kinderfreibeträge (jeweils DM 70 000 p. a. und Person).

ad i): Im Wohnungswesen ist das Wohngeld, das abhängig vom Einkommen, Familiengröße und Mietbelastung gewährt wird, zu erwähnen (vgl. *Hubler* 1975; 1976).

ad j): Im Bereich der Vermögensbildung sind Sparprämien, Bausparprämien, Arbeitnehmer-Sparzulagen und Arbeitgeberleistungen zu nennen. Sparprämien (abgeschafft für Neuverträge durch Beschluß des Bundeskabinetts ab 13. 11. 80; rechtlich scheint eine Gesetzesänderung durch Kabinettsbeschluß fragwürdig) und Bausparprämien (reduziert von 18 vH auf 14 vH durch Beschluß des Bundeskabinetts ab 13. 11. 80) werden für bei Kreditinstituten abgeschlossene Spar-bzw. Bausparbeiträge gewährt. Hierfür ist allerdings das Unterschreiten einer Einkommensgrenze von DM 24 000 (Alleinstehende) bzw. DM 48 000 (Verheiratete) zu versteuerndem Einkommen erforderlich (Erhöhung der Einkommensgrenze je Kind um DM 1800 p. a.). Je Kind erhöht sich die Prämie um 2 vH. Arbeitnehmer, die Sparbeiträge bis zur Höhe von DM 624 p. a. sparen, können darüberhinaus eine Arbeitnehmer-Sparzulage in Höhe von 30 vH bzw. 40 vH der Sparbeträge (bei 3 und mehr Kindern) erhalten. Es gelten die gleichen Einkommensgrenzen wie bei der Gewährung der Sparprämie. Bei dazu gewährten Arbeitgeberleistungen handelt es sich um freiwillige oder tariflich vereinbarte Leistungen von Arbeitgebern im Rahmen des 3. Vermögensbildungsgesetzes (624 DM-Gesetz).

ad k): Im öffentlichen Dienst ist zu berücksichtigen, daß die Ortszuschläge nach Familiengröße und Tarifgruppe gestaffelt sind (Familienzuschläge). Vor allem für Beamte ist von Bedeutung, daß im Krankheitsfall auch für die Familienangehörigen Beihilfe bezahlt wird (sofern der Familienangehörige nicht selbst krankenversichert ist). Darüberhinaus sind die Beihilfesätze bei Verheirateten (und mit Kindern) höher als bei Alleinstehenden.

ad l): Schließlich sind auch die Sozialhilfesätze nach dem Familienstand differenziert, und zwar wird für den (Ehe)partner ein zusätzlicher Betrag in Höhe von 80 vH des Regelbedarfs gezahlt. Kinder werden darüberhinaus mit 45 – 90 vH des Regelbedarfs je nach ihrem Alter berücksichtgit. Da jede

Person als Sozialhilfeempfänger betrachtet wird, ist die Betrachtung dieser Leistung als Familientransfer nicht eindeutig.

5.2.3. Umfang der familialen Transfers

Die monetären familialen Leistungen im weiteren Sinn (vgl. Übersicht 2) betragen für 1980 ca. DM 110 Mrd. Das entspricht 9,5 vH des geschätzten Volkseinkommens von DM 1158 Mrd. Von den genannten familialen Lei-

Übersicht 2

Leistungsart / Jahr	1975	1976	1977	1978	1979	1980	1984
Ehegatten	46 000	49 000	51 000	53 000	55 215	58 317	83 530
Splitting	18 000	20 000[b]	21 000[b]	22 000	23 000	25 000	37 000[a]
Witwenrenten	28 000[b]	29 000[b]	30 000[b]	31 000[b]	32 215	33 317	46 530[a]
Kinder	20 078	19 703	20 137	21 849	24 968	26 546	34 422
allgemein							
Mutterschaftsgeld	700[b]	700[b]	728	728	1 208	2 206	2 443
Kindergeld	14 638	14 359	14 070	15 196	17 412	17 605	18 000
Kindergrundfreibetrag	–	–	–	–	–	–	5 400
Waisenrenten	2 000[b]	2 100[b]	2 291	2 410	2 523	2 639	3 542
Ausbildung							
BaföG	2 740	2 544	2 628	2 945	3 145	3 322	3 807[a]
Ausbildungsfreibeträge	–	–	420	570	680	770	1 230
Maßnahmen mit zusätzlichen Familienleistungen	23 795	23 885	24 883	24 951	24 642	25 443	26 914
Haushaltsfreibeträge	464	472	487	507	536	565	873
Steuerbegünst. Bausp.	473[b]	462[b]	459[b]	463	451	434	340
Außergew. Belastungen	661	664	546	958	1 154	1 503	1 456
Grundsteuerermäßigungen	686	688	705	803	785	773	727
Ehegattenfreibeträge (Vermögenssteuer)	367	375	383	278	284	290	310
Kinderfreibeträge (Vermögenssteuer)	149	153	158	116	119	122	135
Wohnen							
Wohngeld	876	814	729	984	1 015	1 023	1 089
Vermögensbildung							
Sparprämien	1 010	1 500	2 564	1 400	792	838	1 055
Bausparprämien	1 958	1 339	1 139	1 096	1 128	1 101	1 008
Arbeitnehmer-Sparzulage	1 762	1 770	1 626	1 641	1 582	1 523	1 172
Arbeitgeberleistungen zur Vermögensbildung	3 545	3 531	3 534	3 568	3 426	3 530	3 164
Öffentlicher Dienst							
Familienzuschläge	7 650[b]	7 550[b]	7 904	8 000[b]	8 024	8 176	8 924[a]
Beihilfen	2 324	2 353	2 412	2 901	3 024	3 151	3 544
Sozialhilfe (Hilfe zum Lebensunterhalt)	1 870	2 063	2 237	2 236	2 320	2 414	3 099
Gesamt	89 879	92 437	96 020	99 800	102 825	110 306	144 866
Volkseinkommen	806 600	878 000	933 000	1002 600	1081 500	1158 000	1528 000[a]
Anteil am Volkseinkommen (vH)	11.1	10.5	10.3	10.0	9.5	9.5	9.5

a Schätzung des Bundesministeriums für Arbeit und Sozialordnung
b eigene Schätzung
c Aufteilung der Beträge an Familien entsprechend dem Anteil der Mehrpersonenhaushalte in allen Haushalten

Quelle: Bundesminister für Arbeit und Sozialordnung 1978: 81f, 88, 90f, 93, 118, 127, 133f, 188 - 194; 1980: 82f, 88 - 91, 93, 110, 114, 123, 128f und eigene Berechnungen

stungen entfallen dabei 52,9 vH auf Ehegatten, 24,1 vH auf Kinder und 23,0 vH auf sonstige Leistungen.

Die monetären familialen Leistungen haben sich langsamer entwickelt als das Volkseinkommen, so daß ihr Anteil am Volkseinkommen von 11,1 vH im Jahr 1975 auf 9,5 vH im Jahr 1980 zurückgegangen ist. Während sich das Volkseinkommen im Zeitraum von 1975 bis 1980 auf das 1,44-fache erhöhte, stiegen die familialen Leistungen im gleichen Zeitraum nur auf das 1,23-fache an. Die familialen Leistungen haben somit nicht mit der allgemeinen Einkommensentwicklung Schritt gehalten und relativ an Bedeutung verloren. Dies ist vor allem mit dem unterschiedlichen Anstieg der sonstigen familialen Leistungen zu erklären, die sich nur auf das 1,08-fache erhöhten. Die Ursache hierfür ist wesentlich im Rückgang der Vermögensbildungsmaßnahmen zu sehen: Der Anteil von vermögensbildenden Leistungen, der an Familien ging, ermäßigte sich von DM 8,3 Mrd. auf DM 7,0 Mrd. im genannten Zeitraum und wird weiter abnehmen.

Betrachtet man die einzelnen Leistungen nach ihrer absoluten Bedeutung, so sind für 1980 als wichtigste Maßnahmen zu nennen

- Witwenrenten (DM 33 Mrd.)
- Splitting (DM 25 Mrd.)
- Kindergeld (DM 18 Mrd.)
- Familienzuschläge (DM 8 Mrd.)

Auch diese wesentlichen Leistungen haben sich im Zeitraum 1975 bis 1980 langsamer als das Volkseinkommen entwickelt. Auf dem Hintergrund der Erfahrung der letzten Jahre, in denen mehr und mehr Ehen oder eheähnliche Beziehungen kinderlos bleiben und die Zahl alleinerziehender Elternteile nicht unerheblich ist, ist allerdings die Struktur der familialen Transfers hinsichtlich ihrer Aufteilung auf Ehegatten und Kinder kritisch zu beurteilen.

In einer Situation, in der die meisten Kinder in bestehenden Ehen großgezogen wurden und die kinderlose Ehe die für die Partner unglückliche Ausnahme darstellte, stellte eine finanzielle Förderung der Ehe zugleich eine Förderung der nachwachsenden Generation dar. Sieht man von den Witwenrenten ab, die zum großen Teil an Frauen gehen, die Kinder großziehen, bzw. großgezogen haben, so tritt als größter Einzeltransfer das Ehegattensplitting hervor. Diese Maßnahme hat jedoch Verteilungseffekte sehr spezifischer Art (vgl. Modellrechnungen im Abschnitt 5.4.).

- Sieht man von ganz niedrigen Einkommen ab, so nimmt der Transfer mit steigendem Einkommen progressiv zu.
- Der Transfer nimmt mit steigender Kinderzahl ab[3].

[3] Besonders ausgeprägt war diese Eigenschaft, als noch an Stelle des heute geltenden Kindergelds Kinderfreibeträge im Einkommensteuerrecht existierten. Die Einführung des Kinderbetreuungsfreibetrags hat einen ähnlichen Effekt.

– Der Transfer nimmt mit Angleichung der Einkommen der Ehegatten ab[4].

5.3. Die Bedeutung der demographischen Struktur für familiale Transfers

Die Vielzahl von monetären Familientransfers, deren wichtigste oben angesprochen wurden, beeinflußt die Situation von Familien sehr unterschiedlich. Familienstand, Zahl und Alter der Kinder, Erwerbstätigkeit nur eines oder beider Epepartner, sowie Einkommenshöhe bestimmen die absolute Höhe und die relative Bedeutung der Transfers für die Familie. Im folgenden werden deshalb die wichtigsten relevanten Faktoren in ihrer Entwicklung aufgezeigt.

5.3.1. Entwicklung der Familien- und Haushaltsstruktur

Die Höhe und Struktur der familialen Transfers wird weniger durch die globale Bevölkerungsentwicklung als vielmehr durch die zyklischen Schwankungen in den Geburtenraten und die strukturelle Veränderung im Hinblick auf Alter, Geschlecht und Familienstand beeinflußt.

Als wichtiger demographischer Parameter, der Einfluß auf Familienstruktur und Familientransfers ausübt, sind die schwankenden Geburtenziffern zu nennen. Diese wirken sich um so stärker aus, als historische Umstände dazu geführt haben, daß im Generationenablauf keine Abschwächung sondern eine Verstärkung der Schwankungen eingetreten ist.

Die kriegsbedingt hohe Männersterblichkeit hat durch ihren Einfluß auf den vergleichsweise großen Anteil verwitweter Frauen und die Geburtenraten die Leistungsstruktur der familialen Transfers stark mitbestimmt. Insbesondere die Leistungen an Hinterbliebene werden bis zum heutigen Datum direkt und indirekt von diesen Entwicklungen geprägt.

Die Aggregation über Altersgruppen verschleiert teilweise starke strukturelle Veränderungen: Der Anteil verheirateter, verwitweter und geschiedener Frauen hat bis zur letzten Dekade zugenommen (*Statistisches Jahrbuch* 1980: 62). Dies bedingt ceteris paribus eine Zunahme der Transferausgaben zugunsten von Ehegatten.

Betrachtet man die Haushaltsstruktur, so wird die strukturelle Veränderung vor allem an dem Anteil der 1-Personen-Haushalte wie auch der durchschnittlichen Haushaltsgröße deutlich. Der Anteil der 1-Personen-Haushalte ist in den letzten dreißig Jahren von etwa 20 auf 30 vH angestie-

[4] Ceteris paribus bedeutet die 1981 in Kraft getretene Steuerreform, die unter anderem eine Milderung der Steuerprogression in gewissen Einkommensbereichen bewirkt hat, auch eine gewisse Reduzierung der Steuerersparnis durch das Splitting.

gen. Absolut gesehen hat auch die Zahl der 2-Personen-Haushalte stark zugenommen. Hingegen hat sich die absolute Zahl anderer Mehr-Personen-Haushalte nur wenig verändert (vgl. Statistisches Bundesamt 1981: 129).

Die Haushaltsstruktur variiert mit dem Alter des Haushaltsvorstandes (*Statistisches Bundesamt* 1981: 140). Die große Zunahme der 1-Personen-Haushalte von über 65-jährigen Frauen ist zum Teil eine Kriegsfolge. Familientransfers im weiteren sind für diese Gruppe insofern von Bedeutung, als ein erheblicher Teil dieser Gruppe von Hinterbliebenenrenten lebt. Andererseits ist auch der Anteil der nie verheiratet gewesenen etwas größer in dieser Gruppe (*Statistisches Jahrbuch* 1978: 62).

Der relative Anteil der 1-Personen-Haushalte von Männern zwischen 25 und 45 und Frauen unter 25 ist vor allem in den letzten zehn Jahren gestiegen. Dies reflektiert einerseits eine geringere Heiratsbereitschaft, andererseits die wirtschaftliche Möglichkeit jüngerer Menschen, leichter einen eigenen Haushalt zu gründen, was teils auch durch Transferleistungen erleichtert wird.

Die Zahl der Mehr-Personen-Haushalte mit weiblichem Haushaltsvorstand war bis 1975 (bedingt vor allem durch die seit Ende der 60-er Jahre steigenden Scheidungsziffern) im Ansteigen. Familienpolitisch kann dies an Bedeutung gewinnen, falls der Unterstützung unvollständiger Familien ein unterschiedliches Gewicht eingeräumt werden sollte.

Die Veränderung der Familienstruktur äußert sich auch in der Abnahme der 3-Generationen-Haushalte. Von 1972 bis 1980 hat ihre schon anfänglich geringe Zahl um ein Drittel abgenommen. Zugenommen hat in diesem Zeitraum nur die Zahl der 1-Generationen-Haushalte und der „Nicht-Generationen-Haushalte" (die nicht aus Verwandten bestehen) sowie 2-Generationen-Haushalte mit alleinstehendem Haushaltsvorstand (*Statistisches Bundesamt* 1981: 138).

Wie die Haushaltsstruktur hat auch die Struktur der Familien in der relativ kurzen Zeit von 1961 bis 1978 sich erheblich verändert (Statistisches Bundesamt 1981: 147, 148, 150). Der Anteil der Familien ohne Kinder ist von 45,0 vH auf 52,1 vH gestiegen. Zum Teil geht dieser Zuwachs auf den steigenden Anteil von kinderlosen Ehepaaren zurück. Der Anteil an alleinstehenden Elternteilen mit Kindern ist zunächst insgesamt zurückgegangen, seit 1976 jedoch wieder im Ansteigen. Bei den alleinstehenden Müttern wirken sich hierbei zwei gegenläufige Trends aus: Die Zahl der Witwen mit Kindern hat stark abgenommen, während steigende Scheidungszahlen seit Ende der 60-er Jahre (*Wirtschaft und Statistik,* 1978/1: 37f.) den Anteil geschiedener Mütter ansteigen ließ.

Während der Anteil der Ehepaare an Familien im Betrachtungszeitraum leicht gestiegen ist, hat der Anteil derer mit Kindern abgenommen. Dieses statistische Ergebnis ist Resultat verschiedener Prozesse. Zum einen führt das vergleichsweise frühe Wegziehen von ledigen Kindern zu einem statistischen Ansteigen der „kinderlosen“ Ehepaare, da alleinlebende Kinder in der Regel nicht mehr in der Familie der Eltern miterfaßt werden, zum anderen wirkt sich die abnehmende Geburtenhäufigkeit hier aus (für 1980 vgl. Abb. 2).

Die Zahl der ledigen Kinder ist seit 1977, die der unter 18-jährigen seit 1975, die der unter 15-jährigen seit 1974, die der unter 6-jährigen seit 1971 rückläufig. Seit 1970 nimmt die durchschnittliche Zahl der Kinder pro Familie laufend ab. Da derzeit die geburtenstarken Jahrgänge ins gebärfähige Alter kommen, ist zwar seit 1979 wieder ein Ansteigen der Geburtenziffern zu vermerken, dies ist jedoch nicht auf ein Ansteigen der Nettoproduktionsraten zurückzuführen (vgl. auch Abb. 3).

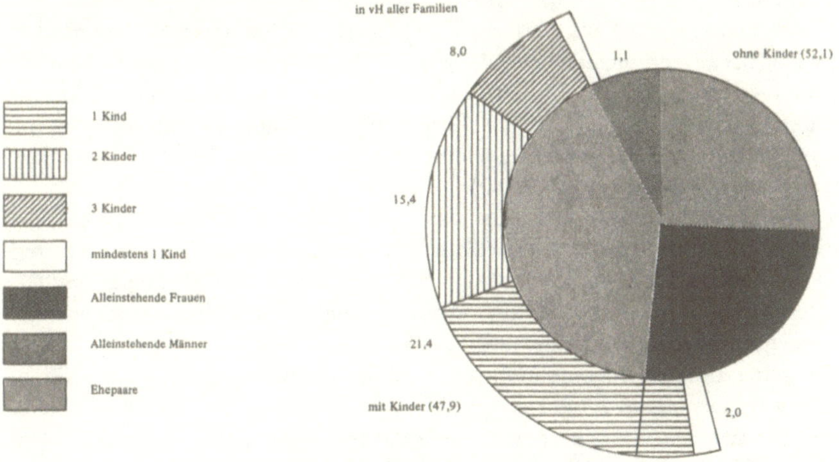

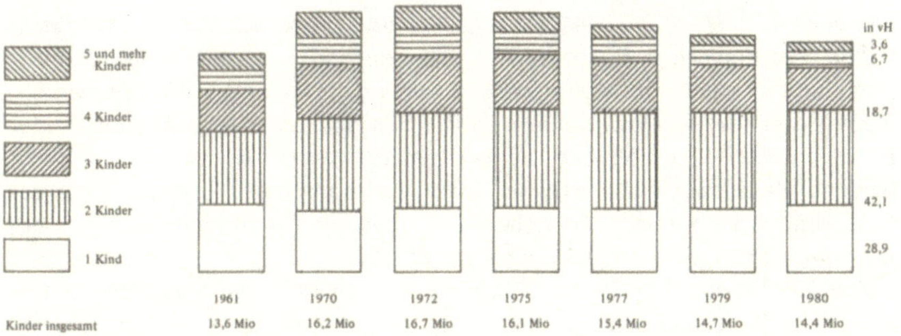

5.3.2. Erwerbstätigkeit der Frau

Ein weiteres soziodemographisches Faktum für die Familienpolitik ist im Erwerbsverhalten der Eltern zu suchen. Die Erwerbstätigkeit beider Ehepartner erschwert die Erziehung von Kindern einerseits, bzw. erfordert entsprechende Hilfe für die Betreuung von Kindern in Ganztagsschulen, Tagesheimstätten und ähnlichen Einrichtungen. Andererseits erleichtern zwei Einkommen die Bewältigung der rein ökonomischen Probleme der Familie. Die vorherrschenden Wertvorstellungen fordern auch heute noch vor allem die Erwerbstätigkeit von Männern im erwerbsfähigen Altern. Ein Wandel ist vor allem darin zu sehen, daß auch in aller Regel erwartet wird, daß jüngere kinderlose Frauen einer Erwerbstätigkeit nachgehen[5].

Die Erwerbsquoten von Männern sind zurückgegangen, liegen allerdings noch immer auf einem sehr hohen Niveau; die alters- und familienstandsspezifischen Erwerbsquoten von Frauen hingegen sind stark angestiegen (*Pfaff,A.* 1979: 144 ff., *Pfaff, A.* 1980: 295 ff.).

Während von 1961 bis 1978 die Zahl der 15 – 65-jährigen Frauen nur um etwa 300 Tausend angestiegen ist, ist die Zahl der erwerbstätigen Frauen um etwa 1,4 Mill. gestiegen. Die Erwerbsquote dieser Gruppe ist um 6 Prozentpunkte gestiegen. Besonders die verheirateten Frauen und die Mütter von Kindern unter 18 zeigen eine überproportional steigende Erwerbstätigkeit (*Statistisches Bundesamt* 1979: 142).

Eine differenziertere Betrachtung zeigt, daß der Zuwachs nicht ausschließlich, aber doch hauptsächlich auf Teilzeitarbeitsplätze konzentriert (*Wirtschaft und Statistik* 1978: 571 - 576) ist. Unter den abhängig beschäftigten Frauen ist die Zahl der vollzeitbeschäftigten Frauen weit weniger gestiegen als die Zahl der beschäftigten Frauen insgesamt.

Für die Einkommenssituation der Familien bedeutet dies, daß die finanziellen Belastungen zum Teil durch – im Vergleich zu früher – zunehmende Erwerbstätigkeit beider Ehepartner ausgeglichen werden. Der „Preis" für diese Entwicklung ist, die meist vor allem von Frauen getragene Doppelbelastung mit Haushaltsaufgaben und außerhäuslicher Erwerbstätigkeit. Für kinderlose Ehepaare ist hierbei denkbar, daß die finanzielle Position eines Ehepaares besser (oder nicht schlechter) ist als die Alleinstehender. Beim Vorhandensein von Kindern kann selbst bei Vollerwerbstätigkeit beider Ehepartner ein gleichhoher Lebensstandard durch die Erwerbstätigkeit beider kaum erzielt werden (es sei denn, man nimmt als Vergleichsnorm das Einkommen der weniger Verdienenden). Dies gilt um so mehr, als die Ehefrau häufig einer Teilzeitbeschäftigung nachgeht.

Die Erwerbstätigkeit beider Ehepartner kann aber die Einkommenssituation indirekt auch über die Transferleistungen an Familien beeinflussen:

– Einkommenstransfers mit Einkommensgrenzen können ganz oder teil-

[5] Dieser Wandel spiegelt sich in verschiedenen Gesetzen jüngeren Datums (Eherechtsreform 1977, geplante Rentenreform 1984 – Abschaffung der kleinen Witwenrente) wider.

weise verloren gehen, wenn durch die Erwerbstätigkeit beider der Transfer entfällt. Dies kommt einer Realbesteuerung gleich (*Zeppernick* 1974).

– Das Einkommensteuersplitting bewirkt, daß die Erwerbstätigkeit des zweiten Verdieners vergleichsweise höher (grenz-)besteuert wird als bei Einzelveranlagung (dies kann sich im Scheidungsfall negativ auf den Zweitverdiener auswirken). (*Sonnenschein* 1980: 257 ff.).

– Die Zusatzkosten der Unterbringung oder Versorgung von Kindern können meist nur sehr partiell gegen Einkommen steuerlich aufgerechnet werden.

Betrachtet man die Zweiverdienerfamilien mit Kindern, so finden sich unter ihnen zu einem erheblichen Teil ziemlich niedrig Verdienende. Ein großer Teil der Frauen mit Kindern, die erwerbstätig sind, gibt an, aus wirtschaftlicher Notwendigkeit eine Erwerbstätigkeit (wieder)aufzunehmen. Im Hinblick auf die Struktur der monetären Transfers erscheint gerade diese Gruppe wenig begünstigt.

Die monetären Leistungen an Familien orientieren sich – durch die volumenmäßige Dominanz des Einkommensteuersplittings – doch primär an dem Ziel der Unterstützung von Einverdienerehepaaren. Inwiefern eine Kompensation durch eine andere Verteilung der Realtransfers bei unvollständigen Familien und Zweiverdienerhaushalten erfolgt, kann in diesem Kontext nicht beurteilt werden. In einigen großen Bereichen wie z. B. der unentgeltlichen Mitversicherung von nicht erwerbstätigen Ehegatten in der gesetzlichen Krankenversicherung tritt aber eindeutig auch eine besondere Begünstigung der Einverdienerehepaare auf.

5.4. Auswirkungen monetärer Transfers auf die ökonomische Situation der Haushalte (Modellrechnung)

Im weiteren wird untersucht, wie die wichtigsten monetären Familientransfers sich für die einzelnen Familientypen auf das Haushaltseinkommen auswirken. Grundlage ist eine Modellrechnung. Im Hinblick auf die oben ausgeführten speziellen strukturellen Probleme der monetären Transfers wurden folgende Familientypen untersucht:

- Ehepaare ohne Kinder
- Ehepaare mit 2 Kindern (ein Kind im Studium)
- Alleinstehende mit zwei Kindern (ein Kind im Studium mit separatem Wohnsitz).

Da einige Transfers einkommensabhängig sind, wurde ihre Auswirkung bei unterschiedlicher Höhe des Familieneinkommens untersucht. Es wurde hierbei jeweils von 4 Familienbruttoarbeitseinkommen (Angestellte oder

Arbeiter) ausgegangen. Bei Ehepaaren wurde desweiteren unterschieden, ob das Einkommen von einem oder zwei Verdiensten stammt. Es wurde bei 2 Verdiensten unterstellt, daß die Frau 40 (25), der Mann 60 (75) vH des gemeinsamen Bruttoeinkommens verdient.

Der Beitrag der folgenden Leistungen wurde untersucht:

- Einkommensteuersplitting
- Kindergeld
- Wohngeld
- BAFöG

Ausgehend vom Bruttoeinkommen der Ehepartner wurden Lohnsteuer und Sozialversicherungsbeiträge ermittelt (Tab. 2, Spalte 2 und 3). Es wurde von den Lohnsteuertabellen ausgegangen.

Im Vergleich zu einer empirischen Analyse tatsächlicher Lohn- und Einkommensteuererklärungen ergibt sich nach der hier verwendeten Vorgehensweise in aller Regel eine Überschätzung der Steuerschuld vor allem der oberen Einkommensgruppen, da spezielle Regelungen wie Abschreibungen (insbesondere nach § 7b EStG) und außergewöhnliche Belastungen wie höhere Werbungsausgaben in der Modellrechnung keine Berücksichtigung fanden. Die Steuerschuld wurde jeweils unter Berücksichtigung der Pauschalen (Vorsorgepauschale, Werbungskostenpauschale) und Freibeträge (Arbeitgeberfreibetrag, monatlicher Anteil des Weihnachtsfreibetrags) errechnet. Kinderbetreuungsfreibeträge wurden nicht berücksichtigt. Die familienspezifischen Entlastungseffekte, die sich z. B. aus den Vorsorgepauschalen ergeben, sind miterfaßt, werden jedoch nicht gesondert ausgewiesen.

Die Überschätzung der Steuerschuld führt im gleichen Maß zu einem Überschätzen der Steuervergünstigungen.

Die Vergünstigung durch das Einkommensteuersplitting (Spalte 4) ergibt sich aus dem Differenzbetrag bei getrennter Besteuerung jedes Verdieners (Steuerklasse I bzw. IV) zur Besteuerung nach gemeinsamer Besteuerung (Steuerklasse III).

Hierbei werden einige Muster deutlich:

a) Mit steigendem Einkommen steigt der Betrag der Steuererleichterung absolut an. Relativ nimmt er zunächst ab, um dann wieder zu steigen. Während bei einem kinderlosen Einverdienerehepaar mit DM 1200 Monatseinkommen die monatliche Ersparnis DM 86 oder 7 vH des Bruttoeinkommens beträgt, beläuft sie sich bei einem Monatseinkommen von DM 5000 auf DM 603 monatlich (oder 12 vH).

b) Die Steuerersparnis durch das Splitting bei einem Einverdienerehepaar mit 2 Kindern fällt etwas geringer aus, weil dieses ja wegen seiner höheren Vorsorgepauschale auch ohne Splitting eine etwas geringere Steuerschuld aufweist. (Die Steuerersparnis aufgrund der durch die Kinder erhöhten Vor-

Familien-typ	Familien-bruttoein-kommen	Sozialver-sicherungs-beiträge	Lohnsteuer	Splitting Vorteil	Anteil Splitting/ Bruttofam.-einkommen (4)/(1) x 100	Kindergeld	Wohngeld[a)]	BAFöG[b)]	Explizite Transfers	Verfügb. Einkommen (1)-(2)-(3) + (9)	Anteil Explizite Transfers/ Verfügb. Einkommen (9)/(10) x 100	Pro Kopf verfügb. Einkommen	Gew. Pro Kopf Ein-kommen[c)]
	DM (1)	DM (2)	DM (3)	DM (4)	vH (5)	DM (6)	DM (7)	DM (8)	DM (9)	DM (10)	DM (11)	DM (12)	DM (13)
Ehepaar ohne	1200	201,60	23,80	86,10	7,18	–	128	–	128	1102,60	11,61	551,30	612,56
Kind	2000	336,00	168,30	102,50	5,13	–	–	–	–	1495,70	–	747.85	830,94
1 Verdiener	4000	629,65	573,80	410,60	10,27	–	–	–	–	2796,55	–	1398,28	1553,64
	5000	672,65	854,10	602,80	12,06	–	–	–	–	3474,25	–	1737,13	1930,14
Ehepaar ohne	1200	201,60	–	28,70	2,39	–	137	–	137	1135,40	12,07	567,70	630,78
Kind	2000	336,00	138,60	4,90	0,25	–	–	–	–	1525,40	–	762,70	847,44
2 Verdiener	4000	672,00	541,60	23,50	0,59	–	–	–	–	2786,40	–	1393,20	1548,00
Mann 60 vH	5000	840,00	812,80	26,60	0,53	–	–	–	–	3347,70	–	1673,85	1859,83
Frau 40 vH													
Ehepaar ohne	1200	151,20	–	51,50	4,29	–	137	–	137	1185,80	11,55	592,90	658,78
Kind	2000	336,00	138,60	30,70	1,54	–	–	–	–	1525,40	–	762,70	847,44
2 Verdiener	4000	672,00	541,60	102,10	2,55	–	–	–	–	2786,40	–	1393,20	1548,00
Mann 75 vH	5000	748,28	812,30	181,00	3,62	–	–	–	–	3439,42	–	1719,71	1910,79
Frau 25 vH													
Ehepaar	1200	201,60	23,80	82,10	6,84	170	271	620	1061	2035,60	52,12	508,90	616,85
2 Kinder	2000	336,00	168,30	102,50	5,13	170	161	620	951	2446,70	38,87	611,68	741,42
1 Verdiener	4000	629,65	487,10	320,20	8,01	170	–	14,23	184,23	3067,48	6,01	766,87	929,54
	5000	672,65	823,30	596,00	11,92	170	–	–	170	3674,05	4,63	918,51	1113,35
Ehepaar	1200	201,60	–	28,70	2,39	170	279	620	1069	2067,40	51,71	516,85	626,48
2 Kinder	2000	336,00	142,60	–	–	170	169	620	959	2480,40	38,66	620,10	751,64
2 Verdiener	4000	672,00	459,20	–	–	170	–	98,11	268,11	3136,91	8,55	784,23	950,58
Mann 60 vH	5000	840,00	782,30	35,30	0,71	170	–	–	170	3547,70	4,79	886,93	1075,06
Frau 40 vH													
Ehepaar	1200	151,20	–	51,50	4,29	170	279	620	1069	2117,80	50,48	529,45	641,76
2 Kinder	2000	336,00	142,60	21,70	1,09	170	169	620	959	2480,40	38,66	620,10	751,64
2 Verdiener	4000	672,00	459,20	13,10	0,33	170	–	98,11	268,11	3136,91	8,55	784,23	950,58
Mann 75 vH	5000	748,28	782,30	173,30	3,47	170	–	–	170	3639,42	4,67	909,86	1102,85
Frau 24 vH													
Alleinstehen-der	1200	201,60	94,00	–	–	170	224	620	1014	1918,40	52,86	639,47	767,36
2 Kinder	2000	336,00	203,90	–	–	170	93	620	883	2343,10	37,69	781,03	937,24
	4000	629,65	810,30	–	–	170	–	–	170	2730,05	6,23	910,02	1092,02
	5000	672,65	1262,20	–	–	170	–	–	170	3235,15	5,25	1078,38	1294,05

Anmerkungen: a) Mietbelastung monatlich (Durchschnittsmiete der Empfänger von Mietzuschuß auf 1981 fortgeschrieben)
2-Personenhaushalt DM 302,–
3-Personenhaushalt DM 385,–
4-Personenhaushalt DM 429,–

b) Student auswärtig untergebracht

c) Gewichte:
Haushaltsvorstand: 1,0
Ehegatten: 0,8
studierendes Kind (weil auswärtig): 1,0
2. Kind: 0,5

sorgepauschale, die hier nicht gesondert ausgewiesen ist, steigt ihrerseits stark mit dem Einkommen an.)

c) Vergleicht man Einverdiener- und Zweiverdienerehepaare mit sonst gleichem (gemeinsamen) Bruttoeinkommen, so haben die Zweiverdiener wohl eine geringere Steuerschuld als Einverdiener, da sie zwei Werbungskostenpauschalen, zwei Weihnachtsfreibeträge und zwei Arbeitnehmerfreibeträge in Anspruch nehmen können. Andererseits würde ihre Besteuerung bei separater Besteuerung nach Steuerklasse I bzw. IV kaum höher ausfallen. Es wird deutlich, daß bereits bei einer Einkommensaufteilung von 60 vH zu 40 vH zwischen den Ehegatten der Splittingvorteil fast gänzlich verschwindet.

Die Modellrechnung verdeutlicht das Anwachsen des Splittingvorteils mit steigendem Einkommen – eine logische Folge des progressiven Steuertarifs. Die anteilsmäßige Abnahme dieses impliziten Transfers im niedrigeren Einkommensbereich ergibt sich durch die Verdoppelung des Grundfreibetrags in der Splittingtabelle (Steuerklasse III) im Vergleich zur Grundtabelle. Im Rahmen einer Steuerreform, die das Ehegattensplitting beseitigt, wäre allerdings denkbar, für Einverdiener den höheren Grundfreibetrag aufrechtzuerhalten ohne den begünstigenden Steuersatz beizubehalten. (Österreich kennt z. B. einen Alleinverdienerfreibetrag bei sonst einheitlichem Progressionsverlauf.) In der derzeitigen Form stellt der Splittingvorteil eine einerseits *vertikale Umverteilung* an die höheren Einkommen dar. Diese Umverteilungskomponente würde durch ein Familiensplitting (wie z. B. durch den Familienquotienten in Frankreich verwirklicht) noch verstärkt. Das Splitting stellt zugleich auch eine horizontale Umverteilung von Alleinstehenden (mit und ohne Kinder) an Ehepaare, und von Zweiverdiener- an Einverdienerehepaare dar[6].

Im Vergleich zum Familiensplitting bringt das Ehegattensplitting keine (horizontale) Umverteilung von Ehepaaren ohne (mit wenig) Kinder(n) an solche mit (mehr) Kindern.

Die Gestaltung der Sozialversicherungsbeiträge bringt eine gewisse Benachteiligung von Zweiverdienerehepaaren mit sich vor allem, wenn das gemeinsame Einkommen die Bemessungsgrenzen für die gesetzliche Krankenversicherung (DM 3300 monatlich im Jahr 1981) übersteigt, die einzelnen Einkommen jedes Ehepartners jedoch unter der Bemessungsgrenze liegen. In diesen Fällen müssen Zweiverdienerehepaare höhere gemeinsame Beiträge leisten als Einverdienerehepaare mit gleichem Bruttoeinkommen (vgl. Spalte

[6] Die normative Basis dieser Beurteilung (separate Besteuerung von Personen als Referenznorm) wird aus steuerrechtlicher Sicht nicht allgemein anerkannt. Aus der Behandlung dieser Regelung im sozialpolitischen Kontext (Erfassung als Transfers im Sozialbudget) läßt sich diese Norm jedoch ableiten.

2). Die unentgeltliche Mitversicherung von Ehegatten in der gesetzlichen Krankenversicherung – ein volumenmäßig sehr beachtlicher Realtransfer bzw. impliziter Transfer, wenn man das monetäre Äquivalent der Beiträge betrachtet – stellt anders betrachtet eine erhebliche marginelle Realbesteuerung von sozialversicherungspflichtig beschäftigten Zweiverdienerehepaaren dar. Solange nur ein Ehepartner versichert ist, ist der nicht erwerbstätige hinsichtlich der Sachleistungen mitversichert; nimmt der zweite Partner eine sozialversicherungspflichtige Beschäftigung auf, so muß er für die selben Leistungen nun zusätzliche Beiträge zahlen. Anders zu beurteilen sind die Beiträge zur Arbeitslosenversicherung, die in der Hauptsache zusätzliche Ansprüche des zweiten Ehepartners begründen.

Rentenversicherungsansprüche nehmen nach geltendem Recht eine Zwischenstellung ein: Die Rentenversicherungsbeiträge der Männer sind insofern von größerem Wert, als sie in jedem Fall auch Ansprüche für eine eventuelle Hinterbliebenenversorgung auch schon bei Ledigen mitbegründen. Die Beiträge der Frauen tun dies in aller Regel nicht.

Das Kindergeld als einkommensunabhängige Leistung verliert an relativer Bedeutung mit steigendem Einkommen. Betrachtet man einen Haushalt mit etwa dem durchschnittlichen Einkommen der sozialversicherungspflichtig beschäftigten (etwas über DM 2000 monatlich), so ist das Kindergeld für 2 Kinder (DM 170) entschieden höher als z. B. die Steuerersparnis durch das Splitting (über DM 100). Allerdings kehrt sich die Relation bei höherem Einkommen um.

Das Wohngeld hat – mindestens potentiell – für Familien mit niedrigem Einkommen eine gewisse Bedeutung. In seiner derzeitigen Ausgestaltung stellt das Wohngeld zwar eine wichtige Leistung für niedrige Einkommensbezieher dar (Sozialhilfeempfänger 1980; *Behnken* 1981). Ein vergleichsweise geringer Teil der Empfängerhaushalte sind allerdings Familien mit Kindern. Sehr wichtig ist diese Transferleistung vielmehr für ältere Menschen (besonders alleinlebende Frauen) sowie für jüngere Personen. Die 1981 erfolgten gesetzliche Änderungen zugunsten von Familien mit Kindern könnte dies ändern.

Der Anteil der Jugendlichen, die in einer Hochschule oder Universität studieren, ist auch heute noch gering. BAFöG-Leistungen – mindestens in der unterstellten Höhe – treten deshalb nicht in der großen Zahl der Familien dieser Einkommensgruppen auf. Dennoch wird deutlich, daß für eine finanziell nicht sehr gut gestellte Familie diese Leistung von sehr erheblicher Bedeutung ist.

Die finanzielle Bedeutung der Familientransfers für das Einkommen der Familie spiegelt sich deutlich in ihrem Anteil am Nettoeinkommen wider (Spalte 11). Hierbei müssen allerdings die impliziten Transfers durch das Splitting außer acht bleiben, da diese nicht Bestandteil des Nettoeinkommens sind. Es wird deutlich, daß Kindergeld einen vergleichsweise geringen, BAFöG-Leistungen hingegen vor allem bei niedrigen Einkommen einen erheblichen Anteil ausmachen. Wie bedeutsam der Anteil eines Transfers ist, wird vielleicht noch deutlicher, wenn man ihn mit dem Pro-Kopf-Nettoeinkommen des Haushalts (Spalte 12) bzw. mit einem gewichteten Pro-Kopf-Einkommen (Spalte 13) vergleicht. Die Gewichtung soll dem Umstand Rechnung tragen, daß bei einer Haushaltsführung gewisse „Fixkosten" anfallen bzw. Kosten unterproportional mit der Haushaltsgröße steigen und daß die Kosten mit dem Alter der Kinder variieren. Die Gewichtungsfaktoren wurden in Anlehnung an die Sozialhilferegelung herangezogen. Demgemäß hat ein kinderloses Ehepaar mit einem Bruttoeinkommen von DM 2000, einem Nettoeinkommen von etwa DM 1500, ein Pro-Kopf-Einkommen von etwa DM 750. Dies entspricht einem gewichteten Pro-Kopf-Einkommen von etwa DM 830, d. h. etwa dem Lebensstandard eines Alleinstehenden mit diesem Einkommen.

Betrachtet man die Pro-Kopf-Einkommen der Familien mit Kindern, so fällt auf, daß bei niedrigen Einkommen BAFöG-Leistungen die Kosten eines durchschnittlichen Erwachsenen durchaus decken, da sie höher als die gewichteten Pro-Kopf-Einkommen sind. Kindergeld bleibt dagegen weit dahinter zurück. Andererseits erfahren Einverdienerhaushalte mit höherem Einkommen steuerliche Entlastungen für Ehegatten, die die Gesamtkosten einer Person in einem Haushalt mit niedrigerem Einkommen erheblich überschreiten. Selbst bei einem Bruttoeinkommen von DM 5000, was noch nicht als Spitzeneinkommen bezeichnet werden kann, fällt der Splittingvorteil fast so hoch aus, wie die BAFöG-Leistung für einen auswärts Studierenden oder Kindergeld für 4 Kinder.

5.5. Einige Schlußfolgerungen für eine Reform familialer Transferleistungen

Der Kanon familienpolitischer Transfers ist sehr umfangreich. Ihr Gesamtvolumen ist in den letzten Jahren absolut gestiegen und wird in den nächsten Jahren weiterhin zunehmen. Der relative Anteil der familialen Transfers am Volkseinkommen hat jedoch abgenommen und wird weiterhin abnehmen. Diese Entwicklung ist vor allem auf die demographischen Veränderungen zurückzuführen. Die Einzelleistungen pro Kopf haben im Zeitraum der letzten 5 Jahre bei den meisten Leistungen zugenommen. Diese Entwicklung, wie auch die Einkommensgrenzensetzung für einkommenabhängige Leistungen unterliegen keiner automatischen Indexierung. Vielmehr gelten ganz unterschiedliche Regelungen von einer Quasifestschreibung bis zur halbautomatischen Anpassung nicht nur an Preis- sondern auch Realeinkommensentwicklungen.

Die Bedeutung der Transfers stellt sich unterschiedlich für verschiedene Familientypen und Einkommensgruppen dar. Berücksichtigt man die quantitative Bedeutung der einkommenssteuerlichen Entlastungen, so zeigt sich die Familienpolitik als Instrument der Entlastung von Familien; jedoch nehmen die absoluten Transferleistungen mit steigendem Einkommen eher zu. Die Einkommenssteuerreform 1975 hat im Zusammenhang mit der Kindergeldreform die „perversesten Effekte" der familialen Transfers abgebaut, nach denen Familien mit Kindern vergleichsweise weniger von einkommensteuerlichen Splitting profitierten als kinderlose Ehepaare (*Inifes* 1977: 76 – 79).

Die sinkenden Kinderzahlen ermöglichen insgesamt Leistungsverbesserungen pro Kind. Die steigende Zahl von Zweiverdienerehepaaren schränkt den durch Splitting bedingten Steuerausfall ein.

Welche Möglichkeiten bieten sich für eine Reform? Prinzipiell können hierbei zwei Arten von Reformen unterschieden werden. Zum einen kann eine Erhöhung des Leistungsniveaus bei grundsätzlicher Beibehaltung der Leistungsstruktur anvisiert werden. Zum anderen kann eine Änderung der Leistungsstruktur ins Auge gefaßt werden. Was die Leistungen für die nachwachsende Generation betrifft, so bestehen aufgrund der demographischen Entwicklung Gestaltungsspielräume. Die steigenden Lasten der Umverteilung an die älteren Menschen scheinen jedoch diese scheinbaren Spielräume eher zu beschneiden (*Pfaff, A.* und *Pfaff, M.* 1981: 58ff.).

Interessanter erscheinen die Möglichkeiten struktureller Veränderungen zu sein, die

- eine unterschiedliche Gewichtung und Relation der Ziele involvieren;
- eine grundsätzlich andere Mischung von realen und monetären Transfers anstreben;
- eine stärkere Berücksichtigung der Einkommenslage im Sinn einer vertikalen Umverteilung bringen;
- eine stärkere Berücksichtigung des Kindesalters implizieren;
- eine andere Behandlung der Ordnungszahlen der Kinder involvieren; und
- von einem veränderten Leitbild der Ehe ausgehen.

Ein Blick über die Grenzen, insbesondere auf Frankreich, Österreich und die Deutsche Demokratische Republik, ist hilfreich bei der Generierung von Alternativen.

Wenngleich familiale Transfers einen teilweisen ökonomischen Belastungsausgleich für die Familie bedeuten, erreichen sie bevölkerungspolitische (und auch arbeitsmarktpolitische) Ziele in viel geringerem Umfang. In der Vergangenheit haben Befürchtungen, daß ein zu starkes Bevölkerungswachstum realisiert werden könnte, nur zu schnell mit solchen abgewechselt, daß die Bevölkerung im Aussterben begriffen sei. Ebenso wurde die lange vorhandene Arbeitskräfteknappheit in den letzten Jahren von einem Arbeitsplatzmangel abgelöst. Die Perspektiven für die Zukunft sind in beiden Bereichen unsicher. Ausgleich der Lasten, Förderung der Geburtenhäufigkeit und Dämpfung des Arbeitsangebots sind Ziele, die in Harmoniebeziehung zueinander stehen. Alle würden durch möglichst hohe monetäre Transfers für Kinder und kindererziehende Ehegatten erfüllt. Diese Kombination kennzeichnet im wesentlichen die aktuelle Situation der Bundesrepublik am Anfang der laufenden Dekade.

Vor 10 Jahren hingegen war eine gänzlich andere Arbeitsmarktlage gegeben – Arbeitskräfte waren knapp. In weiteren 10 bis 15 Jahren könnte dies wiederum der Fall sein (*Pfaff, A.* und *Pfaff, M.* 1981: 70ff.). Dann stellten sich Fragen der Förderung der Familie in einer anderen Form. Die Bereitstellung von Kindergärten und Tagesheimplätzen, Tagesmüttern und ähnliches, bilden die Hauptgrundlage für die Erwerbstätigkeit beider Elternteile; ein rein monetärer Lastenausgleich würde dann an Gewicht verlieren müssen. So sieht in etwa die Situation der Deutschen Demokratischen Republik aus, die eine weit höhere Frauenerwerbstätigkeit aufweist. Prinzipiell kann jedoch auch in dieser Situation von einer Zielharmonie oder Indifferenz gesprochen werden.

In einer Situation der zu starken Bevölkerungsentwicklung, wie sie Mitte der 60er Jahre in den meisten westeuropäischen Ländern gegeben war, stehen Zielsetzungen des Lastenausgleichs und der Bevölkerungspolitik eindeutig im Konflikt. Ob oder wann im generativen Verhalten eine Wende eintreten wird, kann kaum prognostiziert werden. Den monetären Transfers kommt sicher bei einer solchen Zielsetzung eine untergeordnete Rolle zu.

Die unterschiedliche Kombination von realen und monetären Transfers wurde bereits bei der Zieldiskussion angesprochen.

Wenn immer der Gesetzgeber bestimmte Verhaltensweisen (Konsum- oder Produktionstätigkeiten) erwünscht, wird er generell Realtransfers gegenüber monetären präferieren. Denn in den meisten Fällen gewähren monetäre Transfers dem Empfänger eine Gestaltungsfreiheit, die der Gesetzgeber nicht unbedingt wünscht. Die vertikale Umverteilung von besser situierten an wirtschaftlich weniger gut gestellte Familien wird in erster Linie dadurch gewährleistet, daß Einkommenstransfers in ihrer Höhe von Einkommen abhängen, z. B. daß sie nur bis zu einem gewissen Einkommen gewährt werden. Hierbei sind absolut feste von gestaffelten oder flexiblen Grenzen zu unterscheiden. Denkbar wären auch Einkommensgrenzen bezogen auf das Einkommen inklusive Transfers.

Bei kinderbezogenen Leistungen besteht die Möglichkeit, nicht nach der Ordnungszahl sondern nach dem Alter einheitlich Leistungen zu gewähren.

Ein solches Vorgehen würde sich z. B. harmonisch in die Unterhaltsbestimmungen einfügen lassen. Ausgestaltungen dieser Form gibt es z. B. neuerdings in Österreich. Elemente dieser Art der Transfergestaltung sind z. B. auch in den Transfers nach dem Bundesausbildungsförderungsgesetz zu finden. Schließlich kann eine Veränderung solcher Leistungen durch eine abnehmende Transferleistung bei höheren Kinderzahlen bewirkt werden. Solche Elemente sind bei der Festsetzung von Sonderausgabenhöchstgrenzen vorhanden.

Ein weiterer Bereich, der unterschiedliche Ausgestaltungsmöglichkeiten bietet, ist das Einkommensteuerrecht. So wäre es denkbar – wie dies im österreichischen Steuerrecht der Fall ist – prinzipiell eine separate Veranlagung bzw. separate Besteuerung beider Ehegatten, eventuell mit einem Einverdienerfreibetrag für Familien mit nur einem Erwerbstätigen, vorzunehmen. Ein solches Vorgehen würde Spielraum für andere Formen der Familientransfers, die stärker auf Kinder ausgerichtet sind, ermöglichen. Ähnlich wie in Frankreich könnte alternativ ein Splitting nach Familiengröße variieren bzw. nur für Kinder (nicht jedoch für Ehegatten generell) möglich sein.

Die Ordnungszahl der Kinder spielt heute vor allem eine Rolle bei der Ausgestaltung des Kindergeldes. Auch im Steuerrecht spielt die Zahl der Kinder indirekt eine Rolle. Die Leistungsentwicklung der letzten Jahre hat hier tendenziell eine Betonung der Mehrkinderfamilie gebracht; die zukünftige Entwicklung wäre denkbar in Richtung einer Verstärkung dieser Tendenz (z. B. Abschaffung des Kindergeldes für das erste Kind) und Ausweitung der Leistungen für kinderreiche Familien (vgl. Frankreich). Alternativ könnten gerade Leistungen für erste Kinder gesteigert werden mit der Begründung, daß die größeren marginellen finanziellen Belastungen –Ausscheiden eines Elternteils aus dem Erwerbsleben, Neuanschaffungen – beim ersten Kind zum tragen kommen.

Das veränderte Leitbild der Ehe, das z. B. seinen Niederschlag im neuen Eherecht gefunden hat, als Verbindung, in der keine prototypischen geschlechtsspezifischen Ungleichheiten von Rechten und Pflichten vorgeprägt sind, findet seinen Niederschlag in der Ausgestaltung der Ehegattenleistungen und -pflichten. Eine Einseitigkeit von Unterhaltsanspruch gekoppelt mit bestimmten Aufgaben (Haushaltsführung) wird abgelöst von Gegenseitigkeit des Anspruchs und einvernehmlicher Aufteilung der Pflichten (vgl. den Beitrag von *Sachße/Tennstedt* in diesem Band). Für die familienpolitischen Leistungen bedeutet dies eine Umgestaltung der aus dem alten Unterhaltsrecht abgeleiteten Ansprüche.

Vordringlich kann hier die Neuordnung der Hinterbliebenenversorgung nach diesen Gesichtspunkten gesehen werden. So muß bis zum Jahr 1984 im Rahmen der gesetzlichen Rentenversicherung eine Neuregelung gefunden werden, die einem veränderten Bild der Ehe Rechnung trägt.

Die diesbezüglich in der politischen Diskussion favorisierten Lösungsansätze halten zwar materiell – wenn auch nicht formell – an der besseren Sicherung des in größerem Umfang außerhäuslich erwerbstätigen Ehepartners, in aller Regel des Mannes, fest. In den Grundzügen geht die Lösung formalrechtlich jedoch von einer Ablösung der Hinterbliebenenversorgung auf der Basis des Unterhaltsanspruches der Frau gegenüber dem Mann ab. Ein Anspruch auf Rente im Alter baut vielmehr auf der Idee des gemeinsam in der Ehe Erwirtschafteten auf.

In der Praxis ist der Wandel der Leitbilder wie auch der Verhaltensweisen ein allmählicher Prozeß. So ist auch für die Zukunft davon auszugehen, daß in aller Regel Männer höhere Einkommen beziehen werden als (verheiratete) Frauen und längere Versicherungszeiten aufweisen werden, da meist Frauen den größeren Teil der Kinderbetreuung durchführen. Die „vested interests" der Männer werden sich im Rentenrecht in Form der Garantierente materiell auch über die Rentenreform hinwegretten. Ein Abbau materieller Ansprüche wird „nur" bei Frauen mit eigenen Rentenanwartschaften erfolgen, wenn die in der politischen Diskussion von allen Parteien favorisierten Lösungen realisiert werden.

Das veränderte Leitbild der Ehe, das sich vor allem in Form steigender Zahlen von Zweiverdienerehepaaren zeigt, könnte aber durchaus auch in familienorientierten Ausgestaltung anderer Formen abgeleiteter Sicherung ihren Niederschlag finden, wie z. B. in der gesetzlichen Krankenversicherung.

Der Spielraum der Gestaltungsmöglichkeiten ist groß, auch wenn man von einer kostenneutralen Lösung ausgeht. Die Bundesrepublik hat in den letzten Jahrzehnten den Umfang und die Struktur der familialen Transfers ausgebaut. Die sich verändernden Probleme und sozialen Rahmenbedingungen fordern jedoch eine dauernde Weiterentwicklung im Interesse einer zieladäquaten und effizienten Stützung der familialen Funktionen.

6. Familiale Erziehung und sozialpolitische Intervention

Alois Herlth

Der offenkundige Mißerfolg zahlreicher aufwendiger Erziehungsprogramme zur institutionellen kompensatorischen Förderung von Kindern aus unterprivilegiertem soziokulturellem Milieu (*Bronfenbrenner* 1974) hat zu Neuorientierungen und Gewichtsverlagerungen in der Sozialisationsforschung geführt, die für die *sozialpolitische Diskussion* nicht folgenlos geblieben sind. Als erstes ist hier eine verstärkte Rückbesinnung auf die *Leistungen der Familie* für die Sozialisation des Kindes zu nennen (*Schaefer* 1972; *Bronfenbrenner* 1974; *Bronfenbrenner* 1976). Diese stärkere Betonung der Familie ist Teil eines vermehrten Interesses an den alltäglichen Gegebenheiten und Voraussetzungen kindlicher Entwicklung (*White* u. *Watts* 1973; *Bronfenbrenner* 1976: 200ff.). Darin deutet sich eine *ökologische Orientierung* in der Sozialisationsforschung an, die ihrerseits die *Notwendigkeit sozialpolitischer Intervention* als Voraussetzung einer Verbesserung kindlicher Entwicklungschancen betont und damit auch neue Überlegungen zu einer *„Sozialpolitik für das Kind"* (*Lüscher* 1977) initiiert. Die Diskussion um die sozialpolitischen Möglichkeiten, die Erziehung von Kindern vor allem aus unterprivilegiertem soziokulturellem Milieu zu beeinflussen, hat sich in den letzten Jahren beachtlich verstärkt (*Zweiter Familienbericht* 1976; *Liegle* 1976; *Herlth et al.* 1976; *Lüscher* 1979; *Bronfenbrenner* 1974; *Wissenschaftlicher Beirat für Familienfragen* 1975; *Wingen 1979)*[1].

Im folgenden will ich mich mit den Möglichkeiten und Grenzen der sozialpolitischen Beeinflussung familialer Erziehung näher befassen und dabei insbesondere auf die Wirksamkeit öffentlicher Sozialleistungen (finanzielle Hilfen und soziale Dienste) eingehen. Diese Überlegungen sind im wesentlichen im Rahmen eines empirischen Forschungsprojekts über die „Wirkungen öffentlicher Sozialleistungen auf den Sozialisationsprozeß" entwickelt

[1] Hinzuweisen ist ferner auf die Diskussion in der politischen Praxis um das Tagesmüttermodell sowie Erziehungsgeld und Gestaltung des Familienlastenausgleichs, die sich insbesondere am Zweiten Familienbericht entzündet haben.

worden, dem auch die unten berücksichtigten empirischen Daten entnommen sind[2].

6.1. Familie und Sozialpolitik für Kinder

Diskutiert man das Problem der „qualitativen Nachwuchssicherung"[3], so wird die Familie häufig in zweifacher – und auf den ersten Blick widersprüchlicher – Weise bemüht, die jeweils unterschiedliche sozialpolitische Reaktionen im Gefolge haben. Erstens erbringt die Familie als eine gesellschaftlich institutionalisierte Form von Eltern-Kind-Beziehungen Leistungen, die überhaupt Soziabilität von Kindern und damit Persönlichkeitsentwicklung ermöglichen. Familie als ein soziales System gewährleistet die strukturellen Voraussetzungen, die für Entwicklung und Erziehung von Kindern in unserer Gesellschaft erforderlich sind (vgl. *Neidhardt* 1973). Dadurch, daß sich das Hineinwachsen in eine Gesellschaft zunächst als Hineinwachsen in eine Familie vollzieht, erfahren die Kinder zum zweiten in bestimmten Familien ein hohes Maß an sozialer Benachteiligung. So konnte die sozialstrukturell orientierte Sozialisationsforschung empirisch belegen, daß sogenannte Unterschichtfamilien im Vergleich zu Mittelschichtfamilien bestimmte Leistungen für die Erziehung ihrer Kinder nicht erbingen, die den Mittelschichtkindern gerade in den außerfamilialen Erziehungsinstitutionen bestimmte Vorteile sichern. Die Familie erscheint hier als Garant sozialer Ungleichheit (hierzu näher *Strohmeier/Herlth* 1980).

„Kompensatorische Erziehung" war der Begriff für eine pädagogische Bewegung in den sechziger Jahren, die diese Form sozialer Benachteiligung von Kindern nicht hinnehmen wollte. Ausgehend von zwei theoretischen Prämissen – Determination kindlicher Entwicklung durch Umweltfaktoren und Dominanz frühkindlicher Anregungen – sollten durch bestimmte außerfamiliale Förderungsmaßnahmen Defizite im Anregungsgehalt des familialen soziokulturellen Milieus „kompensiert" werden. In den Programmen kompensatorischer Erziehung – vor allem in den Vereinigten Staaten – wurde die Chance gesehen, bei Kindern aus unterprivilegiertem soziokulturellen

[2] Dieses Projekt ist im Auftrag des Bundesministeriums für Jugend, Familie und Gesundheit unter der Leitung von F. X. Kaufmann, zusammen mit H.-J. Schulze und K. P. Strohmeier an der Fakultät für Soziologie der Universität Bielefeld in den Jahren 1974 bis 1978 durchgeführt worden. Die Ergebnisse liegen vor in: *Kaufmann et al.* (1978) und *Kaufmann et al.* (1980).

[3] Damit ist „Erziehung" als ein gesellschaftliches Problem gemeint. Kinder müssen in eine vorgegebene gesellschaftliche Struktur hineinwachsen und Erziehungsprozesse – wie auch immer sie institutionell verankert sein mögen – müssen dieses Hineinwachsen in eine Gesellschaft als Bereitschaft der Übernahme von Rollen und Werten sicherstellen (vgl. *Kaufmann et al.* 1980: 27ff., 73ff.).

Milieu („Unterschicht") die sich aus dem Familieneinfluß ergebende soziale Benachteiligung dieser Kinder abzubauen. Die Ergebnisse kompensatorischer Förderungsprogramme und deren kritische Evaluation haben jedoch zu einer gewissen Ernüchterung hinsichtlich der Erfolgsaussichten außerfamilialer Förderung geführt. Aus der Evaluation kompensatorischer Erziehungsprogramme entwickelt sich sogar im Gegenzug eine neue „Familienorientierung". *Bronfenbrenner* (1974: 92ff.) stellt fest: die außerfamiliale Förderung von Kindern, die womöglich im Familieneinfluß nur einen zu eliminierenden Störfaktor der kindlichen Entwicklung sah, konnte keinen nachhaltigen Erfolg hinsichtlich der kognitiven Entwicklung der Kinder erzielen. Dagegen waren Programme, die mit dem Einbezug der Eltern gearbeitet haben, durchweg erfolgreicher. *Bronfenbrenner* schließt daraus, daß weder die direkte Beeinflussung des Kindes durch kompensatorische Erziehung noch die direkte Beeinflussung der Eltern (z. B. im Rahmen von Elternbildungsprogrammen) für sich die Entwicklung des Kindes dauerhaft zu beeinflussen vermögen. Dies sei nur möglich durch eine Beeinflussung des „Eltern-Kind-Systems". „Die Ergebnisse weisen darauf hin, daß die Familie das wirksamste und wirtschaftlichste System ist, um die Entwicklung des Kindes zu fördern und zu schützen" (*Bronfenbrenner* 1974: 145). Im Gegensatz zur traditionellen Familienorientierung konservativer Sozialpolitik wird bei *Bronfenbrenner* die *„Erziehungsfähigkeit"* von Familien nicht als quasi naturgegeben vorausgesetzt, sondern zum zentralen Angelpunkt wissenschaftlicher Analysen und sozialpolitischer Interventionen gemacht.

Bronfenbrenner geht davon aus, daß die Erziehung in der Familie von bestimmten Faktoren abhängig ist, die der Umwelt der Familie zuzurechnen sind. Diese können sich im Hinblick auf die Erziehungsleistungen als förderlich oder beeinträchtigend erweisen. Bezogen auf Familien aus unterprivilegiertem soziokulturellem Milieu („Unterschicht") geht er von der Hypothese aus, daß es die spezifischen Lebensbedingungen dieser Familien sind, die sie daran hindern, ihre Aufgaben bei der Kindererziehung zu erfüllen. Das Problem der familial bedingten sozialen Benachteiligung von Kindern erhält somit eine neue Wendung als *gesellschaftlich bedingte Benachteiligung einer bestimmten Gruppe von Familien.* Für *Bronfenbrenner* ergibt sich daraus das Erfordernis „ökologischer Intervention", und er meint damit sozialpolitische Maßnahmen, die die dauerhaften Lebensbedingungen, unter denen Familien ihre Kinder erziehen, zu beeinflussen vermögen[4].

[4] *Bronfenbrenner* betont, daß so lange sich an den alltäglichen Umweltbedingungen, unter denen Familien ihre Kinder erziehen, nichts ändert, auch direkte Interventionen in Form außerfamilialer kompensatorischer Erziehungsmaßnahmen keinen Erfolg haben werden. Umgekehrt sind Programme kompensatorischer Erziehung u. U. gar nicht mehr nötig, wenn es gelingt, durch sozialpolitische Maßnah-

Diese bei *Bronfenbrenner* anfangs überwiegend pragmatisch begründete Hypothese, die bei ihm zum Einstieg in eine ökologische Orientierung der Sozialisationsforschung führt (*Bronfenbrenner* 1976), impliziert zwei Forschungsprobleme, die bis dahin kaum empirisch bearbeitet waren und in ihrem Zusammenhang bislang theoretisch nur unzureichend reflektiert worden sind. – Als erstes ergibt sich eine *familiensoziologische Problemstellung:* Erziehung ist eine *Leistung* familialer Systeme – *Parsons* legt sogar das Bild von der Familie als Produktionsstätte menschlicher Persönlichkeit nahe (*Parsons/Bales* 1955: 9ff.). Diese internen, auf der Eltern-Kind-Kommunikation basierenden Familienprozesse ereignen sich in einem umfassenderen, über die Familie hinausgehenden Strukturkontext, in dem die Familie als soziale Einheit agiert, so daß Unterschiede in den familialen Erziehungsleistungen u. U. erklärt werden können durch Unterschiede in den Beziehungen zwischen den familialen „Mikroprozessen" und den „makrostrukturellen" Gegebenheiten, die *Neidhardt* (1971) mit dem Begriff „familiale Lebenswelt" zusammenfaßt[5]. – Als zweites wird ein *sozialpolitisches Problem* erkennbar, dessen Lösung soziologische Makrotheorien zwar allenthalben unterstellten, das aber empirisch bislang wenig Aufmerksamkeit erfahren hat und dessen empirische Klärung theoretisch in keiner Weise vorbereitet ist: Inwieweit lassen sich soziale Mikroprozesse, wie es familiale Erziehungsleistungen sind, durch sozialpolitische Interventionen, die lediglich als Makroprozesse politisch steuerbar sind, wirksam und in gewisser Hinsicht gezielt beeinflussen?

So plausibel auch die *Bronfenbrenner*'sche Hypothese sein mag, so wenig wissen wir bislang empirisch erhärtet darüber, welche spezifischen Umweltbedingungen von Familien für die familialen Erziehungsleistungen bedeutsam sind und in welchem Maße diese Umweltbedingungen durch bestimmte Maßnahmen sozialpolitischer Intervention überhaupt beeinflußbar sind. Es ist meine Absicht, diese Fragen im folgenden einer Klärung zuzuführen.

men die Voraussetzung für die Erziehung von Kindern auch in unterprivilegiertem soziokulturellen Milieu zu verändern.

[5] In der Terminologie von *König* (1969) stellt sich dieses Problem als notwendige Verknüpfung von Mikrosoziologie und Makrosoziologie der Familie dar. Vom Ansatz her ist dieses Problem in der strukturfunktionalistischen Tradition der Familiensoziologie zwar erkannt, aber bislang keineswegs theoretisch befriedigend gelöst. So verweist *Hill* (1971) auf ein Defizit an sogenannten „Brückenkonzepten", die die Beziehungen zwischen Familie und sozialer Umwelt theoretisch rekonstruieren können. *Stolte-Heiskanen* (1974 und 1976) und *Strohmeier* (1981) haben dazu weiterführende Überlegungen vorgelegt.

6.2. Sozialpolitik und Lebensformen

Das Ansinnen, familiale Erziehungsleistungen mit den Mitteln sozialpolitischer Intervention[6] zu entwickeln und zu fördern, sollte die Sozialpolitik nicht fraglos an sich herantragen lassen[7]: Worauf gründet sich die Erwartung, soziale Benachteiligung von Kindern könne durch sozialpolitische Maßnahmen, die auf die Familie zielen, abgebaut werden? Müßte nicht gerade in der Bundesrepublik die soziale Benachteiligung von Kindern äußerst gering sein, wo wir doch seit den sechziger Jahren ein relativ dichtes Netz sozialpolitischer Maßnahmen kennen – angefangen vom Kindergeld über Wohngeld, Ausbildungsbeihilfe bis hin zu Dienstleistungen verschiedenster Art wie z. B. Elternbildung, Beratung, Kinderbetreuung; von bildungspolitischen Maßnahmen und rechtlichen Regelungen zum Schutz von Kindern und Familien ganz zu schweigen? In welchem Maße ist es bereits gelungen, soziale Benachteiligung von Kindern durch diese vielfältigen Maßnahmen abzubauen? Haben die bisherigen Maßnahmen überhaupt erwünschte Auswirkungen auf die Erziehungsfähigkeit von Familien gehabt oder werden hier vielleicht *Grenzen sozialpolitischer „Machbarkeit“* erkennbar?

Eine wissenschaftliche Beschäftigung mit Problemen sozialpolitischer Praxis, welche die Probleme der Praxis und ihr Bemühen, sie zu lösen, ernst nimmt, wird somit unversehens zu einer *Analyse der Wirksamkeit* dieser Praxis. Die wissenschaftliche Erfolgskontrolle hat in der Sozialpolitik bereits eine lange Tradition, wenngleich sie auch erst im vergangenen Jahrzehnt so recht begonnen hat[8]. Während *Chapin* bereits im Jahre 1917 in der Sozialgesetzge-

[6] Vgl. dazu den Beitrag von *F.-X. Kaufmann* in diesem Band.

[7] Aus Anlaß der Errichtung des Familienministeriums im Jahre 1953 hat bereits *Schelsky* auf Probleme aufmerksam gemacht, die sich womöglich aus dem strukturellen Gegensatz gesellschaftlich-naturwüchsiger Institutionen wie der Familie und formal organisierter Institutionen, wie sie im Bereich der Politik anzutreffen sind (*Schelsky* 1967) resultieren.
Während jedoch *Schelsky's* Kritik normativ ausgerichtet war und die politisch geleitete Verwaltung des Intimen und Privaten als Gefahr betrachtete, sehe ich eher das Problem, daß selbst dort, wo wir uns Wirkungen sozialpolitischer Intervention wünschen möchten, die politische Gestaltbarkeit unseres Alltags gewisse Grenzen hat, die sich aus den unterschiedlichen strukturellen Voraussetzungen sozialpolitischen Handelns und alltäglichen Handelns in der Familie ergeben.

[8] Geboren wurde die Idee der wissenschaftlichen Wirkungsanalyse sozialpolitischer Praxis durch die soziologischen Ausläufer des amerikanischen Pragmatismus – vertreten in der Chicagoer Schule. Die pragmatistische Sichtweise der Politik betont vor allem den experimentellen Charakter sozialer Reformen: „Social legislation is social experimentation“ (*Chapin* 1917). Als politische Rationalisierungsstrategie empfiehlt sich daher, das politische Vorgehen bei der Lösung sozialer Probleme der Anlage eines wissenschaftlichen Experiments anzupassen, dessen Sinn ja gerade in der systematischen Erfolgskontrolle des Handelns liegt.

bung Bismarcks eines der bedeutendsten *politischen Experimente* der damaligen Zeit sah, dessen Wirkungen zu kontrollieren sind (*Chapin* 1917), wurden ähnliche Überlegungen in der Bundesrepublik erstmals von *Achinger* (1958) vorgelegt. *Achinger's* Analyse der Sozialpolitik ist von den Wirkungen her gedacht, die mit den sozialpolitischen Institutionen, Regelungen und Leistungen – also mit bestimmten Formen der sozialpolitischen Intervention – erzielt werden. Dabei endet die Frage nach der Wirksamkeit sozialpolitischer Intervention nicht bei dem, was als Output sozialpolitischer Institutionen anzusprechen wäre:

- rechtlicher Schutz und rechtliche Ordnung,
- Geld und andere Sozialleistungen.

Achinger geht einen Schritt weiter und fragt, „wie sich auf die Dauer Wirtschaftsverfassung, Gesinnungen und Gewohnheiten unter der Einwirkung sozialpolitischer Regelungen und Institutionen, die ja damit zu Konstanten des gesellschaftlichen Prozesses werden, verändern und wieder verändern" (1958: 8). Während man noch heute großenteils gewohnt ist, den *Erfolg* unserer Sozialpolitik mit dem finanziellen und organisatorischen *Aufwand*, der mit der Erbringung sozialpolitischer Leistungen verbunden ist, gleichzusetzen (Erfolg = Output der Sozialpolitik), rührt *Achinger* an den Nerv des sozialpolitischen Handelns: Inwieweit verändert die sozialpolitische Intervention unsere *„Lebensformen"*?

Diese, auf die „Lebensformen" bezogene Wirkungsperspektive der Sozialpolitik hat in der Sozialpolitikdiskussion der Bundesrepublik lange Zeit ein Schattendasein geführt, was sich vor allem auf die Dominanz ordoliberaler Vorstellungen in den fünfziger und frühen sechziger Jahren zurückführen läßt. Wieder aufgegriffen wurde dieses Thema jüngst in einem für die theoretische Reflexion sozialpolitischer Praxis äußerst wichtigen Beitrag von *Badura* und *Gross* (1976) unter dem Stichwort „kulturelle Infrastruktur" und „soziokulturelles Paradigma der Sozialpolitik". Es geht um die Frage nach der Wirksamkeit sozialpolitischer Intervention im Hinblick auf Kommunikations- und Motivationsstrukturen. Es geht um soziokulturelle Phänomene wie „kulturelle Tradition, Werte und Normen, nicht-rationale Verhaltensweisen, immaterielle Motive und Incentives, soziokulturelle Krisen und physische Belastbarkeiten", die *Badura* und *Gross* zusammenfassend mit dem Begriff „Lebensformen" belegen (1976: 175). In den Veränderungen der Lebensformen den Erfolgsausweis sozialpolitischer Intervention zu suchen (Impact-Orientierung der Sozialpolitik), läßt sich durch das begründen, was *von Ferber* (1977) als „materialistische Erkenntnisposition" bei der Analyse sozialpolitischer Praxis bezeichnet hat: Gemeint ist damit der Bezug jeder Sozialpolitik und damit konsequenterweise auch der Bezug ihrer Analyse auf die „körperlich/zeitliche Existenz von Personen". Wirksamkeit sozialpolitischer Intervention ist zu beziehen auf die konkrete Einzelexistenz, das „Hier und Jetzt konkreter Personen und ihrer Bedürfnisse" (*von Ferber* 1977: 31).

Nun scheint außer Frage zu stehen, *daß* durch sozialpolitische Intervention unsere alltäglichen Lebensformen beeinflußt und verändert werden. Dies ist nicht nur auf einer allerdings noch recht generellen Ebene aufgezeigt worden von *Achinger* selbst (*Achinger* 1958); Wirksamkeit der Sozialpolitik in dieser Hinsicht ist auch geradezu eine Basisannahme der gesellschaftskritischen Sozialpolitikforschung, die dazu herhalten muß, die relative Stabilität und Dauerhaftigkeit der spätkapitalistischen Gesellschaftsformation empirisch zu erklären[9]. Zu solchen Befunden und begründeten Annahmen scheint die Feststellung von *Badura* und *Gross* im Widerspruch zu stehen, daß „Wirkungen sozialpolitischer Maßnahmen auf Kommunikations- und Motivationsstrukturen, kurz: auf die kulturelle Infrastruktur" nahezu unerforscht seien (1976: 27). Dieser scheinbare Widerspruch löst sich dahingehend, daß es auf der einen Seite keine plausiblen Gründe gibt, um generell Auswirkungen der Sozialpolitik auf unsere alltäglichen Lebensformen in Abrede zu stellen, doch fehlt es auf der anderen Seite an validen Informationen, in bezug auf was bestimmte sozialpolitische Maßnahmen wirksam sind, in welchem Maße und unter welchen Bedingungen sie mehr oder weniger wirksam sind. Unsere Alltagswirklichkeit können wir zwar als sozialpolitisch miterzeugte Wirklichkeit begreifen – wir wissen aber nur wenig darüber, wie Alltagswirklichkeit sozialpolitisch *erzeugbar* wird. Es mangelt an Theorien und empirischen Analysen der *Wirkungsweise* sozialpolitischer Intervention, worunter die analytische Rekonstruktion des Wirksamwerdens eines bestimmten sozialpolitischen Outputs in den konkreten Lebensformen der Leistungsadressaten und Betroffenen verstanden wird. Was muß geschehen, damit rechtliche Regelungen oder ein Angebot an sozialen Leistungen Veränderungen im Alltag konkreter Individuen (als rechtlich Begünstigte oder als Leistungsadressaten) bewirken können und tatsächlich bewirken?

Das Problem der Wirksamkeit sozialpolitischer Intervention läßt sich darstellen als Verknüpfung von zwei unterschiedlichen Ebenen sozialen Handelns, die in der Soziologie gemeinhin als Mikroebene und Makroebene unterschieden werden.[10] Sozialpolitik ist Handeln auf der Makroebene, es besteht in Prozessen der rechtlichen Normierung unseres Alltagshandelns,

9 So wird unterstellt, daß es mit Hilfe der Sozialpolitik gelingt, Arbeitskraftbesitzer in Lohnarbeiter kontinuierlich zu transformieren (*Lenhardt* und *Offe* 1977: 107f.). Erklärlich ist dies nur, wenn man – wie dies *Lenhardt* und *Offe* auch tun – Wirkungen der Sozialpolitik auf die alltäglichen Kommunikations- und Motivationsstrukturen unterstellt.

10 Ich lehne mich bei dieser Unterscheidung vor allem an *Etzioni* (1968) an. *Etzioni* trifft eine solche Unterscheidung von den Handlungseinheiten her, wobei er zwi-

im Verarbeiten von Informationen über soziale Probleme, im politischen Reagieren auf solche Probleme z. B. durch Erbringen und Anbieten öffentlicher Sozialleistungen. Sozialpolitische Probleme werden durch formale Organisationen wahrgenommen, definiert, verarbeitet und behandelt. Als formal organisierte Prozesse sind sie planbar, rationalisierbar und steuerbar. Der Prozeß des Wirksamwerdens sozialpolitischer Maßnahmen ist damit direkt gestaltbar bis hin zum „Policy-Output" in Form von rechtlichen Normen, mehr oder weniger handlungsmotivierenden Appellen und Angeboten an öffentlichen Sozialleistungen, deren sich die potentiellen Leistungsadressaten bedienen können. Das Wirksamwerden dieser Maßnahmen auf der Mikroebene – also in den alltäglichen Lebensformen sozialpolitischer Zielgruppen – entzieht sich dem unmittelbaren Zugriff des Sozialpolitikers, die direkte Steuerbarkeit des Alltagshandelns endet an den Systemgrenzen formaler Organisationen. Die Mikroebene – d. h. die Ebene des alltäglichen Handelns, wo wir in Interaktion treten mit konkreten Individuen – kann sich zwar dem Zugriff formaler Organisationen nicht entziehen (ein Großteil unserer alltäglichen Verrichtungen erfolgt in formalen Organisationen – dies gilt für die Erwerbstätigkeit in besonderem Maße, aber auch für viele Freizeitverrichtungen und diverse Alltagsgeschäfte wie z. B. Einkaufen und Benutzung öffentlicher Verkehrsmittel). Aber dies bedeutet keineswegs, daß unser Alltagshandeln gleichermaßen steuerbar ist wie das Handeln formaler Organisationen. Inwieweit rechtliche Regelungen auf der Mikroebene handlungswirksam werden und inwieweit öffentliche Sozialleistungen den Alltag der Leistungsadressaten verändern, wird durch eine Vielzahl von Faktoren mitbestimmt, die als *„nicht-organisierbare" Bedingungen der Wirksamkeit* sozialpolitischer Intervention in Betracht gezogen werden müssen. Sozialpolitische Intervention bedeutet die Erzeugung makroskopischer Prozesse, deren Wirksamkeit in den alltäglichen Lebensformen jedoch von spezifischen Reaktionsweisen der Betroffenen abhängt, die nicht mehr direkt sozialpolitisch steuerbar sind.

Bezogen auf familiale Erziehungsleistungen bedeutet dies, daß zwar auf der einen Seite rechtliche Regelungen erlassen werden können, die dem Schutz von Kindern und Familie dienen und intendieren, bestimmte Formen sozialer Benachteiligung zu beseitigen (z. B. Jugend- und Mutterschutzgesetze, das Jugendhilferecht oder gar die allgemeine Schulpflicht), daß ferner Familien mit Kindern finanzielle Hilfen und soziale Dienstleistungen angeboten werden können, daß aber auf der anderen Seite die zum Wirk-

schen Mikroeinheiten (Familien und andere Kleingruppen) und Makroeinheiten (Großorganisationen und ganze Gesellschaften) unterscheidet. Ähnliche Unterscheidungen finden wir auch bei *Parsons* (1976) und *Luhmann* (1975) und zwar zwischen Interaktionshandeln und Organisationshandeln.

samwerden dieser Interventionen notwendige Inanspruchnahme solcher Rechte und Leistungen sowie ihre Umsetzung im Familienalltag von zusätzlichen Faktoren abhängt, die die Struktur der Mikroebene – hier vor allem Eltern-Kind-Kommunikation und Gestaltung des kindlichen Alltags durch die Eltern – prägen und dem steuernden Zugriff formaler Organisationen nicht in dem Maße verfügbar sind, wie dies bei innerorganisatorischen Faktoren der Fall ist. In welchem Maße ein Wirksamwerden öffentlicher Sozialleistungen in den Prozessen familialer Erziehung u. U. möglich ist, will ich im folgenden durch eine theoretische Rekonstruktion der Wirkungsweise öffentlicher Sozialleistungen zu klären versuchen. Dazu werde ich von den Prozessen familialer Erziehung und ihrer Beeinflussung durch Umweltfaktoren ausgehen, um Angriffspunkte und bedingende Faktoren für das Wirksamwerden sozialpolitischer Intervention im Familienalltag zu ermitteln.

6.3. Umweltbedingungen familialer Erziehung

Familiale Erziehungsleistungen werden bislang überwiegend unter dem Gesichtspunkt der Eltern-Kind-Kommunikation thematisiert. Dies gilt sowohl für die traditionelle Erziehungsstilforschung (vgl. die neueren zusammenfassenden Beiträge von *Stapf et al.* 1972; *Grauer* 1972; *Lehr* 1974; *Munsinger* 1971: 286ff.; *Becker* 1972; *Lukesch* 1976), die überwiegend mit dem Instrument der Einstellungsmessung gearbeitet hat, als auch für die jüngere „Eltern-Kind-Kommunikationsforschung" (vgl. beispielhaft *Hess* und *Shipman* 1965 und 1973; sowie zusammenfassend *Freeberg* und *Payne* 1967), die bestimmte Muster der Interaktion von Eltern und Kind durch direkte Beobachtung zu ermitteln versuchte. Für beide Forschungseinrichtungen gilt gleichermaßen, daß sie von der theoretischen Annahme ausgingen, daß Eltern im Umgang mit ihren Kindern bestimmte typische Reaktionsweisen auf kindliches Verhalten und bestimmte Muster der Kommunikation entwickeln, durch die kindliche Entwicklungsprozesse erklärt werden können. Familiale Erziehungsleistungen werden hier auf die unmittelbare Eltern-Kind-Kommunikation reduziert[11].

Es ist gar nicht zu bestreiten, daß die Prozesse der Kommunikation zwischen Eltern und Kindern die wesentlichen Kanäle des Elterneinflusses auf die kindliche Entwicklung darstellen. Allerdings stellen wir in Frage, ob

[11] Dies mag z. T. auch ein Ergebnis der verwandten Forschungsinstrumente sein (Einstellungsmessung und Laborbeobachtung), gegen die sich in den letzten Jahren zunehmend eine neue Forschungsrichtung wendet, die orientiert ist am „natural experiment" (vgl. *White* und *Watts* 1973) und Kommunikationsprozesse in ihrer natürlichen Umgebung erfassen will (neuerdings auch mit der Video-Technik).

damit bereits der Elterneinfluß hinreichend in seiner Bedeutung für die kindliche Entwicklung erfaßt worden ist. Im Gegensatz zu *Kagan* (1971), der – stark lerntheoretisch fixiert – den Elterneinfluß auf die Dimensionen Belohnung, Bestrafung, Belehrung und Modellpräsentation beschränkt, halte ich es für erforderlich, wie dies bereits an anderer Stelle näher ausgeführt ist (*Kaufmann, Herlth, Strohmeier* 1980), weitere theoretische Dimensionen des Elterneinflusses zum Gegenstand der Analyse zu machen. Vor allem wenn man sieht, daß familiale Erziehungsleistungen wesentlich auf der naturwüchsigen Produktion von Dienstleistungen für Kinder basieren[12], tritt eine weitere Dimension des Familieneinflusses in den Vordergrund der wissenschaftlichen Analyse: die organisatorische Dimension des Elternverhaltens. Erziehung bedeutet für die Familie auch das Lösen „organisatorischer Probleme". Dies meine ich *nicht* in dem Sinne, daß die Familie als formale Organisation zu betrachten wäre, sondern in dem Sinne, daß Erziehungsleistungen – wie Leistungen der Familie überhaupt – einer Regelstruktur folgen, die nur durch Elemente sozialen Organisierens zustande kommt. Gerade in der Interpretation der Erziehungsleistungen als Dienstleistungen wird dies deutlich. Bei der Lösung der damit verbundenen „Produktionsprobleme" muß die Familie auf die Technik des Organisierens zurückgreifen. Dies bedeutet u. a. Arbeitsteilung, Verantwortungsdelegation, Einbringung von Ressourcen und deren Umsetzung und anderes mehr. Im Unterschied zu formalen Organisationen erfolgt dies jedoch eher naturwüchsig oder kulturell gesteuert und nicht rational geplant und leistungskontrolliert. Dies zeigt sich etwa beim Problem der Mitgliedschaft: Anders als in formalen Organisationen kann man schlechte Kinder oder faule Eltern nicht mit dem Mittel der ordentlichen Kündigung durch bessere ersetzen. Dennoch lassen sich Familien sicherlich danach unterscheiden, in welchem Maße und mit welchem Erfolg sie Alltagsprobleme mit organisatorischen Mitteln

[12] Eltern erbringen für Kinder primäre Dienstleistungen, die sogar quanitativ betrachtet den größten Teil der elterlichen Aktivitäten ausmachen. Dabei handelt es sich nicht allein um personale Dienstleistungen wie Waschen des Kindes, Füttern des Kindes, Beaufsichtigung, Beratung, Bildung u. a. m., sondern auch um Dienstleistungen, wie z. B. sämtliche Haushaltsaktivitäten, von denen das Kind nur mittelbar betroffen ist (Kochen, Putzen, Waschen, Wohnung einrichten, Außenkontakte besorgen usw.). Längst nicht alle elterlichen Dienstleistungen werden also kommunikativ nach dem uno actu-Prinzip erbracht. In der Berücksichtigung des Dienstleistungscharakters familialer Erziehung ist eine spezifische Kindorientierung in der Analyse von Erziehungsprozessen impliziert. Dienstleistungen für das Kind werden notwendig aus den Anforderungen, die sich entwickelnde Kinder an ihre soziale Umwelt stellen und ohne deren Erfüllung Erziehung nicht möglich ist. Elterneinfluß auf die kindliche Entwicklung vollzieht sich somit nicht nur über die unmittelbare Kommunikation, sondern auch darüber, in welchem Maße den Anforderungen des Kindes an seine soziale Umwelt durch spezifische familiale Dienstleistungen nachgekommen wird.

bewältigen. Bezogen auf das Kind erscheinen hier die Eltern als Gestalter der unmittelbaren räumlich-dinghaften und sozialen Umwelt des Kindes, sind es die Eltern, die den Umgang des Kindes mit Personen und Dingen durch Normen und soziale Kontrolle steuern – ist also der Alltag des Kindes in seinen sozialen, räumlich-dinghaften und aktivitätsbezogenen Dimensionen von den Eltern „organisiert".

Inwieweit können wir nun Merkmale aus der Umwelt von Familien identifizieren, die Einfluß haben auf die Art und Weise, wie Eltern mit ihren Kindern umgehen und wie sie den Alltag ihrer Kinder „organisieren"? Wodurch lassen sich Unterschiede in diesen familialen Erziehungsleistungen zwischen den einzelnen Familien erklären? Wenn überhaupt bislang familienumweltliche Einflüsse untersucht wurden, so geschah dies fast ausschließlich durch eine sozialstrukturelle Verortung der Familie (vgl. *McKinley* 1964; *Kohn* 1959 und 1969; *Pearlin* und *Kohn* 1966; *Sewell* 1962 und 1963; *Sewell* und *Haller* 1959). Familien sind Teil einer umfassenderen Sozialstruktur, in der sich recht unterschiedliche soziokulturelle Milieus ausgebildet haben und deren Einfluß im Sinne eines Status- oder Schichteinflusses statistisch bislang immer nachgewiesen wurde. Allerdings gilt hier nach wie vor die Kritik von *Oevermann et al.* (1976) noch uneingeschränkt: Es werden sozialstrukturelle Variablen wie Schichtzugehörigkeit und soziale Herkunft naiv als Bedingungsvariablen für differenzierte Prozesse der Persönlichkeitsentwicklung verantwortlich gemacht, ohne daß in den Theorien das damit lediglich umschriebene sozialstrukturelle Bedingungsgefüge als Rahmen für alltägliches Handeln auf der mikrosozialen Ebene reflektiert worden wäre. Es gelingt uns zwar in der Forschung bislang, durch die sozialstrukturelle Verortung der Familie ein *internes* soziokulturelles Milieu zu indizieren, das uns Varianzen in der Eltern-Kind-Kommunikation erklären kann, wir wissen allerdings noch kaum etwas über ausschlaggebende *familienumweltliche* Faktoren: Inwieweit ist mit der sozialstrukturellen Verortung der Familie auch ein *externes* soziokulturelles Milieu der Familie indiziert, das in die Familie hinein wirkt?

Zweifelsohne entwickelt sich in jeder Familie ein Binnenklima für alltägliche Kommunikation, dessen Stabilität gerade durch Abschottung gegenüber Umwelteinflüssen gewährleistet ist (*Claessens* und*Menne* 1973 sprechen hier von „Insulation"). Im Gegensatz dazu ist allerdings Familienalltag auch nur möglich durch eine Vielzahl von Außenkontakten, die gerade die Eltern zur sozialen Umwelt der Familie aufrechterhalten müssen. Somit müssen wir uns die Frage stellen, welche Wechselwirkungen es zwischen dem internen und dem externen soziokulturellen Milieu der Familie gibt und wie solche Wechselwirkungen theoretisch zu erklären sind. Wir können gegenwärtig zwei Forschungsrichtungen identifizieren, um den mit einem Schichtkonzept theoretisch stets unterstellten Zusammenhang von externem und internem

Milieu der Familie zu differenzieren und dem Umstand Rechnung tragen, daß „Schicht"-Wirkungen nicht nur „Ablagerungen" vergangener Lernprozesse in der Persönlichkeit sind (z. B. über den Bildungsstand indizierte kognitive Kompetenzen), sondern auch alltäglich gegebene Handlungszusammenhänge, an denen Menschen dauerhaft partizipieren[13]. Zum einen läßt sich Schichtzugehörigkeit im Sinne von sozialen Netzwerkbeziehungen interpretieren, gekennzeichnet durch mehr oder weniger stark ausgeprägten Familismus sowie mehr oder weniger stark ausgeprägte Territorialität der Sozialkontakte (*Sussman* 1953 und 1959; *Sussman* und *Burchinal* 1962; *Bott* 1957; *Pfeil* 1965). Zum anderen wird in der Arbeitswelt angesetzt als dem dominierenden alltäglichen Lebensbereich, aus dem Rückwirkungen auf die familieninternen Beziehungen erwartet werden (*Abrahams* und *Sommerkorn* 1976; *Grüneisen* und *Hoff* 1977). Um solche Zusammenhänge erklären zu können, wird ein Weg beschritten, der von den Erfordernissen familialer Erziehungsprozesse her konzipiert ist (vgl. *Kaufmann et al.* 1980). Ich will die wesentlichen Überlegungen dieses Ansatzes im folgenden kurz wiedergeben, um im Anschluß daran im nächsten Abschnitt innerhalb dieses theoretischen Konzeptes die Frage der Wirksamkeit öffentlicher Sozialleistungen auf die familialen Erziehungsleistungen wieder aufzunehmen.

Familiale Erziehungsleistungen – wie wir sie oben als Eltern-Kind-Kommunikation und familiale Organisation des kindlichen Alltags näher charakterisiert haben – basieren auf Voraussetzungen, die man als *interne und externe Ressourcen familialer Erziehung* näher bezeichnen kann. Die *familieninternen* Ressourcen für Erziehung sind im wesentlichen über die Ausbildung der Elternrolle gewährleistet. Die hier relevanten Ressourcen sind Motivation, Wissen und Fähigkeiten[14].

1. Eltern müssen hinreichend motiviert sein, alltägliche Erziehungsaufgaben zu übernehmen. Dies ist nicht nur in dem Sinne zu verstehen, daß Eltern sich entscheiden müssen, ob sie überhaupt Kinder wollen oder nicht, und wenn ja, wieviel sie erziehen wollen, sondern auch in dem Sinne, daß sie bereit sein müssen, sich jeden Tag erneut den Anforderungen durch Kinder zu stellen und nicht etwa vor den Kindern flüchten – in den Beruf, den Haushalt, das Hobby, politische Aktivitäten usw.

[13] *Strohmeier* und *Herlth* (1980) haben festgestellt, daß sich solche Handlungszusammenhänge auch räumlich lokalisieren lassen. So bedeutet die etwa durch den sozialen Status (Berufsposition und Bildungsstand) indizierte Zugehörigkeit zur Unterschicht in ihren Wirkungen auf familiale Erziehungsleistungen etwas sehr unterschiedliches – je nach Zugehörigkeit zu einem *sozialräumlich abgrenzbaren* soziokulturellen Milieu (Wohnquartier).

[14] Vgl. dazu *Brim* 1968, der diese drei Aspekte generell zur Beschreibung von Rollen herangezogen hat.

2. Erziehungsleistungen sind von Eltern nur in dem Maße abzuverlangen, wie sie über entsprechendes „Erziehungswissen" (*Lüscher* und *Fisch* 1977) verfügen. Es ist dies Wissen um die Bedürfnisse von Kindern, Kenntnisse der erforderlichen Pflege und Erziehungspraktiken, es geht dabei um normative Orientierungen ebenso wie um ein Verfügen über Informationen, ohne die der erzieherische Umgang mit Kindern äußerst problematisch werden könnte: Wo wohnt der nächste Kinderarzt, ab wann kann ich mein Kind in den Kindergarten schicken, wer könnte mal kurzfristig auf mein Kind aufpassen usw.?

3. Erziehung gelingt in dem Maße, wie Eltern über bestimmte Fähigkeiten verfügen, auf die es bei der routinisierten Bewältigung alltäglicher Probleme ankommt. Dies umfaßt die Fähigkeiten der Eltern hinsichtlich ihres Umgangs mit Personen, Orten und Dingen: die Fähigkeit, Bedürfnisse und Interessen mitzuteilen, relevante Informationen von anderen entgegenzunehmen, eigene emotionale Probleme so zu handhaben, daß Kindern davon nicht übermäßig belastet werden. Hier ist die Fähigkeit zur Beherrschung unserer Alltagstechnik ebenso wichtig wie die körperliche und seelische Gesundheit, ohne die die Ausübung der Elternrolle in jeder Hinsicht stark beeinträchtigt wäre.

Diese internen Ressourcen bilden jedoch nur einen Teil der notwendigen Voraussetzungen für familiale Erziehungsleistungen. Erziehungsleistungen sind nur in dem Maße möglich, wie die Familien auch über *externe Ressourcen* verfügen können, es sind dies *Leistungen, die nicht vom Familiensystem selbst erbracht werden, sondern von anderen sozialen Systemen der Familie zur Verfügung gestellt werden.* Sie lassen sich in zweifacher Hinsicht unterscheiden. Zum einen sind für die Bewältigung des Familienalltags Güter und Dienstleistungen erforderlich, die die Familie selbst nicht produzieren kann oder will. Dies sind in der Regel die meisten Güter des täglichen Bedarfs und eine Vielzahl von Dienstleistungen, die generell im Rahmen der Haushaltsführung erforderlich werden oder zur Lösung bestimmter Probleme der Pflege und Erziehung von Kindern benötigt werden wie außerfamiliale Bildung und Erziehung des Kindes oder ärztliche Versorgung. Verfügbar werden diese Güter und Dienstleistungen durch finanzielle Einküfte, die in der Regel über die Erwerbstätigkeit eines oder beider Elternteile sichergestellt werden. In all den Fällen, wo die Versorgung mit Gütern und Dienstleistungen marktmäßig erfolgt, spielt damit das verfügbare Haushaltseinkommen auch für die Erziehung von Kindern eine wichtige Rolle. Zum anderen sind aber auch externe Ressourcen gewissermaßen als „Nachschub" für die internen Ressourcen notwendig. Die Entwicklung und Stabilisierung der Elternrolle ist davon abhängig, daß Motivation etwa durch Verstärkerleistungen informeller Sozialsysteme auf Dauer erhalten bleibt – Eltern also in ihrer Rolle Anerkennung und Hilfe in ihrer sozialen Umwelt finden –, daß Wissen und Fähigkeiten, die für die Erziehung von Kindern erforderlich sind, ergänzt, motiviert und erneuert werden. Auch dies macht die Bereitstellung externer kultureller Ressourcen durch die soziale Umwelt der Familie erforderlich.

Externe Ressourcen werden für die Familie verfügbar, indem ihre Mitglieder (vornehmlich die Eltern) partiell und temporär an ihrer sozialen Umwelt *partizipieren*. Dies können informelle Netzwerke sein, in die die Mitglieder von Familien mehr oder weniger integriert sind, es können dies auch formale Organisationen sein, mit denen und in denen sie in bestimmten Rollen interagieren (z. B. als Kunden, Klienten oder auch Beschäftigte). Man kann diese externen Sozialsysteme als *sozialökologisches Umfeld* bezeichnen, mit dem jede Familie in bestimmten Austauschbeziehungen steht[15]. Es ist insofern gerechtfertigt, hier von einem Austauschverhältnis zu sprechen, weil Familien nicht nur Ressourcen aus ihrer Umwelt erhalten, sondern dies nur können, wenn sie auch selbst bestimmte Leistungen in der Interaktion mit externen Sozialsystemen erbringen. Dies wird am Beispiel der Erwerbstätigkeit besonders deutlich, gilt aber gleichermaßen auch für das „Mitmachen" in informellen Netzwerken[16].

Im Rahmen eines solchen theoretischen Konzeptes ist Umweltabhängigkeit familialer Erziehung einmal zu beziehen auf die Struktur des sozialökologischen Umfeldes: Unterschiede in dieser Struktur können zu Unterschieden in Art und Ausmaß der Verfügung über externe Ressourcen führen. Der zweite und mir wichtigere Bezugspunkt ist, daß Familien selbst in bestimmter Weise *selektiv* mit ihrer Umwelt umgehen. Die situativen Bedingungen dieses selektiven Umgangs bezeichnet der Begriff *„familiale Lebenslage"*. Damit ist gemeint, daß externe Ressourcen für eine Familie entsprechend ihrer Lebenslage unterschiedlich erreichbar sind. Dies gilt

– *in soziokultureller Hinsicht:* Eltern verfügen in unterschiedlichem Maße über bestimmte soziokulturelle Kompetenzen, die ihre Handlungsfähigkeit in externen Sozialsystemen beeinflussen. Eltern können z. B. für die Erziehung von Kindern vorteilhafte Wertorientierungen haben, ihre Fähigkeit, in Interaktionssituationen eigene Interessen zu verfolgen mag wenig ausgebildet sein u. a. m. Diese Bedingungen der Erreichbarkeit externer Ressourcen sind vornehmlich über den sozialen Status der Familie indiziert:

[15] Der Begriff sozialökologisch stellt darauf ab, daß Familien nicht nur in eine soziale Struktur eingebettet sind, sondern daß darüber hinaus diese Sozialstruktur auch eine räumliche Dimension hat, die gleichfalls den strukturellen Bedingungskontext des Austausches zwischen Familie und sozialer Umwelt bestimmt.

[16] Somit kann der Zufluß von Ressourcen auch mit äußerst belastenden Effekten verbunden sein und kann die Familie vor Probleme stellen.

– *in ökonomischer Hinsicht:* Hier handelt es sich um ökonomische Handlungsfähigkeit, d. h. die Fähigkeit zur Nachfrage am Gütermarkt. Die *wirtschaftliche Lage* der Familie bestimmt die Möglichkeit, die für die Erziehung von Kindern erforderlichen Güter und Dienstleistungen, welche marktmäßig erbracht werden, zu beschaffen;

– *in ökologischer Hinsicht:* Dies bezeichnet die „Habitat-Dimension" familialer Systeme. Familie ereignet sich unter ganz bestimmten räumlichen Bedingungen, so daß auch räumliche Entfernungen und räumliche Lage zu den Bedingungen der Erreichbarkeit externer Ressourcen gezählt werden müssen. Die Wohnlage von Familien ist recht unterschiedlich, so daß auch diese Dimension der familialen Lebenslage den selektiven Umgang mit der sozialen Umwelt erklären kann.

Dies Konzept der Lebenslage ist als ein analytisches Konstrukt zu verstehen, mit dem der situative Rahmen für die alltäglichen Prozesse familialer Umweltbeziehungen abgebildet werden kann. Diese selbst sind Aktivitäten der Mitglieder familialer Systeme – in der Problemperspektive familialer Erziehungsleistungen vornehmlich der Eltern – in Form temporärer und partieller Partizipation an externen Sozialsystemen. Auswirkungen auf die internen Prozesse der Eltern-Kind-Kommunikation und Organisation des kindlichen Alltags durch die Eltern können dabei ebenso sehr Erfahrungen haben, die Eltern durch die Partizipation an externen Sozialsystemen gewinnen (im Sinne kultureller Ressourcen), indem sie Wissen, Motivation und Fähigkeiten der Eltern verändern, wie auch die Nutzung der von externen Sozialsystemen bereitgestellten Güter und Dienstleistungen. Die Selektivität des Umgangs der Eltern mit ihrem sozialökologischen Umfeld, die bedingt ist durch unterschiedliche Umweltorientierungen, ist dabei für die Wirkung solcher Ressourcen in den internen Prozessen der Familie ebenso von Bedeutung, wie die spezifischen Prozesse der Umsetzung („Konversion") externer Leistungen durch die Eltern in familienspezifische Erziehungsleistungen. Diese Prozesse der selektiven Umweltorientierung und der familienspezifischen Konversion externer Ressourcen sind bislang kaum analysiert worden, so daß der folgende Versuch der analytischen Rekonstruktion von Wirkungen öffentlicher Sozialleistungen auf familiale Erziehung zugleich als ein paradigmatischer Versuch zur generellen Erklärung der Umweltabhängigkeit familialer Erziehung zu werten ist.

6.4. Wirksamkeit „ökonomischer" und „ökologischer" Intervention

Öffentliche Sozialleistungen in Form finanzieller Hilfen und sozialer Dienste, mit denen wir uns im folgenden befassen wollen, stellen Ressourcen dar.

Als sozialpolitische Intervention haben sie lediglich Angebotscharakter. Sie werden als Output des politischen Systems für die Leistungsadressaten verfügbar durch bestimmte Weisen rechtlich normierter Inanspruchnahme und werden so als Ressourcen genutzt. Inwieweit damit tatsächlich die sozialpolitisch intendierten Wirkungen bei den Leistungsadressaten erreicht werden, entzieht sich der Steuerung und auch weitgehend der Kontrolle durch die leistungserbringende Organisation. Im Rahmen der experimentell ausgerichteten US-amerikanischen Evalutationsforschung wird „Wirksamkeit" sozialpolitischer Intervention fast ausschließlich als ein eingetretenes Ereignis betrachtet, daß u. U. bei Personen gemessen werden kann, die sich einem Treatment haben unterziehen lassen. Wenig Aufmerksamkeit wird der Tatsachc geschenkt, daß Wirksamkeit ein sich bei bestimmten Leistungsadressaten vollziehender Prozeß ist, der obendrein in einem über die unmittelbare Beziehung zwischen Leistungsadressat und Interventionsprogramm hinausgehenden soziokulturellen Kontext abläuft. Dies hat dazu geführt, daß häufig zwei zentrale Probleme der Wirkungsanalyse ausgeklammert werden: das Problem der Inanspruchnahme und das Problem des alltäglichen Kontextes, in dem Maßnahmen zur Wirkung gelangen.

Betrachten wir Wirksamkeit als einen Prozeß, so lassen sich drei Stufen unterscheiden, auf denen wir die Wirksamkeit öffentlicher Sozialleistungen problematisieren können. Auf der ersten Stufe geht es um das Problem der Inanspruchnahme oder auch Nicht-Inanspruchnahme durch die potentiellen Leistungsadressaten. Wir müssen Interventionen als *sozialpolitisch unwirksam* bezeichnen, wenn sie gerade diejenigen nicht erreichen, um derentwillen sie primär initiiert worden sind. Auf einer zweiten Stufe geht es um die unmittelbaren Wirkungen der Leistungen auf die Inanspruchnehmer. Finanzielle Hilfen verbessern die ökonomische Handlungsfähigkeit direkt – ihre Inanspruchnahme kann aber auch mit negativen Effekten, z. B. der Stigmatisierung, verbunden sein. Auf der dritten Stufe ist zu fragen, wie in Anspruch genommene Leistungen schließlich im Familienalltag umgesetzt werden („Konversion") – wie sie z. B. bestimmte Weisen der Eltern-Kind-Kommunikation verändern. Wir können diese drei Stufen der Wirksamkeit miteinander theoretisch verknüpfen, indem wir von der Vorstellung eines durch das Angebot öffentlicher Sozialleistungen initiierten *Aktivierungsprozesses der Familie* ausgehen. Wirksamkeit öffentlicher Sozialleistungen ist in dem Maße gegeben, wie es gelingt, das Familiensystem insgesamt zu aktivieren.

– Als erste Phase der Aktivierung betrachten wir die Erzeugung von Handlungsbereitschaft auf seiten der Familie – insbesondere der Eltern –, die man auch als *Motivierung zur Inanspruchnahme* ansprechen kann. Damit diese Phase zu ihrem erwünschten Ergebnis der Inanspruchnahme von Leistungen führt, müssen im wesentlichen drei Probleme gelöst werden:

Kenntnis der Anspruchsberechtigung; Einschätzung des möglichen Nutzens durch den Anspruchsberechtigten; Einschätzung der dem Anspruchsberechtigten bezüglich der Inanspruchnahme zugemuteten Kosten (finanzielle, psychische, zeitliche). Es kann erwartet werden, daß die Lösung dieser Probleme in starkem Maße abhängig ist von dem je spezifischen Lebenslagekontext der Leistungsadressaten.

– Eine zweite Phase der Aktivierung läßt sich als *Kooperationsphase* bezeichnen. Die Inanspruchnahme setzt bei sozialen Diensten ebenso wie auch bei finanziellen Hilfen bestimmte Formen der Interaktion zwischen Leistungsadressat und leistungserbringender Einrichtung voraus. Die *Kooperation* auf seiten des Inanspruchnehmers besteht z. B. schon darin, sein Interesse an der Leistung entsprechend bestimmter institutionell vorgegebener Regeln zu äußern (Ausfüllen von Anträgen, Erbringen von Berechtigungsnachweisen, Gespräche mit den Vertretern der Einrichtung). Auf dieser Ebene wird das wirksam, was wir vorher als Kosten der Inanspruchnahme bezeichnet haben und die je nach Art der Leistung unterschiedlich ins Gewicht fallen, wobei sich das tatsächliche Ausmaß der Belastung letztlich aus den Gegebenheiten der familialen Lebenslage heraus ergibt. Öffentliche Sozialleistungen sind bereits dann wirksam, wenn sie überhaupt von den Leistungsadressaten in Anspruch genommen werden, da mit dem Akt der Inanspruchnahme immer schon externe Ressourcen gewonnen werden, die entweder zu Veränderungen der familialen Lebenslage (bei Einkommenshilfen) oder sogar zur unmittelbaren Veränderungen der Organisation des kindlichen Alltags (z. B. beim Kindergarten) führen. Hier stellt sich das Problem sozialpolitischer Wirksamkeit vor allem im Hinblick darauf, in welchem Maße gerade die Familien von öffentlichen Sozialleistungen erreicht werden, die aufgrund bestimmter Problemlagen ihrer am meisten bedürfen.

– Die Frage nach der Wirksamkeit öffentlicher Sozialleistungen auf die familiale Erziehung bezieht noch eine weitere Phase der Aktivierung ein. Soll sich die Organisation des kindlichen Alltags in bestimmter Weise dauerhaft verändern, sollen neue Formen der Eltern-Kind-Kommunikation alte ersetzen, so müssen über externe Ressourcen *Veränderungen vor allem auf der Ebene des elterlichen Wissens, der Motivation zur Elternrolle und der elterlichen Fähigkeiten* erzielt werden. Wirksamkeit in diesem Sinne wird sehr stark von der Art der sozialpolitischen Intervention abhängen. Solche soziokulturellen Voraussetzungen familialer Erziehung werden kaum durch finanzielle Hilfen beeinflußbar sein als vielmehr durch bestimmte soziale Dienste, die den Eltern Gelegenheit und Status zur Ausübung ihrer Rolle geben und durch Intervention in den sozialen Kontext außerfamilialen elterlichen Verhaltens es möglich machen, daß Eltern ihre Rollenorientierung ändern, ihre Verhaltenserwartung modifizieren und u. U. sogar neue Fähigkeiten erproben.

6.5. Wirkungen finanzieller Hilfen

Finanzielle Hilfen zielen unmittelbar auf die Veränderung der familialen Lebenslage, indem sie die den Familien durch die Erziehung von Kindern entstehenden finanziellen Belastungen aufzufangen versuchen. Der Ausgleich der durch Kinder bedingten zusätzlichen finanziellen Belastungen im Rahmen des Familienlastenausgleichs (FLA) ist vor allem gerechtfertigt und erforderlich, da das Leistungseinkommen in der Regel (mit Ausnahme des öffentlichen Dienstes) unterschiedliche Familiengrößen nicht berücksichtigt und Ungerechtigkeiten in der Besteuerung vermieden werden müssen. Dies geschieht vornehmlich über das Kindergeld, aber auch Wohngeld und Ausbildungsbeihilfen sind zu nennen. Es hieße allerdings, zu sehr in der Denkweise des ökonomischen Paradigmas der Sozialpolitik zu verharren, wenn man aufgrund dieser zweifelsohne vorhandenen Ausgleichseffekte die *sozialpolitische Wirksamkeit* finanzieller Hilfen als erwiesen ansähe. Vielmehr ist zu fragen, inwieweit soziale Benachteiligung, die ja nicht nur eine ökonomische Dimension kennt, durch das Instrumentarium des FLA tatsächlich abgebaut wird. Bezogen auf den Prozeß der Erziehung von Kindern, in dem sich soziale Benachteiligung alltäglich ereignet, ist zu fragen, in welchem Maße es gelingt, die durch die Kindererziehung bedingten zusätzlichen ökonomischen Belastungen der Familie aufzufangen und welche Effekte aufgrund ökonomischer Sicherung in den alltäglichen Eltern-Kind-Beziehungen nachweisbar werden[17].

Unsere Untersuchungen (*Kaufmann et al.* 1980) zeigen, daß die Inanspruchnahme des Kindergeldes als völlig unproblematisch betrachtet werden kann. Dies wird darauf zurückzuführen sein, daß das Beantragungsverfahren für die Leistungsadressaten keinerlei Probleme mit sich bringt, und durch den Verzicht auf eine Bedürftigkeitsprüfung (wie z. B. beim Wohngeld) keine stigmatisierenden Effekte eintreten. Hinsichtlich der unmittelbaren ökonomischen Effekte müssen jedoch Zweifel an der Wirksamkeit finanzieller Hilfen angemeldet werden, und zwar deswegen, weil die Maßnahmen im Rahmen des Familienlastenausgleichs strukturell nicht auf eine Sicherung des soziokulturellen Mindestbedarfs von Familien und Kindern

[17] Die einschlägige Literatur hat stets vor einer Überschätzung der Wirksamkeit finanzielller Hilfen gewarnt. So betont *Wingen*, daß die auf den Ausgleich von Startchancen gerichtete Familienpolitik „um ganze Dimensionen über eine ‚Kindergeldpolitik'" hinausgehen muß (*Wingen* 1969: 374), und auch *Oeter* macht deutlich, daß sich mit den finanziellen Hilfen im Rahmen des Familienlastenausgleichs allein die Probleme der Chancengleichheit nicht beheben lassen, da sie auch zahlreiche außerökonomische Ursachen haben (*Oeter* 1969: 53f.). Ähnlich argumentiert auch der *Wissenschaftliche Beirat für Familienfragen* (1971).

ausgerichtet sind. Finanzielle Hilfen können zwar einen Teil der durch die Erziehung von Kindern bedingten finanziellen Belastungen von Familien auffangen, bewahren aber keineswegs vor allem kinderreiche Familien und Familien mit nur einem Elternteil davor, mit finanziellen Mitteln auszukommen, die unterhalb des soziokulturellen Mindestbedarfs liegen[18]. Für die Bundesrepublik zeigt sich sehr deutlich, daß Probleme des Familienlastenausgleichs einfach zu Problemen der Sozialhilfe umfunktioniert werden, indem mit der skandalösen Erwartung operiert wird, daß sich in einer Familie durch die Geburt eines zusätzlichen Kindes zugleich auch die Einsicht in die „Hilfebedürftigkeit" ergeben muß[19].

Ob finanzielle Hilfen über den ökonomischen Sicherungseffekt hinausgehend weitere Auswirkungen auf die elterlichen Erziehungsleistungen haben, muß allerdings bezweifelt werden, da ein direkter Zusammenhang zwischen der wirtschaftlichen Lage und spezifischen Formen der Eltern-Kind-Beziehung (z. B. elterliche Anregungen) bislang nicht nachgewiesen werden konnte[20]. Wie oben aufgezeigt sind elterliche Erziehungsleistungen primär das Ergebnis intern verfügbarer Ressourcen (Wahrnehmung und Ausübung der Elternrolle), die als solche vornehmlich nur durch externe *kulturelle* Ressourcen beeinflußbar zu sein scheinen. Kulturelle Ressourcen werden den Familien in einem vielfältigen Angebot personenbezogener sozialer Dienste verfügbar. In der sozialwissenschaftlich orientierten Theorie sozialer Dienste (vgl. *Badura* und *Gross* 1976 und *Gross* 1979) wird die ökonomische Dimension sozialer Sicherung um eine soziokulturelle ergänzt und wir können im folgenden fragen, inwieweit es mit sozialen Diensten gelingen kann, gerade die soziokulturellen Ursachen sozialer Benachteiligung von Kindern abzubauen.

[18] In der Untersuchung von *Kaufmann et al.* (1980) zeigt sich für das Jahr 1976, daß 39 % aller Familien mit nur einem Elternteil, 38 % der Familien mit vier Kindern und sogar 60 % der Familien mit fünf und mehr Kindern mit einem Einkommen auskommen müssen, das unterhalb des soziokulturellen Mindestbedarfs liegt.

[19] Es zeigt sich allerdings (*Kaufmann et al.* 1980), daß kinderreiche Familien ihren Anspruch auf Sozialhilfe sehr häufig nicht realisieren und mit einem Haushaltseinkommen auskommen, das unterhalb der Sozialhilfesätze liegt. Die Literatur spricht hier von der „verschämten Armut", die jedoch im Grunde nichts weiter ist als das Resultat einer „unverschämten" Sozialpolitik.

[20] *Kaufmann et al.* (1980) haben gezeigt, daß Korrelationen zwischen dem Pro-Kopf-Einkommen und Variablen des Elternverhaltens bedeutungslos wurden, sobald der soziale Status der Familie kontrolliert wurde. Lediglich vermittelt über die Wohnsituation der Familie kann das Einkommen positive Effekte auf die kindliche Spielumwelt (geringere Restriktivität der Eltern, mehr Spielkameraden) haben.

6.6. Wirkungen des Kindergartens

Die Wirksamkeit sozialer Dienste beruht vor allem auf dem im uno actu-Prinzip personenbezogener Dienstleistungsproduktion angelegten hohen Aktivierungsgrad der Inanspruchnehmer. Allerdings sind gerade im Hinblick auf diese hohen Anforderungen bezüglich der Kooperationsbereitschaft und Kooperationsfähigkeit der Leistungsadressaten besondere Probleme hinsichtlich der Inanspruchnahme sozialer Dienstleistungen zu erwarten.

Die sozialpolitische Wirksamkeit sozialer Dienste gerade am Beispiel des Kindergartens zu demonstrieren, ist keineswegs selbstverständlich, da der Kindergarten häufig nicht als ein Instrument zum Abbau sozialer Benachteiligung von Kindern betrachtet wird. Statt dessen werden die Funktionen des Kindergartens als Betreuungseinrichtung und auf den Schulbesuch vorbereitende Einrichtung für alle Kinder unterstrichen. In dem Maße aber, wie die Einrichtung des Kindergartens als eine Chance begriffen wird, gerade die schulischen Startchancen von Kindern aus sozial benachteiligtem Milieu zu verbessern, gewinnt auch die Elternarbeit des Kindergartens an Bedeutung.

Gerade weil soziale Benachteiligung von Kindern das Ergebnis alltäglicher Erziehungsprozesse in der Familie ist, sind soziale Dienste – so auch der Kindergarten –, daraufhin zu untersuchen, in welchem Maße es ihnen gelingt, in den Verursachungskontext hinein zu intervenieren. Der Kindergarten eröffnet hier dem Sozialpolitiker besondere Wirkungschancen, da es keine Einrichtung im vorschulischen Alter von Kindern gibt, die so viele Eltern erreicht wie der Kindergarten und weder stigmatisierende Nebeneffekte wie die Erziehungsberatung aufweist noch von elitären Absonderungen begleitet ist wie Elternbildungsveranstaltungen der Volkshochschule. Der sozialpolitische Erfolg des Kindergartens wird jedoch davon abhängen, ob und wie sehr die Eltern selbst zum Mitmachen an der Arbeit des Kindergartens bewegt werden können und so gewissermaßen in die Einrichtung integriert werden. Nur über diese Form intensiver Kooperation zwischen Eltern und Kindergarten werden Auswirkungen auf die Wahrnehmung und Ausübung der Elternrolle theoretisch erklärbar.

Die Nutzung des Kindergartens bedeutet primär die Inanspruchnahme von Dienstleistungen für das Kind. Das Kind wird betreut und womöglich in seiner kognitiven und sozialen Entwicklung durch den Kindergarten gefördert (*Ewert* 1978). Dies bleibt jedoch nicht ohne Rückwirkungen auf die Eltern und den familialen Erziehungsalltag. Eltern werden von eigenen Betreuungsleistungen entlastet, sie werden durch die Erfahrungen des Kindes im Kindergarten womöglich mit neuen Erziehungsanforderungen und Problemen konfrontiert, es eröffnen sich darüber hinaus auch Möglichkeiten zu neuen Sozialkontakten. Wenngleich der Nutzen des Kindergartens für die Familie recht klar zu sein scheint, zeigen empirische Daten, daß hinsichtlich der Inanspruchnahme des Kindergartens bestimmte Familien stark unterrepräsentiert sind. Während im Durchschnitt 69 % der von *Kaufmann et al.* (1980) untersuchten Familien mit Kindern im Vorschulalter den Kindergarten in Anspruch nehmen, sind dies in der unteren Unterschicht nur 45,4 %. Der Kindergarten wird vor allem dann nicht in Anspruch genommen, wenn die Familie kinderreich ist, der untersten sozialen Statusgruppe zugerechnet werden muß und überdies in Wohnquartieren wohnt, die beinahe ausschließlich von Unterschichtfamilien bewohnt werden. Es sind dies überwiegend die Familien, in denen der soziokulturelle Mindestbedarf finanziell nicht gesichert ist, was jedoch nicht im Sinne einer direkten Einkommensabhängigkeit der Inanspruchnahme des Kindergartens zu interpretieren ist. Weil der Kindergarten gerade überwiegend Kinder aus äußerst benachteiligtem soziokulturellen Milieu nicht erreicht, sind hier erste Begrenzungen seiner derzeitigen sozialpolitischen Wirksamkeit zu sehen. Dies kann nicht mit Versorgungsdisparitäten erklärt werden, da gerade in Unterschichtquartieren die Versorgung mit Kindergartenplätzen eher noch besser ist als in Mittelschichtquartieren. Es scheint sich hier um generelle Milieubarrieren zu handeln, die einhergehen mit äußerst geringer Umweltoffenheit und schlechten Wohnbedingungen.

Sofern Familien mit diesen Lebenslagemerkmalen dennoch den Kindergarten in Anspruch nehmen, stellen überwiegend sie den Teil der Eltern, der sich an der Elternarbeit des Kindergartens nicht beteiligt. Allenfalls für das Kind wird der Kindergarten noch genutzt, weitere Kontakte zwischen Elternhaus und Kindergarten finden jedoch nicht statt[21]. Daß eine stärkere Beteiligung der Eltern an der Kindergartenarbeit im Hinblick auf die sozialpolitische Wirksamkeit des Kindergartens unter bestimmten Voraussetzungen von Nutzen sein kann, belegen die von *Kaufmann et al.* (1980) vorgelegten Daten.

Für Eltern der Mittelschicht macht es bezüglich ihres Erziehungsverhaltens keinen Unterschied, ob sie die Elternarbeitsangebote in Anspruch nehmen oder nicht. Wohl dagegen zeigen sich solche Unterschiede bei Eltern der Unterschicht – vor allem dann, wenn diese in Wohnquartieren wohnen, die über einen starken Mittelschichtanteil verfügen. Diese Unterschichteltern verhalten sich, wenn sie die Angebote der Elternarbeit nutzen, anders als wenn sie dies nicht tun: Sie beschäftigen sich häufiger intensiv mit ihrem Kind, bieten mehr Anregung des Kindes durch Spielzeug und Kinderbücher, lesen häufiger vor und verhalten sich weniger restriktiv. Zwar kann aufgrund sol-

[21] Hier tut sich noch ein weites Feld für die Entwicklung besonderer sozialpädagogischer Strategien der Elternarbeit im Kindergarten auf, um gerade Familien aus unterprivilegiertem soziokulturellen Milieu stärker als bisher in die Arbeit des Kindergartens zu integrieren.

cher korrelationsstatistischen Befunde nichts über eindeutige Ursache-Wirkungs-Zusammenhänge ausgesagt werden, so daß wir keineswegs behaupten können, der Kindergarten erzeuge solche Wirkungen. Es läßt sich jedoch zeigen, daß die stärkere Integration in die Arbeit des Kindergartens einhergeht mit einer gleichfalls stärkeren Integration in informelle soziale Netzwerke, so daß wir annehmen, daß vor allem die Förderung solcher informellen Beziehungen durch die Arbeit des Kindergartens – Eltern lernen sich kennen, reden miteinander, stellen ihre Probleme dar usw. – zu Einflüssen auf die Wahrnehmung und Ausübung der Elternrolle führt. Hinsichtlich der sozialpolitischen Wirksamkeit des Kindergartens halten wir daher spezifische Elternbildungsprogramme für weitaus weniger wichtig als die sozialintegrativen Funktionen, die für Eltern von dieser Einrichtung ausgehen können.

6.7. Schlußfolgerung

Die hier angeführten empirischen Befunde bestärken mich in der Annahme, daß es nur bedingt möglich sein wird, mit bestimmten sozialpolitischen Maßnahmen gezielt Veränderungen auf der Mikroebene des sozialen Handelns herbeizuführen. Unsere soziokulturell geformten und traditionell verfestigten Lebensformen erweisen sich gegenüber sozialpolitischen Interventionsformen als überaus resistent. Allerdings bleibt dennoch zu überlegen, ob nicht durch Sozialpolitik Entwicklungen in Gang gebracht werden können, die längerfristig betrachtet durchaus ihre Auswirkungen in Veränderungen der Mikroebene haben. Die Möglichkeiten gezielter kurz- und mittelfristiger Steuerung unseres Alltags durch Angebote öffentlicher Sozialleistungen müssen jedoch als sehr begrenzt betrachtet werden.

7. Familienpolitik und Wissenssysteme: Das Beispiel der Elternbildung

Kurt Lüscher

Die soziale Realität von Familie konstituiert sich über das Verhalten der Familienangehörigen und in den Sinngebungen, die sie dafür entwickeln. Viele jener Verhaltensweisen, deren Bedeutung auf die Familie als soziale Institution bezogen ist, können auch außerhalb von Familie ablaufen, beispielsweise sexuelles Verhalten, Konsumieren, Erziehen usw. Darum muß Familie als Handlungskontext immer wieder durch entsprechende „Definition der Situation" bewußt konstruiert werden[1]. Hierzu leistet in neuerer Zeit die Familienpolitik einen zunehmend wichtigen Beitrag in Form öffentlich anerkannter Bemühungen zur Gestaltung bzw. Verbesserung der Lebensverhältnisse von Familie. Dazu gehört auch die gesellschaftliche Vermittlung von Sinngebungen familiären Handelns; dies geschieht vor allem in Programmen der Elternbildung sowie in der Elternberatung (einschließlich Familientherapie, Erziehungsberatung usw.)[2].

* Die Arbeiten an diesem Aufsatz und die ihm zu Grunde liegenden Untersuchungen wurden maßgeblich dadurch gefördert, daß die Stiftung Volkswagenwerk dem Verfasser für das Studienjahr 1980/81 ein Akademiestipendium gewährte. – Der Charakter eines Beitrages zur interdisziplinären Diskussion und Strukturierung einer neuen Thematik ist auch in der jetzt vorliegenden Überarbeitung des ursprünglichen Referates beibehalten worden. Das ergibt sich daraus, daß die Thematik bis anhin noch kaum bearbeitet worden ist, folglich definitive Ergebnisse noch nicht vorliegen und ferner aus dem Umstand, daß zur Zeit der Niederschrift die eigenen empirischen Untersuchungen noch nicht abgeschlossen waren. Überdies brachte das Gespräch an den Tagungen selbst wichtige Anregungen.

1 Dementsprechend wird hier Familie verstanden als „eine primär in den Beziehungen zwischen Eltern und Kindern begründete Gruppe eigener Art, die als solche gesellschaftlich anerkannt ist". Zur Erläuterung dieser Definition siehe *Lüscher* und *Böckle* (1981).

2 Anknüpfend an die in Anm. 1 gegebene Definition von Familie beruht Familienpolitik auf öffentlich anerkannten Aktivitäten zur Beeinflussung bzw. „Verbesserung" der in der Familie und durch die Familie erbrachten Leistungen *und* – dieser Aspekt wird vielfach übersehen – den damit zusammenhängenden Bemü-

Im folgenden sollen am Beispiel der Elternbildung Möglichkeiten und Grenzen familienpolitischen Handelns in diesem Bereich aufgezeigt und die dabei sich stellenden Probleme diskutiert werden. Abschließend wird die Frage behandelt, welche Einsichten sich daraus für den Zusammenhang zwischen Familienpolitik und Sozialpolitik gewinnen lassen. Aktualität kommt diesem Vorhaben zu, weil offensichtlich in jüngster Zeit unter den familienpolitischen Bemühungen diejenigen, die der Entwicklung, Verbreitung und Anwendung von Wissen aller Art dienen, besondere Förderung erfahren.

7.1. Bezugsrahmen

Es sind verschiedene Forschungsansätze denkbar und bereits auch versucht worden, um die Elternbildung und ihre Entwicklung zu beschreiben und evtl. zu untersuchen. Besonders naheliegend ist die sozialgeschichtliche sowie die historisch-ethnologische Betrachtungsweise. Denkbar ist eine Analyse in der Perspektive der Massenkommunikationsforschung; auch dazu gibt es Beispiele. Ferner ist Elternbildung als eine Form der Erwachsenenbildung betrachtet worden (vgl. *Bertram* 1979).

Ausgangspunkt unserer eigenen Überlegungen ist die Sozialisationsforschung. In unserem Bemühen um einen Ansatz, der geeignet scheint, die Einsichten aus verschiedenen Disziplinen integrativ zu nutzen und zugleich für eine praxisbezogene wissenssoziologische Betrachtungsweise offen zu sein, stützen wir uns zunächst auf Urie Bronfenbrenners Vorschläge für eine „Ökologie menschlicher Entwicklung". *Bronfenbrenner* hat (1976, 1979, 1981) ein einfaches Modell der sozialen Ökologie menschlicher Entwicklung skizziert. In enger Anlehnung daran können folgende System-Bereiche unterschieden werden:

- Mikrosystem: Der familiäre Alltag als unmittelbarer Lebensraum der Kinder.
- Mesosystem: Die den familiären Alltag umfassenden Bereiche der Nachbarschaft, der Gemeinde und der Stadt, in denen sich Kinder und Eltern vielfach gemeinsam aufhalten und gemeinsame Erfahrungen machen.
- Exosystem: Die Lebensräume, in denen die Eltern einen wesentlichen Teil ihres Alltages verbringen, jedoch getrennt von den Kindern bzw. der Familie, vorab die Arbeitswelt sowie Teile der Freizeitwelt.
- Makrosystem: Die übergreifenden gesamtgesellschaftlichen Institutionen.

hungen zur Durchsetzung gesellschaftspolitischer Interessen und Ordnungsvorstellungen. – Familienpolitik ist immer auch Politik, d. h. Auseinandersetzung um gesellschaftliche Macht. Vgl. hierzu die Ausführungen im Diskussionsteil dieses Aufsatzes.

Dieses Modell mutet sehr schematisch an. Sein Zweck besteht darin, die elementaren Wechselbeziehungen zwischen persönlicher und kollektiver menschlicher Entwicklung hervorzuheben. Bei aller Vereinfachung macht es jedoch deutlich, – und dies ist ein *erstes* Kennzeichen des Ansatzes – daß die Umwelt des einzelnen aus verschiedenen Systembereichen besteht, und es liegt nahe, auch die Wechselwirkungen mit gesellschaftlichen Bereichen, in denen sich der einzelne nicht oder nur selten aufhält, in ihrer Bedeutung für die Entwicklung des einzelnen zu untersuchen. Dabei geht es selbstverständlich nicht nur darum, Korrelationen zwischen strukturellen Variablen im einen und anderen Bereich festzustellen. Die Aufgabe lautet vielmehr, die konkreten Sachverhalte (Mechanismen, Prozesse) der Verknüpfung zu entdecken.

Darum interessiert beispielsweise, inwieweit Arbeitszeitregelungen ein gemeinsames Handeln in der Familie erleichtern oder erschweren oder ob durch das Fernsehen Gespräche in der Familie angeregt oder unterdrückt werden. Besondere Aufmerksamkeit wird denjenigen Verhaltensweisen und Einrichtungen geschenkt, welche ausdrücklich die Beziehungen zwischen den ökologischen Bereichen fördern – beispielsweise die Mitwirkung der Eltern im Kindergarten, die Auswirkungen auf ihren Umgang mit dem Kind hat (vgl. hierzu den Beitrag von A. Herlth in diesem Band) – oder hemmen wie z. B. Schichtarbeit. Grundsätzlich sind auch Zusammenhänge „höherer Ordnung" in Betracht zu ziehen, z. B. der Sachverhalt, daß die Art der Organisation des Fernsehens, nämlich ob die Träger öffentlich-rechtliche oder profitwirtschaftliche Organisationen sind, über die Auswahl der Programme Auswirkungen auf die psychische Entwicklung der Kinder hat (vgl. hierzu *Lüscher* 1980).

Die verschiedenen Umwelten und ihre Wechselwirkungen werden im ökologischen Ansatz als historisch gewachsen und sozial gestaltbar angesehen; er hat somit – dies ist ein *zweites* Kennzeichen – eine pragmatische Ausrichtung. Er ist auf Handeln, auf Veränderung bezogen und zugleich offen für Entwicklungen, die nach Möglichkeit beeinflußt werden. Eine Wurzel dieses Pragmatismus liegt in den evolutionistischen Prämissen des Ansatzes. Sie lassen Bemühungen um die Institutionalisierung von Sozialisation als Suche nach immer besseren Umweltbedingungen erkennen. Der Anlaß zur Schaffung neuer Einrichtungen und Maßnahmen wird vielfach durch konkrete Probleme geboten. Sie stellen eine Herausforderung an das bisherige Verständnis von Sozialisation dar. Wissenschaft und Praxis stehen dabei in einem besonderen, eben pragmatischen Verhältnis der Wechselseitigkeit zueinander. Praktische Probleme zeichnen sich überdies dadurch aus, daß innerhalb gewisser Rahmenbedingungen Lösungen gefunden werden müssen, die Handeln ermöglichen. Sie fallen an, dieweil „das Leben seinen Lauf nimmt".

Die pragmatische Ausrichtung erfordert demnach, und dies macht ein *drittes*

Kennzeichen des Ansatzes aus, daß dem Verständnis der Situation, sowohl hinsichtlich des Verhaltens wie des institutionellen Rahmens besondere Aufmerksamkeit geschenkt wird. Bronfenbrenner selbst bezieht sich ausdrücklich auf das von W. I. Thomas formulierte Theorem, seiner Ansicht nach eines der wenigen „Gesetze" in den Sozialwissenschaften: „If men define situations as real they are real in their consequences." Damit wird postuliert, daß diese Bedeutungen, allgemeiner das „Wissen" der handelnden Personen, dafür relevant sind, wie gehandelt wird. Das ist zwar keine neue Einsicht; darauf wird insbesondere in den Theorie- und Forschungsansätzen der Wissenssoziologie mit Nachdruck hingewiesen. – Dennoch wird man nicht behaupten können, es sei bereits gelungen, die praktische Relevanz alltäglicher Wissenssysteme und Deutungsmuster in systematischen sozialwissenschaftlichen Untersuchungen – nicht nur in sorgfältig ausgewählten Beispielen! – ausreichend darzustellen. Das gilt ebenso für mikro-wie für makrosoziologische Fragestellungen. Zwar haben Ideologien schon lange Beachtung gefunden, und verwandte Begriffe wie Leitbilder, Zielvorstellungen, Werte sind auch in der soziologischen Analyse der Sozialpolitik geläufig, jedoch scheint es notwendig, in der konkreten Analyse von „Wirkungen sozialpolitischer Maßnahmen" Anstrengungen zu unternehmen, um die Zusammenhänge präziser zu erfassen, die zwischen Denken und Handeln sowie zwischen Ideologie, programmatischen Erklärungen und praktischen Maßnahmen bestehen.

So kann man zu diesem Zweck von der Überlegung ausgehen, daß diejenigen, die mit konkreten Aufgaben der Gestaltung menschlicher Entwicklungsprozesse, m. a. W. mit Aufgaben der Sozialisation befaßt sind, immer wieder „Definitionen der Situation" vornehmen müssen. Das bedeutet, daß sie in Anbetracht konkreter Probleme ihr eigenes Handeln und dasjenige anderer in Bezug zur näheren und weiteren sozialen Umwelt setzen und dabei Folgerungen für weiteres Handeln ziehen. Hier haben „Wissenssysteme" aller Art ihren systematischen Ort. Sozialpolitische und insbesondere familienpolitische Bemühungen mittels Wissen kann man als Versuche sehen, derartige „Definitionen der Situation" in Gang zu bringen, zu erleichtern, zu beeinflussen und dadurch neuere, „bessere" Formen des Handelns zu bewirken.

Dabei gibt es selbstverständlich unterschiedliche Sichtweisen. *Kaufmann* (1978a) hat beispielsweise im Hinblick auf sozialpolitische Maßnahmen für Kinder folgende Typologie vorgeschlagen:

a) Die Perspektive des Kindes. Die Besonderheit liegt indessen darin, daß Kinder sie nicht oder kaum selbst zu artikulieren vermögen[3].

[3] Allerdings sind in jüngster Zeit Versuche unternommen worden, um in repräsentativen Befragungen der Kinder ihre Sichtweise der Lebensverhältnisse zu erfas-

b) Die Perspektive der Eltern. Eltern beziehen sich auf die Bedürfnisse ihrer eigenen Kinder; ihre Sichtweise ist somit partikularistisch. Wesentlich ist, daß Eltern ihrem persönlichen Verständnis gemäß die Bedürfnisse der Kinder ausdrücken und zugleich dabei eine Interessenabwägung, nämlich im Hinblick auf ihre eigenen Bedürfnisse als Erwachsene, als Mann und als Frau etc. vornehmen[4].

c) Die Perspektive des Personals von Einrichtungen der Pflege und Erziehung. Der unmittelbare Bezug ist sowohl die eigene Organisation als auch die jeweils anvertrauten Kinder. Die Sichtweise ist somit ebenfalls partikularistisch, allerdings in einer anderen Weise, als dies bei den Eltern der Fall ist, weil sie sich auf die eigene Organisation bezieht und auf diejenigen Leute, mit denen das Personal typischerweise zu tun hat.

d) Die Perspektive von „Professionen" und von Wissenschaften. Sie ist wissenschaftlich universalistisch, doch besteht gleichzeitig eine Verpflichtung gegenüber der Profession bzw. Disziplin.

e) Die Perspektive von Angehörigen bürokratischer Organisationen. Ihr Bezug ist die an allgemeinen Regeln orientierte Umsetzung öffentlich legitimierter Normen und Ziele. Gleichzeitig sind jeweils Fragen der Zuständigkeit von Belang.

f) Die Perspektive von Repräsentanten gesamtgesellschaftlicher Organisationen. Sie ist – definitionsgemäß – universalistisch. Die konkreten Erfahrungen dieser Repräsentanten im Umgang mit Kindern sind aber oft einzig solche mit eigenen Kindern, und darum wird – in der Rhetorik – oft ein partikularistischer Bezug, zumindest für Zwecke der Veranschaulichung hergestellt.

In den Perspektiven sind mehrere Aspekte wichtig. Handelt es sich um das Verständnis der unmittelbar Beteiligten selbst oder um dasjenige „Außenstehender"? Wollen diese sich unmittelbar an der Gestaltung der Lebensverhältnisse beteiligen, beispielsweise im Sinne von Hilfeleistungen? Oder überwiegt das Bemühen um eine vergleichsweise „objektive" Darstellung der Zusammenhänge? Situationsdefinitionen erfolgen jeweils aus einem bestimmten Interesse. Gehen wir nun von der naheliegenden Annahme aus, daß zunächst vorrangig die in der konkreten Situation gestellten Aufgaben bzw. die

sen, so seitens der „Foundation for Child Development" (New York) in den USA und der Projektgruppe VASMA (Mannheim) in Deutschland. Abschließende Veröffentlichungen liegen noch nicht vor.

4 An dieser Stelle sei der Hinweis gestattet, daß die Analyse der Sichtweise der Eltern das besondere Anliegen von Forschungen der von U. Bronfenbrenner gegründeten „International Study Group on Comparative Human Ecology" und der Untersuchungen der ihr zugehörigen Arbeitsgruppe „Familienforschung" an der Universität Konstanz ist. Hierzu: *Bronfenbrenner* und *Cochran* (1976), *Lüscher* und *Fisch* (1977) und die seither erschienenen vervielfältigten Arbeitsberichte.

bestehenden akuten Probleme zu lösen sind, dann erfordert diese Entscheidungen, die oft unter Ungewißheit zu treffen sind. Gleichzeitig kommen eigene Interessen derer ins Spiel, welche die Probleme für sich und andere umschreiben, und es stellt sich die Frage der Durchsetzung weltanschaulicher und politischer Positionen. Die Schaffung, Verbreitung und Anwendung von Wissen ist somit mit der Ausübung von Macht und Herrschaft verbunden. Daraus ergeben sich wiederum enge Zusammenhänge mit Prozessen der Legitimierung, welche die Wirkungen familienpolitischer Maßnahmen miteinschließen.

7.2. Das Beispiel der Elternbildung

Eine sozialpolitische Maßnahme, die eindeutig darauf gerichtet ist, die „Definition", d. h. das praktische Verständnis familiären Zusammenlebens zu beeinflussen, ist Elternbildung[5].

Im allgemeinen werden die Anfänge moderner Elternbildung um die Jahrhundertwende datiert. Die Bemühungen, Eltern über den angemessenen Umgang mit den Kindern zu unterrichten, reichen allerdings weiter zurück. Viele namhafte Pädagogen, insbesondere seit dem 18. Jahrhundert, haben Schriften veröffentlicht, mit denen sie sich ausdrücklich an Eltern wenden, so Basedow, Salzmann und insbesondere Pestalozzi, der seinem Volksroman „Lienhard und Gertrud" ein zweites Volksbuch „Christoph und Else" folgen ließ, das eine Anleitung zum Verständnis des ersten enthielt. Auch Fröbel verfolgte in erster Linie die Absicht, Müttern Anleitungen für den besseren Umgang mit den Kleinkindern zu geben. Daneben gibt es zahlreiche Schriften weniger bekannter Autoren (vgl. hierzu ausführlich *Mechling* 1975). Historische Vorgänger dieser Schriften wiederum sind die Predigten der ansässigen Geistlichkeit und von Wanderpredigern, in denen Eltern oft Ratschläge und Vorschriften über die Kindererziehung gemacht wurden. Sie konnten sich ihrerseits auf Texte von Kirchenvätern, Bibelstellen und Spruchweisheiten des Volkes berufen.

Eine aufschlußreiche Darstellung der Frühzeit der Elternbildung in den *USA*, nämlich von 1897 bis 1927, gibt *Schlossmann* (1976). Er weist nach, daß sich die Elternbildung in der Periode des „progressivism" (1897 – 1917) in verschiedener Hinsicht von derjenigen in den Zwanzigerjahren unterscheidet: In der ersten der beiden Perioden bezieht sie sich auf Mütter von Kleinkindern *und* Jugendlichen und betont (unter dem Einfluß von Hall) das angeborene Entwicklungspotential des Kindes, dem die Möglichkeit der Entfaltung zu

[5] Die folgenden Ausführungen stützen sich auf *Bertram* (1979) und *Lüscher* (1979) und die dort angegebene Literatur.

geben ist; in der zweiten Periode stehen die Mütter von Kleinkindern im Zentrum des Interesses, und es wird – aufgrund des Einflusses behavioristisch orientierter Autoren wie Holt und Watson – einer starken Disziplin im Umgang mit dem Kind das Wort gesprochen, während psychoanalytische Auffassungen zumindest in der Literatur für Eltern in dieser Zeit wenig verbreitet gewesen scheinen, wie *Burnham* (1960) zeigt. Vor allem aber ist in dieser zweiten Periode der politische Impetus von Elternbildung verloren gegangen, der zuvor darin bestanden hatte, in der Elternbildung ein Mittel zur Verbesserung der Lebensverhältnisse der Armen zu sehen. – Zwischen 1900 und 1920 entstanden auch in *Deutschland* die ersten Organisationen, die versuchten, Eltern systematisch Hilfe durch Wissensvermittlung anzubieten (vgl. *Nave-Herz* 1964). Es handelt sich um Erziehungsberatungsstellen, um Mütterschulen und um Elternschulen.

Alle Darstellungen über die jüngsten Entwicklungen (vgl. Anm. 5) vermitteln den Eindruck eines enorm gestiegenen Interesses an Elternbildung und eines zunehmenden Einsatzes von Mitteln. Die zur Verfügung gestellten Summen sind allerdings bescheiden im Vergleich zu den Kosten, die für materielle Unterstützungen wie Kindergeld, Steuererleichterungen u. a. aufgewendet werden. Möglicherweise stellen die vergleichsweise geringen Kosten eine besondere Anziehungskraft der Bildungs-(und Beratungs)maßnahmen dar.

In der wissenschaftlichen Literatur zur Elternbildung finden sich verschiedentlich Definitionen. *Schlossmann* (1976: 438) legt eine relativ weitgefaßte Umschreibung vor:

„By parent education I refer to any and all programs sponsered by lay groups or governments to upgrade child-care practices of parents in the home."

Bei *Nave-Herz* (1964: 13–14) heißt es:

„Wir wollen die Elternerziehung . . . ansehen als Hilfestellung beim Übergang von der teilweise noch unbewußten, weitgehend gefühlsbedingten, durch Tradition gesicherten, alten Erziehungshaltung zu einer bewußten rationalen, auf wissenschaftlichen Kenntnissen und ständigem Erfahrungsaustausch aufgebauten, neuen erzieherischen Verhaltensweise." – Die Aufgaben der Elternerziehung werden von der Autorin folgendermaßen umschrieben: „Sie hat die Einstellung der Eltern zu ihren Kindern sowie zu ihrer Erzieherrolle, aber auch der Eltern zueinander mit den verschiedensten Methoden in die für eine optimale Erziehung der Kinder nötigen Richtung hin zu ändern." – Außerdem hat die Elternerziehung noch zwei weitere wichtige Aufgaben zu übernehmen: „Einmal muß sie den Eltern einen soliden Schatz von Kenntnissen vermitteln, angefangen von den wichtigsten biologischen und medizinischen Daten des Säuglings bis zu den psychologisch und soziologisch bedeutsamen Faktoren im Leben des Erwachsenen, alles, was aus der ständig wachsenden wissenschaftlichen Erkenntnis für die Formung der sozialkulturellen Persönlichkeit der Kinder bedeutungsvoll ist. Zum anderen wird die Herbeiführung und bewußte Pflege eines Erfahrungsaustausches zwischen einzelnen Elternpaaren einen ganz wesentlichen Raum in der Elternerziehung einzunehmen haben." – Es ließe sich denken, daß bei den Eltern, wenn sie sich sachlich in steter Verbindung mit der Wissenschaft sehen und sich persönlich im ständigen Erfahrungsaustausch mit anderen Eltern befinden, daß die verlorengegangene „erzieherische Zuversicht aus der Kommunikation" ersetzt werden könnte.

Brim (1965: 20) wählt folgende Umschreibung:

"Parent education can be defined as an activity using educational techniques in order to effect change in parent role performance." Brim will Elternbildung von der Therapie abgrenzen. Zu diesem Zweck postuliert er, daß von Erziehung dann gesprochen werden soll, wenn lediglich bewußte Überzeugungen und Motive angesprochen werden, von Therapie hingegen, wenn die Ebenen des Unbewußten angesprochen werden, mit dem Ziel, Widerstände des Individuums derart abzubauen, daß es befähigt wird, in Zukunft von erzieherischen Vorgehensweisen zu profitieren.

Übereinstimmend verstehen diese und ähnliche Umschreibungen Elternbildung als organisierte Aktivitäten, mit dem Ziel, Eltern „nützliche" Informationen und Einstellungen im Hinblick auf die Aufgabe der Pflege und Erziehung ihrer Kinder zu vermitteln. Zu diesem Zweck werden verschiedene Verfahren der Informationsvermittlung einzeln oder in Verbindung miteinander eingesetzt: Bücher, Zeitschriften, Informationsbroschüren (und Pamphlete), Tageszeitungen, Radio- und Fernsehsendungen, Filme, Kurse und Seminare aller Art. – Nicht unter Elternbildung in diesem Sinne fallen Informationen, die im Rahmen der Schule Jugendlichen vermittelt werden. Grenzfälle sind Kurse für angehende Eheleute sowie Eltern in Erwartung ihres ersten Kindes.

Die Abgrenzung gegenüber der Beratung ergibt sich in erster Linie dadurch, daß es sich bei der Elternbildung um generelle Informationen handelt, während bei der Beratung Probleme eines namentlich genannten, individuellen Kindes Ausgangspunkt sind und die Informationen im Hinblick darauf partikulären Charakter haben. Das bedeutet mit anderen Worten, daß in der Regel im Falle der Beratung (und der häufig daraus resultierenden Therapie) der Berater persönlichen Kontakt mit dem einzelnen Kind hat, während dies bei Elternbildung für die Autoren von Büchern und Artikeln, die Regisseure von Sendungen und Filmen und die Leiter von Kursen nicht zutrifft, wenngleich natürlich deren Primärerfahrungen mit Kindern, oft mit ihren eigenen Kindern, eine wichtige Quelle ihrer Darbietungen bzw. Ausführungen sein können. Allerdings gibt es Mischformen, in denen Beratung und Ausbildung (bzw. Informationsvermittlung) miteinander verknüpft werden. Neuerdings sind Formen des Erfahrungsaustausches durch den freien Zusammenschluß von Eltern beliebt. Sie bilden auf diese Weise Selbsthilfegruppen[6].

Elternbildung im umschriebenen Sinne kann auch eine latente Funktion von Publikationen und Veranstaltungen sein, die in ihrer Zielsetzung nicht explizit auf Elternbildung angelegt sind. Dies trifft beispielsweise für Informationen über Familienplanung und über Gesundheitserziehung zu sowie für Bemühungen um eine engere Zusammenarbeit zwischen Schule und Elternhaus.

Zur Unterscheidung der verschiedenen Formen sind von *Niehuis et al.* (1975) die Begriffe der informativen, der institutionellen und der funktionellen Elternbildung vorgeschlagen worden. *Bertram* (1979: 97f.) umschreibt sie folgendermaßen:

„Informative Elternbildung wird von Zeitschriften, Periodika, Büchern, Rundfunk und Fernsehen betrieben, d. h. diese Medien stellen Informationen bereit, haben aber kaum Einfluß darauf, wie diese Informationen verarbeitet werden. Zeitschriften sind häufig weltanschaulich gebunden, Rundfunk- und Fernsehsendungen regional begrenzt, während Elternbücher mit hoher Auflage häufig nur einen Aspekt, nämlich Gesundheitspflege betonen.

Die institutionelle Elternbildung im Rahmen der Einrichtungen zur Familienbildung bietet die Möglichkeit, die vermittelte Information zu diskutieren und zu verarbeiten, ohne aber die Eltern dabei unterstützen zu können, diese Informationen auch anzuwenden. Einrichtungen der Familienbildung sind meist regional oder lokal organisiert und werden überwiegend von kirchlichen Organisationen getragen.

Die funktionelle Elternbildung orientiert sich an spontan entstandenen Elterninitiativen und versucht, die Eltern mit Hilfe therapeutischer Techniken zu befähigen, konkrete Erziehungsprobleme adäquat zu lösen und sich, soweit das nötig ist, gegen staatliche Instanzen durchzusetzen. Diese ‚Hilfe zur Selbsthilfe' ist immer lokal organisiert und eher selten mit bestimmten gesellschaftlichen Gruppen verbunden."

Elternbildung stellt zweifelsohne ein faszinierendes, vielfältiges Kapitel Kultur- und Sozialgeschichte dar, das noch nicht ausreichend dargestellt worden ist. – Ausgehend von den beiden Komponenten der eingangs vorgelegten Definition von Familienpolitik stehen für eine soziologisch-sozialpolitische Analyse von Elternbildung zwei Fragen im Vordergrund: Wie wird sie „legitimiert", d. h. welche Interessen artikulieren sich in konkreten Maßnahmen und Einsichten? Wie „wirkt" Elternbildung, d. h. in welcher Weise ver-

[6] Zum Begriff der Selbsthilfegruppen und der Abgrenzung von Selbsthilfeorganisationen vgl. den Aufsatz von *Nokielski* und *Pankoke* in diesem Band.

ändern konkrete Maßnahmen das Verhalten, m. a. W. das Denken und Handeln der Eltern?

7.2.1. Begründungen und Legitimation von Elternbildung

Ganz allgemein stellen Verfassungsbestimmungen eine besonders herausragende Form gesellschaftlicher Legitimation dar. Wird – wie beispielsweise im Grundgesetz der Bundesrepublik Deutschland Art. 6 – die Familie dem besonderen Schutz des Staates unterstellt, können Maßnahmen zur Förderung der Elternbildung als Hilfen zur Unterstützung der Erziehungsfähigkeit der Familie dargestellt werden (vgl. hierzu *Stolleis* 1978). Davon ausgehend kann Elternbildung insbesondere als Hilfe für unterprivilegierte Bevölkerungsgruppen aufgefaßt werden und somit auf weitergehende sozialpolitische Zielperspektiven/Zielprogramme bezogen werden.

Schlossmann sieht, wie erwähnt, in einer solchen sozialpolitischen Motivation ein wichtiges Merkmal der Elternbildung in der Zeit des „progressivism". Spiegelbildlich dazu stehen die in verschiedenen Länderberichten zur Europäischen Familienministerkonferenz (BMJFG 1978b) auftauchenden Klagen darüber, daß mit Elternbildung bis jetzt lediglich ein Teil der Bevölkerung angesprochen werden konnte und daß gerade jene Schichten, die sie besonders nötig hätten, bis jetzt abseits stehen.

Neben solchen Rechtfertigungen, die sich auf allgemeine Werte und Normen bzw. auf politische Zielsetzungen stützen, läßt sich eine andere Argumentationsebene entwickeln, die von einer (sozial-)kritischen Bestandsaufnahme der gegenwärtigen Situation ausgeht, dabei gewisse Defizite der Eltern allgemein oder unter bestimmten Gruppen festzustellen vermeint und annimmt. Entsprechend der wissenschaftlichen Orientierung der Problemanalyse soll auch die Problembearbeitung im Sinne einer am Stand wissenschaftlicher Erkenntnis orientierten Elternbildung verbessert werden.

Ein *erster* Komplex solcher Argumente bezieht sich auf Thesen, daß die Eltern ganz allgemein infolge kultureller, sozialer und wirtschaftlicher Veränderungen in ihrer Rolle verunsichert seien und sich nicht mehr an die überkommenen Vorstellungen – die ihnen aus ihrer eigenen Kindheit vertraut sind – halten könnten. Entsprechende Formulierungen finden sich in fast allen Länderberichten zur Europäischen Familienministerkonferenz. Auch *Brim* sieht darin einen der beiden Hauptgründe zur Entwicklung der Elternbildung. Der andere Hauptgrund – und hier handelt es sich um eine *zweite* Kategorie von Argumenten – stellt die Überzeugung vieler Leute dar, daß – dank den Fortschritten der Wissenschaften – bessere Methoden des Umgangs mit Kindern empfohlen werden können als die traditionellen Verhaltensweisen es sind. Diese Sichtweite war für *Nave-Herz* seinerzeit ein integraler Bestandteil der Umschreibung der Elternschule. Eine *dritte* Kategorie von Argumenten, die sich teilweise mit den bereits genannten überschneidet, bildet die Auffassung, daß einzelne Gruppen von Eltern, beispielsweise Einwanderer, besondere Nachholbedürfnisse haben, oder daß einzelne Gruppen insofern benachteiligt sind, als sie nicht in gleichem Maße wie andere Zugang zu den neuen Erkenntnissen haben und davon zu profitieren vermögen.

In diesem Zusammenhang steht auch das Argument, das besagt, die Pflege und Erziehung der Kinder sei eine Aufgabe, die genauso anspruchsvoll sei wie andere Pflege- und Erziehungsaufgaben in der modernen Gesellschaft, beispielsweise im medizinischen Bereich. Doch im Unterschied zu der z. B. das moderne Gesundheitswesen prägenden Professionalisierung bekämen Eltern keine besondere Ausbildung und dies sei eigentlich falsch. Elternbildung vermöge darum einen Beitrag zu einer eigentlich notwendigen und sachlich gerechtfertigten „Professionalisierung" der Elternrolle darzustellen. Diesem Argument wird Nachdruck durch besondere Aktionen, z. B. Kursen zum Erwerb eines „Elternführerscheins" verliehen, oder es wird erwogen, den Empfang besonderer Unterstützungen, z. B. eines Erziehungsgeldes, mit dem Besuch von Elternbildungsveranstaltungen zu koppeln. Gegenüber solchen Konzepten sind jedoch kritische Fragen anzumerken, – etwa ob Kompetenz und Engagement nicht-professioneller Sozialsysteme überhaupt über die Sanktionsmechanismen der verwalteten Welt verfügbar sein können bzw. dürfen.

Eng verknüpft mit der konkreten Legitimation von Elternbildung ist die Auswahl der *Inhalte*. Dazu läßt sich in historischer Sicht u. a. eine Linie der Entwicklung erkennen, in der eine Kontinuität bzw. eine Akkumulation des Verständnisses der Aufgabe der Sozialisation zum Ausdruck kommt. Um den Nachweis im einzelnen zu führen, wäre eine ausführliche Darstellung der Entwicklung der gesellschaftlichen Rolle des Kindes erforderlich, was an dieser Stelle nicht möglich ist. Darum soll das Ergebnis einer diesbezüglichen Analyse der einschlägigen sozialhistorischen Literatur hier übernommen werden (*Lüscher* 1975). In eine einfache These zusammengefaßt lautet es folgendermaßen: Spätestens seit Mitte des 18. Jahrhunderts ist eine wechselseitige Durchdringung im Verständnis der spezifischen Pflegebedürfnisse des Kindes einerseits und seiner Lernbedürfnisse andererseits festzustellen, mit anderen Worten, immer mehr wird die wechselseitige Bedingtheit der physiologisch-medizinischen und der psychisch-sozialen Komponenten von Sozialisation erkannt. Dies führt zur Einsicht, daß in dieser Verflechtung die Grundlage für die Herausbildung der individuellen Persönlichkeit liegt. So wird zusehends die Relevanz der frühen Kindheit für die spätere Entwicklung einsichtig, eine Feststellung, welche die quasi paradigmatische Grundlage der modernen Sozialisationsforschung bildet. Hinzuzufügen ist, daß diese wissenschaftliche Entwicklung einhergeht mit einer politischen, in der das Recht auf Individualismus jedermann zuerkannt wird, ausgedrückt im bürgerlichen Ideal eines „Bürgerrechts" auf freie (neuerdings bisweilen auf optimale) Entwicklung der Persönlichkeit.

Auf der praktischen Ebene der Elternbildung kann man auf Grund dieser Ableitungen erwarten, daß die Ratschläge, die sich auf die Pflege des Kindes, beispielsweise die richtige Ernährung (vorab auf die Frage des Stillens) beziehen, in zunehmendem Maße auch psychologisch begründet werden. Man kann auch vermuten, daß als Ratgeber nebst dem Arzt in zunehmendem Maße der Psychologe hervortritt.

Diese Erwartungen entsprechen grosso modo den Befunden von Studien den die Entwicklung von Literatur über Kindererziehung. *Vincent* (1951: 202) beispielsweise zeigt, daß von 69 Artikeln, die in den Jahren 1900 – 1904 in den von ihm untersuchten Periodika erschienen sind, 11 % von Nichtmedizinern geschrieben worden sind; rund fünfzig Jahre später, 1945 – 1949 betrug der Prozentsatz 52 %.

Neben entwicklungspsychologischen Ansätzen gewann zeitweise auch die Autoritätsproblematik an sozialwissenschaftlichem Interesse. *Maccoby* (1961: 200) stellt fest:

„When we now examine the kinds of content in the different years studied, we find that articles dealing with physical development and health are less prevalent in 1950 and are more prevalent earlier, as well as in 1969, when, as we recall, an unward trend in restrictiveness advice was seen. Stories dealing with personality development or with developmental stages, on the other hand, are most frequent in the permissive years and least in the restrictive years. Again, 1959 behaves like a return to restrictiveness."

Des weiteren läßt sich (z. B. *Kopp* 1974) eine stark veränderte Einstellung gegenüber der Sexualität nachweisen, wobei zusehends Aspekte der Persönlichkeitsentwicklung hervortreten.

7.2.2. Wirkungen der Elternbildung

Was die *Effekte* von Elternbildung betrifft, so wird sozusagen ausschließlich untersucht, welchen Gebrauch die Eltern vom Angebot machen und ob gegebenenfalls Veränderungen in ihrem Verhalten festzustellen sind. Eine erste Gruppe von Aussagen über die Effekte von Elternbildung begnügt sich mit einer Wiederholung der legitimatorischen Argumente. – Eine zweite Gruppe bezieht sich auf den Erfolg von Elternbildungsbemühungen gemessen an der Nachfrage etwa nach Veröffentlichungen oder an der Beteiligung an Veranstaltungen. Das Paradebeispiel sind die enormen Auflagen, die in den USA die amtliche Broschüre „Infant Care" erreicht hat (seit 1916 in vielen Auflagen 59 Millionen) (vgl. *Bane* 1973: 669). Gestützt darauf wird argumentiert, daß diese Veröffentlichungen offensichtlich einem Bedürfnis entsprechen. Ähnlich begründet *Stone* (1975) seine Inhaltsanalyse des Werkes von Spock damit, daß in Anbetracht des Erfolges dieses Buches davon ausgegangen werden könne, es käme den Orientierungsbedürfnissen der Eltern entgegen. Er entkräftet mit diesem Argument den kritischen Einwand, wonach eine solche Inhaltsanalyse von geringem Wert sei, weil sie keinen Aufschluß über das tatsächliche Verhalten vermittle.

Interessante Daten über die Verbreitung von Schriften zur Familienbildung liegen auch aus Frankreich vor. *Gérome* (1976) weist im Detail die enorme Ausweitung der Auflagenziffern von Elternzeitschriften nach. Relativ umfassende Angaben über den Besuch von Elternbildungsanstalten für die Bundesrepublik Deutschland macht *Wahl* (1973). Deutlich tritt dabei hervor, daß sich in erster Linie nach wie vor Mütter und zwar vorab solche aus den sogenannten Mittelschichten beteiligen.

Weitergehende Untersuchungen über Effekte im engeren Sinne des Wortes betreffen im wesentlichen vier Sachverhalte, nämlich Kenntnisse der Eltern, Einstellungen der Eltern, Verhalten der Eltern und Verhalten des Kindes. Unter diesen sind wiederum die ersten beiden am meisten untersucht worden. Dabei zeigten sich in den meisten Studien Veränderungen in einer Richtung, die mit den Inhalten von Schriften und Kursen übereinstimmen, allerdings nicht in großem Maße und nicht durchwegs in bezug auf die gleichen inhaltlichen Fragestellungen. Besonders deutlich läßt sich dies in Evaluationsstudien über die Aktion zur Verteilung von „Elternbriefen" feststellen, die den Eltern nach der Geburt des ersten Kindes in regelmäßigen Abständen zugestellt werden, die in Deutschland und in andern Ländern in verschiedenen Versionen verteilt werden[7].

So berichtet *Lange* (1975) über die Ergebnisse einer mündlichen Befragung bei 162 Eltern in Bielefeld (wobei unklar ist, ob das Interview mit Vater oder Mutter durchgeführt wurde). Demnach finden die Elternbriefe relativ hohe Aufmerksamkeit. Nach Ansicht von Lange ist es möglich, die Befunde dahingehend zu interpretieren, daß von den Elternbriefen „ein Einfluß auf die Erziehungseinstellungen der Eltern in der Weise ausgeht, daß diese mit zunehmendem Verwertungsgrad der in den Elternbriefen vorgegebenen Einstellungen verändert werden" (115). *Petri et al.* (1975) stellten 107 Eltern (größtenteils Müttern), die mit ihrem Kind in der Psychiatrischen Poliklinik vorsprachen, eine Anzahl von schriftlich zu beantwortenden offenen Fragen. Die relativ kleine Zahl der Befragten und das methodische Vorgehen gestatten indessen kaum verläßlich Differenzierungen und Verallgemeinerungen.

[7] Eine Übersicht über die verschiedenen Versionen der Elternbildung haben wir im Aufsatz „Elternbildung durch Elternbriefe" zusammengestellt (*Lüscher, Giehler* und *Stolz* 1977); es handelt sich um ein interessantes Beispiel internationaler Wissens-Dissemination. Die Inhalte verschiedener Serien wurden in Inhaltsanalysen systematisch verglichen, siehe *Giehler* und *Ugarte* (1978) sowie *Giehler* (1978).

Gemäß Erhebungen bei Empfängern der Elternbriefe in Konstanz und Mannheim (*Lüscher et al.* 1981) geben 91 % der befragten Mütter zu, die Elternbriefe zu lesen, in rund 75 % der erfaßten vollständigen Familien, gemäß Angaben der Mütter, lesen auch die Väter die Briefe, in Familien der Mittelschicht etwas häufiger als in solchen der Arbeiterschicht. Von vier Fünfteln der verheirateten Befragten wird gesagt, daß die Elternbriefe Anlaß zu einem Gespräch über Erziehungsfragen waren vor allem dann, wenn der Ehepartner die Elternbriefe selbst auch gelesen hat. Die Wahrscheinlichkeit solcher Gespräche ist am häufigsten in Familien der oberen Mittelschichten. Die hohe Quote derjenigen Mütter, die die Briefe lesen, nachdem sie sie bereits drei Jahre lang kennen, sowie die Tatsache, daß 82% der Befragten bereit wären, selbst etwas für die Elternbriefe zu bezahlen, kann insgesamt als Indiz dafür genommen werden, daß die Briefe für die Eltern interessant und informativ sind.

In welchem Ausmaß die lebenspraktische Relevanz der Elternbriefe von den Eltern tatsächlich so empfunden wird, wurde beispielhaft anhand von Stellungnahmen zu vier ausgewählten Texten ermittelt. Alle Themen werden von der Mehrzahl der Befragten als interessant zu lesen eingestuft, wobei das Urteil von Vätern etwas weniger positiv ausfällt als das von Müttern. Die Texte werden als leicht zu lesen empfunden, wobei wiederum die Väter mit positiven Urteilen etwas zurückhaltender sind. Die einzelnen Themen werden von 70 % – 85 % der Befragten als „gerade richtig" in der Ausführlichkeit der Behandlung eingestuft. Befragte, die nicht zufrieden sind, wünschen sich eher größere Ausführlichkeit als geringere. Neue Informationen enthalten die Texte zu den einzelnen Themen für unterschiedlich viele Befragte. Der Prozentsatz variiert zwischen 32 % und 13 %. Insgesamt enthalten die Texte für etwas mehr Väter und Mütter neue Informationen. – Zusammenfassend ergibt sich somit ein relativ positives Urteil der Eltern über die Elternbriefe. Ob und in welcher Weise sie jedoch zu Änderungen in den Verhaltensweisen der Eltern führen, läßt sich mit den zur Verfügung stehenden Daten nicht sagen. Dabei muß man in jedem Fall in Rechnung stellen, daß die Elternbriefe im familiären Alltag lediglich eine unter mehreren Informationsquellen sind. Die relative Intensität der einzelnen Beeinflussungen läßt sich nicht feststellen, ebensowenig, ob sie sich gegenseitig verstärken oder widersprechen.

7.2.3. Zusammenfassung

Zusammenfassend lassen sich aus den hier exemplarisch dargestellten Untersuchungen über Elternbildung folgende Feststellungen treffen:

1) Zur Entwicklung der Elternbildung

– Elternbildung im weiten Sinne einer generellen Unterrichtung und Beeinflussung von Eltern mittels mehr oder weniger konkreter Ratschläge hat es offensichtlich seit jeher gegeben. – Diesen Aspekt von Elternbildung kann man als Ausdruck eines gesellschaftlichen Verständnisses der anthropologisch gestellten Aufgabe von Pflege und Erziehung des menschlichen Nachwuchses deuten; diese Aufgabe war immer auch eine soziale und somit Gegenstand kultureller Manifestationen.

– Man kann vermuten, daß die Bemühungen um Elternbildung parallel zur Herausbildung der gesellschaftlichen Rolle des Kindes sowie der Akzentuierung der gesellschaftlichen Rolle des Kindes und der Akzentuierung der Sozialisationsaufgaben der Kernfamilie zugenommen haben.

– Einen wesentlichen Auftrieb erfuhr Elternbildung durch die Professionalisierung von Pflege (z. B. in den medizinischen Berufen), von Erziehung (in den Lehrberufen, einschließlich der Vorschule) und des Umgangs mit physisch und psychisch Behinderten. Das sich dabei herausbildende differenzierte Verständnis der Aufgaben bzw. der Probleme erhöhte wiederum die Nachfrage nach Informationen.

– Im Gefolge der erwähnten Professionalisierung (d. h. seit Beginn unseres Jahrhunderts) entwickelten sich organisierte und institutionalisierte Formen der Elternbildung. Träger waren die Kirchen, Einrichtungen der freien Wohlfahrt und ad hoc gebildete Elterngruppen.

– Medium der Elternbildung war nun nicht mehr allein die mündliche Überlieferung, bzw. deren geschriebene Darstellung und Vermittlung. Mit zunehmender Organisation wurden kommunikative Konzepte durch entsprechende Veranstaltungen realisiert. In neuester Zeit etwa werden ausgedehnt die elektronischen Medien beigezogen.

2) Zu den Wirkungen der Elternbildung

– Unter Wirkungen werden sozusagen ausschließlich die Nutzung des Angebotes seitens der Eltern und allenfalls daraus resultierende Änderungen in ihren Einstellungen und ihrem Verhalten verstanden.

– Die Nutzung von Angeboten der Elternbildung ist verschieden je nach Medium, nach Geschlecht und nach sozialer Lage der Eltern (bzw. Familien). Einzelne Bücher haben (z. T. international) enorme Verbreitung gefunden. Entsprechende Veranstaltungen wurden (in allen Ländern) eher von den Müttern als von Vätern besucht, sie scheinen mehr bei Eltern der sogenannten „Mittelschichten" als bei Eltern der „Unterschichten" Interesse zu finden. Gezielte Veranstaltungen, insbesondere in Verbindung mit Programmen zur „kompensatorischen Erziehung", vermögen aber auch spezifische Gruppen aus allen gesellschaftlichen Schichten anzusprechen.

– Bezogen auf die teilweise weite Verbreitung scheinen die feststellbaren Veränderungen in den Einstellungen und im Verhalten jedoch nur gering.

7.3. Diskussion

Elternbildung wird seit langem angeboten und hat in der jüngsten Zeit an Verbreitung gewonnen, obgleich die Ergebnisse der Forschung nur geringe Wirkungen nachweisen. Wie ist dieses Paradox zu erklären? Es ist naheliegend, zunächst einige methodologische Einwände zu erörtern:

– Dargestellt und untersucht wurde in der Regel jeweils eine partikuläre Maßnahme der Elternbildung in ihren Auswirkungen auf konkrete Familien bzw. Eltern. Ausgedrückt in den Begriffen der ökologischen Analyse: Bemühungen, die ihren Ursprung auf der Ebene der Makrosysteme sowie der Mesosysteme haben, wurden nach Wirkungen in den Mikrosystemen untersucht. Die Verflechtungen mit anderen Systembereichen blieben weitgehend außer acht. Dazu gehören beispielsweise Auswirkungen im Bereiche der Mesosysteme. Ebensowenig wurde beispielsweise untersucht, welche Rückwirkungen Erfolge und Mißerfolge konkreter Aktionen der Elternbildung auf die Trägerorganisationen haben. Schließlich wurden fast ausschließlich kurzfristige Auswirkungen untersucht.

– In der Regel wurden von den Forschern die übermittelten Inhalte von Elternbildung als sachliche und damit als nicht näher zu legitimierende Information aufgefaßt. Dies ließ übersehen, daß es sich bei Elternbildung durchaus auch um Versuche der Beeinflussung von Eltern im Hinblick auf politische, pädagogische oder auch ökonomische Positionen handelt. Bewußt wurden diese Effekte in der Kritik an der schichtspezifischen Voreingenommenheit von Elternbildung.

Weiterhin ist zu bemerken: das genannte a-politische Verständnis von Elternbildung läßt außer acht, daß zwischen den verschiedenen Trägern von Elternbildung oft starke Unterschiede und Konflikte bestehen, folglich eine gesellschaftliche Auswirkung von Elternbildung die Artikulation (auch im Sinne von Selbstdarstellung) und die Austragung von Konflikten über Erziehungsauffassungen sein kann, und zwar sowohl bei den Trägern als auch bei den Eltern. Bisweilen wird in bezug auf die letzteren auf diesen Aspekt hingewiesen und gesagt, Elternbildung trage zur Verunsicherung der Eltern bei. Dieser Vorwurf einer heimlichen Ideologisierung scheint berechtigt, wenn er sich auf Träger und Formen der Elternbildung bezieht, die sich durch den Schein des „reinen Fachwissens“ legitimieren, nicht aber, wenn die sich widerstreitenden politischen und weltanschaulichen Auffassungen jeweils ausdrücklich in ihrer Wertperspektive ausgewiesen und so zur Diskussion gestellt sind.

Diese Überlegungen verweisen darauf, daß das Verhältnis der durch die Elternbildung repräsentierten Wissenssysteme zum alltäglichen Erziehungsverständnis der Eltern noch wenig untersucht worden ist. Bezogen auf den ökologischen Bezugsrahmen ist dies zunächst formal verständlich: Konkrete

Äußerungen der Elternbildung sind konzipiert als Bemühungen um eine „Definition der Lebenssituationen" durch „Experten" aus dem Meso- und Makrobereich. Die Ratschläge werden an die Eltern herangetragen in der Annahme, ihre „Definition der Situation" sei schon wegen ihrer „Vorwissenschaftlichkeit" defizitär. Demgegenüber wird beansprucht, wissenschaftliche Theorien seien umfassender, folglich besser (d. h. handlungsrelevanter) als „Alltagstheorien".

Es ist festzustellen, daß wissenschaftliche Theorien selbstverständlich in der Regel eine differenziertere Systematik aufweisen. Das heißt aber nicht, daß sie deswegen auch pragmatisch wertvoller sind. Im Rahmen unserer eigenen Untersuchungen konnten wir feststellen, daß Eltern die Informationen, die sie erhalten, selektiv rezipieren und mutmaßlich auch anwenden. Entscheidend ist, ob sie das Gebotene in ihren Alltag zu integrieren vermögen, konkret, ob ihnen Situationen geschildert werden, die sie als realistisch empfinden und Handlungsvorschläge gegeben werden, die sie als brauchbar auffassen. Innerhalb dieses Rahmens sind sie durchaus offen für neue Ideen. Sie suchen also nicht (wie aus den Thesen über die Massenkommunikationsforschung geschlossen werden könnte) schlicht eine Bestätigung ihrer Auffassungen. Vielmehr sind sie bereit, eine Art Verknüpfung zwischen ihren eigenen Auffassungen und denjenigen der Umwelt vorzunehmen, vorausgesetzt, daß daraus ein für die Eltern sinnvolles Verständnis des Alltages oder konkreter Problemlagen resultiert[8].

Weiterhin wird aus der Nachfrage der Eltern insgesamt, die begreiflicherweise eine Vielzahl von Fragen zu konkreten Problemen stellen, fälschlicherweise geschlossen, daß Eltern in einem Zustand permanenter Krise leben. Diese Vorstellung wird überdies durch die Annahme der Überlegenheit des Expertenwissens genährt. Möglicherweise sind deshalb „Experten" stärker für Probleme sensibilisiert als andere Leute. Gegenüber dieser Annahme läßt sich aber aus Überlegungen, die auf der Pragmatik von Kommunikation beruhen, einwenden, daß eben im Alltag nur dann Wissen aktiviert und problematisiert wird, wenn sich tatsächlich Probleme ergeben. Dies dürfte mit einem *Charakteristikum von Alltagswissen* zusammenhängen. Es ist ihm wahrscheinlich eine reflexive Komponente eigen. Soweit es eine Beurteilung der Lebenssituation einschließt, sind darin „Urteile" über einen eigenen Bei-

[8] Im Rahmen unserer Analysen der alltäglichen Erziehungsauffassungen junger Mütter (*Lüscher, Rösinger* und *Fisch* 1981) haben wir eine weitere These zum Vergleich alltäglichen und wissenschaftlichen Wissens entwickelt. Ersteres bezieht sich entweder auf ganz konkrete, auch personenbezogene Sachverhalte oder aber auf sehr weite Verallgemeinerungen; sozialwissenschaftliches Wissen (bezogen auf Pflege und Erziehung) entfaltet sich hingegen vor allem in Form von „Theorien mittlerer Reichweite". Es besteht somit eine gewisse Inkongruenz zwischen diesen beiden Arten von Wissen, die wahrscheinlich auch eine spezifische Schwierigkeit bei der Ausgestaltung von Elternbildung darstellt.

trag zur Schaffung der Verhältnisse enthalten. Wenn sich diese *Erklärung* aufrecht erhalten läßt, dann stellt sie einen Beitrag zur Erfassung der Funktionen des Wissens in der Ökologie der menschlichen Entwicklung dar. Die Umwelt wird nicht ausschließlich als ein Äußerliches aufgefaßt, sondern tatsächlich (und übereinstimmend mit den theoretischen Thesen der Klassiker des Pragmatismus) als immer auch mehr oder weniger selbst geschaffene, als „eigene" Umwelt. Wissen kann dabei zur Stabilisierung des Verhältnisses des einzelnen zur Umwelt beitragen.

Das eingangs zitierte Thomas'sche Theorem ist folglich nicht nur, wie dies überwiegend der Fall ist, im Sinne der dynamischen Veränderung zu interpretieren, sondern auch im Hinblick auf die Haltung des Bestehenden: „Ökologien" werden durch subjektive Deutungen nicht nur potentiell verändert, sondern auch bekräftigt. Soziales Wissen hat also einen „Doppelcharakter"; es kann der Problematisierung und der Stabilisierung dienen.

In den alltäglichen Erziehungsauffassungen der Eltern dürfte die „konservative" Komponente stark sein. Dazu tragen mehrere Gegebenheiten bei. Zunächst erfordert der Alltag die Einrichtung und Einhaltung von Routinen. Das ergibt sich aus der langen Reihe der immer wieder zu lösenden – tatsächlich oder vermeintlich gleichen – Aufgaben, beispielsweise der Befriedigung elementarer Bedürfnisse und der damit verbundenen Führung des Haushaltes. Auch die unabdingbare zeitliche Abstimmung der Tätigkeiten der Familienangehörigen geschieht am einfachsten, wenn eine gewisse Gleichförmigkeit des Tagesablaufes gewährleistet ist; die soziale Umwelt trägt das ihre dazu bei, so durch die Arbeitszeiten, die Stundenpläne der Schule und durch die Strukturierung des Freizeitangebotes mittels elektronischer Medien. – Demgegenüber durchbrechen Kinder immer wieder die alltägliche Routine: Sie äußern spontan Bedürfnisse, sie vermögen nicht oder nur im verminderten Maße die Notwendigkeit gegenseitiger Abstimmung zu erkennen, und sie entwickeln sich beschleunigter als ältere Menschen. Kinder bringen Probleme und damit „Problematisierungen" in den Alltag. Offen ist, in welchem Ausmaß in der Familie darauf eingetreten werden kann und eingetreten wird.

Im makrosozialen Bereich sind ebenfalls bewahrende und verändernde Kräfte wirksam, die mit dem Wissen über die Familie zusammenhängen. So ist darauf hinzuweisen, daß es durchaus „funktional" scheint, wenn in der Familie und durch die Familie Leistungen erbracht werden, die den vorherrschenden Werten und Interessen entsprechen. Demgegenüber ist zu erwarten, daß gesellschaftliche Gruppierungen, die andere Auffassungen vertreten, auch in der Familie und durch sie Änderungen als erstrebenswert erachten. Eine besondere Art von Problematisierungen stellen Äußerungen dar, in denen gesagt wird, „die Familie" erfülle „ihre" gesellschaftlichen Aufgaben unzureichend, oder wenn Erscheinungen, die als Symptome gesellschaftlicher Krisen gedeutet werden (wie z. B. „Jugendunruhen“), auf „Mängel“ der Familie zurückgeführt werden.

Daß die Wirkungen von Elternbildung im öffentlichen wie im wissenschaftlichen Bewußtsein weitgehend „unauffällig“ blieben, dürfte zumindest teilweise darauf zurückzuführen sein, daß Elternbildung in ihren Grundzügen den vorherrschenden institutionellen Rahmen der Familie abstützt, und dies auch angestrebt wird. Es kann darüber hinaus nicht erstaunen, daß es Familien gibt, die von Elternbildung nicht erreicht bzw. angesprochen werden. Sie gehören zum einen wahrscheinlich zu den Bevölkerungsgruppen, welche die vorherrschenden Auffassungen über Familie nicht anzweifeln und zum anderen zu denjenigen, die sie für sich als nicht relevant ansehen. Dennoch wächst anscheinend der Bedarf an „rationaler“ Auseinandersetzung mit Fragen der Gestaltung alltäglicher familiärer Lebensverhältnisse, dementsprechend an innovativen Versuchen der Elternbildung. Diese zielen auf eine Veränderung der Lebensverhältnisse, allenfalls auch auf Veränderungen institutioneller Regelungen. So wird etwa deutlich, daß in der Elternbildung vielfach eine partnerschaftliche Gestaltung der Beziehungen der Ehegatten untereinander und der Eltern zu den Kindern das als wünschenswert dargestellt wird.

Strittig werden alle diese Aspekte von Elternbildung, wenn ihre Träger staatliche Organe sind. Denn es stellt sich die Frage, in welcher Weise die institutionelle Steuerung normativer Vorstellungen gerechtfertigt wird. Das betrifft allerdings nicht nur Maßnahmen der Elternbildung im engeren Sinne, sondern generell familienpolitische Maßnahmen und Einrichtungen.

Unsere Überlegungen über Elternbildung führen so auf Strukturfragen, die im Rahmen der sozialwissenschaftlichen Analyse von Elternbildung, der Bedeutung von Wissenssystemen in der Familienpolitik und ihres Stellenwertes in der Entwicklung der Sozialpolitik theoretisch wie praktisch an Interesse gewinnen:

– In der Elternbildung stoßen universale und partikuläre Wissensformen aufeinander. Universales Wissen wird gesellschaftlich legitimiert, bevorzugt als Ausdruck allgemeiner Wertvorstellungen (Ideologien) und allgemein gültiger Erkenntnis (Wissenschaft). Partikuläres Wissen legitimiert sich aus der eigenen Erfahrung. Diese bezieht sich auf Individuen, auf personelle Prämissen und auf situative Kontexte von Eltern wie Kindern. Universales Wissen wird – definitionsgemäß – als umfassend, mithin der partikulären Erfahrung überlegen aufgefaßt. Darum ist der Elternbildung immer ein Moment der Beeinflussung eigen, und sie ist dementsprechend prinzipiell mit „Interessen“ verflochten. Je umfassender die beabsichtigten bzw. die tatsächlichen Auswirkungen von Elternbildung, desto dringender und problematischer ist ihre Legitimation. – Dies gilt wahrscheinlich auch für andere Formen der Wissensvermittlung qua Familienpolitik, beispielsweise für Beratungstätigkeiten. Auch wenn letztlich Kompetenz und Selbstbewußtsein der Eltern gestützt werden sollen, befinden und empfinden sich Eltern oft in der Position der Schwächeren, denn sie wenden sich als Ratsuchende an „Experten". Die Bestrebungen, Selbsthilfe-Gruppen bzw. -Organisationen zu bilden, den Erfahrungsaustausch unter „Gleichen" zu institutionalisieren, verdienen darum besondere Beachtung, auch über den Bereich der Familienpolitik hinaus.

– Elternbildung betrifft in erster Linie die ideellen Komponenten von „Familie", d. h. das Verständnis des Handelns und der materiellen Lebensverhältnisse. In dieser Sicht ist Elternbildung – ebenso wie andere pädagogische Interventionen – das Gegenstück zu den materiellen Hilfen und Unterstützungen. Weiterer Klärung bedürfen die Chancen, aber auch die Probleme der institutionellen Verknüpfung der ideellen und der materiellen Interventionsformen. Soziologisch bedeutet dies die Frage nach den erwünschen und den unerwünschten Folgen der Zusammenarbeit zwischen unterschiedlichen Leistungsträgern. – Auch diese Problematik weist über den Bereich Familienpolitik hinaus. Sie verweist auf das Dilemma, daß eine „umfassende" d. h. den ideellen Bereich einschließende Verbesserung der Lebensverhältnisse qua Sozialpolitik institutionelle und organisatorische Einschränkungen der individuellen Freiheit und einen Abbau des gesellschaftlichen Pluralismus mit sich bringen kann.

– Elternbildung hängt mit Prozessen der Sinngebung und Bewertung partikulärer Tätigkeiten und Lebensweisen zusammen. Sie trägt somit letztlich zu den Prozessen der Institutionalisierung von „Familie" bei. Das gilt generell für familienpolitische Maßnahmen: Die von ihnen im öffentlichen Raum verlangte bzw. beanspruchte Anerkennung bzw. Legitimation überträgt sich auf ihr „Subjekt", nämlich die darin eingeschlossenen Formen von Familie, und sie vermindert die gesellschaftliche Anerkennung ausgeschlossener Formen. Je umfassender Sozialpolitik angelegt ist, desto schwerwiegender sind die beabsichtigten und die unbeabsichtigten Folgen für die Beteiligten und die Ausgeschlossenen.

Eine Sozialpolitik, die sich nicht nur auf die Abwendung konkreter Notlagen bezieht, sondern auf die Gestaltung der Lebensverhältnisse weiter Kreise ausgerichtet ist und die überdies auch Maßnahmen einschließt, die sich auf das Verständnis dieser Lebenslagen beziehen, entwickelt sich so prinzipiell zur Gesellschaftspolitik in all ihren Verheißungen und Widersprüchen, wie es am Beispiel der Elternbildung lebenspraktisch wirksam wird. Die Herausforderung an die Sozialwissenschaften, solche Zusammenhänge mit Engagement und Verantwortung zu untersuchen, ohne sich vorschnell auf die Seite der einen oder anderen Partei zu schlagen, legt nahe, Wirklichkeit nicht nur über die Programmatik steuernder Systeme zu rekonstruieren, sondern zugleich auch die Interpretation der für soziale Wirklichkeit konstitutiven Wissenssysteme und Deutungsmuster zum Thema sozialwissenschaftlicher Theoriebildung zu machen. Daß eine solche Sicht der sozialen Dynamik familialer Wirklichkeit auch praktische Konsequenzen hat, konnte gerade das Beispiel der Elternbildung deutlich machen.

8. Hilfen zwischen den Generationen als Bezugspunkt der Sozialpolitik

Dieter Grunow

8.1. Vorbemerkung

In den letzten 20 Jahren der sozialwissenschaftlichen Diskussion über Alter und Familie haben eine Reihe von Thesen den Eindruck erweckt, als werde der Kommunikations- und Interaktionszusammenhang der Familie sowie die gegenseitige Hilfeleistung im Notfall ständig schwächer. Hierzu gehören u. a. die behauptete Tendenz zur Kernfamilie, die These vom Disengagement der älteren Menschen in der Gesellschaft sowie die These von der abnehmenden Kohäsion der Familienmitglieder und dem Funktionsverlust der Familie[1]. Solche globalen Thesen sind empirisch kaum haltbar, bedürfen also der empirisch begründeten Modifikation oder Spezifikation – zumal vielfach die Aussagen eher normativen Charakter haben (also die Frage: *sollen* die älteren Menschen sich zurückziehen, oder *sollen* sich die älteren Menschen stärker aktivieren?). Zwar hat es durch die Trennung von Wohnung und Produktionsstätte im Zuge der Industrialisierung erhebliche Veränderungen in der Größe und Struktur von Familien gegeben, doch sind auch hierbei schichtspezifische, berufsspezifische und situative Abweichungen festzustellen, die von einer einheitlichen Tendenz nicht immer zu sprechen erlauben. Darüber hinaus ist zu fragen, ob die zukünftige Entwicklung noch einem derartigen Trend folgen wird oder ob man eher von einer Gegentendenz sprechen muß.

Die allzu globale These vom Funktionsverlust der Familie wird z. T. auch dadurch „belegt", daß der Staat immer häufiger in immer vielfältigeren Aufgabenbereichen der Familie interveniert bzw. als Ersatz für familiäre

[1] Diese Diskussion wird hier nicht im einzelnen diskutiert, da sie gewissermaßen zum „Standard" in diesem Forschungsfeld gehört. Aus der Vielzahl diesbezüglicher Publikationen empfehle ich die folgenden Bücher zur Gewinnung eines Überblicks: *Butler* 1975; *Rosenmayr/Rosenmayr* 1978; *Dieck/Naegele* (Hrsg.) 1978; *König* 1976.

Hilfeleistungen fungiert (vgl. *Blume* 1968; *Lange* 1964; *WSI* 1976). Allerdings ist nicht immer klar, ob solche Argumente primär der Legitimation dieser sozialpolitischen Interventionen in die Familie bzw. in die intergenerativen Hilfeleistungen dienen oder ob sie tatsächlich die staatliche Reaktion auf einen spezifischen Mangel signalisieren. Ohne diese Frage hier diskutieren oder beantworten zu wollen, muß zumindest berücksichtigt werden, daß sozialpolitische Interventionen in die Familien nicht nur Versorgungslücken u. ä. abdecken, sondern anstelle der als *unzureichend/unangemessen* angesehenen primärsozialen Leistungen die als *angemessener* betrachteten staatlichen (insbes. professionellen) Leistungen substituieren[2].

Die in den letzten Jahren verstärkte Diskussion über die Selbsthilfe in den verschiedenen Aufgabenbereichen von Familie und anderen sozialen Netzen hat hinsichtlich der Angemessenheit und Notwendigkeit sozialpolitischer Interventionen zweierlei deutlich gemacht: a) Die Tatsache, daß staatliche Leistungen im sozialen Sektor finanziell kalkuliert werden müssen und in Haushaltsplänen ausgewiesen werden, hat oft zu dem falschen Eindruck geführt, daß die staatlichen Leistungen in diesen Sektoren inzwischen dominieren. b) Außerdem wurde unterstellt, daß die hauptberuflich und professionell erbrachten Leistungen des Staates (der Gemeinden und Verbände) qualitätsmäßig höher einzustufen sind als die Leistungen im Rahmen nachbarschaftlicher, freundschaftlicher oder verwandtschaftlicher Beziehungen. Beide Unterstellungen sind in den letzten Jahren, unterstützt durch empirische Forschungen zu den Negativ-Effekten der Institutionalisierung, zu den begrenzten Möglichkeiten der professionellen Hilfeleistung, zur Kontraproduktivität großer bürokratischer Umverteilungsapparate (wie z. B. Sozialversicherung) in Frage gestellt worden (vgl. z. B. *Hegner* 1975; *Anthes* 1978).

Für die Selbsthilfe im Gesundheitswesen beispielsweise läßt sich feststellen,

[2] In diesem Zusammenhang wird auch immer wieder die Frage gestellt, ob familiäre bzw. intergenerative Beziehungen und Hilfeleistungen überhaupt wünschenswert seien: „So wichtig und wirksam die Familie als Solidargemeinschaft für die hilfebedürftigen Eltern im Einzelfall sein kann, es wäre verhängnisvoll, den bereits bestehenden Druck noch zu verstärken und die Symbiose der Generationen durch eine ‚Mythisierung der Blutsbeziehungen' gleichsam zu erzwingen. Schuldgefühle sind die denkbar schlechteste Basis für die Entscheidung, die Pflege im Familienband zu leisten" (*Lange* 1964: 90).
In einer weiteren Argumentationsweise heißt es: „Von der fehlenden oder ungenügenden Alterssicherung sind insbesondere ungelernte Arbeiter, Angestellte in unteren Lohngruppen ... betroffen. Wenn in diesen Schichten die alten Menschen häufiger im Mehrgenerationenverband der Familie leben, dann ist das nicht nur zur Tradition gewordener Lebensstil oder eine ausgeprägte Familiensolidarität, sondern wirtschaftliche Notwendigkeit" (*WSI* 1976: 134 f.).
Die empirischen Belege für die Unangemessenheit der *vorhandenen* primären Sozialkontakte und Hilfeleistungen fehlen jedoch weitgehend: vgl. *Rosenmayr* (1976: 339–345); *Schulz* (1979: 36–41).

daß noch immer etwa zwei Drittel bis drei Viertel aller Krankheitsepisoden der Bevölkerung im Rahmen der sozialen Netze abgewickelt werden; im Hinblick auf große Teilbereiche der professionell-medizinischen Praxis (insbes. bei der Prävention und der Rehabilitation) sind erhebliche Zweifel formuliert worden, ob das medizinische System die erfolgversprechenderen Leistungsangebote offerieren kann. Berücksichtigt man die überzeugenden Erkenntnisse zur Bedeutung der *sozialen* Unterstützung (*social* support) in allen Lebensbereichen (bei der Arbeit, im Familienkreis, im Falle einer Krankheit u. ä.), so ist außerdem zu fragen, ob auf *einzelne* Personen (in den sozialen Netzen) gerichtete sozialpolitische Interventionen die stets angemessene Reaktion auf mögliche Versorgungs- und Betreuungsdefizite von Familienangehörigen darstellen (vgl. die Bestandsaufnahme bei *Breitkopf et al.* 1980).

Die zuvor skizzierten allgemeinen Problem- und Diskussionszusammenhänge haben zumindest das Selbstverständnis der bürokratisch organisierten oder professionell erbrachten Fremdhilfe (z. B. Altenhilfe; soziale Dienste) derart „erschüttert", daß die Möglichkeiten der Verknüpfung von professionellen und laienhaften Formen sozialer Hilfen zwischen Generationen in einer neuen Weise erörtert werden können. An einem konkreten Beispiel sollen nun diese Möglichkeiten näher untersucht werden. Dabei geht es um Hilfen zwischen den Generationen, insbes. *betrachtet aus der Perspektive von älteren Menschen* in unserer Gesellschaft. Aus dem Blickwinkel einer an dem *einzelnen* Individuum orientierten Sozialpolitik handelt es sich dabei um ein Problem der Altenhilfeplanung; unter Berücksichtigung der tatsächlich vorhandenen familiären Beziehungen könnte man es eher als einen Aspekt der Familienpolitik oder der Sozialpolitik für Familien bezeichnen. Im Rahmen des Beitrages wird zunächst versucht, empirisches Material zusammenzutragen, das das gegenwärtige Bild der intergenerativen Beziehungen, insbesondere der Hilfeleistungen zwischen den erwachsenen Generationen, zu beschreiben erlaubt. Dabei wird vor allem auf Daten der Altenpläne zurückgegriffen, denen zwar oft ein recht schematisches Untersuchungsprogramm zugrunde liegt, die andererseits aber in großem Umfang die älteren Menschen selbst haben zu Wort kommen lassen. Daher sind diese Daten in besonderem Maße geeignet, zuverlässige Informationen über den aktuellen Stand der Erfahrungen und Orientierungen dieser Gruppe der Bevölkerung zu liefern[3]. Anhand dieses Materials werden folgende Fragestellungen untersucht:

[3] Der Rückgriff auf die Altenpläne ist deshalb angebracht, weil von diesem Material in der wissenschaftlichen Diskussion wenig Gebrauch gemacht wird und weil sonstige umfangreiche empirische Studien für die Bundesrepublik Deutschland nach wie vor Seltenheitswert haben – im Vergleich zu den angelsächsischen Ländern oder zur Stadt Wien, über deren ältere Bevölkerungsgruppen aufgrund der Forschungen von *Rosenmayr* wohl das meiste empirische Material vorliegen dürfte.

- Welches sind die gegenwärtigen Formen und Inhalte der Hilfeleistungen zwischen den erwachsenen Generationen?
- Wovon hängt die Funktionsfähigkeit dieser Hilfeleistungen ab, und welche Rolle spielen sozialpolitische Interventionen in diesem Bereich?
- Wie wirken sich zu erwartende demographische Veränderungen im Familienzyklus auf die Hilfeleistungen zwischen Generationen aus?
- Welche Anknüpfungspunkte der Unterstützung primärsozialer Hilfeleistungen zwischen den Generationen ergeben sich für die Sozialpolitik?

8.2. Gegenwärtige Beziehungen und Hilfeleistungen zwischen den erwachsenen Generationen

Unter Berücksichtigung des vorliegenden Materials (Altenpläne) ist es notwendig, die Fragestellung dieses Abschnittes aus der Perspektive der älteren Bürger zu beantworten. Gerade weil die Thesen vom Funktionsverlust und der mangelnden Kohäsion in der Familie unterstellen, daß die älteren Familienmitglieder nicht mehr in den Familienverband integriert sind, gewinnen die diesbezüglichen empirischen Daten ihre Bedeutung. Der Nachteil der Orientierung an den Altenplänen besteht allerdings darin, daß die Art und Qualität der Datenerhebung nicht immer das wünschenswerte methodische Niveau erreichen. Dies bedeutet u. a., daß sich auch eine definitorische Festlegung der Gruppe „der Alten" an den vorgegebenen Daten orientieren muß, die sich im wesentlichen auf die Altersgruppe ab 60 oder ab 65 beziehen.

Ein erster wichtiger inhaltlicher Gesichtspunkt zur Beschreibung der gegenwärtigen Beziehungen und Hilfeleistungen zwischen den erwachsenen Generationen betrifft die *Wohnsituation älterer Menschen*. Selbst wenn eine gemeinsame Haushaltsführung noch nichts über die Qualität der Beziehungen zwischen Familienmitgliedern aussagt, so sind damit doch gewisse strukturelle Rahmenbedingungen gegeben, die einen starken Einfluß auf die wechselseitigen Beziehungen haben können (vgl. *Matthes* 1978 sowie den Beitrag von *Hegner* in diesem Band).

Die wichtigsten alternativen Wohnformen für ältere Menschen sind das Alleinleben in der eigenen Wohnung, das Leben mit Ehepartnern/Lebensgefährten, Verwandten oder Bekannten sowie das Wohnen in einem Altenwohnheim, in einem Altersheim oder in einem Pflegeheim. Zunächst ist festzuhalten, daß etwa 94% aller Menschen über 65 Jahre außerhalb von Institutionen leben (*Dieck* 1978: 179). Wie *Tab. 1* zeigt[4], leben von diesen 94%

[4] Sowohl bei der Tabellendarstellung als auch im Text werden die zitierten Altenpläne durch den Ortsnamen und das Erstellungsdatum des Planes gekennzeich-

mehr als ein Drittel allein, wobei es allerdings erhebliche Variationen zwischen verschiedenen Städten gibt. Im 3. Familienbericht (*BMJFG* 1979: 60) werden für die Altersgruppe 65 Jahre und mehr bereits 51 % als Einpersonenhaushalte angegeben. Generell zu berücksichtigen ist bei diesen Zahlen auch, daß die Unterschiede zwischen alleinlebenden Männern und alleinlebenden Frauen erheblich sind: die Zahl der alleinlebenden Frauen ist etwa 3 – 4mal so groß wie die Zahl der alleinlebenden Männer. Die *Tab. 1* zeigt außerdem eine recht unterschiedliche Erfassung von diesbezüglichen Informationen in den verschiedenen Altenplänen, so daß nur teilweise kompatible oder vergleichbare Ergebnisse verfügbar sind: Somit ist es sehr schwierig, eine genaue Beschreibung der personalen Konstellation der Haushalte älterer Menschen zu geben. Besonders hervorzuheben ist der relativ große Anteil derjenigen Haushalte, in denen die älteren Menschen mit den Ehepartnern noch zusammenleben: etwa ein Drittel bis zwei Fünftel der Personen über 65 Jahre leben in einem solchen Zweipersonenhaushalt. Der Anteil derjenigen älteren Menschen, die noch mit ihren Kindern oder Enkeln zusammenwohnen, ist ebenfalls in den einzelnen Städten recht unterschiedlich ausgewiesen; für die BRD insgesamt wurde 1976 eine Zahl von 17 % festgestellt (*Stern-Studie* 1977: 142).

Tabelle 1

	B R D			Köln	Paderborn	Pforzheim			Ludwigsburg	Wilhelmshaven			Kreuztal
	1958 65 Jahre u. älter			1962 65 u. älter	1972 65 u.älter	1975 65 Jahre u. älter			1975 68 u. älter	1976 60 Jahre u. älter			1977/78 60 u. älter
Wohnformen	Insg.	m.	w.			Insg.	m.	w.		Insg.	m.	w.	
allein	23%	13%	30%	29%	19,4%	29,8	13,4	46,1	34%	31,5	7,4	45,7	33,1%
ohne Ehepartner mit Kindern	20%	14%	25%	23%	21,5%	6,4	2,4	10,4					
alleinstehnd m. verh. Kindern										2,1	0,8	2,9	
alleinstehend m. led. Kindern										3,3	1,6	4,3	
alleinstehend m. gesch./verw. Kind.										0,8	0,4	1,0	
mit Ehepartner	35%	49%	25%	32%	26,9%	48,5	66,3	30,7	28%	47,3	70,3	33,8	40,9%
mit Ehepartner u. Kindern	12%	17%	8%	11%	18,6%	7,2	10,7	3,6					
mit Ehepartner u. verh. Kindern										0,6	–	1,0	
mit Ehepartner u. led./gesch./verw. Kindern										7,9	12,3	5,3	
mit Kind/Kindern													10,3%
mit Kindern/Enkeln									22%				
	DIVO												
N	821			6.996	1.610	1.494			654	657			350

net. Aus Platzgründen wird darauf *verzichtet*, die zitierten Altenpläne noch einmal in der Literaturliste aufzuführen. Als Nachweis des Altenplanbestandes vgl. *DZA* (1978).

Tabelle 1 (fortgesetzt)

Wohnformen	B R D			Köln	Paderborn	Pforzheim			Ludwigsburg	Wilhelmshaven			Kreuztal
	1958 65 Jahre u. älter			1962 65 u. älter	1972 65 u.älter	1975 65 Jahre u. älter			1975 68 u. älter	1976 60 Jahre u. älter			1977/78 60 u. älter
	Insg.	m.	w.			Insg.	m.	w.		Insg.	m.	w.	
mit Verwandten									4%				3,4%
mit Geschwistern										1,8	0,8	2,4	
mit sonst. Verwand.										0,9	–	1,4	
mit Verwandten/ Bekannten													
mit Ehepartner u. and. Verwandten						1,8	2,9	0,8					
mit Ehepartner u. Nichtverwandten						0,1	0,3	0,0					
ohne Ehepartner mit and. Verwandten						3,7	1,1	6,3					
ohne Ehepartner mit Nichtverwandten						2,5	2,9	2,1					
ohne Ehepartner mit Verwandten/ Bekannten					9,8%								
ohne Ehepartner m. anderen Personen (haupts. Verwandt.)				5%									
mit Nichtverwandten										3,7	6,2	2,2	
mit Sonstigen/k.A.	10%	7%	12%										
mit Sonstigen									2%				
k.A.									10%				

Ergänzende Informationen zu den Rahmenbedingungen der Hilfebeziehungen zwischen den erwachsenen Generationen ergeben sich aus der *räumlichen Nähe der in einem eigenen Haushalt lebenden Kinder. Tab. 2* gibt in bezug auf einige wenige Altenpläne grobe Angaben zu dieser Frage. Dabei ist deutlich, daß der größte Anteil der älteren Menschen noch Kinder in ihrer Nähe wohnen hat. Nach Querschnittsanalysen von *Rosenmayr* (1976: 328) haben über 80 % der Eltern zumindest von einem Kind nur eine Anreisedauer von höchstens 1 Stunde. Damit wird auch deutlich, daß angesichts der verbesserten Verkehrs- und Kommunikationsmöglichkeiten die Frage des gemeinsamen Wohnens nicht mehr der ausschließliche oder zentrale Bezugspunkt für mögliche Hilfeleistungen zwischen den Generationen sein muß. Diese Feststellung läßt sich unterstützen durch die empirischen Befunde über die *subjektiven Präferenzen* der älteren Menschen in bezug auf ihre Wohnformen. Mit den diesbezüglichen Daten (vgl. *Tab. 3)* läßt sich die These von der gewünschten „Intimität auf Distanz“ (*Tartler* 1968; *Rosenmayr/Köckeis* 1962) relativ gut belegen. Allerdings müssen dazu wichtige Einschränkungen vorgenommen werden:

– Der Wunsch nach Wohnen in Kontaktnähe ist generell bei den Eltern größer als bei den Kindern (nach einer empirischen Studie [*Bundesminister für Wissenschaft und Forschung* 1976: 48] im Verhältnis von 67 % : 48 %).

– Der Wunsch, für sich zu wohnen, sinkt von 76 % (bei den 65 – 70jährigen) auf 56 % (bei den über 70jährigen); die Alleinstehenden entscheiden

Tabelle 2

Wohnung der Kinder	Bocholt 1968 65 Jahre und älter	Wilhelmshaven 1976 60 Jahre und älter	Kreuztal 1977/78 60 Jahre und älter	Mülheim 1979 55 Jahre und älter
am gleichen Ort wie die Eltern	71,3%			48,95%
in der gleichen Straße wie die Eltern			10,9%	
im gleichen Stadt-/Ortsteil		27,2%	23,7%	
in der Nähe				15,6 %
in einem anderen Stadtteil		39,7%		
weiter weg				16,52%
im Nachbarort		13,2%		
außerhalb	28,7*			
ziemlich weit weg		47,9%		
im Ausland		8,4%		
N	310	657**	350	1.389

* davon 12,4% in einer Entfernunung bis zu 50 km vom Wohnort der Eltern
** Die Prozentangaben beziehen sich auf die Befragten, die Kinder haben (Mehrfachnennungen bei mehreren Kindern!)

sich am ehesten dafür, mit den Kindern zusammenzuwohnen; von den Verheirateten sind es nur 9% (Oberhausen 1963: 18f.). Die gemeinsame Wohnung wird also insbesondere dann wieder als ideal begrüßt, wenn die älteren Menschen (insbes. über 76 Jahre alt) stärker auf Unterstützung im Alltag angewiesen sind; neben den über 75jährigen wollen auch die Bezieher niedrigerer Einkommen überproportional häufig mit ihren Kindern zusammenwohnen (Wilhelmshaven 1976: 129).

– Auch bei den methodischen Vorgehensweisen der Befragung ist nicht immer sicherzustellen, daß die Ergebnisse den Wunsch der älteren Menschen exakt widerspiegeln: Bei Anwesenheit der Kinder während der Befragung sagten 28% der alten Menschen, sie wollten allein bzw. mit dem Ehepartner leben; waren die Kinder nicht zugegen, schnellte diese Antwort auf 59%. Die Gegenfrage, ob ältere Menschen bei den Kindern wohnen sollten, bejahten sie in Anwesenheit der Kinder in 69 %, in Abwesenheit der Kinder in 41 % (Oberhausen 1963: 19).

Tabelle 3

Wohntyp	Oberhausen 1963 65 Jahre und älter	Paderborn 1972 65 Jahre und älter	Kreuztal 1977/78 60 Jahre und älter	Mülheim 1979 55 Jahre und älter
eigene Wohnung				61%
für sich allein bzw. Ehepartner	69% m = 73% w = 66%		61,4%	
mit Ehepartner		62,7%		
bei den Kindern (falls Kinder)	24%	24,9%	30,9%	
bei anderen Verwandten		6,0%		
bei Verwandten			3,7%	
mit Angehörigen oder Freunden				3%
bei Freunden	3%		1,4%	
Sonstige			1,7%	
k.A.	4%			
N	k.A.	1.610	350	2.108

Insgesamt kann man also davon sprechen, daß die Trennung der Generationen in verschiedene Haushalte im Durchschnitt für den Zeitraum bis zum Alter von etwa 73 – 75 Jahren (der Elterngeneration) durchaus auf das Interesse aller Beteiligten stößt, daß es jedoch andererseits auch gewichtige Gründe gibt, die Haushaltstrennung im höheren Alter wieder rückgängig zu machen: Pflegebedürftigkeit, Flucht aus der Isolation, von der vor allem ältere Frauen stark betroffen sind, und wirtschaftliche Gründe spielen hierbei die wesentliche Rolle (vgl. auch *WSI* 1976: 133 ff.).

Ein weiterer wichtiger Indikator für die Beziehungen zwischen den Generationen ist, z. T. in Abhängigkeit von der Wohnsituation, die *Art und Intensität der zwischenmenschlichen Kontakte*. Hierzu liegen aus den Altenplänen ebenfalls eine Vielzahl von Informationen vor, die allerdings so wenig standardisiert sind, daß sie kaum miteinander vergleichbar erscheinen. Einige wenige Beispiele seien trotzdem aufgeführt (vgl. *Tab. 4*). Als Ergebnis kann man resümieren, daß 25 % der Befragten mit Kindern vergleichsweise selten Kontakt zu ihnen haben und daß insgesamt etwa 10 – 15 % der älteren Menschen weder mit ihren Kindern noch mit sonstigen Bekannten, Verwandten und Nachbarn Kontakte pflegen. *Dies dürfte der harte Kern der isolierten älteren Menschen* sein. Bestätigt wird diese Annahme u. a. durch eine Umfrage des EMNID-Instituts (1979: 25f.), in der die Befragten von 65 und mehr Jahren zu 26 % erklärten, manchmal einsam zu sein und zu *14 %, daß sie sich oft oder sehr oft so fühlen.* Besonders deutlich wird in diesem Zusammenhang die negative Situation der Heimbewohner, die zu 58,1 % angeben, keine Besuche von ihren Kindern zu erhalten (Mühlheim 1979: 135). Auf einen deutlichen Zusammenhang zwischen der räumlichen Entfernung und der Kontakthäufigkeit zwischen den Eltern und ihren Kindern haben die Studien von *Rosenmayr/Rosenmayr* (1978: 183) ergeben:

- Sind die Eltern in weniger als einer halben Stunde erreichbar, so werden sie zu 78 % zumindest einmal in der Woche von den Kindern getroffen.
- Sind die Eltern in einer halben Stunde bis 2 Stunden zu erreichen, so werden sie zu 49 % zumindest einmal in der Woche von den Kindern getroffen.
- Sind die Eltern nur innerhalb von 2 – 6 Stunden zu erreichen, so sinkt der Anteil auf 7 % wöchentlichen Treffens.
- Eltern, die mehr als 6 Stunden entfernt wohnen, werden seltener als einmal im Monat durchschnittlich besucht.

Der Kontakt zu den Kindern ist allerdings auch schichtspezifisch unterschiedlich; am besten wird er in den Familien ehemaliger Beamter aufrechterhalten und am wenigsten in den Familien ehemaliger Arbeiter. Dieser Tatbestand spiegelt sich auch bei der Hinzuziehung der Einkommenszahlen wider. Aufgelöst sind Verbindungen zwischen Eltern und Kindern am häufigsten in den niedrigsten und weniger oft in den höchsten Einkommensgruppen. Die Mütter treffen ihre Kinder meist häufiger als die Väter (Oberhausen 1963: 45).

Diese Daten erlauben keine Rückschlüsse auf die *Qualität* der Beziehungen, die zwischen den erwachsenen Generationen bestehen. Es fehlt zwar in der Literatur nicht an Hinweisen, daß die Reibungen, Konflikte und Belastungen im Verhältnis zwischen den Generationen zuwenig berücksichtigt seien, jedoch liegen hierzu noch kaum fundierte empirische Erkenntnisse vor[5]. Allerdings kann man auch *die Arten und Intensitäten gegenseitiger Hilfeleistungen* durchaus als einen wichtigen Indikator für die Qualität der Be-

[5] Hinweise z. B. bei: *Rosenmayr* (1976: 339–344); *Streib* (1965); *Bruder et al.* (1979). Zu erwähnen ist m. E. die nachgewiesene Bedeutung von Lebensphasen

Tabelle 4: Kontakthäufigkeit zwischen den Generationen

Art der Kontakte (65 Jahre und älter)

Mit wem haben Sie Kontakte? (Mehrfachnennungen)

Prozent	insgesamt %	Männer %	Frauen %
mit den Kindern	47,8	46,3	49,2
mit sonstigen Verwandten	24,1	21,4	26,8
mit Nachbarn	7,8	5,7	8,9
mit sonstigen Freunden/Bekannten	39,8	41,7	38,0
kaum Kontakte	10,3	12,5	8,1

Quelle: Pforzheim 1975: 62 (N = 1.494)

Art der Kontakte/quantitativer Aspekt (68 Jahre und älter)

Mit wem und wie oft haben Sie Kontakte zu

Prozent	k. A.	regelmäßig	gelegentl.	keine
mit Kindern/Enkeln	18	63	11	8
mit Verwandten	18	40	36	6
sonstigen (Nachb.)	18	23	42	5

Quelle: Ludwigsburg 1975: 18 f. (N = 654)

Quantitativer Aspekt (präzise Angaben) (60 Jahre und älter)

Wie oft haben Sie Kontakt mit Ihren Kindern (Befragte mit Kindern)?

täglich	38,1%
mehrmals in der Woche	27,4%
alle 14 Tage einmal	9,9%
ungef. einmal im Monat	7,1%
nur an bestimmten Feiertagen	7,3%
ungef. einmal im Jahr	8,2%
eigentlich überhaupt nicht mehr	2,1%

Quelle: Wilhelmshaven 1976: 128 (N = 536)

ziehungen zwischen den Generationen ansehen. Dabei zeigt sich zunächst bei der Gesamtbetrachtung der Gruppe der über 65jährigen, *daß die Hilfeleistungen durchaus reziproken Charakter haben.* Auf eine diesbezügliche Frage ergab sich folgende Antwortverteilung (Wilhelmshaven 1976: 131):

- Meine Kinder unterstützen mich finanziell – 5,2 %
- Ich unterstütze meine Kinder finanziell – 12,3 %
- Meine Kinder geben mir Ratschläge – 39,9 %
- Ich gebe meinen Kindern Ratschläge – 50,4 %
- Meine Kinder helfen mir im Haushalt – 17,2 %
- Ich helfe meinen Kindern im Haushalt – 6,5 %
- Ich helfe bei der Betreuung und Erziehung meiner Enkelkinder – 13,8 %

Die Inhalte und Richtungen der Hilfeströme dürften sich im Verlaufe des letzten Lebensabschnittes verändern, von einer dominierenden Unterstützung der Kinder und Enkelkinder zu einer zunehmenden Unterstützung der älteren Menschen durch die Kinder und Enkelkinder: dabei spielen vor allem die Finanzlage der älteren Menschen und auch ihre gesundheitliche Situation bzw. die Möglichkeit, ihren eigenen Haushalt noch führen zu können, eine zentrale Rolle.

„In einer amerikanischen Studie über Hilfeleistungen von 3 Generationen untereinander wurden fünf Bereiche der gegenseitigen Hilfeleistungen unterschieden, nämlich der ökonomische Bereich, die emotionale Zuwendung, das Haushaltsmanagement, die Kinderbetreuung und die Krankenversorgung.

Die 3 Generationen bestehen aus einer Kernfamilie, deren Eltern und Großeltern. Die meisten Hilfeleistungen gibt die mittlere – also die Elterngeneration in allen Bereichen mit Ausnahme der Krankenversorgung. Die meisten ökonomischen Hilfen und natürlich Hilfen bei der Kinderbetreuung erhalten die jungen Kernfamilien. Emotionale Zuwendungen und Hilfen im Haushalt und bei Krankheiten erhalten dagegen vor allem die Großeltern. Die mittlere Elterngeneration ist stets überwiegend die gebende“ (Dritter Familienbericht 1979: 59).

Betrachtet man noch einmal die vorliegenden Daten aus den Altenplänen, so ergeben sich folgende Bereiche, in denen die älteren Menschen Hilfe in Anspruch nehmen:

– Etwa 20 % der Befragten müssen Hilfe in Anspruch nehmen, weil die Selbstversorgung nicht mehr vollständig möglich ist (Pforzheim 1975: 47).

und Lebenserfahrungen für die wechselnden Qualitäten intergenerativer Beziehungen: *Bergler* (1966); *Lehr* und *Thomae* (1966); *Goldfarb* (1965); vgl. auch Anm. 2.

– Bei einer anderen Untersuchung (Bocholt o.J., Tab. 56) wurden die notwendigen Hilfen im Haushalt aufgeschlüsselt; dabei entfielen auf alle Hausarbeiten 15,6 %, auf Waschen und Wäsche 42,9 %, auf grobe Hausarbeit, Hausputz 23,3 %, auf das Wechseln der Bettwäsche 1,3 %, auf Körperpflege und Baden 3,9 %, auf Einkaufen 6,5 %, auf Gartenarbeit 1,3 % und auf Schriftwechsel, Formulare 5,2 %.

– Das Essen bereiten sich nur 11,3 % der Befragten nicht (mehr) selbst zu (Pforzheim 1975: 48).

– Eine neuere repräsentative Studie zur Pflegebedürftigkeit kommt zu dem Ergebnis, daß 11,1 % der über 65jährigen, die zu Hause leben, pflege- bzw. intensiv hilfebedürftig sind (*Social-Data* 1980: 45); diese Zahl liegt höher als frühere Schätzungen (z. B. *Blume* 1973), legt aber auch einen weiter gefaßten Begriff der Hilfebedürftigkeit zugrunde.

– *Die finanziellen Hilfen von den Jüngeren an die Älteren scheinen nach den vorliegenden Daten relativ selten zu sein;* bei einer diesbezüglichen Frage (Bocholt o. J., Tab. 39) gaben 2,9 % der Befragten an, von den Kindern unterstützt zu werden, 1,6 % gaben andere Angehörige an. Bei einer Untersuchung von Unterhaltsleistungen an die ältere Generation auf der Grundlage einer Befragung von Haushaltsvorständen (*Leitner* 1978) ergab sich folgendes Bild: *In jedem 14. Haushalt werden Geldleistungen an die ältere Generation erbracht (6,2 %);* die Höhe des Haushalts-Nettoeinkommens ist entscheidend für die Zahlungsfähigkeit; mit steigendem Einkommen erhöht sich die Zahl derer, die finanzielle Hilfeleistungen an die ältere Generation erbringen; Unterhaltsleistungen werden meist an Personen gezahlt, die nicht im Haushalt des Zahlenden leben; die Mehrzahl zahlt freiwillig, nur 0,8 % zahlen auf gerichtliche Verfügung hin; die Mehrzahl der Zahlenden erbringt einen Betrag von 100 – 300 DM. Obwohl auch diese Daten mit einigen Unschärfen und Ungenauigkeiten belastet sein können, ist insgesamt der Anteil der finanziellen Hilfeleistungen an die ältere Generation gering, wahrscheinlich sogar wesentlich geringer als der finanzielle Transfer von der älteren Generation zu den Jüngeren, insbes. zu den Enkelkindern. Allerdings liegen hierfür keine zuverlässigen Informationen für die BRD vor (*Dritter Familienbericht* 1979: 59).

Die deutliche Divergenz zwischen persönlichen Hilfeleistungen und finanziellen Unterstützungsformen wird auch bei der Frage deutlich, wer im Notfall den älteren Menschen helfen sollte. Auf die Frage: *Wer soll helfen,* wenn ältere Leute einmal in Not geraten?, antworten in einer Untersuchung (Paderborn 1971, Anhang S. 19) die Befragten folgendermaßen:

– 62,5 % Kinder; 18 % Verwandte; 15,6 % Stadt bzw. Gemeinde; 14,4 % Staat; 12,2 % Wohlfahrtsverbände; 12,0 % Kirche (13,2 % sonst. Angaben).

Im Rahmen eines anderen Altenplans wurde folgende Frage formuliert: *Wer sollte helfen,* wenn ältere Menschen schuldlos *finanziell* in Not geraten? Hierzu ergaben sich folgende Antworten:

– 53,7 % Stadt bzw. Gemeinde; 17,7 % Kinder; 11,7 % Wohlfahrtsverbände; 5,4 % Kirche; 0,6 % andere Verwandte (11,4 % sonst. Angaben).

Vergleicht man diese Ergebnisse zusätzlich mit den Fragen zur Unterstützung im Haushalt und der Unterstützung bei Pflegebedürftigkeit oder Krankheit *(Tab. 5 und 6),* so zeigt sich hier deutlich die Dominanz der erwarteten Hilfeleistungen von Kindern, Verwandten und Bekannten im Falle der *persönlichen Hilfen* sowie der vorrangigen Erwartung an den Staat bzw. an die Stadt bei *finanziellen Hilfeleistungen.* Beachtenswert ist dabei auch das geringe Gewicht der Verbände, die gem. Subsidiaritätsprinzip im wesentlichen für die Bereitstellung solcher sozialer oder auch rein haushaltstechnischer Hilfen zuständig sind.

Tabelle 5

	Paderborn 1972 65 Jahre u. älter	Wilhelmshaven* 1976 60 Jahre u. älter	Kreuztal 1977/78 60 Jahre u. älter
Kinder	26,1 %		30,0%
Ehepartner	24,3 %		15,4%
Angehörige		22,2%	
andere Verwandte	6,3 %		2,0%
Bekannte	2,5 %		
Nachbarn		2,3 %	1,1 %
bezahlte Putzfrau	10,9%		
Haushälterin			4,6%
bezahlte Kraft		7,9%	
sonstige Personen	1,8%		6,3%
brauchen keine Hilfe	36,1 %		37,1 %
hätten gern jemand			3,4%
N	1.610	657	350

* bezogen auf die 34,2%, die Hilfe bei der Hausarbeit haben

Das bisher gezeigte empirische Bild von Hilfeerwartungen und tatsächlichen Hilfeleistungen zwischen den erwachsenen Generationen wird abgerundet und gleichsam bestätigt durch die Erwartungen an zukünftige Leistungen.

Tabelle 6

	Paderborn 1972 65 Jahre u. älter	Bremerhaven 1974 65 Jahre u. älter	Pforzheim 1975 65 Jahre u. älter			Wilhemshaven 1976 60 Jahre u. älter
Ehepartner	33,0%	26,1%	47,1%	70,3%	23,9%	49,6%
Kinder	28,1%	33,4%				34,2%
Kinder u. Verwandte			32,4%	19,0%	45,8%	
Angehörige						
and. Verwandte	8,0%	7,2%				
Geschwister						6,4%
Freunde und gute Nachbarn	2,5%					16,3%
Freunde u. Bekannte			6,6%	6,7%	6,5%	
Bekannte u. sonst. Personen		13,6%				
Pflegerin	0,5%					
Altenhilfe/Schwestern			3,4%	3,5%	3,7%	
bezahlte Kraft						1,1%
Krankenhaus	22,7%		1,7%	1,1%	2,3%	
niemand	2,7%	28,3%				10,7%*
weiß nicht			13,7%	6,1%	21,3%	
N	1.610	241	753			536

* davon 90% Frauen

„Auf die Frage, ob ihnen die folgenden möglichen Maßnahmen der Stadt und der Träger der freien Wohlfahrtspflege für ältere Menschen wichtig oder weniger wichtig wären, nennen als wichtig 52,6 % die Erhöhung der Renten sowie die Gewährung finanzieller Hilfe; 88,6 % den Bau guter und preiswerter Wohnungen für alte Leute; 82,0 % die Schaffung von Kommunikationsräumen für alte Menschen; 89,4 % den Bau von Alten- und Pflegeheimen sowie Altenwohnungen, die auch für kleine Renten erschwinglich sind; 69,4 % ein größeres Angebot an Erholungsheimen und Erholungsmöglichkeiten für alte Leute; 62,0 % Gewährung von Ermäßigung bei Veranstaltungen; 88,9 % Anlage von Grünflächen und Aufstellen von Bänken" (Kreuztal 1977/78: 207).

In allen vergleichbaren Fragen der Altenpläne wird deutlich, daß sowohl die *finanziellen Leistungen* als auch insbesondere die *Leistungen der sozialen Infrastruktur* (Altenheime, Kommunikationszentren usw.) besonders häufig zusätzlich gewünscht werden[6]. Kaum ins Gewicht fallen dagegen Hinweise auf den Bedarf an sozialen Diensten, Beratung u. ä. persönliche Unterstützungsleistungen. Diese scheinen entweder in ausreichendem Maße vorhanden zu sein oder aber eindeutig nur von Verwandten, Bekannten

[6] Diese deutliche und durchgängige Antworttendenz widerlegt die oft voreilige Unterstellung, *Armut* sei kein gravierendes Problem der älteren Menschen mehr (Gegenbeweis ist der steigende Anteil von Sozialhilfeempfängern unter den Alten: vgl. *Bujard/Lange* 1978; *Grunow/Hegner* 1978).

und Freunden nachgefragt zu werden. Allerdings ist hier vielfach zu unterstellen, daß die Vorstellung der Befragten, welche Hilfemöglichkeiten denn überhaupt angeboten werden *könnten,* recht begrenzt ist. Dies wird beispielsweise deutlich, wenn gefragt wird: Was halten Sie von dem Vorschlag, für ältere Menschen eine kostenlose Beratungsstelle einzurichten? 79,9 % der Befragten halten diesen Vorschlag für gut, 10,3 % für überflüssig, und 9,8 % geben keine Antwort (Paderborn 1971: A 31). Bei der Nachfrage, welche Arten von Fragen denn in einer solchen Stelle erörtert werden könnten oder sollten, ergeben sich eine Reihe sehr konkreter Anliegen: 25,1% Rentenangelegenheiten; 17,5 % Fragen aller Art; 13,6% Rechtsfragen des Alltags; 11,6 % Wohnungsangelegenheiten; 11,6 % Beratung in Erholungs- und Gesundheitsfragen; 10,2 % Beratung in persönlichen Angelegenheiten; 3,4 % sonst. Angelegenheiten; 3,1 % Hilfe im Umgang mit Behörden beim Schriftverkehr; 2,6 % Beratung bei der Freizeitgestaltung (29,5 % keine Antwort).

Diese Hinweise zeigen einen nicht befriedigten Beratungsbedarf bei den befragten älteren Menschen; allerdings ist daraus nicht unmittelbar abzuleiten, daß deshalb eine Beratungsstelle *für alte Menschen* notwendig ist; die meisten dieser Anliegen könnten wahrscheinlich im Rahmen existierender Beratungsstellen befriedigt werden – wenn sie in ausreichendem Maße auf die spezifischen Bedürfnisse älterer Menschen eingehen würden[7].

Die Analyse des in den Altenplänen deutscher Städte zusammengetragenen Materials hat bzgl. der gegenwärtigen Beziehungen und Hilfeleistungen zwischen den erwachsenen Generationen verdeutlicht, daß entgegen den oft geäußerten Vermutungen über den Funktionsverlust der Familien etwa drei Viertel bis vier Fünftel der älteren Bevölkerung keine staatliche oder verbandliche Hilfe in Anspruch nehmen muß, um den Lebensalltag zu bewältigen. Dabei sind die jeweiligen Ehepartner, die Kinder oder sonst. Verwandte und Bekannte die Hauptakteure bei der notwendigen Hilfeleistung im Haushalt, bei Besorgungen, im Falle der Erkrankung oder Behinderung u. ä. Dieses Ergebnis stimmt auch überein mit den Antworten auf die Frage, von wem die betreffenden älteren Menschen primär Hilfe erwarten. Es hat sich deutlich gezeigt, daß soziale und praktische Unterstützung im wesentlichen von primären sozialen Netzwerken erwartet wird, während finanzielle Hilfeleistungen tendenziell als Störfaktor der sozialen Beziehungen angesehen werden und primär von staatlichen oder kommunalen Stellen erwartet

[7] Auf diese Diskussion, die z. Zt. die praktische Altenhilfeplanung stark beschäftigt (z. B. in einer diesbezüglichen Gutachtergruppe der KGSt), kann hier nicht näher eingegangen werden. Aus dem Blickwinkel des hier behandelten Themas liegt es allerdings nahe, sich primär um die Schaffung sozialer Infrastruktur zu bemühen, die (gfs. auch gemeinsam!) von den verschiedensten Altersgruppen in Anspruch genommen werden kann.

werden. Allerdings haben die Ergebnisse auch gezeigt, daß diese Grundtendenz nicht für alle Gruppen gilt. Man kann davon ausgehen, daß etwa 10 – 15% der über 65jährigen Hilfe oder sogar Pflege benötigen, ohne daß sie über ausreichende familiäre etc. Unterstützung verfügen. So ist beispielsweise bekannt, daß alleinstehende Frauen der Unterschicht als die am stärksten benachteiligte Gruppe unter den 65jährigen und älteren gelten können (*Naegele* 1979).

8.3. Veränderungen im Familienzyklus als Rahmenbedingung für die Entwicklung intergenerativer Hilfeleistung

Die bei der Auswertung von Altenplänen erkennbar gewordenen Schwierigkeiten, über Qualität und Quantität der intergenerativen Hilfeleistungen *präzise* empirische Daten zu gewinnen, dürfen nicht die Tatsache verdecken, daß mit den Ergebnissen aus den deutschen Gemeinden (wie auch für andere westliche Länder – vgl. *Schulz* 1979) eine durchaus einheitliche Situationsbeschreibung möglich ist. Um so erstaunlicher ist die anhaltende Diskussion über die konzeptuelle Interpretation dieser Ergebnisse, die nach wie vor um die Kontraste „Aktivierung-Disengagement“, „isolierte Kernfamilie – modifizierte erweiterte Familie“, „Integration – Intimität auf Distanz – Isolation“ usw. geführt wird. Sieht man dabei von solchen Diskussionsbeiträgen ab, die die *empirischen Resultate* grundsätzlich ignorieren oder aus schwer durchschaubaren Gründen für nicht beweiskräftig halten, so ergeben sich folgende Hauptprobleme im Verhältnis von Theorie und Empirie:

– Sind die gewählten empirischen Indikatoren (Wohnformen, Häufigkeit familiärer Kontakte, Arten und Intensitäten gegenseitiger Hilfeleistung) ein gültiges Instrument zur Bestimmung der *Qualität* der Intergenerations-Beziehungen (sowie insbesondere der *sozialen Integration* der älteren Menschen)?

– Wie lassen sich die z. T. vorhandenen Widersprüche in den quasi objektiv festgestellten Kontakthäufigkeiten u. ä. und deren subjektive Einschätzung durch die Beteiligten konzeptuell interpretieren?

– Welcher theoretische Rahmen erlaubt es, die *Unterschiede* zwischen verschiedenen Teilgruppen der über 65jährigen zu erklären?

Zwei ständig wiederkehrende Symptome dieser konzeptuellen Schwierigkeiten sind a) die nach wie vor unbefriedigende Definition von „Alter“, „alten Menschen“ und „Altern“ und b) die meist „bunte Mischung“ aus physiologischen, psychologischen, soziostrukturellen, sozialökologischen und sozialpsychologischen „Erklärungsfaktoren“ (vgl. z. B. *Lehr* 1972: 236 – 244), die zur Interpretation der empirischen Ergebnisse herangezogen werden. Die Ursache für diesen wenig befriedigenden Diskussionsstand sehen wir vor allem in der Dominanz von *Querschnittsstudien* sowohl in der sozialen Gerontologie als auch in den diesbezüglichen Bereichen der Familiensoziologie. Mit diesem Typ von Konzeptualisierung und empirischer Forschung lassen sich die o. a. Fragen *nicht* beantworten. Erfolgversprechender sind u. E. Längsschnittkonzepte – und -studien, die sich mit dem Lebenslauf, den Lebensphasen und dem Familienzyklus einzelner Alterskohorten befassen. In diesem Kontext stehen auch die folgenden Versuche, die vorgefundenen Daten in einen konzeptuellen Zusammenhang zu stellen[8].

Zunächst sind dafür noch einmal die Parameter zu wiederholen, die das Ausmaß verfügbarer intergenerativer Hilfeleistungen maßgeblich bestimmen:

– Ein erster wichtiger Indikator ist der Familienstand, d. h. die Frage, ob die betreffenden älteren Menschen verheiratet sind oder nicht, Kinder haben oder nicht; dabei gibt es eine Vielzahl von Variationen (in Abhängigkeit von der Zahl der Kinder, Dauer des Ehestandes etc.), die hier nicht näher erörtert werden sollen.

– Der zuvor angegebene Parameter beeinflußt sehr stark die Frage, wieviel Personen im Haushalt mit den älteren Menschen zusammenleben bzw. wieviel Generationen daran beteiligt sind.

– Als weiterer Parameter ist das Lebensalter der älteren Menschen zu berücksichtigen; hier haben die empirischen Ergebnisse gezeigt, daß die spezifischen Versorgungsprobleme älterer Menschen in Abhängigkeit von ihrem Gesundheitszustand, vor allem ab 75 Jahren, gravierend werden (vgl. *Zimmermann* 1978: 146ff.).

– Als makrostrukturelle Einflußvariablen wurden auch die Schichtzugehörigkeit (insbes. unter Berücksichtigung der Berufstätigkeit, dem Bildungsgrad und dem Einkommen) sowie Unterschiede in der regionalen Einbindung (Stadt-Land-Differenz) nachgewiesen.

Diese verschiedenen Parameter werden in der wissenschaftlichen Literatur und in den Altenplänen meist isoliert dargestellt; es fehlt eine Zusammenfügung dieser Faktoren zu einer gesamtheitlichen Darstellung der Lebenssituation älterer Menschen und der damit verbundenen Hilfebedarfe und -leistungen. Für eine solche Betrachtungsweise bietet sich u. E. vor allem

[8] Auch die diesbezügliche Diskussion kann hier nicht dokumentiert werden; vgl. z. B. *Kohli* (Hrsg.) 1978; *Rosenmayr* (Hrsg.) 1978; *Pieper* 1978. Nachteilig für unsere Überlegungen ist, daß die benutzten Daten überwiegend aus den USA stammen. Die für die BRD verfügbaren Indikatoren sind mehr als dürftig (vgl. *Ballerstedt/Glatzer* 1979: 229).

das *Konzept des Familienzyklus*[9] an, das in der familiensoziologischen Literatur zwar schon einige Beachtung gefunden hat, das jedoch empirisch noch nicht weit entwickelt ist und vor allem auch noch keinen starken Einfluß auf die soziale Gerontologie gewonnen hat. Das bedeutet z. B., daß man zwar idealtypische Formen von Familienzyklen (vor allem für die Frauen) entwikkelt hat, daß man diese Familienzyklen jedoch nicht intergenerativ in Beziehung gesetzt hat. Ein solcher Verknüpfungsversuch soll im folgenden – wenn auch auf einem ziemlich allgemeinen Analyseniveau – unternommen werden.

Trotz vielfältiger Unsicherheiten und Probleme bei der Formulierung der wichtigsten Indikatoren[10] haben sich die folgenden Ereignisse (Zeitphasen) zur Beschreibung des Familienzyklus herauskristallisiert: Alter bei der Eheschließung; Alter bei der Geburt des ersten Kindes; Geburtenfolge; Zeitverlauf der Berufstätigkeit der Frau und des Mannes; Zeitdauer der Ausbildung der Kinder; Verlassen der Elternfamilie; Lebenserwartung von Mann und Frau.

Die wenigen für die BRD berichteten diesbezüglichen Daten (*Ballerstedt/Glatzer* 1979: 229) weisen für 1975 als Eheschließungsjahr aus, daß das durchschnittliche Heiratsalter bei Männern bei 25,3 Jahren, bei Frauen bei 22,7 Jahren lag; die *gemeinsame* Lebenserwartung lag bei 46,0 Jahren; die Zeit als *kinderloses Elternpaar* bei 21 Jahren; und die zusätzliche Lebenserwartung der Frau (nach Tod des Mannes) betrug 7 Jahre. Aus diesen und zusätzlichen Daten läßt sich eine grobe Skizze des durchschnittlichen Lebenszyklus einer deutschen Frau (1973) aufzeigen. Dabei wird unterstellt, daß die Familie zwei Kinder hat, was angesichts der Durchschnittsgröße der privaten Haushalte 1975 (2,6 Personen) sogar etwas zu hoch gegriffen ist:

9 „*Lebenszyklus* = df. kontinuierliche Folge von durch Ereignisse abgegrenzte Phasen von der Geburt bis zum Tod eines Individuums" (*Friedrichs/Kamp* 1978: 176). „Der Lebenszyklus der Familie *(Familienzyklus)* ist ein Begriff, der seit vielen Jahren in bezug auf die Aufeinanderfolge von kritischen Stadien verwendet wird, die die typische Familie während ihres Bestehens durchschreitet. Dieses Konzept liefert einen sehr bedeutsamen Rahmen für die Analyse von Daten über Ehegemeinschaften und die Stadien, die sie durchlaufen, wie Eheschließung, Geburt der Kinder, ‚nachelterliche Phase' (oder Phase des ‚leeren Nests') und schließlich Auflösung der Ehe durch den Tod eines der Ehegatten" (*Glick* 1978: 140).

10 *Friedrichs/Kamp* (1978) weisen zu Recht darauf hin, daß die Konstruktion eines empirischen Indikators für Lebens- und Familienzyklus noch nicht gelungen ist. Sicher ist, daß es ein Mehrvariablenmodell sein muß, in dem das Lebensalter um eine Reihe anderer Variablen (z. B. Familienstand, Kinderzahl, Geburtenfolge) ergänzt werden muß. Besondere Probleme ergeben sich daher vor allem bei dem Versuch der eindimensionalen Darstellung dieser Indexwerte (i. S. d. Lebensphasen oder -stadien).

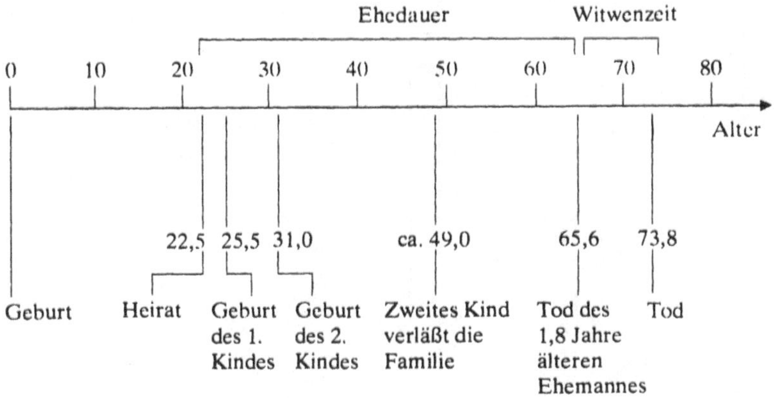

(Friedrichs/Kamp 1978: 181)

Diese Darstellung ist typisch für den gegenwärtigen Diskussionsstand: Es wird der Familienzyklus nur *einer* Generation berücksichtigt; daraus läßt sich nur die Verknüpfung von Lebensalter und Familienphasen bzw. Problemsituationen für diese Generation ableiten. Die Analyse der (formal) möglichen sozialen Beziehungen und Hilfeleistungen *zwischen den Generationen* kann nur durch einen Vergleich der *verschiedenen* Phasen, die mehrere Generationen zur *gleichen* Zeit durchlaufen, geleistet werden (vgl. *Schaubild 1*). Die Leitfrage für die empirische Analyse lautet: In welchen Lebensphasen (mit welchen potentiellen und/oder faktischen Belastungen und Unterstützungsmöglichkeiten) befinden sich die verschiedenen Kinderfamilien, wenn sich die Generation der älteren vom Alter 60 auf das Alter 80 zubewegt, also potentiell zunehmend hilfebedürftig wird?

Betrachtet man die schematischen Gegenüberstellungen der einzelnen Altersphasen bzw. Phasen im Familienzyklus, so ergeben sich folgende Zuordnungen[11]:

– Bei der Gruppe der 60 – 65jährigen Männer, die mit 57 – 62jährigen Frauen verheiratet sind, ergeben sich die Hauptprobleme aus der unmittelbar bevorstehenden, gerade stattfindenden oder schon seit einiger Zeit stattgefundenen Verrentung. Nachdem die Kinder die Familie verlassen haben und nun auch die Erwerbstätigkeit eingestellt worden ist, muß sich die Restfamilie um neue sinnvolle Tätigkeiten und Aufgaben bemühen. In die-

[11] Beim gegenwärtigen Stand der empirischen Erforschung dieser Fragestellung (Ansatzpunkte bei *Feichtinger* 1978; *Hansluwka* 1976) können die folgenden Hinweise nur als Erläuterung des Analyse-*Prinzips* angesehen werden, nicht aber als empirisch fundierte Zusammenhangsanalyse.

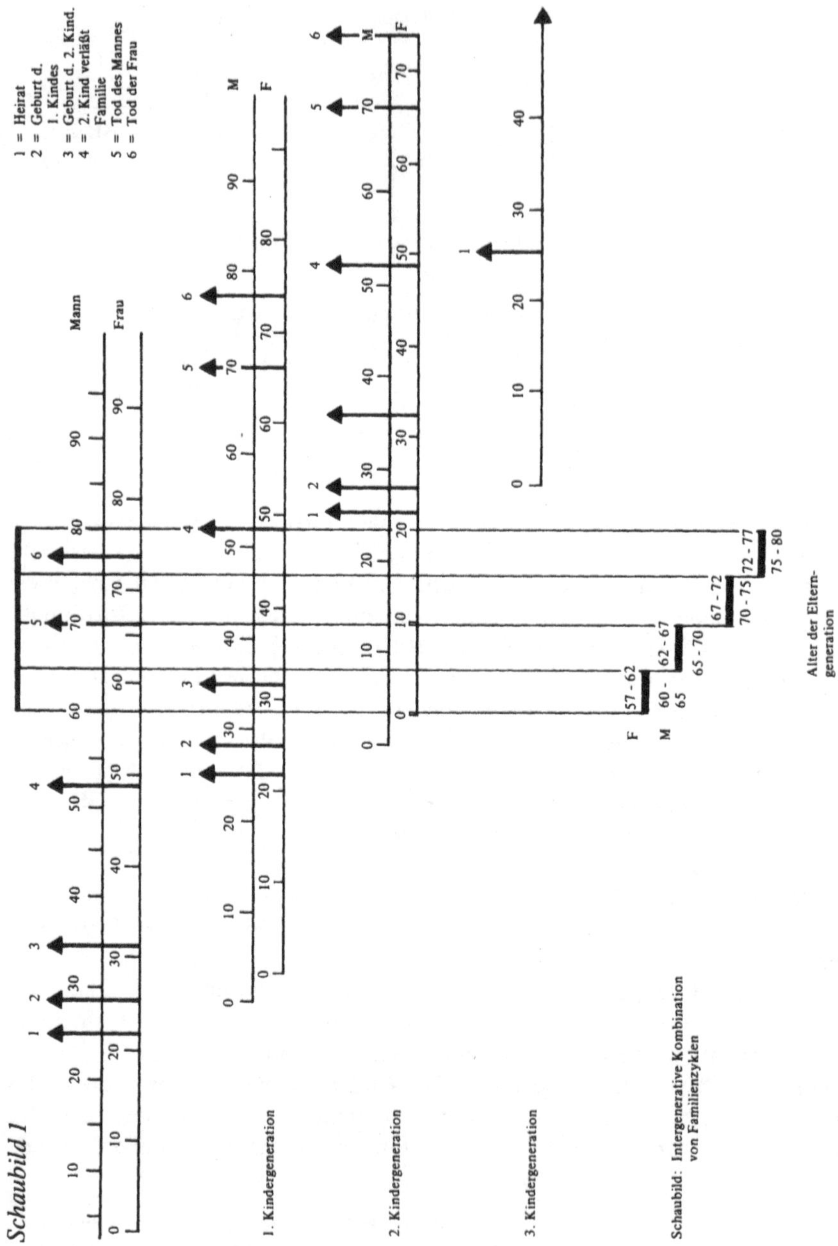

Schaubild 1

Schaubild: Intergenerative Kombination von Familienzyklen

ser Phase ist nach vorliegenden Erkenntnissen die Fähigkeit zur selbständigen Führung eines Haushaltes noch fast 100%ig vorhanden (außer bei schweren Krankheitsfällen). Im Hinblick auf die erste Kindergeneration, die sich im Alter zwischen 32 und 37 (Mann) bzw. 29 und 34 (Frau) Jahren bewegt, ist zunächst festzustellen, daß das Ereignis 3 (Geburt des 2. Kindes) in dieser Zeitphase stattfindet; das 1. Kind kommt zu dieser Zeit bereits in die Schule. Gleichzeitig mit der Belastung durch die Kinder dürften auch noch Anschaffungen im Haushalt durch Wohnungserweiterung u. ä. notwendig sein. Die 1. Kindergeneration ist also in dieser Phase sowohl durch die Sicherung des Lebensunterhaltes als auch durch die Betreuung der Kleinkinder erheblich belastet, so daß insbesondere für diese Phase Hilfeleistungen primär von der Elterngeneration zur 1. und 2. Kindergeneration erwartet werden können (bzw. tatsächlich auch vorhanden sind).

– In der nächsten Altersphase (65 – 70 Jahre) tritt bereits das Ereignis 5 ein (Tod des Mannes). Geht man von einer gewissen Verschlechterung des Gesundheitszustandes des Mannes vor seinem Tod aus, so ergeben sich besondere Belastungen für die Ehefrau, die im Alter von 62 – 67 ist. Für die 1. Kindergeneration, die sich im Alter von 37 – 42 (Mann) bzw. 34 – 39 (Frau) bewegt, steht die berufliche Entwicklung des Mannes (ggfs. auch der Frau) im Mittelpunkt, nachdem die Kinder durch Kindergarten und Schule teilweise außerhalb des Haushalts betreut werden. Gleichwohl dürften hier einige Möglichkeiten bestehen, die Elterngeneration zu unterstützen, insbesondere auch im Hinblick auf die Erkrankung und den Tod des Mannes in der Elterngeneration.

– In der nächsten Phase, in der die nun alleinstehende Frau der Elterngeneration im Alter von 67 – 72 steht, beginnen zunehmend Krankheitsrisiken, z. T. auch psychische Folgeprobleme des Partnerverlustes. In dieser Phase ist allerdings auch die 1. Kindergeneration im Alter von 42 – 47 (39 – 44) noch stark durch Beruf und die heranwachsenden Kinder belastet; letztere befinden sich im jugendlichen Alter bzw. in der Pubertät. Der in dieser Phase möglicherweise laut werdende Wunsch der Elterngeneration, das getrennte Wohnen zugunsten eines erneuten Zusammenziehens zu verändern, dürfte in diesem Kontext schwer zu verwirklichen sein.

– In die nächste Phase, das Alter der alleinlebenden Frau beträgt jetzt 72 – 77 Jahre, fallen ihre schwereren Erkrankungen und der Tod. In diesem Zeitabschnitt besteht der größte haushaltsbezogene Unterstützungsbedarf, u. U. sogar Pflegebedürftigkeit. Im Hinblick auf die 1. Kindergeneration, die sich im Alter von 47 – 52 (bzw. 44 – 49) bewegt, ist nun bereits die Phase 4 eingetreten (das 2. Kind verläßt die Familie), wodurch wiederum erhebliche Anpassungsprobleme für die übriggebliebene 1. Kindergeneration besteht. In diese Zeit fallen für die Frau der 1. Kindergeneration die Wechseljahre, evtl. die Wiederaufnahme der Berufstätigkeit; die berufstätigen Männer sind in besonderem Maße der „Midlifecrisis" ausgesetzt, d. h. u. a. den Überlegungen, beruflich noch einmal etwas ganz anderes zu versuchen. Obwohl die 2. Kindergeneration den Haushalt bereits verlassen hat, ergeben sich doch noch Berufs-/Ausbildungsprobleme, Probleme mit dem Studium sowie gegen Ende dieser Zeitphase die Heirat des älteren Kindes. Dies alles beansprucht auch die 1. Kindergeneration erheblich, so daß hier eine Doppelbelastung für diese Generation besteht, da sie zugleich für die Elterngeneration bzw. die verwitweten Mütter sorgen muß. Dabei ist es einerseits zwar hilfreich, daß die 2. Kindergeneration den Haushalt der 1. Kindergeneration bereits verlassen hat, so daß ggfs. die alleinstehenden Eltern aufgenommen werden können; andererseits kann jedoch die psychische Belastung einerseits durch den Weggang der Kinder und andererseits durch die sich verschlechternde Gesundheitssituation des alleinlebenden Elternteils äußerst beanspruchend sein.

Diese schematische Betrachtungsweise auf der Grundlage von Durchschnittswerten für die BRD ist in verschiedener Hinsicht zu grob, um spezifische Schlußfolgerungen zu erlauben. Zum einen muß berücksichtigt werden, daß in den verschiedenen Bevölkerungsgruppen und -schichten die Zeitpunkte für die einzelnen Phasen des Familienzyklus erheblich variieren, so daß die einzelnen Generationen sich zeitlich voneinander entfernen oder annähern. Insbesondere für die Unterschicht ist bekannt, daß der Heiratszeitpunkt früher liegt, daß die Geburt des 1. und 2. Kindes damit auch wesentlich früher liegt als im Durchschnitt und daß außerdem aufgrund der oftmals geringeren Schulausbildung der Kinder auch der Zeitpunkt des Verlassens der Elternfamilie wesentlich früher liegen kann als bei Mittelschicht- und Oberschichtangehörigen (*Neugarten/Moore* 1968). Hierdurch rücken die einzelnen Generationen zeitlich wesentlich enger zusammen, so daß insgesamt sogar 4 Generationen zur gleichen Zeit existieren und dementsprechend die primärsozialen Unterstützungsleistungen in veränderter Weise unter diesen Generationen aufgeteilt werden können/müssen.

Neben diesen Schichtunterschieden ist natürlich auch noch zu berücksichtigen, daß ein spezifischer Anteil der Bevölkerung gar nicht verheiratet ist und auch keine Kinder hat[12], so daß sich für diese Personengruppe die Unterstützungsprobleme in besonders gravierender Form stellen. Allerdings werden von diesen Gruppen einzelne Aspekte ihrer Lebenslage (z. B. das Alleinleben; ggfs. der Wechsel in ein Altersheim u. ä.) nicht in gleicher Weise als Belastung empfunden, wie dies für jene Gruppen gilt, in denen

[12] Neben neueren und empirisch ausreichend belegten Analysen *schicht*spezifischer Verlaufsformen des Familienzyklus (*Kohli* (Hrsg.) 1978: 135) *fehlen* auch Daten über unvollständige Familien, unverheiratet zusammenlebende Paare, ein- oder mehrfach geschiedene Personen etc. (vgl. z. B. *Feichtinger* 1978: 148) für den hier betrachteten Problemzusammenhang.

Partnerverluste, Verluste der Selbständigkeit den Ausgangspunkt für gravierende Situations*veränderungen* bilden.

Schließlich ist auch noch zu beachten, daß die hier zugrunde gelegten Mittelwerte für die *zukünftige* Entwicklung keine Gültigkeit haben müssen, so daß sich von Generation zu Generation in der Bestimmung der durchschnittlichen Zeitpunkte für die einzelnen Phasen des Familienzyklus unterschiedliche Werte ergeben. Rückblickend betrachtet kann man hierfür als Beleg folgendes anführen: Von 1950 bis 1975 änderten sich folgende Parameter: das durchschnittliche Heiratsalter der Männer verringerte sich von 28,1 auf 25,3 Jahre, bei den Frauen von 25,4 auf 22,7 Jahre; die gemeinsame Lebenserwartung als Ehepaar oder Familie vergrößerte sich von 42,7 Jahre (1950) auf 46,0 Jahre (1975). Die zusätzliche Lebenserwartung der Frau (nach dem Tode ihres Mannes) betrug 1950 5,5 Jahre, 1975 7 Jahre (*Ballerstedt/Glatzer* 1979: 229). Da man auch für die Zukunft weitere Veränderungen unterstellen muß, sind entsprechende Schätzungen notwendig, um konkrete Entwicklungsmodelle der hier vorgeführten Art zu konzipieren[13].

Völlig unberücksichtigt blieb bei diesen Modellanalysen auch die *quantitative* Seite dieses Problems. Angesichts der seit 1880 ständig sinkenden durchschnittlichen Größe der Privathaushalte (von 4,6 Personen auf 2,6 Personen in 1975) ist die Frage von besonderer Bedeutung, wieviele Kinder in der 1. und in der 2. und ggfs. auch in der 3. Kindergeneration zur Welt kommen, die dann ihrerseits als Adressaten der Hilfe durch die Elterngeneration oder auch in der Rolle der Helfenden gegenüber der Elterngeneration auftreten können. Die zentrale Frage lautet also, wieviele Kinder, Enkelkinder und Urenkelkinder ggfs. von der Elterngeneration unterstützt werden müssen; umgekehrt lautet die Frage, wieviele Enkelkinder wieviele Personen der Elterngeneration unterstützen müssen. Nimmt man hierzu den einfachsten Fall, daß jede der betrachteten Generationen nur ein Kind hat, so ergibt sich folgende Konstellation: 1 Urenkelkind (als Helfender) hätte demnach 2 Eltern, 4 Großeltern und 8 Ureltern, insgesamt also (maximal) 14 Personen zu unterstützen. Von der Elterngeneration aus betrachtet heißt das: jede Person in der Elterngeneration kann bei Gleichverteilung der Hilfeleistung auf die Unterstützung von 0,5 Personen der 1. Kindergeneration, 0,25 Personen der 2. Kindergeneration und 0,125 Personen der 3. Kindergeneration rechnen. Dieses Beispiel ist zwar extrem, da gegenwärtig die durchschnittliche Kinderzahl pro Familie noch bei 1,8 liegt, jedoch zeigt es deutlich die Entwicklungs*tendenz* an, wenn die Zahl der Kinder im Schnitt unter der Zahl 2 bleibt, also

[13] Der Typus der hier präsentierten Zahlen zeigt erneut, daß Querschnittsdaten aus *Einzel*zeitpunkten und für Männer und/oder Frauen (meist letztere) miteinander verglichen werden. Modellentwicklungen und Schlußfolgerungen im Hinblick auf die intergenerativen Konstellationen fehlen.

eine Reduktion der Bevölkerung nach sich zieht. Hält dieser Trend an und berücksichtigt man gleichzeitig die insgesamt hohe Lebenserwartung der älteren Menschen, so deuten sich hier bereits strukturelle Diskrepanzen zwischen dem zu vermutenden Hilfebedarf der älteren Lebensphasen (insbesondere ab 70) und den beschränkten Hilfemöglichkeiten der nachfolgenden Generationen an[14]. Diese Rahmenbedingungen müssen bei allen sozialpolitischen Interventionen berücksichtigt werden.

8.4. Parameter für sozialpolitisches Handeln im Bereich der intergenerativen Selbsthilfe

Sieht man es als die Hauptaufgaben der gegenwärtigen Sozialpolitik an, soziale Ungleichheiten abzubauen und die Bevölkerung bei der Bewältigung von spezifischen Lebensproblemen zu unterstützen, dann stellen sich für den hier betrachteten Problemzusammenhang folgende Fragen:

a) Welches sind die Lebensprobleme der älteren Menschen, die sozialpolitische Interventionen notwendig machen?
b) Wie lassen sich die einzelnen Adressatengruppen für solche sozialpolitischen Interventionen bestimmen und beschreiben?
c) Welche Arten von Hilfen sind gegenwärtig und zukünftig notwendig?
d) Wie können sie wirtschaftlich erbracht und wirksam übermittelt werden, ohne die existierenden Formen intergenerativer Beziehungen und Hilfeleistungen zu beeinträchtigen?

[14] Bei einer schematischen Relationierung der Altersgruppenanteile in der Gesamtbevölkerung ergibt sich folgende Übersicht (gem. den Daten des Statistischen Bundesamtes):

Auf einen 60 – 70jährigen kommen	1890	1932	1978
1 – 15jährige	6,7	4,2	1,9
15 – 20jährige	1,8	1,7	0,8
20 – 40jährige	5,6	5,4	3,0
40 – 60jährige	3,5	3,5	2,7
Auf einen 70 – 80jährigen kommen			
1 – 15jährige	14,8	9,8	2,5
15 – 20jährige	4,1	4,0	1,0
20 – 40jährige	12,2	12,4	3,7
40 – 60jährige	7,7	8,3	3,3

Die Daten zeigen die *starke Abnahme* der formalen/durchschnittlichen *Chance* der älteren Menschen, soziale Beziehungen zu entwickeln und Hilfeleistungen von den nachfolgenden Generationen zu erhalten.

Bevor versucht wird, auf der Grundlage der vorangegangenen Beschreibung empirischer Ergebnisse und struktureller Bedingungen der Hilfe zwischen den Generationen zur Beantwortung dieser Fragen beizutragen[15], müssen einige Einschränkungen im Hinblick auf den betrachteten Problemausschnitt formuliert werden. Die vorgelegten empirischen Ergebnisse zeigen, daß man zwischen den verschiedenen Voraussetzungen für eine zufriedenstellende Lebensführung in den späteren Lebensabschnitten unterscheiden muß: die Einkommenssituation, die zu 80 % aus den Leistungen der sozialen Sicherungssysteme besteht; die sozialen Infrastrukturleistungen (Altenheime, Altenwohnungen, Altentagesstätten, Beratungsstellen etc.) von Staat und Gemeinde (z. T. geplant und betrieben von Trägern der freien Wohlfahrtspflege); und die persönlichen/sozialen Dienste. Im Hinblick auf die finanzielle und infrastrukturelle Sicherung der älteren Menschen spielen öffentliche und freigemeinnützige Institutionen und Einrichtungen eine dominierende Rolle. Dies wird auch durch die Erwartungen der betroffenen Bürger bestätigt. Bei diesen sich auf eine breite Solidargemeinschaft abstützenden Leistungen und Einrichtungen erwarten die älteren Menschen vorrangig Aktivitäten und Maßnahmen der öffentlichen Hand (vgl. *Elsholz* 1970).

Im Hinblick auf die persönlichen Hilfen dominiert dagegen die intergenerative Selbsthilfe. Nur etwa 10 – 15 % der über 65jährigen bedürfen solcher Hilfen, ohne auf eine entsprechende primärsoziale Unterstützung zurückgreifen zu können. Gleichwohl hat in den letzten Jahren besonders die Planung und Erbringung von persönlichen sozialen Diensten die Sozialpolitik für ältere Menschen besonders beschäftigt. Dies hängt u. E. zum einen damit zusammen, daß die Probleme der Sozialversicherung weitgehend als gelöst erschienen – zumindest solange die Finanzierungsdiskussion noch nicht so stark in den Mittelpunkt öffentlichen Interesses rückte; gleichzeitig war deutlich geworden, daß trotz der Sozialversicherung ein großer Überhang sozialer Probleme verbleibt, die mit anderen sozialpolitischen Interventionen für die Betroffenen abgemildert werden sollten. Schließlich hat auch die in der Grundtendenz negative Erfahrung mit der Institutionalisierung älterer Menschen (Altenwohnheime, Altersheime, Pflegeheime u. ä.) zu der Auffassung geführt, daß der Verbleib in der eigenen häuslichen Umgebung trotz gewisser Schwierigkeiten bei der Haushaltsführung im fortgeschrittenen Alter das inhaltlich erstrebenswerte Ziel sozialer Unterstützungsleistungen sei. Dies erfordert ebenfalls eine Schwerpunktverlagerung auf den Sektor ambulanter Hilfeleistungen für ältere Menschen durch staatliche, kommu-

[15] Die vielfältigen Datenlücken und die erst in den Anfängen steckende konzeptuelle Durchdringung des Themas erfordern u. E. diese vorsichtige Formulierung. Bis zur empirisch fundierten Entwicklung einer „lebensphasenbezogenen Sozialpolitik" ist es u. E. noch ein weiter Weg.

nale und freigemeinnützige sozialpolitische Akteure (vgl. zu dieser Entwicklung *Dieck/Naegele* [Hrsg.] 1978).

Im folgenden werden wir uns u. a. auch deshalb ausschließlich mit den persönlichen Hilfen für ältere Menschen beschäftigen, weil hier besondere *Schwierigkeiten der Balancierung von Selbsthilfe und organisierter Fremdhilfe vorliegen.* Auszugehen ist dabei von der Tatsache, daß soziale Beziehungen und praktische persönliche Hilfeleistungen wesentliche Bestandteile der sozialen Integration älterer Menschen sind und maßgeblichen Einfluß auf ihre Lebenszufriedenheit ausüben (zusammenfassend: *Schulz* 1979; *Horn* 1977; *Bungard* 1977). Als wesentliches Charakteristikum dieser primärsozialen Netze sehen wir die konkrete und persönliche Reziprozität (vgl. *Gouldner* 1960; *Rosenmayr/Rosenmayr* 1978: 59 – 64; eine empirische Bestandsaufnahme findet sich bei *Riley/Foner* 1968) der Verantwortungsübernahme, des Füreinandereinstehens und der Hilfeleistungen. Diese persönlichen Reziprozitätsverhältnisse unterscheiden sich damit deutlich von der abstrakten Konstruktion einer „Solidargemeinschaft" in den sozialen Sicherungssystemen (i. S. d. Generationenvertrages).

Akzeptiert man diese Prämisse, so stellt sich als nächstes die Frage, unter welchen sozialstrukturellen und individuellen Rahmenbedingungen diese primärsoziale Solidarität zwischen Mitgliedern der Familie und der Verwandtschaft für ältere Menschen in Frage gestellt sind. Zur Beschreibung des sozialstrukturellen Rahmens haben wir die Analyse des *Familienzyklus* vorgeschlagen, während die Berücksichtigung des *Lebenslaufes* individuelle Dispositionen und Bewertungen von strukturell gleichen Situationen zu interpretieren erlaubt[16].

Nachdem sich das kalendarische Alter bzw. kalendarisch abgegrenzte Altersgruppen als wenig sinnvolle Bezugspunkte für sozialpolitische Maßnahmen für ältere Menschen gezeigt haben, ist die erste Spezifikation im Hinblick auf die typischen, weil grundsätzlich erwartbaren Problemsituationen im höheren Lebensalter erforderlich; i. S. d. generellen „stressfull life events" (*Dohrenwend/Dohrenwend* (Hrsg.) 1974; *Lehr* 1978; *Bungard* 1977) können folgende Situationen bzw. Situationsveränderungen – unabhängig von dem konkreten Zeitpunkt ihres Eintrittes – als Belastungen im höheren Lebensalter berücksichtigt werden:

– Eintritt in die „nachelterliche Gefährtenschaft", d. h. daß das letzte Kind

[16] An zwei Beispielen ist die Notwendigkeit der Kombination von Familienzyklus und Lebenslauf (-erfahrungen) leicht deutlich zu machen:
a) Die Bewältigung lebenspraktischer Probleme und auch der Isolation ist für diejenigen älteren Menschen einfacher, die ihr ganzes Leben über allein gelebt haben („Singles").
b) Auch die Umsiedlung in ein Altersheim fällt dieser Personengruppe wesentlich leichter.

den Haushalt der Eltern verlassen hat; damit wird sowohl für die Aufgabenstellung der Familie als auch für die möglichen Sozialkontakte zwischen Familienmitgliedern eine deutliche Zäsur gesetzt;
- Ausscheiden eines oder beider Ehepartner aus dem Erwerbsleben;
- Vergrößerung der Gesundheitsrisiken (insbesondere beim älteren Mann);
- Partnerverlust (betrifft i. d. R. vor allem die Frauen, da diese im Durchschnitt nach dem Tod des Ehemannes noch eine Lebenserwartung von 8 Jahren haben);
- wachsende Hilfebedürftigkeit oder Pflegebedürftigkeit des übriggebliebenen Ehepartners.

Das quantitative Ausmaß, mit dem diese Lebensereignisse *innerhalb einer Gesellschaft* tatsächlich eintreten, läßt sich dadurch näher bestimmen, daß verschiedene Merkmale des Lebenslaufs der einzelnen Personen quantitativ erfaßt werden:
- der Anteil der Personen in der Gesellschaft, die heiraten und/oder Kinder haben sowie die Zahl der Kinder;
- der Anteil derjenigen Personen, die auch noch zu dem Zeitpunkt zusammenleben, an dem das letzte Kind den Haushalt verläßt;
- der Anteil derjenigen Männer und Frauen, die im 5. Jahrzehnt ihres Lebens noch oder wieder berufstätig sind;
- die altersbezogenen Morbiditäts- und Mortalitätsraten für Frauen und Männer.

Hat man also festgestellt, in welchem Umfang diese Probleme tatsächlich auftreten *können,* so stellt sich nun die Frage nach den primär-sozialen Bewältigungsmöglichkeiten, die den davon betroffenen älteren Menschen zur Verfügung stehen. Im Hinblick auf die intergenerativen sozialen Beziehungen und Hilfeleistungen ist dabei von besonderer Bedeutung, in welchem zeitbezogenen und strukturellen Verhältnis der Familienzyklus der Elterngeneration zu denen der ersten und der zweiten Kindergeneration steht. Als Indikatoren sind hierbei zu berücksichtigen:
- die Anzahl der Kinder in der 1., ggfs. auch in der 2. Kindergeneration;
- die Zeitdauer der Phasen vorelterlicher und nachelterlicher Gefährtenschaft in der 1. Kindergeneration;
- die Zeitdistanz der Generationen (Alter der Eltern bei der Geburt des 1. Kindes);
- die Dichte der Geburtenfolge in der 1. Kindergeneration (ggfs. auch in der 2. Kindergeneration).

Auch wenn man intervenierenden Variablen (z. B. räumliche Nähe der jeweiligen Wohnung von Eltern- und Kindergenerationen; Qualität der persönlichen Beziehungen u. ä.) große Bedeutung bei dem faktisch entstehenden Unterstützungsbedarf der älteren Generation zumißt, so lassen sich aufgrund der Formalstrukturen der verschiedenen generationsspezifischen

Familienzyklen Hinweise für besondere „Risiko“-Gruppen in der älteren Generation finden:

- je geringer die Zahl der Kinder,
- je enger die Geburtenfolge der Kinder (1. Kindergeneration),
- je größer die zeitliche Distanz zwischen den Generationen (Zeitpunkt der Geburt des 1. Kindes in der 1. Kindergeneration),
- je größer die Differenz zwischen dem Heiratsalter von Mann und Frau sowie der Lebenserwartung von Mann und Frau,

desto geringer ist die formale Chance der Elterngeneration, in den verschiedenen Familienzyklen und Problemphasen des höheren Erwachsenenalters soziale Unterstützung und Hilfe von seiten der 1. und 2. Kindergeneration zu erhalten[17].

Aus der Verknüpfung der zuvor beschriebenen Parameter lassen sich diejenigen Gruppen in der Gesellschaft (zu einem spezifischen Zeitpunkt) bestimmen, die im höheren Lebensalter besonderen Risiken ausgesetzt sind, ohne in großem Maße auf Unterstützung durch die eigene Familie, insbesondere die nachfolgenden Generationen rechnen zu können. Zur Entwicklung sozialpolitischer Interventionsstrategien in diesem Bereich ist es allerdings notwendig, sich über die aktuelle Ausprägung und die zukünftige Entwicklung der Parameter auf globalem, quantitativem Niveau klarzuwerden. Soweit gegenwärtig (insbesondere für die USA) diesbezügliche Daten errechnet wurden, seien sie hier erwähnt (vgl. z. B. *Feichtinger* 1978; *Glick* 1978):

– Die durchschnittliche Zahl der Kinder pro Haushalt sinkt (auch die durchschnittliche Anzahl der Kinder pro Haushalt mit Kindern sinkt), wodurch generell die Chancen der älteren Menschen sinken, von ihren Kindergenerationen unterstützt zu werden.

– Die Zeitdauer der nachelterlichen Gefährtenschaft verlängert sich tendenziell, so daß die Chancen der Elterngeneration steigen, auch im höheren Lebensalter noch selbständig ihren Haushalt führen zu können und ohne umfangreiche Hilfe auch im Krankheitsfalle zurechtzukommen.

– Durch verlängerte Lebenserwartung beider Elternteile und etwa gleichbleibendem Alter der Mutter bei der Geburt des 1. Kindes rücken die verschiedenen Generationen enger aneinander, so daß man häufig schon von 4. Generationenbeziehungen sprechen kann. Dies fördert insgesamt die Möglichkeit der intergenerativen Beziehungen und Hilfeleistungen.

– Das durchschnittlich sinkende Heiratsalter der Männer wird bei gleichbleibender Lebenserwartung von Mann und Frau die Jahre des Alleinlebens der überlebenden Ehefrau tendenziell verkürzen; dennoch bleiben im

[17] Diese Thesen sind angesichts der Datenlage besser als Hypothesen aufzufassen. Hier kommt es allerdings hauptsächlich darauf an, den veränderten „Risikotypus“ deutlich zu machen, der sich aus unserer Analysestrategie ergibt.

Durchschnitt etwa 8 Jahre Zeitdifferenz, so daß auch in Zukunft mit dem Problem der alleinstehenden Frauen – zwar weniger aufgrund der Kriegsfolgen, als aufgrund der Strukturierung des Familienzyklus – gerechnet werden muß.

Berücksichtigt man neben den strukturellen Bedingungen der intergenerativen Hilfeleistungen noch die subjektiven Erwartungen und Hilfsbereitschaften, die sich z. B. aufgrund von Befragungen im Rahmen der Altenhilfeplanung ergeben haben, so ist die Sozialpolitik mit den folgenden formalen Problemkonstellationen konfrontiert:

– Es liegen strukturell keine Selbsthilfemöglichkeiten zwischen den Generationen vor.

– Es liegen zwar gewisse strukturelle Schwierigkeiten bei der Selbsthilfe zwischen den Generationen vor, doch werden diese durch hohe Motivation der beteiligten Personen z. T. aufgefangen (es verbleibt ein Bedarf an ergänzenden Hilfeleistungen).

– Es liegen strukturell gute Chancen zur Selbsthilfe zwischen den Generationen vor, jedoch werden diese aufgrund äußerer Rahmenbedingungen und individueller Dispositionen und Motivationen nicht aktiviert.

– Es liegen gute strukturelle Chancen zur Selbsthilfe zwischen den Generationen vor, und diese werden auch vollauf aktiviert.

Außerhalb der Betrachtung für mögliche sozialpolitische Interventionen bleibt nur der zuletzt aufgeführte Fall, der nach den vorliegenden empirischen Ergebnissen jedoch quantitativ (und in bezug auf alle „stressfull life events") überwiegen dürfte. Im Hinblick auf die 3 anderen Konstellationen stellt sich die Frage, ob die fehlenden Möglichkeiten der intergenerativen Selbsthilfe zunächst durch andere soziale Netzwerke substituiert werden können: z. B. Freundes- und Bekanntenkreise, Nachbarschaft, Selbsthilfegruppen u. ä. (die altershomogen und altersheterogen sein können). Die präsentierten empirischen Ergebnisse zeigen an, daß hier – bis hin zu den „grauen Panthern" – ein beachtliches Potential sozialer Kontakte und Hilfeleistungen für die ältere Generation liegt (vgl. Abschn. 2.; eine Übersicht gibt *Schulz* 1979; vgl. auch *Borchert et al.* (Hrsg.) 1980; *Lieberman/Gournash* 1979), wobei die Tendenz besteht, daß Kontakte mit früheren Arbeitskollegen/Bekannten abnehmen, *Kontakte mit Nachbarn zunehmen.* Hier liegen also wichtige Ansatzpunkte für sozialpolitische Interventionen.

In denjenigen Fällen, in denen die strukturellen Bedingungen für intergenerative Hilfen zwar gegeben, jedoch nicht aktiviert werden (können), lassen sich auf der Grundlage der Familienzyklusanalyse Interventionsmöglichkeiten abklären. Dazu ist zunächst eine *„Bilanz" der „objektiven" Anforderungen und subjektiv empfundenen Belastungen einzelner Generationen* mit intergenerativen Kontakten/Hilfeleistungen zu erstellen. Vorliegende Diskussionsbeiträge heben z. B. hervor, daß im Rahmen einer Drei-Generationen-Beziehung meist die mittlere Generation die am stärksten beanspruchte ist[18]. Auf der Grundlage einer solchen Bilanzierung wird dann abzuwägen sein zwischen direkten (professionellen) Interventionen in die Elterngeneration oder indirekten sozialpolitischen Einflußnahmen (z. B. auf Kindergenerationen oder andere soziale Netze).

Geht man davon aus, daß die totale Versorgung in Institutionen nur im extremen Notfall eine sinnvolle Alternative für ältere Menschen ist, so stehen der Sozialpolitik folgende Interventionsmöglichkeiten offen:

– direkte Intervention in den Haushalt der Elterngeneration, z. B. durch ambulante professionelle und technische Hilfe (Sozialarbeit; Krankenpflege; Haushaltshilfen u. a.);

– indirekte Intervention durch Schaffung besserer Rahmenbedingungen für die volle Nutzung vorhandener struktureller Selbsthilfepotentiale zwischen den Generationen (z. B. zweckentsprechender Wohnungsbau; Erleichterung von Transport- und Kommunikationswegen; Beratung, um die zwischenmenschlichen Beziehungen der Generationen untereinander wieder zu verbessern usw.);

– indirekte Intervention durch die Unterstützung derjenigen Kindergeneration, die im wesentlich die Unterstützungsleistungen für die Elterngeneration erbringen muß (finanzielle Entlastung; Entlastung bei Haushaltsroutinen u. ä.);

– indirekte Intervention durch technische, materielle und ggfs. auch finanzielle Unterstützung von Selbsthilfeaktivitäten von Freundes- und Bekanntenkreisen, Nachbarschaft und Selbsthilfegruppen (z. B. durch Bereitstellung von Räumlichkeiten; Erleichterung von Transport und Kommunikation; Bereitstellung von Anlaufadressen für Informationsaustausch; ggfs. auch professionelle Beratung usw.).

Eine solche Schwerpunktsetzung der Interventionsformen mit Blick auf die Verstärkung und Unterstützung von Selbsthilfepotentialen anstelle ihrer Substitution durch organisierte professionelle Hilfeangebote ist allerdings nur dann möglich, wenn sich auch die „Philosophie" der sozialpolitischen Akteure ändert, die Definitionsgewalt der Experten für soziale Hilfe zurücktritt hinter die Optionen, Gestaltungsinteressen und -möglichkeiten der vorhandenen, weiter zu entwickelnden oder wieder neu zu aktivierenden intergenerativen oder sonstigen sozialen Netze.

[18] Vgl. z. B. *Rosenmayr* 1976: 339 – 345. U. E. besteht in dieser Frage noch ein erheblicher Forschungsbedarf, zumal die wenigen vorliegenden Studien widersprüchliche Ergebnisse erbracht haben: z. B. *Bruder et al.* 1979; *Lange* 1973.

9. Die Bedeutung ambulanter sozialer Dienste im familiären Lebensumfeld: Überlegungen am Beispiel von Sozialstationen[1]

Marianne Heinemann-Knoch, Johann de Rijke,
Corinna Rosenberg, Helga Summer-Juhnke

9.1. Vorbemerkung

Eine der wichtigen sozialpolitischen Aufgaben unserer Zeit ist die Beschäftigung mit den Problemen pflegebedürftiger Menschen. Die neueren Zielvorstellungen in diesem Bereich zentrieren sich dabei um die Forderungen nach Unabhängigkeit und selbständiger Lebensführung in der vertrauten Wohnumgebung sowie nach Ermöglichung sozialer Teilhabe in der heutigen Gesellschaft. Zur Verwirklichung dieser Zielvorstellungen sind Ansprüche an Hilfen und Leistungen in gesetzlicher Form fixiert (v. a. im Bundessozialhilfegesetz – BSHG), ebenso in Programmen und Aktivitäten der Träger von Sozial- und Altenhilfe, insbesondere der freien Wohlfahrtsverbände. Als eine zentrale und besonders wirksame und bedürfnisnahe Maßnahme gilt der in den letzten Jahren verstärkte Ausbau ambulanter sozialer Dienste, vor allem die Reorganisation und Bündelung derselben in Sozialstationen.

Soziale Dienste sind nun, anders als etwa soziale Einkommensleistungen, stark auf die alltägliche Lebenssituation ihrer Klienten bezogen: Sie sind „klientengesteuert und klientenintensiv" (*Gross* und *Badura* 1977: 363). Dennoch gelten auch für sie generelle Strukturprinzipien der Sozialpolitik in diesem Bereich (Subsidiaritätsprinzip, Prinzip der Eigenverantwortung und -versicherung etc. – hierzu *Fülgraff* 1976) und die politischen Folgen der

[1] Die vorliegende Arbeit entstand im Rahmen eines von der Deutschen Forschungsgemeinschaft geförderten Forschungsprojekts „Klientenorientierte Bewertung sozialer Dienste am Beispiel von Sozialstationen" unter Antragstellung von Prof. Dr. P. Atteslander an der Universität Augsburg. Ausgangspunkt für unsere Ausführungen sind neben Literaturauswertungen empirische Ergebnisse einer qualitativ angelegten, 1980 durchgeführten Vorstudie in sechs ausgewählten Sozialstationen mit deren Leitern und elf von diesen betreuten Klienten.

(v. a. Kosten-) Entwicklung im Sozialsektor, die seit einiger Zeit finanzierungsorientierte Denkweisen vorherrschen lassen („Kostendämpfung“). Auch beim Ausbau des Netzes von Sozialstationen durch die freien Wohlfahrtsverbände wurde diese Dominanz kostenorientierter (gegenüber etwa „klientenzentrierter“) Begründungen für die Einrichtung festgestellt (*Grunow et al.* 1979). Vor diesem Hintergrund werden Forderungen nach Hilfe zur Selbsthilfe, Stärkung familiärer Funktionen für pflegebedürftige Menschen etc. laut.

Demgegenüber versuchen die folgenden Ausführungen, vor dem Hintergrund der Reorganisation und Bündelung ambulanter sozialer Dienste in Form von Sozialstationen, einige relevante Aspekte der Lebenssituation pflege- bzw. hilfebedürftiger, vor allem älterer Menschen zu skizzieren, um dann die Bedeutung der ambulanten Betreuung im familiären Kontext sowie einiger Probleme dabei aufzuzeigen. Damit können Bedingungen für die Wirksamkeit und Problemangemessenheit der Betreuung von Hilfebedürftigen angegeben werden, was Voraussetzung für die Einschätzung von sozialpolitischen Forderungen überhaupt ist.

9.2. Zur Reorganisation und Bündelung ambulanter sozialer Dienste in Form von Sozialstationen[2]

Sozialstationen sind in den letzten Jahren in fast allen Ländern der Bundesrepublik Deutschland eingerichtet worden, um die ambulante Betreuung und Beratung alter, kranker, pflegebedürftiger und ratsuchender Menschen gebündelt und zentralisiert zu organisieren und zu leisten. Sie gingen aus der vormals vorwiegend durch die Gemeindekrankenpflege bereitgestellten Alten-, Kranken-, Haus- und Familienpflege hervor; in der Bereitstellung dieser ambulanten sozialen Dienste besteht daher die wesentliche *Aufgabe* von Sozialstationen (*v. Balluseck* und *Heinemann-Knoch* 1977; *Dahme et al.* 1980). Vorrangig in diesem Aufgabenkatalog sind die Alten- und Krankenpflege; diese wird wiederum vor allem geleistet als Grund- und Behandlungspflege. Darüber hinaus übernehmen Sozialstationen in unterschiedlichem Ausmaß Organisation und Vermittlung von Diensten zur Haushaltsführung bzw. täglichen Lebensführung (wie „Essen auf Rädern“, Mittagstischen, Haushaltshilfen, Wäschediensten, Einkaufsdiensten, Fahrdiensten), von Kommunikations- und Beratungshilfen (Beratungsangebote und Vermittlung von Beratung, teilweise bis hin zur psychischer Beratung) sowie die Anregung und Förderung von Hilfen zur Selbsthilfe (Kurse in Alten- und Krankenpflege für

[2] Vgl. zum folgenden auch *Grunow/Hegner* 1981.

Laien, Organisation von Nachbarschaftshilfen) (*Dahme et al.* 1980; *DFG-Projekt* 1980).

Diese Aufgaben werden in der Bundesrepublik Deutschland inzwischen (März 1982) in 1397 Sozialstationen – oder ähnlich geförderten Einrichtungen – erfüllt (*Forum Sozialstation* 1982: 32). Dabei läßt sich – allerdings länderspezifisch unterschiedlich – vorläufig noch ein Trend zur Zunahme feststellen, während sich die sonstige Zahl der Einrichtungen mit einem Angebot an ambulanten sozialen Diensten (z. B. Krankenpflegestationen, Haus- und Familienpflegestationen) verringert (*Bayerisches Statistisches Landesamt* 1979: VII; *Forum Sozialstation* 1980: 3).

Personalmäßig besetzt sind Sozialstationen vorrangig mit Krankenschwestern/ -pflegern, darüber hinaus – und in unterschiedlicher Kombination – mit Altenpflegern, Haus- und Familienpflegern, Dorfhelfern, Pflegehelfern sowie neben- und ehrenamtlichen Helfern; die Verwaltungsaufgaben werden häufig auch von Verwaltungsangestellten erledigt (*Dahme et al.* 1980).

Der *Einzugsbereich* von Sozialstationen in seiner räumlichen Ausdehnung ebenso wie in der Anzahl der betreuten Personen ist großen Schwankungen unterworfen (*Dahme et al.* 1980).

Als *Träger* fungieren die Träger der freien Wohlfahrtspflege, Kirchengemeinden, ökumenische Vereinigungen, Krankenpflegevereine, ein Trägerverbund und – an letzter Stelle – auch Kommunen (in der Regel nur dann, wenn andere Träger fehlen; *Dahme et al.* 1980; *Forum Sozialstation* 1980).

Die *Finanzierung* von Sozialstationen erfolgt über Erstattungen der Sozialleistungsträger, durch Selbstzahler, über Eigenmittel der Träger, staatliche und kommunale Zuschüsse sowie über Förder- und Krankenpflegevereine (*Dahme et al.* 1980: 36 ff.; *Forum Sozialstation* 1980: 15 ff.).

Diese Finanzierungsstruktur bedeutet für das Klientel von Sozialstationen, daß alle Leistungen der Grund- und Behandlungspflege – soweit diese vom behandelnden Arzt verordnet werden – von der Krankenkasse (bzw. dem zuständigen Sozialleistungsträger, nämlich: gesetzlicher Unfallversicherung, Kriegsopferversorgung und vergleichbaren Versorgungsarten, Lastenausgleich, Unfallfürsorge und Beihilfe für Beamte, private Unfallversicherungen; vgl. *BMJFG* 1978) getragen werden und die Sozialstationen mit der Krankenkasse (dem Sozialleistungsträger) darüber abrechnen[3]. Wird ein Klient allerdings zum Dauerpflegefall, so werden ihm die dann entstehenden Kosten der Grundpflege bisher nicht erstattet; entweder müssen er selbst oder seine unterhaltspflichtigen Angehörigen dafür aufkommen, oder

[3] Zwischen den Spitzenverbänden der freien Wohlfahrtspflege und den Krankenkassenverbänden werden hierzu Rahmenvereinbarungen geschlossen und fortlaufend neu gefaßt (vgl. z. B. *Bayerisches Staatsministerium für Arbeit und Sozialordnung* 1977).

aber die Sozialhilfe übernimmt auf Antrag diese Kosten im Rahmen der §§ 68 (Hilfe zur Pflege), 69 (Häusliche Pflege, Pflegegeld) und 75 (Altenpflege) BSHG. Ebenfalls selbst zu zahlende Leistungen sind diejenigen, die die Sozialstation als Hilfen zur Haushaltsführung bereitstellt (wie „Essen auf Rädern", Haushaltshilfen, Wäschedienste usw.) – allerdings kann auch hier im Rahmen der Bestimmungen des § 11 BSHG (Hilfe zum Lebensunterhalt) und des § 75 (Altenhilfe) Sozialhilfe in Anspruch genommen werden.

Die Finanzierung von Haus- und Familienpflege im Falle von
„– Krankenhaus-, Kur- oder Erholungsaufenthalt der Mutter,
– Erkrankung oder starker Belastung der Mutter zu Hause,
– Wochenpflege,
– Entlastung von Pflegepersonen bei der Betreuung Behinderter,
– Versorgung erkrankter Kinder berufstätiger Mütter"
(*Bayerisches Staatsministerium für Arbeit und Sozialordnung* 1977: 17) ist für den Klienten in unbefriedigender Weise geregelt: Zwar wird die in diesem Zusammenhang anfallende Krankenpflege von den Sozialleistungsträgern getragen; eine für eine erkrankte oder entbindende bzw. kurende Mutter in der Familie einspringende Familienpflegerin wird von der Krankenkasse nur dann finanziert, wenn sich im Haushalt ein Kind unter acht Jahren oder ein behindertes, auf Hilfe angewiesenes Kind befindet *und* sich die Mutter im Krankenhaus, einer Entbindungsanstalt oder zur Kur aufhält[4]. In allen übrigen Fällen muß eine Familienpflegerin vom Klienten selbst finanziert werden (auch hier kann im Rahmen des § 70 BSHG – Hilfe zur Weiterführung des Haushalts – auf Antrag Sozialhilfe gewährt werden).

Würdigt man die hier dargelegten Aspekte der Finanzierung der Leistungen von Sozialstationen, so zeigt sich, daß lediglich die vom Arzt verordnete, vorübergehend notwendige Grund- und Behandlungspflege für den Klienten in jedem Fall und unabhängig von seiner finanziellen Situation geregelt zu sein scheint. Von den Sozialstationen wird demgegenüber häufig bereits hier darauf verwiesen, daß die von den Sozialleistungsträgern erstatteten Beträge nicht kostendeckend sind (*Bayerisches Staatsministerium für Arbeit und Sozialordnung* 1977: 54; *Dahme et al.* 1980: 37). Eine von uns als Vorstudie konzipierte Befragung der Leiter von sechs ausgewählten Sozialstationen ergab zudem, daß zur Betreuung von Patienten rein pflegerische Maßnahmen nicht ausreichen, sondern darüber hinaus auch Hilfen zur täglichen Lebensführung und psychischen Betreuung erforderlich seien, die finanziell zumeist nicht gedeckt seien. Es ist daher insgesamt nicht verwunderlich,

[4] In einer Ergänzung zu dem entsprechenden Paragraphen der RVO wurden im Dezember 1981 die Bedingungen zur Gewährung von Haushaltshilfe gelockert (vgl. *Forum Sozialstation* 1982: 29).

wenn an anderer Stelle auf empirisch umfangreicherer Basis berichtet wird, daß das programmatische Ziel bei der Einrichtung von Sozialstationen, diese wirtschaftlich arbeiten zu lassen, und das heißt weitgehend kostendeckend zu betreiben, nicht erreicht worden sei (*Dahme et al.* 1980: 38).

Es ist zu vermuten, daß sich die Finanzierungsstruktur von Sozialstationen bzw. die Praxis der Finanzierung von Leistungen für den Klienten erheblich auf die *Zusammensetzung des Klientels* nach sozialstrukturellen Merkmalen auswirkt. Diese Vermutung ist bisher jedoch empirisch nicht überprüft[5]. Bekannt ist lediglich, daß – entsprechend der Aufgabenverteilung von Sozialstationen – in diesen vor allem alte und kranke Menschen betreut werden (bei *Dahme et al.* 1980 sind 77 % der Klienten der in die Untersuchung einbezogenen Sozialstationen altenkranke Menschen; laut Erhebung des *Bayerischen Statistischen Landesamtes* 1979 sind 85 % aller in der Kranken- und Altenpflege von Sozialstationen und vergleichbaren Einrichtungen betreuten Fälle über 60jährige Menschen).

Insgesamt wird angenommen, daß sich die Zahl derjenigen Klienten, die ambulante Betreuung nachfragen, zunehmend vergrößert (z. B. *Dahme et al.* 1980) und daß die ambulante Betreuung von der Bevölkerung mehr und mehr angenommen wird[6]. Um die zahlenmäßige Bedeutung der ambulanten Betreuung Pflege- und Hilfsbedürftiger aufzuzeigen, werden im folgenden einige quantitative Angaben dargestellt.

9.3. Pflegebedürftigkeit alter Menschen – Begriff und Umfang

Zielgruppen von Sozialstationen sind üblicherweise Alte, Kranke und Behinderte, wobei die tatsächlichen Klienten zu einem großen Teil alte, pflege- oder betreuungsbedürftige Menschen sind. Im folgenden sollen daher einige Informationen über die Pflegebedürftigkeit älterer Menschen in der Bundesrepublik Deutschland gegeben werden (zur allgemeinen demographischen

[5] Zum einen werden in den Sozialstationen keine entsprechenden Karteien geführt; darüber hinaus sind Erhebungen aus Datenschutzerwägungen heraus besonders aufwendig.

[6] So heißt es im öffentlichen Beschluß des Sozialhilfeausschusses der Stadt München vom 11. 12. 1980 (Hauspflegebeschluß): „Im Jahre 1979 sind lt. Jahresstatistik im Bereich der häuslichen Pflegen insgesamt 1 262 188 Stunden geleistet und damit rd. 23 630 Personen betreut worden. Die Pflegestunden haben sich gegenüber dem Vorjahr um 24 969 erhöht . . .“ Zur Statistik selbst wird seitens eines Trägers vermerkt: „. . . Die Nachfrage der Bürger bezüglich der ambulanten Pflegedienste hat im Jahre 1979 erneut zugenommen. Zu erklären ist dies wohl in erster Linie dadurch, daß die Angebote der Sozial- und Diakoniestationen dem Bürger mehr und mehr bekannt sind und von ihm auch in Anspruch genommen werden . . .“

Situation und zur sozialen Lage der Älteren siehe den Beitrag von *D. Grunow* in diesem Band).

Aussagen über das quantitative Ausmaß von Pflege- bzw. Hilfsbedürftigkeit sind allerdings immer noch schwer zu treffen, da die Begriffe der Pflege- bzw. Hilfsbedürftigkeit uneinheitlich und z. T. unscharf verwendet werden, so daß die Vergleichbarkeit nicht immer gewährleistet ist und man aus den vorliegenden verschiedenen Angaben nur sehr vorsichtig allgemeinere Schlüsse ziehen kann. Diese Unschärfe rührt u. a. aus der unterschiedlichen Begriffsverwendung derjenigen Gesetzestexte, die sich mit Pflege- bzw. Hilfsbedürftigkeit befassen und die Ansprüche auf bezahlte Leistungen für unterschiedliche Gruppen von Pflegebedürftigen definieren:

– Nach Reichsversicherungsordnung (RVO) sind diejenigen Personen pflegebedürftig (d. h. einer Kranken-, also Grund- oder Behandlungspflege bedürftig) und haben Anspruch auf entsprechend bezahlte – auch häusliche – Leistungen, die vorübergehend krank oder behindert sind und insofern Pflege und Wartung sowie medizinische Anwendungen benötigen. Von diesem Anspruch auf Leistungen ausgeschlossen sind wegen der Krankheit oder Behinderung notwendig werdende Haushaltshilfen (es sei denn, sie könnten im Rahmen der Haus- und Familienpflege beansprucht werden) ebenso wie eine wegen chronischer Krankheit, Behinderung oder Altersgebrechlichkeit benötigte ständige Grund- und Behandlungspflege (Dauerpflegefälle).

– Nach den §§ 68 und 69 (Hilfe zur Pflege/häusliche Pflege/Pflegegeld) BSHG sind solche Menschen pflegebedürftig, die „infolge von Krankheit oder Behinderung so hilflos sind, daß sie nicht ohne Wartung und Pflege bleiben können“. Pflegebdürftige in diesem Sinne sind Dauerpflegefälle infolge Krankheit oder Behinderung, die Krankenpflege oder Hilfen im Haushalt benötigen – und zwar unabhängig von ihrem Alter. Anspruch auf Sozialhilfe haben sie dann, wenn sie die notwendige Betreuung weder selbst noch durch unterhaltspflichtige Angehörige zahlen (lassen) können und sie keinen Anspruch haben auf Zahlungen der übrigen Sozialleistungsträger (vgl. weiter oben; *Bayerisches Staatsministerium für Arbeit und Sozialordnung* 1977; BMJFG 1978).

– Nach § 75 (Altenhilfe) BSHG sind solche alten Menschen hilfs- und pflegebedürftig und haben Anspruch auf Leistungen, die „Schwierigkeiten (haben), die durch das Alter entstehen“. Nach einem Kommentar zu diesem Paragraphen haben solche alten Menschen Anspruch auf häusliche Pflege und Betreuung (z. B. auch Haushaltshilfen), die weder krank noch behindert sind, aber „bei denen altersbedingte körperliche oder geistige Beschwerden oder Anpassungsschwierigkeiten auftreten“ (*Knopp* und *Fichtner* 1979: 291).

Entsprechend der hier dargelegten Unterschiede sowie der in sozialwissenschaftlichen Untersuchungen über Pflegebedürftige verwendeten unterschiedlichen Definitionen (die von einfachen Fragen bis zu Mehrfachindikatoren reichen), variieren die statistischen Angaben über Pflegebedürftigkeit, wobei häufig aus dem veröffentlichten Zahlenmaterial nicht hervorgeht, auf welchen Begriff, und d. h. auf welche Grundgesamtheit, Bezug genommen wird. So liegen zwar Daten über Pflege- und Hilfsbedürftige vor, sie haben aber häufig eine unterschiedliche Bezugsbasis.

Die frühen Schätzungen von *Blume* (1973) über das Ausmaß von Pflegebedürftigkeit bei alten Menschen werden häufig noch als Basis verwendet, auf die sich neuere Schätzungen beziehen: Danach sind 5–9% (BMJFG 1978: 112) der 65-und-mehr-jährigen Menschen pflegebedürftig (am Begriff des § 68 orientiert) und werden zumeist zu Hause betreut[7].

Dazu wird der weitere Begriff der Hilfsbedürftigkeit verwendet, unter dem etwa 15–30% der alten Menschen als hilfsbedürftig angesehen werden, ohne krank oder behindert zu sein: z. B. benötigen ca. 15% Haushaltshilfen zum Putzen, Kochen, Einkaufen etc. (*Grunow* 1977: 390; *Schreiber* 1976: 63). Bei diesen Bedürftigen wird von einem Anteil von 7–10% gesagt, daß sie „weder auf organisierte noch auf familiäre oder freiwillige Hilfe zurückgreifen können“ (*Grunow* 1977: 390). Eine neuere repräsentative Studie bestätigt jene Angaben: 18% der 65-und-mehr-jährigen Personen gaben an, bei Tätigkeiten des täglichen Lebens auf die – sowohl professionelle als auch nicht-professionelle – Hilfe anderer Menschen angewiesen zu sein. Von diesen gaben wiederum 6% an, keine Hilfe zu erhalten (*Infratest* 1979: 34). Faktoren ‚kumulativer Benachteiligung‘ (*Rosenmayr* und *Rosenmayr* 1978) scheinen hier zu wirken, worauf z. B. eine empirische Studie über alleinlebende ältere Frauen hinweist, bei der 18,2% der Stichprobe Hilfe bei Hausarbeiten benötigen, aber angaben, keinerlei Hilfen im Haushalt zu erhalten (*Naegele* 1979: 283).

Die wohl neueste repräsentative Untersuchung über häusliche Pflegebedürftigkeit kam zum Ergebnis, daß 11,1% der 65-und-mehr-jährigen, die zu Hause leben, sowohl hilfs- (am § 75 BSHG orientiert) als auch pflegebedürftig (am § 68 BSHG orientiert) sind. Diese Angabe bezieht sich also auf alte Menschen, die sowohl Leistungen der Krankenpflege benötigen als auch Pflege und Hilfen infolge altersbedingter Gebrechen (*Socialdata* 1980).

Aus den Angaben über die *Art der Betreuung* der pflege- und hilfsbedürftigen 65-und-mehr-jährigen kann man entnehmen, daß bei weitem die meisten durch Angehörige betreut werden (wie die Pflege- und Hilfsbedürf-

[7] In einer Studie über häusliche pflegerische Versorgung wird Pflegebedürftigkeit enger gefaßt, nämlich ob ein Haushalt einen bettlägerigen Kranken zu Hause (oder im Krankenhaus) hat. Bei deren repräsentativer Stichprobe hatten 23% der Haushalte einen in diesem Sinne Pflegebedürftigen zu Hause, *Leitner* und *Pinding* (1979: 12).

tigen insgesamt). Dabei ist der hohe Anteil derjenigen auffällig, die durch Angehörige außerhalb des eigenen Haushalts betreut werden: Er wird mit 23% (*Infratest* 1979) bzw. mehr als 30% (*Socialdata* 1980) angegeben. Darüber hinaus werden diese alten Menschen entweder zusätzlich oder ausschließlich betreut durch Freunde, Bekannte und Nachbarn, Haushalts- und Putzhilfen sowie durch von Institutionen eingesetzte Hilfs- und Pflegekräfte (ambulante Dienste). Welche quantitative Bedeutung dabei diesen einzelnen Betreuungsarten zukommt, ist bei den Angaben dazu nicht ohne weiteres vergleichbar. Der Anteil derjenigen, die Haushalts- und Putzhilfen sowie von Institutionen eingesetzte Hilfs- und Pflegekräfte benutzen, wird in neueren Untersuchungen zwischen 15 und 19 % angegeben (*Leitner* und *Pinding* 1979: 25; *Infratest* 1979: 34; *Socialdata* 1980: 60 f.). In einer Studie wird die Beanspruchung von Gemeindeschwestern/Sozialstationen explizit mit 2 % angegeben (während der weitaus größte Teil der ambulanten Betreuung von bezahlten Haushaltskräften getätigt wurde, *Infratest* 1979: 34)[8].

Zusammenfassend wird man sagen können, daß der ambulanten Betreuung eine zunehmende Bedeutung zukommen kann, wenn man die vermutliche Situation von Pflege- bzw. Hilfsbedürftigkeit verschiedenen Formen der bisherigen faktischen Inanspruchnahme ambulanter sozialer Dienste gegenüberstellt. Die Notwendigkeit und die Form der Betreuung bzw. Pflegeentlastung ist dabei für verschiedene Familien- bzw. Haushaltsformen unterschiedlich, wobei ein Schwerpunkt die alleinlebenden Pflege- bzw. Hilfsbedürftigen, darunter vor allem die verwitweten Frauen, sein dürften. Bei zunehmender Bekanntheit und Akzeptierung entsprechender Dienste könnte vor allem die Entlastung von familiären Betreuern, die im Haushalt der zu pflegenden Person oder auch nicht in demselben Haushalt leben (siehe oben), neben der Versorgung der Problemgruppe der Alleinlebenden eine größere Rolle spielen. Hinzu käme noch das Problem der Fehlplazierung in Einrichtungen der geschlossenen Altenhilfe (hierzu etwa *Rosenmayr* und *Rosenmayr* 1978: 287) und der stationären Pflege, was zu einer zusätzlichen Nachfrage nach ambulanten Diensten führen könnte, wenn man die Forderung nach Unabhängigkeit und selbständiger Lebensführung, solange dies irgend möglich ist, ernst nimmt.

Für die Zukunft dürfte sich das Problem hilfsbedürftiger Menschen und Familien eher verstärken. Zum einen durch die (im Beitrag von *D. Grunow* in diesem Band skizzierte) demographische Entwicklung und den familialen

[8] Bei allen diesen Angaben über die Versorgung des uns interessierenden Personenkreises ist verstärkt die Problematik unterschiedlicher Bezugsbasen – also der Definition derjenigen, die als pflege- bzw. hilfsbedürftig gelten – und unterschiedlicher Kategorisierung von Hilfen wirksam. Zudem läßt sich keine klare Trennung zwischen professionellen Hilfen (wie sie z. B. Sozialstationen leisten) und nicht-professionellen, aber bezahlten Hilfen durchführen.

Wandel, zum anderen auch dadurch, daß, wie vermutet werden kann, bei Ansprüchen aus sozialpolitischen Zielen in Zukunft stärker als jetzt noch auf Erfüllung derselben gedrängt werden wird (*Rosenmayr* und *Rosenmayr* 1978: 242; *Tews* 1979: 389; *Moen* 1978). Wenn angesichts dieser Lage auch heute noch von einer scherenförmigen Entwicklung des Angebots und des Bedarfs an pflegerischen Diensten gesprochen wird (vgl. dazu *Grunow/Hegner* 1981 – darauf hatte bereits 1973 O. Blume hingewiesen, *Blume* 1973) –, so dürfte das sicher nicht zu einer beruhigenden Darstellung der Situation vor dem Hintergrund des Ausbaus von Sozialstationen in den letzten Jahren Anlaß geben.

9.4. Die Bedeutung von Familienbeziehungen für die Lebenssituation pflege- bzw. hilfsbedürftiger (vor allem älterer) Menschen

Die Skizze aus statistischen Angaben und Ergebnissen empirischer Breitenuntersuchungen zeigte, daß die meisten pflege- bzw. hilfsbedürftigen Menschen Hilfen von Angehörigen erhalten (ob diese mit ihnen in einem Haushalt leben oder nicht). Eine ambulante Betreuung wird sich in diesen Fällen unmittelbar auf die Familiensituation beziehen müssen (während sie es bei Alleinstehenden ohne familiären Kontakt in der Regel nur mit diesen selbst zu tun hat). Will man die Lebenssituation dieser Menschen unter dem sozialpolitischen Ziel betrachten, daß sie soweit als möglich nach eigenen Wünschen in ihrem angestammten Lebensumfeld bleiben können, so nimmt die Beurteilung der Qualität ihrer familiären Beziehungen einen wichtigen Stellenwert ein. Im folgenden soll daher die Bedeutung von Familienbeziehungen für die Lebenssituation pflege- bzw. hilfebedürftiger Menschen untersucht werden. Es wird sich zeigen, daß deren familiäre Umfelder sehr heterogen sein und ganz unterschiedliche Auswirkungen auf die Situation der Betreuungsbedürftigen haben können, und daß sie nicht zuletzt entscheidend von ökonomischen und schichtspezifischen Bedingungen beeinflußt werden (siehe auch *Anthes* 1978). Sicher wird man nicht von Pflegebedürftigen in „der“ Familie reden und daraus sozialpolitische Forderungen ableiten können.

9.4.1. Intergenerative Familienbeziehungen und Partnerschaftsbeziehungen der älteren Generation

Heute wird Parsons These von der „isolated nuclear family“, welche der industriellen Gesellschaft am besten angepaßt sei und die „normale“ Form gegenwärtiger Verwandtschaftsbindungen darstelle, als empirisch widerlegt angesehen zugunsten des Modells der „modified extended family", die aus Eltern und Kindern sowie sonstigen Verwandten besteht, wobei diese nicht unbedingt zusammenleben, aber in häufigem Kontakt miteinander stehen. Dieses Modell wird als die vermutlich angemessenere und häufigere Form des Familienzusammenlebens betrachtet (*Rosenmayr* und *Rosenmayr* 1978: 191f.; *Rosenmayr* 1976: 327f.).

Die Entwicklung zur Kernfamilie und die Trennung der Wohnungen der unterschiedlichen Generationen bedingen im allgemeinen keinen Bruch zwischen den Generationen. Die intergenerativen Beziehungen werden aufrecht erhalten, wobei sich die Kinder meist sogar in der Nähe der elterlichen Wohnung ansiedeln (vgl. etwa *Tews* 1979: 358).

Statistisch gesehen ist der Mehr-Generationen-Haushalt zwar marginal, mit zunehmendem Alter der Elterngeneration, mit dem Tod eines Ehepartners, bei geringen Einkünften und bei dem Eintritt von Hilfsbedürftigkeit werden die Haushalte der Generationen jedoch häufig wieder zusammengelegt (*WSI* 1976: 135).

Empirische Untersuchungen haben gezeigt, daß bei der Trennung der Haushalte zweier Generationen eher positive emotionale Kontakte zwischen Eltern-und Kindergeneration entstehen können und die Trennung insofern auch von beiden Generationen gewünscht wird (*Rosenmayr* und *Rosenmayr* 1978: 184). Sie führt eher zu einer Gleichstellung und Unabhängigkeit jeder Generation sowie zugleich zu Konfliktvermeidung (*Rosenmayr* und *Rosenmayr* 1978: 185). Rosenmayr prägte den Begriff der „Intimität auf Abstand", Tartler den der „inneren Nähe bei äußerer Distanz" (*Rosenmayr* und *Rosenmayr* 1978: 185)[9]. Zusätzlich wird belegt, daß der Wunsch nach sozialen Kontakten bei den Eltern stärker ausgeprägt ist als bei den Kindern (*Zimmermann* 1977: 131).

Bei der Betrachtung der Lebenssituation abhängiger, also hilfebedürftiger älterer Menschen muß weiter beachtet werden, daß Einsamkeit nicht nur ein Problem Alleinlebender ist, sondern daß es auch innerhalb von Familien hochgradig isolierte, vereinsamte ältere Menschen gibt, was auf eine schlechte Qualität der Familienbeziehungen schließen läßt (*Tews* 1979: 351f.). Will man daher beurteilen, ob ein Hilfebedürftiger in seinem häuslichen Milieu

[9] Inwieweit Rosenmayrs Modell der „Intimität auf Abstand" als ein dem Parsons'schen äquivalentes Gleichgewichtsmodell angesehen werden kann, muß zumindest vor dem Hintergrund gesellschaftlicher Entwicklungen, vor allem auch im Bereich der Wertvorstellungen und Beziehungseinschätzungen, offen bleiben. Rosenmayr selbst benennt einige problematische Voraussetzungen für diese Bindungsform (z. B. „Verpflichtungsbewußtsein" – gegenüber „Ichbezogenheit", *Rosenmayr* und *Rosenmayr* 1978: 211), über deren reale Wirksamkeit man noch wenig sagen kann.

gut aufgehoben ist, so stellen die emotionalen Kontakte zwischen den Familienmitgliedern der verschiedenen Generationen bei einem notwendig werdenden Engagement der Kinder eine wichtige Dimension der Beurteilung dar.

Weiterhin wird ein wesentlicher Teil der Familienbeziehungen geprägt durch die Interaktion von Ehepartnern. Insgesamt hat sich die heutige durchschnittliche Ehedauer durch eine Verlängerung der Lebenszeit sowie durch frühere Eheschließung wesentlich erhöht. Damit hat sich aber auch die Wahrscheinlichkeit erhöht, daß eheliche Krisenzeiten insgesamt häufiger auftreten (*Tews* 1979: 146).

Eines der kritischen Momente in einer Ehe ist der Beginn der nachelterlichen Phase, nachdem die Kinder die elterliche Wohnung verlassen haben. Ein nicht weniger kritisches Moment stellt die Pensionierung des Mannes dar (*Tews* 1979)[10].

Es ist zu vermuten, daß durch die Art und Weise, wie diese beiden Krisen überwunden werden, die Art der Ehebeziehungen älterer Menschen wesentlich mitbestimmt wird. Zusätzlich werden diese Beziehungen durch Bedingungen beeinflußt werden, die bereits während früherer Lebensaltersphasen das Zusammenleben bestimmt haben (wie starke Berufsrollenorientierung des Mannes oder Hausfrauenrollenorientierung der Frau, früheres Beziehungsaktivitätsniveau der beiden Partner, gemeinsame Interessenverfolgung etc.). Ob sich die Ehe dann etwa als konfliktreich und disharmonisch ohne gemeinsame positive Grundstimmung, als erstarrt in innerer Distanz beider Eheleute zueinander oder als gleichberechtigte Partnerschaft zwischen den Eheleuten und gegenseitiger Respektierung auch unterschiedlicher Interessen erweist, dies wird einen starken Einfluß haben auf das Wohlbefinden Hilfsbedürftiger, die beim Verbleib in ihrem häuslichen Milieu zentral auf die Hilfe des Ehepartners angewiesen sind[11].

9.4.2. Gesellschaftliche Benachteiligung älterer Menschen und soziostrukturelle Problematik ihrer familialen Betreuung

Der Prozeß des Alterns und seiner Bewältigung ist primär ein soziales Schicksal und erst sekundär ein biologisch bedingtes (*Lehr* 1976). Dies wird vor allem in zwei Bereichen deutlich, dem der Rollenerwartungen an alte Menschen und dem der soziostrukturell bedingten Benachteiligung einer spezifischen Altenpopulation.

1. In unserer Gesellschaft gilt der Mensch, wenn er aus dem Berufsleben ausscheidet, als „alt“, er wird von diesem Zeitpunkt an mit Rollenerwartun-

[10] Die Pensionierung der Ehefrau wird in der Literatur nicht behandelt.

[11] Hinweise auf solche Zusammenhänge ergaben sich aus unserer Vorstudie mit Klienten von Sozialstationen, müssen aber noch weiter erforscht werden.

gen des Abbaus, des Verlustes körperlicher, geistiger und sozialer Fähigkeiten konfrontiert (*Lehr* 1976). Es stehen keine „spezifischen und zeitlich geordneten Verhaltenserwartungen" mehr zur Verfügung (*Amann* 1975: 97). Der alte Mensch ist „imprisoned in a role-less role", was doppelt für den Ehemann gilt (*Havighurst* 1978: 22).

Durch diese negativen Altersstereotype wird etwa ein Fünftel der Bevölkerung als „Problemgruppe" klassifiziert, und ihre psychische Reaktion auf eine solchermaßen strukturierte soziale Umwelt wird zu einem Krankheitsfaktor. Verhaltenserwartungen vermindern tatsächlich Gesundheit und Leistungsfähigkeit, was sich wiederum negativ auf das soziale Prestige der Älteren auswirkt und schließlich zu einer realen psycho-somatischen Leistungseinbuße führt (Rückkoppelungsprozesse) (*Lehr* 1976: 267ff.).

Häufig kann nur die Familie die Alten noch auffangen: Durch die „soziale Entwertung" (*Guillemard* 1972) im Alter bleibt als Beziehungsfeld die Familie, wo sie u. U. noch Geber-Funktionen übernehmen können, z. B. die Haushaltsführung der jüngeren, berufstätigen Generation oder die Kinderaufsicht übernehmen[12]. Andererseits muß die Familie aber auch ihre Hilfebedürftigkeit auffangen – sowohl durch entsprechende Aktivitäten als auch durch die Bereitschaft, emotional auf die psychischen Belange der alten Menschen einzugehen. Daß die Familie mit beidem überfordert sein kann, liegt auf der Hand.

2. Die Hilfebedürftigkeit alter Menschen wird besonders dann zum Problem für die helfenden Angehörigen, wenn soziostrukturelle Bedingungen spezifische Formen sozialer Benachteiligung schaffen:

Soziale Benachteiligung in verschiedenen Bereichen (finanzielle Lage, Wohnsituation, Gesundheit, Ernährung, Freizeitmöglichkeiten, Bildung, Sozialkontakte) treffen jeweils nur bestimmte, durch spezifische Merkmale zu charakterisierende Gruppen der Altenpopulation. Diese „kumulative Benachteiligung" (*Rosenmayr* und *Rosenmayr* 1978) ist durch eine Reihe von Faktoren bedingt, welche bei bestimmten Bevölkerungsgruppen zusammentreffen (geringe Schul- bzw. Berufsausbildung, höheres Lebensalter, Wohnsitz in Landgemeinden, Einpersonenhaushalt, weibliches Geschlecht).

Diese Faktoren greifen ineinander und verstärken sich gegenseitig. Am meisten benachteiligt sind in diesem Kontext die nie berufstätig gewesenen (oder niedrig qualifizierten) alten Witwen der Unterschicht, die in wenig urbanisierten Regionen leben[13].

[12] Daß diese Bewertungs- und Austauschformen nicht universell gelten, sondern wohl als Ausdruck industrialisierter, kapitalistischer Leistungsgesellschaften zu gelten haben, belegen die Beispiele aus nichtindustrialisierten Gesellschaften bei *M. Clark,* in denen den Alten qua „kultureller Definition" bestimmte Aufgaben zufallen und sie daher „‚something of value' to exchange in social relationship" haben (1972: 268f.).

Die zunächst im allgemeinen mit Selbstverständlichkeit von den Kindern akzeptierte und begonnene Pflege durchläuft krisenhafte Situationen für Jung und Alt, wenn sich herausstellt, daß die Hilfsbedürftigkeit nicht, wie vielleicht erwartet, nur vorübergehend ist und sich der Gesundheitszustand verschlechtert (*WSI* 1976).

In diesem Zusammenhang macht sich die Belastung mit Versorgung und Pflege in einkommensschwachen Familien in weitaus stärkerem Maße bemerkbar, z. B. deshalb, weil ein Pflegeheim als Alternative zur häuslichen

[13] Nun wurde in diesem Zusammenhang von „gesellschaftsbedingter Selbstverursachung" gesprochen, insofern Ursachen für Benachteiligungen in Einstellungen und Handlungen lägen, die den Individuen selbst zuzurechnen seien (*Lehr* 1976: 211 ff.; differenzierter und einige der unten gemachten Kritikpunkte berücksichtigend, der Abschnitt von *L. Rosenmayr* und *G. Majce* in *Rosenmayr* und *Rosenmayr* 1978: 256 ff.).
Gründe für eine im Vergleich zu anderen gesellschaftlichen Gruppen schlechtere Lebenssituation gingen also zum einen zu Lasten der Gesellschaft, deren Rollenerwartungen und Güterverteilungsstruktur; dann aber auch „in nicht unerheblichem Ausmaß zu Lasten des einzelnen Individuums", z. B. wegen dessen mangelnder Gesundheitsvorsorge, dessen „Geringschätzung von Sozialkontakten" (?), dessen „geistiger Trägheit" bei geringem Gebrauch von Informationsmitteln und Bildungsgütern. Schließlich fehle es oft an einer rationalen zukunftsbezogenen Art des Denkens (alles *Lehr* 1976: 212).
Nun sind die angeführten Verhaltensweisen vor allem bei unteren sozialen Schichten vermutlich weit verbreitet (auch in unserer Vorstudie konnten sie bei bestimmten Klienten festgestellt werden). Allerdings erscheint die Interpretation, die von einer Zurechnung von „Verantwortungen" dem Individuum wie „der" Gesellschaft gegenüber spricht, in dieser Form verfehlt. Es wird dabei das Wechselverhältnis der Bildung von Individuellem wie Gesellschaftlichem (allgemein „die gesellschaftliche Konstruktion von Wirklichkeit") übersehen, das es doch zu untersuchen gälte, damit man imstande ist, jenes „Fehlverhalten" zu erklären und nicht als Gegebenes hinzunehmen, d. h. die Determinanten zu bestimmen, die solche Verhaltensweisen beeinflussen oder erst möglich machen. Sie beruhen doch zu einem großen Teil auf spezifischen (und oft nur unzureichend gelingenden) Bewältigungsversuchen von Individuen, mit ihren Lebensverhältnissen fertigzuwerden, und sind durch Faktoren wie Sozialisationserfahrungen, finanzielle Haushaltsführungsgewohnheiten während finanzieller Engpässe in den mittleren Lebensjahren, schichtspezifischen Einstellungen gegenüber selbst schichtspezifischen Bildungsgütern und Informationsverbreitungsformen etc. (siehe z. B. *Naegele* 1979: 292) bedingt. Erst in einer solchen Betrachtung, die die unfruchtbare abstrakte Gegenüberstellung Individuum – Gesellschaft vermeidet, kann es möglich werden, Verhaltensänderungen in den genannten Bereichen schließlich zu bewirken, ohne sich nur auf ein Anprangern des Fehl-Verhaltens zu beschränken, wie es die Interpretation der Selbstverschuldung nahelegt (was bei den betroffenen Gruppen im übrigen ohnehin „mit hoher Wahrscheinlichkeit ins Leere läuft", wie es *Klanberg* und *Kortmann* für gängige Aktivierungskampagnen zugunsten des Geltendmachens von Ansprüchen auf Sozialhilfe auf dem Lande vermuten; 1978: 23).

Betreuung fehlt oder eine entlastende Pflegekraft aufgrund nicht vorhandener finanzieller Mittel nicht erwogen werden kann (*Lange* 1976).

Dies gilt auch im Hinblick auf die Absicht des Gesetzgebers, die Familien und die Familiensolidarität zu stärken, wobei er übersieht, daß, vor allem in den unteren Schichten, der Zwangscharakter vieler Bestimmungen eher zu Konflikten führt, die dem Zusammenhalt der Generationen schaden. Besonders deutlich wird dies an der Unterhaltsverpflichtung der erwachsenen Kinder für ihre hilfebedürftigen Eltern (*Zimmermann* 1977: 136ff.; *Bujard* und *Lange* 1978). Eine solcherart erzwungene Symbiose zwischen den Generationen macht sich in den Unterschichten meist nicht erst bei der Pflegebedürftigkeit bemerkbar, sondern schon bei der materiellen Unterprivilegierung, von der vor allem die Frauen nach dem Tod ihres Ehemannes betroffen sind.

Das empirisch nachweisbare häufigere Auftreten von Mehrgenerationen-Haushalten in den unteren Schichten läßt sich keineswegs als eine zur Tradition gewordene Lebensweise oder eine ausgeprägte Familiensolidarität interpretieren, sondern als wirtschaftliche Notwendigkeit (*WSI* 1976).

Einen weiteren Zwang üben familienkonservative Attitüden aus (*WSI* 1976): Familienangehörige, Nachbarn, Sozialarbeiter, vor allem aber die alten Menschen selbst erwarten häufig im Krankheitsfall die Versorgung und Pflege der betagten Eltern im Familienverband, ungeachtet der daraus resultierenden vielfältigen Belastungen für die anderen Familienmitglieder, vor allem der Frau, die nicht selten Kinder und Eltern betreuen muß, zusätzlich zu ihrer Berufstätigkeit. Diese restaurativ-familienideologischen Einstellungen werden noch gefördert durch die Befürchtung der Alten und der Angehörigen, daß die Umgebung den Umzug ins Heim als „Ausdruck familiärer Spannungen" (*WSI* 1976: 131) deuten könnte.

Zusammenfassend kann zunächst festgehalten werden, daß den Familienbeziehungen für ältere und pflegebedürftige Menschen eine große und im Verhältnis zu früheren Lebensaltern verstärkte Rolle zukommt. Es wurde aber auch deutlich, daß sich in Abhängigkeit von gesellschaftlichen Strukturen und Bewertungen bestimmte Bedingungen als Belastungen für die Pflegesituation auswirken und damit eine Bewältigung derselben erschweren. Dazu gehören vor allem Bedingungen der objektiven Lebenslage (begrenzte finanzielle Mittel, ungenügende rechtliche Absicherung, geringes Bildungsniveau etc.), die die Handlungsalternativen von Betreuten und betreuenden Familienangehörigen oft erheblich einschränken und zu Zwangsgemeinschaften führen können, mit entsprechenden belastenden Folgen für die Lebenssituation aller Beteiligten. Hierzu gehören aber auch gesetzliche Regelungen, die als Ausdruck zumindest zwiespältiger sozialpolitischer Vorstellungen oft weniger die Familie in ihrer Pflege- und Versorgungsfunktion stärken, sondern eher zu zusätzlichen Konflikten in einer ohnehin schon erschwerten Betreuungssituation führen. Weiter gibt es immer noch

Werte und Einstellungen, die in Familien mit hilfebedürftigen Angehörigen oder bei deren Bezugsgruppen zu verengten Problemsichten und Tabuisierungen im Umgang mit den Belastungen der familiären Betreuung führen. Und schließlich ist die familiäre Beziehungssituation, vor allem bezüglich der Partnerbeziehungen, differenzierter in ihrer Wirkung auf die Förderung der Pflege zu sehen. Das Fehlen eines pflegenden Familienangehörigen ist nicht der einzige Indikator für Betreuungsdefizite. Die Frage der gesellschaftlichen Verantwortung für Pflegebedürftige wird nicht erst beim Wegfall familiärer Betreuung aktuell, sondern muß die Tragbarkeit der Belastungen für die Familie vor dem Hintergrund faktischer Familienbeziehungen und familiärer Leitbilder berücksichtigen.

9.5. Betreuungsfunktionen ambulanter sozialer Dienste für Hilfebedürftige in Abhängigkeit von deren familiärer Situation

Bisher gingen wir allgemein auf die Betreuung und Pflege Hilfebedürftiger im familiären Umfeld ein. Aufgrund von gesellschaftlichen Wandlungen familiären Zusammenlebens sowie spezifischer Bedingungen, die auf Familienbeziehungen Einfluß haben und Benachteiligungen hervorrufen können, kann Pflege und Betreuung zu einem Problem werden, das von der jeweiligen Familie entweder überhaupt nicht oder nicht ohne zusätzliche ambulante Hilfe bewältigt werden kann[14]. Dabei ist nicht nur der quantitative Bedarf an Versorgung zu berücksichtigen (Vorhandensein betreuender Familienangehöriger, Einzugsbereich vorhandener ambulanter Versorgungseinrichtungen etc.), sondern auch die Qualität der Pflege, die Auswirkungen auf die Gesamtverfassung des zu Pflegenden hat – wie ja auch sozialpolitische Zielvorstellungen auf eine Verbesserung von dessen Lage nach seinen Bedürfnissen abzielen[15].

Im folgenden sollen nun „Betreuungsschwächen" in unterschiedlichen fa-

[14] Der Trend zur Schrumpfung von familiären Pflegeleistungen sowie von traditionellen, normal wirksamen institutionellen bzw. para-institutionellen Angeboten (Kirchengemeinden, Hauspflegevereine, Gemeindepflegestationen etc.) war gerade der Hauptanlaß zur Einrichtung von Sozialstationen, siehe *Grunow et al.* 1979: 10ff. – Zur Bedeutung der neuen Selbsthilfebewegung (Nachbarschaftshilfe etc.) in diesem Zusammenhang, vgl. den Aufsatz von *Nokielski* und *Pankoke* in diesem Band.

[15] Z. B. im (1975 erweiterten) § 75 BSHG bei Hilfemaßnahmen für Ältere sowie in den, allerdings weniger gewichtigen (s. o. Punkt 1), „klientenorientierten" Begründungen für die Einrichtung von Sozialstationen, Beispiele in *Grunow et al.* 1979.

miliären Situationen, auf die *Sozialstationen* als Formen der Bündelung ambulanter sozialer Dienste gerichtet sind, nach den in den vorherigen Punkten gegebenen Erläuterungen differenziert beschrieben werden.

Bezogen auf familiäre Defizite der Versorgung können Sozialstationen mit ihren Hilfeleistungen fungieren als (vgl. dazu *Amann* und *Wieser* 1977: 97):

1. Ersatz für fehlende oder nicht hilfsfähige Familienmitglieder;
2. Kompensation für mangelnde Hilfe von Familienmitgliedern wegen der schlechten Qualität der Familienbeziehungen;
3. Oder Ergänzung bei fehlenden Kenntnissen oder Fertigkeiten von pflegenden Familienangehörigen und bei einer durch die Pflege eintretenden Überlastung.

Uns interessiert nun, ob diese Funktionen von Sozialstationen in einem Ausmaß erfüllt werden können, das dem einzelnen Hilfebedürftigen ein möglichst sorgenfreies Leben in seinem häuslichen Milieu gestattet. Dabei ist zu beachten, daß die folgenden Ausführungen im wesentlichen auf einer Vorstudie beruhen und insofern hypothetischen Charakter haben.

9.5.1. Ambulante Versorgung Hilfebedürftiger als Ersatz für fehlende bzw. nicht hilfsfähige Familienangehörige

Die Pflege alter, kranker und behinderter Menschen in ihrem vertrauten häuslichen Milieu scheitert häufig daran, daß diese entweder keine Angehörigen haben, die ihnen helfen können, oder daß die Familienmitglieder zu weit entfernt wohnen oder schließlich durch den eigenen Haushalt und Beruf zu sehr eingespannt sind. In diesen Fällen ist die Übernahme der Versorgung des Hilfebedürftigen durch ambulante Sozialdienste eine der wenigen Alternativen zu einer stationären Unterbringung.

Beurteilt man das Angebot ambulanter sozialer Dienste in Sozialstationen unter dem Aspekt „Ersatz für fehlende oder nicht hilfsfähige Familienangehörige", so ist folgendes zu bedenken:

1. Je hilfebedürftiger Alleinstehende sind, um so mehr sind sie nicht nur auf Dienste im Bereich der Grund- und Behandlungspflege angewiesen, sondern auch auf notwendige pflegerische Maßnahmen, die üblicherweise von Familienangehörigen, nicht jedoch von Sozialstationen geleistet werden. Darüber hinaus müssen dann die Hilfen zur Haushaltsführung z. T. ein erhebliches Ausmaß annehmen, um einzelne aus diesem Klientenkreis vor Verwahrlosung zu schützen. Unsere bisherige Untersuchung ergab, daß Sozialstationen häufig weder personalmäßig (nach Anzahl und beruflicher Zusammensetzung) noch angebotsmäßig (nach der Art der erforderlichen Dienste) ausreichend ausgestattet sind, um die entsprechenden Klienten umfassend betreuen zu können. Hinzu kommt, daß das Personal von Sozialstationen beklagt, nicht über genügend Zeit zu verfügen, die Klienten adä-

quat zu versorgen bzw. keine ausreichende Finanzierungsbasis vorhanden sei, um die erforderlichen Hilfen (u. a. Haushaltshilfen) kostendeckend erbringen zu können. Sozialstationen mit kirchlicher Trägerschaft sind hierbei offensichtlich besser gestellt, da die finanziellen Defizite etwa durch Spenden der Kirchengemeinde gedeckt werden können.

Es ist insgesamt zu vermuten, daß bei diesem Klientenkreis ein Versorgungsdefizit besteht. Dieses qualitative Versorgungsdefizit wird auch zu einem quantitativen Problem, wenn man bedenkt, daß durch Faktoren kumulativer Benachteiligung (wie z. B. Merkmalen der sozialen Lage, aber auch subjektiven Einstellungen) eine Reihe von potentiellen, alleinstehenden Klienten daran gehindert sind, das Angebot von Sozialstationen zu nutzen.

2. Empirische Untersuchungen weisen immer wieder darauf hin, daß diese Gruppe Hilfebedürftiger besonders stark unter Einsamkeit leidet (zuletzt *Socialdata* 1980) und es ihr insofern häufig nicht gelingt, auf ihre defizitäre Lebenssituation anders als mit Ängsten, Depression und Verzweiflung zu reagieren. Unsere eigene Untersuchung ergibt bisher ein etwas differenzierteres Bild[16]:

– Klienten, die subjektiv eine starke Familienorientierung haben (d. h. sich in Gesprächen z. B. auf verstorbene Ehepartner oder auf ihre Kinder beziehen, sich gerne an früher erinnern und die damalige Bedeutung ihres Familienverbundes im Gegensatz zu heute betonen), diese aber nicht praktizieren können, leiden sehr unter Einsamkeit. Sie sehnen sich nach Familienbeziehungen und Aufgaben in der Familie, die durch nichts zu ersetzen seien. Sie erstarren in Teilnahmslosigkeit oder gar Verzweiflung über ihre Situation und hegen häufig den Wunsch, möglichst bald zu sterben.

Teilweise gelingt es den Klienten, sich selbst zu beschäftigen oder außerfamiliäre Kommunikationsbeziehungen zu aktivieren, sich also befriedigendere Bedingungen zu schaffen. Dies scheint aber mit Fähigkeiten zusammenzuhängen, die stark durch Faktoren der sozialen Lage (z. B. Ausbildungsgrad, früherer Beruf) bestimmt sind.

– Klienten, die keine Familienkontakte haben und diese auch nicht herbeisehnen, tendierten entweder schon vor dem Eintritt ihrer Hilfebedürftigkeit zum Einzelgängerdasein und haben dabei Fähigkeiten entwickelt, sich selbst

[16] Hierbei ist allerdings zu bedenken, daß die bisherigen Untersuchungen die Situation von Pflegebedürftigen insgesamt nachzeichnen, von denen ein großer Teil keine ambulanten sozialen Dienste beansprucht und insofern auch hilfloser und einsamer ist als die von uns befragten Klienten von Sozialstationen, die regelmäßige Ansprache haben durch die sie besuchenden Pfleger/innen und sonstigen Helfer/innen.

zu beschäftigen[17], oder aber sie sind kommunikationsoffen und haben es verstanden, durch die Hilfebedürftigkeit drohende Isolation zu verhindern. Hier fanden wir Zusammenhänge zu Merkmalen der sozialen Lage wie Ausbildungsgrad, früherer Tätigkeit in einem zumindest gelernten Beruf und finanziellen Ressourcen.

Vor allem also diejenigen alleinstehenden Klienten mit starker Familienorientierung scheinen Kommunikationshilfen zu benötigen. Hinzu kommt, daß beide hier skizzierten Gruppen unterschiedlicher Familienorientierung um so mehr auf Kommunikationshilfen angewiesen sind, je hilfebedürftiger sie sind. Bring- und Holdienste müßten organisiert werden (z. B. Fahrten zum Altenclub oder zu Bekannten und Freunden, Spazierfahrten im Rollstuhl oder Auto); den Klienten fehlen Ansprache, regelmäßige Gespräche und Besuche; schließlich benötigen sie Trost und Rat sowie Anstöße zur Verarbeitung psychischer Notlagen und kommunikative Unterstützung zur Vermeidung psychischer Krisen.

Auch hier zeigt sich, daß das Personal von Sozialstationen häufig überfordert ist: Weder verfügen alle Sozialstationen über das notwendige Angebot an Diensten, noch können die Mitglieder des Personals die erforderliche Zeit bei einem einzelnen Klienten verbringen noch haben sie das notwendige Wissen und die Fähigkeiten, auf psychische Probleme der Klienten einzugehen.

Insgesamt ist bei dieser Gruppe von Hilfebedürftigen oft eine breite Skala von Bedürftigkeiten anzutreffen, die mit den stark schichtspezifischen Benachteiligungen zusammentreffen kann, was Handlungsalternativen durch objektive (z. B. finanzieller Spielraum) wie subjektive (z. B. Kontakt- und Aktivierungsorientierung während des früheren Lebens) Gegebenheiten zusätzlich zur Hilfebedürftigkeit restringieren (siehe z. B. *Naegele* 1979). Diese Problemgruppe wird vermutlich auch viele Nicht-Klienten (aber „potentielle" Klienten) umfassen; jedoch werden Möglichkeiten, ihnen zu helfen, bisher eher resignierend erörtert: „Hilfe ist dort, wo sie am nötigsten ist, am kostspieligsten, am meisten zeitaufwendig, psychologisch am schwierigsten zu vermitteln" (*Rosenmayr* und *Rosenmayr* 1978: 260).

9.5.2. Ambulante Versorgung Hilfebedürftiger als Kompensation für mangelnde Hilfe von Familienmitgliedern

Die Mehrzahl der älteren Hilfebedürftigen werden – wie oben unter Punkt 3. ausgeführt – entweder in einem Mehr-Generationen-Haushalt, aber

[17] Unklar – da schwer eruierbar – blieb, ob wir bei diesem Problem des öfteren auch Verdrängungsmechnismen der Befragten nicht erkannten, die sich damit in einer doch verzweifelten Lage über Einsamkeit und Trauer und andere Faktoren, die sie krank gemacht haben, hinwegtäuschen, um überhaupt leben zu können (vgl. dazu auch *Amann* und *Wieser* 1977).

auch bei getrennten Wohnungen von Verwandten – zumeist den Kindern – oder aber von eigenen Ehepartnern betreut. Diese Betreuung kann bei schlechter Qualität der Familien- bzw. Ehebeziehungen jedoch äußerst konfliktreich und unzureichend sein, sowohl in bezug auf die pflegerische Dimension als auch in bezug auf die kommunikative Funktion familiärer Hilfe.

In konfliktreichen familiären Situationen können Sozialstationen kompensatorisch tätig werden und den Hilfebedürftigen damit den Verbleib in ihrem häuslichen Milieu ermöglichen. Im folgenden sollen solche Situationen mangelnder familiärer Hilfen etwas näher beschrieben werden:

– So ergaben unsere Gespräche mit dem Personal von Sozialstationen, daß die Pflege älterer Leute von den Familienangehörigen häufig nicht gerne übernommen wird und man die Hilfebedürftigen am liebsten abschieben würde (z. B. in ein Heim). Es kämen Vernachlässigungen oder ungenügende Mitarbeit mit den Sozialstationen und deren pflegerischen oder rehabilitativen Vorschlägen vor. Schließlich gebe es bei der Pflege auch noch Konflikte zwischen Angehörigen und Hilfebedürftigen selbst, mit denen man konfrontiert sei und die man schlichten müsse.

– Auch einige der von uns befragten Klienten klagten über die mangelnde Bereitschaft ihrer Angehörigen (meist Schwieger-Kinder), etwas für sie zu tun bzw. über das Gefühl, von den Verwandten abgeschoben zu werden. Einige können und wollen sich nicht vorstellen, bei Verschlechterung ihres Zustandes zu den Kindern zu ziehen (ziehen zu müssen), um von diesen gepflegt zu werden. Diese Klienten vermißten das Verständnis ihrer Kinder – teilweise war das gepaart mit Kritik an der jüngeren Generation insgesamt.

Amann und *Wieser* weisen in diesem Zusammenhang darauf hin, daß die Kontakthäufigkeit zwischen befragten Klienten und Kindern nicht unbedingt ein Index für die Qualität ihrer Beziehungen sein müsse. Zudem sei letztere Variable insgesamt schwierig zu eruieren, da die Befragten eine problematische Beziehung zu den Kindern nicht zugeben wollten (*Amann* und *Wieser* 1977: 97). Auch aus anderen Untersuchungen ist bekannt, daß in die „modifizierte Großfamilie“ integrierte abhängige, also hilfebedürftige Menschen unter Einsamkeit leiden können (vgl. oben, Punkt 4.1.).

Die Einsamkeit und Verzweiflung solcher Hilfebedürftiger ist bei kumulativer Benachteiligung besonders groß, wie sich auch in unserer Untersuchung an einem Fallbeispiel zeigte[18].

[18] Es handelte sich um eine Witwe, die im gleichen Haus mit Sohn und Schwiegertochter lebte, keinen gelernten Beruf ausgeübt hatte, auf dem Lande wohnte, von den Familienangehörigen auf Distanz gehalten wurde und auch sonst ohne Kommunikationsmöglichkeiten war.

– Betrachtet man die Situation von Hilfebedürftigen, die von Ehepartnern betreut werden, kann sich folgendes Bild ergeben: Bei einer unglücklichen Partnerbeziehung können Klienten Teilnahmslosigkeit, Lieblosigkeit oder gar Rache des pflegenden Ehepartners – zumeist der jüngeren Ehefrau – erfahren und in Gleichgültigkeit versinken oder unter der Einsamkeit leiden und darüber verzweifeln, daß sie häufig keine Gelegenheit finden, sich außerhalb ihrer Ehe auszusprechen.

Werden Sozialstationen nun in den beschriebenen familiären Situationen Hilfebedürftiger tätig, so müssen sie kompensatorische Funktionen zum Ausgleich für mangelnde familiäre Hilfen übernehmen: Neben pflegerischen Tätigkeiten geht es hier vor allem um den Ausgleich von Konflikten, um Ansprache, Trost und Rat in psychischen Krisen der Klienten, zum Teil aber auch der Familienangehörigen.

Auch hier fühlt sich das Personal von Sozialstationen häufig überfordert und ist es tatsächlich auch, sowohl was seine Zeit als auch was seine Kenntnisse und Fertigkeiten anbelangt, auf psychische Probleme einzugehen. Dabei gibt es vermutlich Unterschiede hinsichtlich der beruflichen Qualifikation von Krankenschwestern/-pflegern, Altenpflegern und Sozialarbeitern.

Die Hilfe bei den erwähnten Problemen stößt jedoch auch auf strukturelle Grenzen, da die psychische Betreuung von Klienten sowohl in einzelnen Bundesländern als auch bei spezifischen Trägerverbänden explizit aus dem Aufgabenkatalog von Sozialstationen ausgeschlossen ist (damit auch die Beschäftigung von z. B. Sozialarbeitern), insofern auch nicht finanziert wird (vgl. oben Punkt 2.). Den Problemen sind die Mitarbeiter der Sozialstationen aber dennoch ausgesetzt.

9.5.3. Ambulante Versorgung Hilfebedürftiger als Ergänzung familiärer Betreuung

Ebenso wie *Amann* und *Wieser* (1977) berichteten in der Mehrzahl der Fälle das in unserer Vorstudie befragte Personal wie die Klienten von Sozialstationen, daß sich die Angehörigen meist regelmäßig und liebevoll um die Patienten kümmern. Insgesamt zeigten sich die Eltern dann auch dankbar für die ihnen erbrachte Betreuung und neigten zu zufriedenen Äußerungen. Wurden ältere Klienten von ihren Ehepartnern gepflegt, so zeigte sich, daß bei einer eher guten Beziehung zwischen den Eheleuten diese über ihre jeweiligen Ängste und Belastungen miteinander reden konnten, sich gegenseitig Trost und Mut spendeten und sich – in Abhängigkeit von der Schwere der Krankheit und der Belastung durch die Pflege – zu Aktivitäten anregten, um entstehende Gefühle von Verzweiflung und Einsamkeit gemeinsam zu bearbeiten.

Es zeigte sich aber auch, daß die pflegenden Familienangehörigen häufig überfordert waren: So mangelte es ihnen an Kenntnissen und Fertigkeiten der Pflege; darüber hinaus waren sie auch häufig zu sehr beansprucht, was ihre körperlichen Kräfte und psychische Belastbarkeit anbelangte.

In diesen familiären Situationen ergänzen die Sozialstationen die häusliche Pflege, indem sie fehlende Kenntnisse und Fertigkeiten bei der Pflege Hilfebedürftiger bereitstellen können und indem sie durch ihr Angebot vor allem die körperlich entkräfteten und nervösen pflegenden Angehörigen entlasten können. Zusätzlich können die Mitglieder von Sozialstationen häufig durch Zuhören und Ansprache auch Mut und Trost vermitteln, also auch psychische Entlastung bringen.

Es ist zu vermuten, daß die Sozialstationen ihre Funktionen der Ergänzung familiärer Hilfen für alte, kranke und behinderte Menschen im häuslichen Milieu bezogen auf die Möglichkeiten ihres Angebots am besten erfüllen können im Vergleich zu den beiden Funktionen von Ersatz und Kompensation. Daß dieser Funktion in Zukunft noch eine verstärkte Bedeutung zukommen kann, wenn diese Entlastungschance von Sozialstationen breiter bekannt ist und wenn weniger gesellschaftlich bedingte Hemmnisse einer Nutzung entgegenstehen, darauf deuten auch die in Punkt 3. referierten Daten und Prognosen hin.

Doch auch hier gilt es, folgendes zu bedenken:
Nur die Angehörigen der finanziell gut gesicherten Bevölkerungsgruppen haben Wahlmöglichkeiten, wo sie im Fall von Hilfebedürftigkeit leben wollen. Zusätzlich haben nur sie finanzielle Entlastungsmöglichkeiten zur optimalen Pflege.

Die häusliche Pflege ist in den einkommensschwächeren Bevölkerungskreisen hingegen aus finanziellen Erwägungen heraus so lange wie möglich unumgänglich. Dies bedeutet eine Mehrfachbelastung der pflegenden Angehörigen, die sich keine Entlastung leisten können (wie z. B. Putzhilfen, Einkaufshilfen, Vorlesedienste, Vertretung bei Abwesenheit und eigenen Urlaub). Die pflegenden Angehörigen, die zwar durch die Sozialstation erheblich entlastet werden, aber doch den Hauptanteil der Pflege tragen, sind zusätzlich oft noch durch Kinder und Beruf oder durch das eigene hohe Alter und entsprechende Hinfälligkeit beansprucht.

Auch hier sind die Sozialstationen dann aus den bereits angeführten angebotsmäßigen, zeitlichen und finanziellen Gründen häufig überfordert. Zudem scheint vielfach die Kooperation mit dem Hausarzt unzureichend, um mit ihm gemeinsam zu beraten, was zur Entlastung der pflegenden Familienangehörigen geschehen muß (z. B. ein Kuraufenthalt für Familienangehörige oder vorübergehender Krankenhausaufenthalt des Hilfebedürftigen).

Es wurde auch berichtet, daß man mit den zuständigen Krankenkassen und Sozialämtern des öfteren zäh um einzelne Maßnahmen ringen müsse, die sowohl den Hilfebedürftigen als auch ihren Angehörigen unterstützen könnten, und man sei dabei von der Willkür bzw. den guten persönlichen Beziehungen zu einzelnen Sachbearbeitern abhängig.

Die Skizzierung der Probleme soll nun aber nicht bedeuten, daß Sozialstationen ihre Aufgaben grundsätzlich nicht erfüllen können oder nicht akzeptiert werden. Aus der Sicht der Klienten werden sie insgesamt fast durchgehend als positiv beurteilt. Für die meisten Klienten und ihre Angehörigen scheinen die Sozialstationen Teil ihres Lebensplanes zu sein. Man ist froh und dankbar, daß man Hilfe bekommt und erwartet teilweise auch nicht mehr. Es darf angenommen werden, daß durch die Einrichtung von Sozialstationen mehr alte, kranke und behinderte Menschen sorgenfreier zu Hause leben können als ohne sie.

9.6. Schlußbemerkungen

Die Betrachtung der Betreuungsfunktion von Sozialstationen (d. h. als Ersatz, Kompensation und Ergänzung familiärer Pflege) und deren spezifischen Schwierigkeiten in den unterschiedlichen Aufgabengebieten zeigte, daß eine sozialpolitische Einschätzung von Sozialstationen neben den Problemlagen der Klienten die strukturellen Probleme des Angebots sozialer Dienste in diesem Bereich berücksichtigen muß[19]. Dies kann hier nicht mehr diskutiert werden, aber abschließend sollen noch einige sozialpolitische Bemerkungen gemacht werden, für die die vorliegende Darstellung einige Ansatzpunkte lieferte.

– Die Familiensituationen von Hilfebedürftigen, das versuchten wir deutlich zu machen, können sehr unterschiedlich sein: Von Hilfebedürftigen in „der" Familie wird man ohne weitere Erläuterungen nicht reden können. Forderungen nach Hilfe zur Selbsthilfe, Stärkung von Familienfunktionen etc. sind zumindest ambivalent. Sicher sind unmittelbare Selbsthilfeinitiativen, in Gruppen oder individuell, wegen ihres Aktivierungspotentials und der Stärkung sozialer Teilhabe positiv einzuschätzen. Aber in der konservativen Form eines moralischen Appells an die Solidargemeinschaft Familie wird die Aushöhlung einer solchen (sofern sie überhaupt historisch existiert hat) durch die moderne kapitalistische gesellschaftliche Entwicklung an dieser

[19] Dazu gehört z. B. das Problem der sozialpolitischen Definition von Pflegebedürftigkeit und der aus der unzureichenden Absicherung der Pflegekosten für den Klienten entstehenden finanziellen Folgen. Ebenso zählt die Frage des berufsspezifischen Arbeitskräfteeinsatzes in Sozialstationen dazu (etwa ob Sozialarbeiter oder Sozialpädagogen angestellt werden), der durch Trägerstrategien, staatliche Rahmenbedingungen etc. bestimmt ist. Auch das Problem der fehlenden Kostenerstattung für bestimmte Leistungen (viele psycho-soziale Hilfen) müßte hier analysiert werden.

Stelle übersehen (vgl. *Naegele* 1976, *Fetscher* 1980) – oben wurden einige Folgen aus diesem Prozeß skizziert. Ob die kleinräumliche Rückorientierung eines Großteils der Alternativbewegung neue allgemeine gesellschaftliche Lebensmöglichkeiten andeutet, ist noch ungeklärt und mag bezweifelt werden. Das Hauptproblem bei diesen Forderungen ist aber, daß sie sozialpolitische Aktivitäten in eine unfruchtbare Richtung lenken können und wirksame und realitätsgerechtere Alternativen verhindern bzw. bremsen helfen.

– Das Augenmerk müßte vielmehr auf einer Verbesserung der prinzipiell richtigen Idee der ambulanten bedürfnisangemessenen Betreuung von Hilfebedürftigen in ihrem vertrauten Wohnumfeld liegen (wobei auch hier nicht übersehen werden sollte, daß für manche familiäre Situation eine Heimunterbringung – unter der Voraussetzung ihrer Verbesserung – sinnvoller sein kann und von allen Betroffenen vorgezogen werden dürfte). Zu fordern wäre daher ein Ausbau der spezifischen Kapazität von Sozialstationen, entsprechend der (vermutlich auch regional unterschiedlich verteilten) Problemlagen. Von seiten der „Definitionsmächte", der Ärzte, Krankenkassen, Wohlfahrtsverbände als Träger von Sozialstationen etc. müßte man eine verstärkte Orientierung am Klienten (und gegenseitige darauf bezogene Kooperation) fordern, damit dieser u. a. seine Situation und seine Probleme leichter selbst äußern kann – und vielleicht dadurch bei einer gemeinsamen Bewältigung mithelfen kann.

– Gegenüber kostenorientierten Argumentationen müssen qualitative Aspekte des Pflegeproblems nicht nur aus den erwähnten normativen Postulaten (vgl. Anm. 15) betont werden. Die Bedeutung des bei den klientenintensiven sozialen Diensten „mitproduzierenden" Klienten herauszustellen, ihn als eine für diesen Dienstleistungsbereich „versteckte Ressource" zu betrachten (so *Gross* und *Badura* 1977: 377) heißt ja doch, die Dienste selbst so zu gestalten und zu verbessern, daß diese Mitproduktion optimal ermöglicht wird. Voraussetzung dafür dürfte sein, daß auf den Klienten in seiner defizitären Situation so weit als möglich eingegangen wird[20]. Die den Betreuungsfunktionen entsprechenden besonderen Problemgruppen müßten zudem spezifisch betreut werden: Zielgruppenorientierung mit entspre-

[20] Angesichts der Differenz der durchschnittlichen Aufwendungen für Empfänger von Hilfe zur Pflege zwischen Anstalts- und häuslicher Pflege (1178 DM gegenüber 266 DM im November 1977), wobei erstere 82 % der Ausgaben für diesen Bereich umfaßt (*WiSt* 3/1980), ließe sich sogar „kostenorientiert" für eine qualitative Verbesserung entsprechender Dienste argumentieren (bei generellen Bestrebungen, Anstalts- in häusliche Pflege umzuwandeln), was die Durchschnittskosten häuslicher Pflege steigern würde, die aber bei weitem noch unter denen der Anstaltspflege bleiben könnten.

chenden institutionell-personellen Voraussetzungen wäre in dieser Sichtweise eine sinnvolle Perspektive (im Zusammenhang mit Nachbarschaftshilfen, anderen sozialen Diensten etc.).

10. Familiale Eigenhilfe und situative Selbsthilfe

Hans Nokielski/Eckart Pankoke

Daß jemand sich selbst hilft, daß er versucht, seinen Problemen ohne fremde Hilfe abzuhelfen, erscheint im Horizont alltäglicher Erwartung als selbstverständlich. Bei enger Begriffsauslegung könnte sich eine solche Erwartung jedoch als paradox erweisen: Wer in der Lage ist, seine Probleme „selbst" zu lösen, bedarf der „Hilfe" nicht; insofern verweist der Begriff der Selbsthilfe stets auf ein Handeln anderer und damit auf Fremdhilfe. Die im Begriff der Selbsthilfe sprachlich angelegte Paradoxie könnte sich jedoch auflösen, wenn man die gesellschaftliche Entwicklung von „Selbstorganisation" in die Analyse einbezieht. Klassisch bezogen sich Selbsthilfe-Konzepte auf das Spannungsfeld von Staat und Gesellschaft[1]. Die neuere Selbsthilfe-Diskussion dagegen thematisiert vor allem die qualitativen Unterschiede zwischen Laien- und Expertenhilfe. Diese Auseinandersetzung erfolgt nun aber vor dem Gegenbild eines ausgebauten Systems „fremder" Hilfen. Im Mittelpunkt steht dabei vielfach die Frage, wie sich organisierte bzw. professionalisierte Fremdhilfen durch ein vorhandenes bzw. zu aktivierendes Potential familialer Eigen- und situativer Selbsthilfen substituieren lassen. Weitgehend ungeklärt ist jedoch, in welchem Wirkungsverhältnis die unterschiedlichen Formen der Eigen- und Selbsthilfe zueinander stehen. In dem Eifer sozialpolitischer Kontroversen wird vielfach sogar vergessen, daß aus der Sicht von Familie auch Selbsthilfegruppen und Selbsthilfeinitiativen als fremde Hilfe anzusehen sind.

10.1. Eigen-, Selbst- und Fremdhilfe

Wenn auf dem Hintergrund der aktuellen „Selbsthilfe"-Diskussion die Handlungs- und Steuerungsfähigkeit der Familie zum Thema sozialpolitischer Auseinandersetzungen wird und dabei – durchaus begriffsbewußt

[1] So umschreibt bereits *J. Chr. Adelungs* „Versuch eines vollständigen grammatisch-kritischen Wörterbuches der hochdeutschen Mundart" (Leipzig 1774ff.) „Selbsthilfe" als: „Hilfe, die man sich selbst leistet, besonders eigenmächtige Hilfe mit Umgehung oder im Widerspruch zur Obrigkeit".

– auch von „familialer Selbsthilfe“ gesprochen wird (u. a. *Hegner* 1980), bezieht sich die Fragestellung sowohl auf Leitbilder des modernen Familienlebens als auch auf die „Formen des Helfens im Wandel gesellschaftlicher Bedingungen“ (*Luhmann* 1973). „Hilfe“ ist dabei allgemein als eine Sozialbeziehung bestimmbar, deren Struktur ein asymmetrisches Verhältnis von Geber- und Nehmerrollen ist (vgl. auch *Balla* 1978). Hinzu kommt, daß mindestens einer der Beteiligten die Beziehung als „helfende“ definieren muß, soweit sie nicht vorab auf der Ebene sozialer Deutungsmuster als Akt des Helfens definiert ist.

Entwicklungsgeschichtlich ist davon auszugehen, daß Hilfe als „besondere“ Sozialbeziehung sich erst in solchen Konfigurationen herausbildet, da sich auch der Tausch zu einer über spezifische Regeln vermittelten Relationsstruktur ausdifferenziert, wobei sich über Geld, als einem symbolisch generalisierten Tauschmittel, der besondere Charakter des in sozialer Hinsicht anonymisierten Tausches herausbildet. Eindeutig von Tauschbeziehungen unterscheidbare „Hilfsbeziehungen“ können nun im Kontrast zum Tausch identifiziert und inszeniert werden. Umfassendere, organisierte Systeme des Helfens entstehen erst im historischen Übergang zu einer nach Tauschprinzipien strukturierten Wirtschaftsgesellschaft d. h. „an den Grenzlinien zerfallender vorbürgerlicher Subsistenzsicherungen„ (*Sachße/Tennstedt* 1980: 5).

Ebenso wie „Hilfe“ wird „Selbsthilfe“ erst vor dem Hintergrund moderner Vergesellschaftung als Leitbild sozialen Handelns und sozialer Beziehung formulierbar. Das alte Europa kannte weder das bürgerliche Konzept des „Selbst-“, welches individuelle Autonomie gegenüber gesellschaftlich organisierter Systembildung zum Programm erhebt, noch läßt sich in dem Maße von einer Vergesellschaftung oder gar Verstaatlichung des Helfens sprechen, daß sich demgegenüber „Selbst-Hilfe“ als soziale Alternative abheben ließe. Vielmehr war der einzelne eingebunden in die Ordnungen und Sicherungen von Haus und Gemeinde, in denen Rat und Hilfe, Sorge und Sicherung – gewissermaßen als latente Funktion – wirksam waren. Rückbezogen auf vormoderne Sozialverhältnisse erscheint die Formel „Selbsthilfe“ somit als strukturgeschichtlich bedenklich, was begriffsgeschichtlich dadurch bestätigt wird, daß „Selbst“ auf Wortbildungen zurückweist, mit denen jenes für das 18./19. Jahrhundert typische Verständnis bürgerlicher Modernität auf den Begriff gebracht wurde (self-government, Selbstverwaltung, Selbsthilfe). „Selbst-“ als programmatisches Vorzeichen bürgerlicher Leitbegriffe signalisierte den Anspruch auf individuelle Autonomie, wobei die Emanzipation des „Selbst“ jeweils reflexiv, d. h. im Verhältnis zu den gesellschaftlichen Systemen begriffen wurde.

Entsprechend markierte „Selbst-Hilfe“ die kontroverse Position zur Verstaatlichung gesellschaftlicher Hilfen. Historisch weist Selbsthilfe zurück auf genossenschaftliche Traditionen ständischer Gemeinschaftsbildung: Hausgemeinschaften, Genossenschaften, Nachbarschaften, Knappschaften, Zünfte u. a. Nach der tendenziellen Auflösung dieser Strukturen durch die moderne Gesellschaft wurde der Selbsthilfegedanke programmatisch erneuert, insofern man im assoziativen Zusammenschluß auf der Basis gemeinsamer Problem- und Interessenlagen eine Lösung der „sozialen Frage" sah. „Selbsthilfe" wurde Mitte des 19. Jahrhunderts gleichermaßen zur Programmformel der genossenschaftlichen Stabilisierung bürgerlicher Selbständigkeit (Schulze-Delitzsch), wie der proletarischen Selbstorganisation von „Produktiv-Assoziationen", für die als „Hilfe zur Selbsthilfe" staatliche Subventionen und Interventionen gefordert waren (Lassalle)[2].

Verweist somit die Begriffsgeschichte von „Selbsthilfe" auf sozialpolitische Programme, den industriegesellschaftlichen Krisen bürgerlicher „Entfesselung" (Riehl) und proletarischer „Entfremdung" (Marx) durch Konstruktionen selbsttragender und frei wählbarer Bindungen gegenzusteuern, so verweist ein Begriff wie „Eigenhilfe" auf (Rest-)Bestände einer zu bewahrenden oder neu zu entwickelnden Eigenständigkeit lebensweltlicher Nahbereiche.

Bewußte „Eigenhilfe" ist insofern ebenfalls erst im Kontrast zur Erfahrung fremder Hilfe möglich, sei es als bewußte Zurückweisung der Angebote fremder Hilfen, sei es bei Ausfall oder Abbau solcher Hilfen als notgedrungene Rückbesinnung auf eigene Handlungsmöglichkeiten. Anders als bei Selbsthilfe müssen zur Eigenhilfe nicht erst neue Beziehungen geknüpft und neue soziale Zusammenschlüsse aufgebaut werden. Eigenhilfe erfolgt vielfach aus der Selbstverständlichkeit eingelebter Bindungen und Verbundenheiten. Dies läßt sich gerade am Beispiel familialer Eigenhilfe verdeutlichen. So war etwa in der Nachkriegszeit mit dem Zusammenbruch der organisierten Versorgungs- und Leistungssysteme eine gesellschaftliche Notsituation vorgegeben, innerhalb derer sich als intakt gebliebene Solidargemeinschaft einzig die Familie zu bewähren schien. Entsprechende Leitbilder konnten sich insbesondere auf Analysen zu den „Wandlungen der deutschen Familie der Nachkriegszeit (*Schelsky* 1953) beziehen: *Schelsky* versuchte zu demonstrieren, daß die im Zuge des Modernisierungsprozesses aus der modernen Familie ausgelagerten Funktionen der Versorgung, Erziehung, Betreuung nun als Produktivitätsreserven familialer Selbstversorgung und Eigenhilfe reaktivierbar waren. Die einst von W. H. Riehl noch als materielles Substrat des „ganzen Hauses" idealisierten Reste häuslicher Produktion (z. B. Gartenbau, Nadelarbeit, Backen und Einkochen) verhalfen der Familie zu Resistenzen und Elastizitäten gegenüber den Ausfallerscheinungen und Versorgungseng-

[2] Bereits diese klassische Kontroverse um „Selbsthilfe" und „Staatshilfe" machte deutlich, daß in modernen Gesellschaften Selbsthilfe im Zusammenhang mit gesellschaftlichen und politischen Rahmenbedingungen gesehen werden muß. Zur Programmgeschichte „sozialer Selbstverwaltung" vgl. *Pankoke* 1970: 174 ff.

pässen gesellschaftlicher Notzeiten. Nicht nur Ausfälle marktmäßiger Versorgung, auch Störungen und Engpässe im Dienstleistungs-, Gesundheits- und Erziehungsbereich konnten über „Eigenproduktionen" aufgefangen werden.

Nach Überwindung der Krise durch den „Wiederaufbau" industriegesellschaftlicher Leistungs- und Konsumsysteme verlor familiale Autarkie jedoch ihren funktionalen Sinn: Indem die zur Subsistenzsicherung und Haushaltsführung erforderlichen Mittel wieder über Märkte zu beschaffen waren oder als öffentliche Dienstleistungen bereitgestellt wurden, entfielen die Notwendigkeiten familialer Eigenhilfe und Eigenproduktivität. Zwar ließ sich in der Nachkriegszeit, dem Diktat der Not folgend, ein Potential familialer Eigenhilfe aktivieren, doch wurde hier lediglich die Entwicklung zu einer verstärkten Außenabhängigkeit der Familie unterbrochen.

Zugleich kam es mit der institutionellen Festigung sozialstaatlicher Daseinsvorsorge zu Entlastungen, aber auch zu Einschränkungen familialer Eigenständigkeit. War die Absicherung von Lebensrisiken traditionell wesentlich an die Einbindung in einen familialen Zusammenhalt gebunden, so trug der Ausbau sekundärer Systeme sozialer Sicherung und Leistung dazu bei, daß die primäre Sicherheit familiarer Vergemeinschaftung an praktischer Bedeutung verlor und auch eine Eingliederung der Familie in nachbarschaftliche oder verwandtschaftliche Solidaritätszusammenhänge weitgehend verzichtbar wurde. Die Sinnstruktur familialen Zusammenlebens konnte von Problemen der Vorsorge und Versicherung entlastet werden. Vertrauen in die familialen Halte „primärer" Hilfe schien tendenziell durch ein neues Systemvertrauen in die Funktionalität sozialstaatlicher Leistung abgelöst (*Kaufmann* 1970). Im Sinne einer kritischen Analyse der Grenzen und Folgen wohlfahrtsstaatlicher Versorgung (vgl. z. B. *Strasser* 1979) wird somit zu fragen sein, ob nicht gerade der Ausbau des Sozialstaates zur Modernisierung der Lebensformen beigetragen hat (so bereits *Achinger* 1958), mit der Folge, daß Möglichkeiten gesellschaftlicher Eigen- und Selbsthilfe abgebaut wurden (*Murswieck* 1974)[3].

Aus Funktionsverlagerungen läßt sich jedoch kaum auf eine „Funktionsentleerung von Familie" schließen (vgl. den Beitrag von *Hegner* in diesem Band). Auch heute noch ist „Familie" in der Alltagspraxis ihrer Mitglieder als jene Form menschlichen Zusammenlebens erwartbar und erlebbar,

[3] So kann gerade im Hinblick auf das Erleben und Bewerten familialer Solidarität und Stabilität davon ausgegangen werden, daß die sozialstaatlichen Leistungs- und Sicherungssysteme nicht nur als Reaktion auf strukturelle Entsicherungen des modernen – insbesondere des proletarischen – Familienlebens zu begreifen sind, sondern zugleich auch als Moment des Wandels sozialer Erwartungs- und Bewertungsmuster (*Klages* 1975).

innerhalb derer die sozialen Beziehungen nicht nach der modernen Unterscheidung von Tausch und Hilfe rationalisiert werden müssen[4].

Die Funktionsfähigkeit eines familialen Zusammenlebens läßt sich unter den Bedingungen moderner Vergesellschaftung jedoch nur über eine hoch entwickelte Komplexität der inner- und außerfamilialen Sozialbeziehungen erhalten (zu Bedingungen und Formen familialer Autonomie vgl. *Tyrell* 1976). Selbst unter der günstigen Bedingung, daß eine Familie grundsätzlich die Fähigkeit zu familialer Eigenregulierung entwickelt, ergeben sich immer wieder Komplikationen durch Probleme, welche die Kapazität binnenfamilialer Lösungsmuster sprengen (z. B. chronische Krankheiten, Erziehungsprobleme und Beziehungskrisen).

Probleme, bei denen eine Familie sich „als Familie" selbst nicht mehr helfen kann, die Mechanismen gesellschaftlich organisierter Hilfeleistung jedoch nicht greifen können – oder sollen, werden dann häufig zur Herausforderung, Aktionen einer „Selbsthilfe" zu entwickeln bzw. solche Möglichkeiten der Hilfe in Anspruch zu nehmen[5]. So scheint sich aktuell der Trend zu verstärken, daß sich im Vorfeld sozialstaatlich organisierter Hilfen, aber bereits jenseits der familialen Privatheit, „alternative Formen" sozialer Dienste und Hilfen entwickeln, bei denen „primäre Nähe" gewissermaßen „künstlich" initiiert und inszeniert wird:

– „Selbsthilfegruppen" sind oft die Antwort auf ein akutes Bewußtsein sozio-psychischer Probleme und Bedürfnisse, für die unter normalen Bedingungen in der privaten Binnenwelt moderner Kleinfamilien kaum mehr Lösungen erwartbar sind. Vor allem, wenn die akute Problematik von Krankheit, Sucht oder Beziehungskrise den bewußt kurz gehaltenen Themenhorizont eines routinesierten Familienalltags zu sprengen droht, werden „Lösungen" häufig außerhalb der Familie gesucht, indem sich der Betroffene einer Selbsthilfegruppe anschließt.

[4] Entsprechend stellte sich die Frage nach Formen „familialer Selbsthilfe" auch weniger im Kontext spezifisch familienpolitischer Auseinandersetzungen – hier würde man weitaus selbstbewußter vom Wert oder der Kompetenz der Familie sprechen (*Süßmuth* 1978) –, sondern aus einer Problematisierung unterschiedlicher Formen der Fremdhilfe und möglicher Alternativen. Insofern ist es kein Zufall, daß die Formel „Hilfe zur Selbsthilfe" auf Strukturfragen der Fremdhilfe bezogen ist und auf solche „Fälle" verweist, bei denen die Funktionsfähigkeit individueller oder familialer Lebensführung beeinträchtigt ist.

[5] Zu quantitativen Trendmeldungen zu diesem sog. „Dritten Sektor" der „Selfhelp- und Voluntary-Organisations" vgl. *Badelt* 1980: 235ff. Einen qualitativen Eindruck von der Farbigkeit des „nicht-offiziellen", „nicht-professionellen" Sektors vermitteln heute sog. „alternative Adressbücher" wie „West-Berliner Stadtbuch. Ein alternativer Wegweiser. Berlin 1980." Zu ersten sozialwissenschaftlichen Analysen vgl. *Breitkopf et al.* 1980.

– „Selbsthilfeinitiativen“ beziehen sich demgegenüber eher auf die gesellschaftlichen Bedingungen des Familienlebens und damit auf eine Gestaltung des familialen Umfeldes. So mußte die Einbindung der Familie in soziale Zusammenhänge in dem Maße zum Problem werden, wie im Zuge mobiler Vergesellschaftung die tradierten Formen sozialer Vergemeinschaftung (Verwandtschaft, Nachbarschaft usw.) unwirksam und unwirklich wurden. Den Verlust „natürlicher“ Kontexte versuchen heute Selbsthilfe-Initiativen zu kompensieren, indem sie durch eine bewußte Gestaltung des „Sozialen“ die organisatorischen Voraussetzungen für soziale Bindungen und Beziehungen schaffen, und zwar gerade dort, wo institutionalisierte, auf „Natur“ und „Geschichte“ basierende Einbindungen nicht mehr gegeben sind. Dies geschieht etwa, indem Familie auf Kräftefelder „sozialer“ Vernetzung bezogen wird, wobei diese Netze oft erst künstlich inszeniert und aktiviert werden müssen.

10.2. Selbsthilfegruppen

Erfolg und weite Verbreitung der Selbsthilfegruppen gehen wesentlich darauf zurück, daß sie dem Hilfesuchenden eine Chance offerieren, Probleme selbst, d. h. ohne Experten zu lösen[6]. Dabei ist die Besonderheit der Selbsthilfe-Gruppe darin zu sehen, daß hier die Probleme auf die Ebene einer sozial und thematisch begrenzten Interaktionssituation zurückgeführt werden. Im Vertrauen auf die Eigendynamik kommunikativen Handelns gleichbetroffener Teilnehmer soll eine gegenüber der Umwelt problemerzeugender Faktoren und Reize abgeschirmte Zone wechselseitigen Verstehens aufgebaut werden. Vor allem in den psycho-sozial orientierten Selbsthilfegruppen werden Gemeinsamkeiten der Betroffenheit und des Leidens zur Bedingung einer aktiven Teilnahme am Prozeß wechselseitiger Selbsthilfe. In der Gruppe „hilft . . . jeder sich selbst und hilft dadurch den anderen, sich selbst zu helfen“ (*Moeller* 1978: 264f.). Persönliches Anerkennen und Bekennen der eigenen Lebenssituation, Erfahrungen mit der Verständnislosigkeit und Andersartigkeit einer häufig als feindlich erlebten sozialen Umwelt und vor allem die individuellen Versuche einer Problembewältigung werden zur Basis einer Selbsthilfe der Betroffenen und zur Bedingung wechselseitigen Verständnisses: Selbsthilfe nach den Regeln der Selbsthilfegruppen beruht somit darauf, daß über Selbstdarstellung und Selbsterfah-

[6] Sofern dann doch Experten beobachtend, beratend oder auch als Initiatoren in eine Beziehung zur Gruppe gebracht werden, wird es geradezu zur Voraussetzung erfolgreicher Gruppenarbeit, ihnen gegenüber faktisch und symbolisch Distanz zu halten. Vgl. u. a. *Edding* 1979, *Redler* 1979, *H. E. Richter* 1979.

rung im Gruppenkontext die Beteiligten zu Selbst- und Fremdachtung finden; gemeinsames Handeln ist dann getragen von wechselseitiger Geltung[7].

Vergleicht man Selbsthilfegruppen mit der Diffusität der in das Familienleben eingebundenen Eigenhilfen, so gewinnt gerade die Bewußtheit einer jeweils spezifisch ausgerichteten Problemorientierung an Bedeutung. Ähnlich wie bei den bürokratisch organisierten Formen des Helfens die Spezifität der Probleme zu einer Differenzierung der Zuständigkeit geführt hat, bilden sich mit der Entwicklung einer Selbsthilfegruppenbewegung auch auf der Ebene des Interaktiven nun spezifische Orientierungen und Gruppierungen. Angesichts der Vielschichtigkeit sozialer Probleme und sozialer Betroffenheit scheinen die Möglichkeiten spontaner Thematisierung beliebig ausfächerbar, zumal dann, wenn im Zuge einer publizistischen Mobilisierung von Themenkarrieren stets neue Gruppen angeregt werden (vgl. *Moeller* 1978: 197ff.). Für die Betroffenen wird das Thema zum Anlaß des Eintritts; zugleich dient es als ein Ausschlußmechanismus, mit dem sich die Gruppe gegenüber Bestandsgefährdungen im Inneren und Einflüssen von außen schützt.

Gesellschaftstheoretisch lassen sich Selbsthilfegruppen als „Einfache Sozialsysteme" (*Luhmann* 1972) analysieren; für diese gilt, daß „die Genesis des Systems zunächst zugleich seine Struktur (ist); die Interaktionsgeschichte dient als Struktur der Folgeprozesse und die Abhebung der Struktur von der Systemgeschichte ist für einfache Systeme teils unnötig, teils problematisch" (ebenda: 53). Dabei ergeben sich Struktur und Systemgeschichte gleichermaßen zum einen aus der Anwesenheit von Teilnehmern und der damit verbundenen wechselseitigen Wahrnehmung, zum anderen aber auch daraus, „daß das Thema als eine Art Struktur des einfachen Systems fungiert" (*Luhmann* 1972: 55).

Einfache Sozialsysteme können eine eigene Systemgeschichte vor allem dann profilieren, „wenn Unbekannte zusammentreffen oder wenn es ... Regeln der Irrelevanz der Vorgeschichte, der Biographien der Beteiligten usw. gibt" (*Luhmann* 1972: 56), was bei den Selbsthilfegruppen durch das Selbstverständnis eines „neuen" Beginnens gefördert und vielfach durch die Anonymität der Mitglieder noch verstärkt wird. Um so mehr müssen sich solche Gruppen zur Sicherung ihres Bestandes durch ihre eigene Systemgeschichte binden. Normalerweise stören thematische Begrenzungen den gruppeninternen Kommunikationsprozeß, indem Spontaneität und Gesprächsfluß

[7] Vgl. etwa die programmatische Formel „Ich bin o. k., Du bist o. k." als Titel des Buches von *Thomas A. Harris* (dt. Frankfurt 1975), das seine Bedeutung gerade dadurch erlangte, daß es als „Einführung in die Transaktionsanalyse" vielen Teilnehmern von Selbsthilfegruppen zum theoretischen Hintergrund ihres Selbst- und Gruppenverständnisses wurde.

gehemmt werden. Bei den Selbsthilfegruppen jedoch schlägt die Themenbegrenzung nicht unbedingt auf den gruppendynamischen Prozeß durch.

Da die Beteiligten zugleich auch Betroffene sind, ist die thematische Kontinuität bereits durch die Mitgliederstruktur gesichert; sie muß nicht erst hergestellt werden. Als auslösendes und motivierendes Moment der Beteiligung bleibt das zum Thema gemachte Problem auch bei thematischen Auffächerungen und Abschweifungen präsent und wird so zum vorgegebenen Bezugsrahmen komplexer Problemsyndrome: Da gerade bei chronischen Leiden mögliche Hilfen und Lösungen jenseits des manifest vorgegebenen Problems liegen, umschließt die Themenstruktur von Selbsthilfegruppen auch die in der Leidenskarriere der Beteiligten angelegten Identitätsprobleme und die im aktuellen Umgang mit der sozialen Umwelt angelegten Beziehungsprobleme. Die Themenstruktur weist damit über die etikettierten Anlässe der Selbsthilfe hinaus (vgl. z. B. *Denke* 1979: 58)[8].

Selbsthilfegruppen existieren zumeist jedoch außerhalb des Geflechts alltäglicher Beziehungen. Bedingung ihrer Funktionsfähigkeit ist geradezu, daß sie sich gegenüber anderen Sozialsystemen abkapseln. Deshalb besteht bei ihnen auch stets die Gefahr, daß die im Interesse einer gruppendynamisch verstärkten Identitätsfindung von Gleichbetroffenen notwendige Ausgrenzung in eine Selbstisolation des Elends umschlägt[9]. Gerade die Selbstinszenierung gruppenhafter Prozesse kann jenes Klima der Geborgenheit schaffen, das für die Betroffenen zur letzten Zuflucht wird. Indem die Gruppe dem Betroffenen aufgrund der ähnlich gelagerten Probleme und Schicksale der Beteiligten das von der Umwelt verweigerte Verständnis sozialer Wertigkeit bietet, kann die Selbsttherapie psycho-sozialer Probleme zur Problemverdrängung werden.

[8] Insofern kann sich die Funktionalität thematischer Eingrenzungen mit der Dauer des Bestandes von Gruppen allerdings auch verbrauchen, d. h. es ergibt sich die paradoxe Situation, daß eine thematische Selektivität in dem Maße überflüssig wird, wie die Gruppe ihre eigene Interaktionsgeschichte ausbildet. Thematische – und verbunden damit – soziale Selektivität kann dann zu einem Hemmnis der Entwicklung und zu einer Gefährdung für die Gruppe werden (Was geschieht, wenn jemand in einer Gruppe Alleinstehender einen Partner findet?).

[9] Die Ambivalenz thematischer Beschränkung wird durchaus auch von Vertretern der Selbsthilfegruppen-Bewegung gesehen: „Je spezialisierter die Gruppe ist, desto ähnlicher sind sich auch die Menschen in ihrem Schicksal, desto verbindlicher kann die Solidarität sein, desto gezielter können sie arbeiten." Zugleich jedoch besteht – wie Moeller weiter ausführt – die Gefahr einer „Selbstisolation aufgrund von Spezialisierung". Dies mache eine „maßvolle Mischung" notwendig, über die aber „nur die Gruppen selbst" entscheiden können (*Moeller* 1978: 234).

10.3. Selbsthilfeinitiativen/Selbsthilfeorganisationen

„Selbsthilfegruppen" zielen vor allem darauf, im Gruppenprozeß die eigene Identität zu erkennen, darzustellen, auszuhandeln und zu festigen: Im kollektiven Selbst der Gruppe bestärkt sich jenes Bewußtsein eines individuellen Selbst, das zu eigenem Handeln befähigen soll. Demgegenüber geht es bei den „Selbsthilfeinitiativen" vornehmlich darum, praktische Probleme der alltäglichen Lebensführung lösbar zu machen: Der Zusammenschluß zu einer mehr oder weniger gefestigten Gruppe soll hier eine Produktion gemeinsam nutzbarer Güter oder Dienstleistungen ermöglichen (vgl. auch *Badelt* 1980). Als Reaktion auf quantitative oder qualitative Defizite marktmäßiger und/oder staatlicher Versorgung wollen die Mitglieder von Selbsthilfeinitiativen/-organisationen einen Beitrag zur Lösung spezieller, sie direkt oder indirekt betreffender Probleme leisten[10]. Im Unterschied zur bloßen Appellation klassischer Bürgerinitiativen (insbesondere zu sogen. „Verhinderungsinitiativen") beteiligen sich die Mitglieder solcher Selbsthilfeinitiativen „aktiv" an den Prozessen der Leistungserstellung, und im Unterschied zum umfassenden Anspruch alternativer Lebensformen, wie er sich etwa in den Landkommunen realisiert, wird dabei nicht die gesamte Lebensführung umgestellt, sondern eben nur eine Organisationsform zur Lösung ganz spezieller Probleme angestrebt.

In Intention und Motivationsstruktur unterscheiden sich Selbsthilfeinitiativen vor allem aber gegenüber großfamilialer oder nachbarschaftlicher Eigenhilfe. Indem beim Aufbau von Selbsthilfenetzen und Selbsthilfeorganisationen kaum noch auf die „natürlichen" Grundlagen verwandtschaftlicher Verbundenheit oder räumlicher Nähe zurückgegriffen werden kann, gewinnen nun ausdrücklich „soziale" Gemeinsamkeiten an Bedeutung, sei es das gemeinsame Interesse an der Sache, freundschaftliche Zuneigung, konfessionelle Gesinnung oder politische Absicht. Dies läßt sich am Beispiel des Funktions- und Bedeutungsverlustes von Nachbarschaft aufzeigen (*Klages* 1968, *Pfeil* 1963, *Gleichmann* 1976, *Schubert* 1977): War etwa im

[10] Steht bei der Selbsthilfe der Gruppenprozeß, dessen Dynamik und Wirkung, im Vordergrund des praktischen Interesses, so richten sich die Aktionen von Selbsthilfeinitiativen auf eine Veränderung der situativ konkret werdenden gesellschaftlichen Bedingungen, innerhalb derer Probleme entstehen, definiert und bearbeitet werden. Selbstverständlich gehört zur Selbsthilfegruppe immer auch Initiative und umgekehrt sind auch in Selbsthilfeinitiativen die sozialen Beziehungen gruppenhaft strukturiert. Gleichwohl scheint es uns wichtig, gerade bei den unterschiedlichen Erscheinungsformen der Selbsthilfe – analytisch – zwischen Binnen- und Außenorientierung zu unterscheiden (vgl. auch *Pankoke et al.* 1975, *Nokielski* 1980 b).

Milieu des klassischen Arbeiterquartiers[11] noch ein Zwang zu sozialem Zusammenrücken gegeben – was nicht nur zu intensiven Kommunikationsbeziehungen führte, sondern es auch zur Selbstverständlichkeit werden ließ, daß man sich in Not- und Krisensituationen wechselseitig half –, so entfallen mit dem Übergang zu den modernen Formen eines an Standards der Abgeschlossenheit, der Hygiene sowie der Ausstattung orientierten Wohnungsbaus ganz wesentliche Voraussetzungen, auf denen nachbarschaftliche Eigenhilfe basierte. Nicht nur mangelt es in der wohnungsbautechnisch durchrationalisierten Situation der Neubausiedlung an „ökologischen Nischen" (*Glaser*), innerhalb derer sich jene Formen nachbarschaftlichen Kontaktes entwickeln könnten, wie sie aus alten Wohnquartieren vertraut waren, auch die Erwartungen und Einstellungen gegenüber der Wohnung und ihrem Umfeld unterliegen einem Wandel. Speziell auf nahräumliche Versorgung und Einbindung ist der mobile Stadtbürger kaum noch angewiesen[12].

Gleichwohl bleibt ein großer Teil der Bevölkerung auf eine intensive Nutzung des Wohnumfeldbereichs festgelegt. Insbesondere alte Menschen, Kinder, Jugendliche und Hausfrauen verbringen einen wesentlichen Teil ihrer Zeit in relativer Nähe zu ihrer Wohnung. Insofern ist es nicht weiter verwunderlich, daß „örtliche" Selbsthilfeinitativen gerade an den Bedürfnissen dieser Bevölkerungsgruppen anknüpfen. Doch basiert „Selbsthilfe" hier nur selten auf nahräumlicher Verbundenheit, wie dies bei nachbarschaftlicher Eigenhilfe der Fall war. Vielfach müssen die zur Selbsthilfe erforderlichen sozialen Bezüge und Vernetzungen durch eine gemeinwesenorientierte Kultur- oder Sozialarbeit erst künstlich hergestellt werden (*Nokielski* 1980a). Im Nebencode sozialräumlicher Nähe erfährt Selbsthilfe dann zwar noch eine zusätzliche Stabilisierung, doch sind es zumeist ganz konkret erlebte Mangellagen, die dazu führen, daß die Betroffenen – oder auch andere[13] – in Hinblick auf ihre sozialräumliche Umwelt initiativ werden.

[11] Vgl. zum „Milieu" in der Stadt *Keim* 1979; speziell zu den Wohnverhältnissen der Arbeiter *Günter* 1977, *Niethammer* 1979.

[12] Wie Untersuchungen zu den sozialen Folgeproblemen städtebaulicher Sanierung (dazu *Tessin* 1978) zeigen, führt der durch eigenes Entscheiden herbeigeführte oder Sanierung erzwungene Umzug ins Neubauquartier bei den Betroffenen häufig zur sozialen Umorientierung und zu einer Veränderung der Lebensweise; im Neubauquartier konzentiert sich die soziale Orientierung wesentlich auf den Binnenbereich des Familialen: Lokale Beziehungen lassen sich nur im Verlauf langwieriger Prozesse herstellen, vielfach werden sie überhaupt vermieden.

[13] Häufig kommt der Impuls zur Selbsthilfe auch von außen. Daß sich auf örtlicher Ebene Initiativen zur Gestaltung und Betreuung von Kinderspielplätzen, zur Gründung von Altenclubs oder auch zu einer an den Bedürfnissen von Hausfrauen orientierten „Frauenarbeit im Stadtteil" (*Raab* 1979) bilden konnten, ist insofern nicht unabhängig von thematischen Zyklen und gesellschaftlichen Bewegungen.

Ebenso wie für die Selbsthilfegruppen gilt auch für Selbsthilfeinitiativen und Selbsthilfeorganisationen, daß Grundlage gemeinsamen Handelns nicht die Diffusität einer ganzheitlichen Lebensform ist, sondern die Spezifität situativer Betroffenheit bildet jeweils die Grundlage gemeinsamen Handelns. Vielfach folgt Selbsthilfe dabei den Regeln exklusiver Nutzenzurechnung (*Olson* 1968): Soweit sich aus der Selbsthilfe ein individueller Nutzen ziehen läßt, wird auch eine Bereitschaft zur Selbsthilfe zu erwarten sein. Zugleich ist mit der Exklusivität des Nutzens auch eine wesentliche Voraussetzung dafür gegeben, daß sich die Interessenverfolgung organisatorisch verfestigt, d. h. als Gruppe, Verein oder Verband. In diesem Zusammenhang sind bereits auch erste Anzeichen einer Kommerzialisierung von Selbsthilfe feststellbar[14]. Demgegenüber eine Basis für eine stärker „altruistische" Selbsthilfe zu schaffen, wird zunehmend zu einem Problem der Motivation von Beteiligten und der Organisation der vielfältigen funktionalen und relationalen Bezüge. Dies zeigt sich besonders bei den explizit auf die Familie bezogenen Formen der Hilfe.

Eine an Problemen alltäglicher Lebensführung orientierte Selbsthilfe verbleibt dabei häufig unterhalb der Schwelle sozialer Vergemeinschaftung. Dies scheint sich gerade dann anzubieten, wenn die Familie in ihrer psychischen und sozialen Dimension sehr bewußt auf Privatheit hält und so der Intensität helfender Eingriffe nach Möglichkeit ausweicht, sie aber dennoch mit Problemen rechnen muß, welche die Themen- und Handlungskapazität eines kleinfamilialen Zusammenlebens überfordern und überlasten[15]. So ergeben sich praktische Probleme kleinfamilialer Haushaltsführung bereits daraus, daß die Zeit- und Aufgabenaufteilung zumeist eng auf einen normalen Verlauf des Alltagsgeschehens zugeschnitten ist und die Familie in Ausnahme- und Belastungssituationen auch nicht mit einer „Abpufferung" durch soziale Netze rechnen kann (oder will).

Wer kümmert sich um Kind oder Hund, wenn man plötzlich ins Krankenhaus muß? An wen wendet man sich, wenn die Kinder aus den Kleidern wachsen, man selbst aber keinen „natürlichen" Tauschpartner mehr kennt? Wie hilft man sich, wenn man seinem Kind bei den Schularbeiten selbst nicht mehr helfen kann? Solche Fragen werden erst zum Familienproblem, wenn Vernetzungen im sozialen Umfeld ausfallen oder bewußt vermieden werden. Dies erst läßt es zwingend erscheinen, sich auf das Angebot der sekundären Leistungs- und Sicherungssysteme verlassen zu müssen und das Problem

14 Auf die Selektivität von Selbsthilfe hatte bereits *Offe* (1972: 162) hingewiesen.

Ebenso wie für die Selbsthilfegruppen gilt auch für Selbsthilfeinitiati-

15 Teilweise wird Selbsthilfe bewußt über das Tauschprinzip der Gegenseitigkeit rationalisiert, wobei die Beziehung über die „Währung" der erwartbaren und vergleichbaren Gegenleistung unter Kontrolle bleibt. (Zur „Währung von Hilfssystemen" vgl. *Nauck* 1980.)

aus der Familie auszulagern. So sieht man sich darauf angewiesen, das Kind „fremd“ zu plazieren, den Konsum voll über den Kommerz abzuwickeln und die Erziehungsfragen an professionelle Erzieher abzutreten.

Auf einer solchen Handlungsebene mittlerer Reichweite liegen nun Projekte einer Selbstorganisation praktischer Hilfen (Nachbarschaftsinitiativen, Nachbarschaftshilfen usw.). Sie bieten einen organisatorischen Rahmen, die Bereitschaft zu wechselseitiger Hilfe fallweise zu koordinieren (*Born* 1975; *Dangl-Kreyenbühl* 1980). Indem dabei der Einsatz „ehrenamtlicher Helfer“ nur auf Anforderung durch den Betroffenen und dann auch ganz gezielt auf das Problem hin erfolgt, kann der Betroffene das Krisenmanagement weitgehend selbst in der Hand halten. Zudem entfällt hier die Verpflichtung, sich aus zeitweiliger Angewiesenheit auf Hilfe auf die Enge und Dichte nachbarschaftlicher Vernetzung einlassen zu müssen. Gerade in solchen Gebieten, in denen aufgrund der baulich-räumlichen Strukturen, der sozio-kulturellen Gegensätze oder auch einer zu geringen Wohndauer die Beziehungen der Nachbarn untereinander gestört sind bzw. ein soziales Verhältnis zwischen den Nachbarn sich (noch) nicht herausgebildet hat, eröffnet sich einem sozialen Engagement kirchlicher oder auch politischer Initiativen so die Chance, zwischen der akuten Angewiesenheit auf Hilfe und der Bereitschaft zu helfen, eine „Mittlerrolle“ einzunehmen[16]. Anknüpfend an Traditionen subsidiärer Hilfeleistung gewinnt Selbsthilfe gerade im programmatischen Selbstverständnis freiverbandlicher und selbstorganisierter Sozialarbeit zunehmend an Bedeutung[17].

10.4. Relationsmuster Familie – Selbsthilfe

Nachdem wir uns in den vorangegangenen Abschnitten vornehmlich mit Erscheinungsformen situativer Selbsthilfe auseinandergesetzt haben, soll nunmehr der Versuch unternommen werden, mögliche Auswirkungen einer sich ausweitenden Selbsthilfe auf die Familie zu diskutieren: Welche Bedeutung hätte es für die Familie, wenn sie sich in einem gesellschaftlichen Kontext neu zu orientieren hätte, der geprägt ist durch ein verzweigtes Netz unter-

[16] Daß es in einer ansonsten handlungsarmen Welt durchaus zum Bedürfnis wird, „selbst“ helfen zu können, werden wir in einer ausführlichen Analyse von Nachbarschaftsinitiativen noch darlegen.

[17] Im Vordergrund steht dabei, wie beispielsweise die Referate und Diskussionen des 68. Deutschen Fürsorgetages 1976 zeigen, die Möglichkeit, innerhalb vorgegebener sozialer Kontexte die Voraussetzungen für eine „Hilfe zur Selbsthilfe“ zu schaffen (*DV* 1976). Vgl. speziell zu Bildungs-, Begleit- und Beratungsprogrammen mit professionellen Akteuren, freitätig Mitarbeitenden und Betroffenen: *Bock et al.* 1979.

schiedlicher Selbsthilfen? Gefragt wird also nach den Wirkungen der Selbsthilfe auf den Bestand und die Leistungsfähigkeit des familialen Zusammenlebens.

Erste Hinweise hierzu könnten sich aus einer Analyse der unterschiedlichen Erscheinungsformen der Selbsthilfe ergeben[18]. Greifen wir hierbei auf unsere Unterscheidung zwischen Selbsthilfegruppen und Selbsthilfeinitiativen zurück, so erscheint es uns wesentlich, daß (psychosoziale) Selbsthilfegruppen zumeist außerhalb des Geflechts alltäglicher Sozialbeziehungen stehen. Mit der Selbsthilfegruppe konstituiert sich für die Gruppenmitglieder eine auch gegenüber der familialen Wirklichkeit „andere Welt". Inwieweit die Gruppe zur Ersatzwelt und damit zum Alltagssurrogat wird, ob es dabei zu einer „Flucht in die Gruppe" kommt, ist vor allem von Struktur und Sozialklima der Gruppe abhängig. Untersuchungen zum Verhältnis von Familie und Selbsthilfe hätten im konkreten Einzelfall aber auch die personalen Faktoren der Betroffenheit, der Beziehung zur Familie, der Familienstruktur usw. zu berücksichtigen. In der Regel wird man von einer latenten Konkurrenzbeziehung zwischen Selbsthilfegruppe und Familie ausgehen können (Abkapselung der Gruppe gegenüber ihrer Umwelt, „alternatives" Gemeinschaftserleben in der Gruppe, Identitätsfindung durch die Gruppe, Selbsthilfe als „way of life" usw.). Im Extremfall verstellt die Selbsthilfegruppe Chancen einer anders gelagerten Auseinandersetzung mit dem Problem und erschwert die Beziehungen mit anderen, nicht zuletzt mit der eigenen Familie[19].

Analysiert man Relationsmuster Familie – Selbsthilfe aus der Perspektive der Familien, so wäre der Verlauf von Selbsthilfekarrieren auch daran zu messen, ob sich jene in der Gruppe erworbenen und erlebten Kompetenzen in den familialen und gesellschaftlichen Alltag übertragen lassen. Eine solche Übertragung ist zumeist nur dann zu leisten, wenn die Betroffenen auch in Hinblick auf ihre soziale Umwelt initiativ werden. Dazu gehört eine aktive Auseinandersetzung mit den Erwartungen anderer; vorausgesetzt wird die

[18] Die vorliegenden Befunde und Dokumente und Programme zur Selbsthilfe lassen es allenfalls zu, einige Dimensionen des Verhältnisses von Familie und Selbsthilfe aufzuzeigen. Nicht nur fehlt es nahezu vollständig an empirischen Analysen, die nach den Wirkungen und Nebenwirkungen von Selbsthilfe fragen, die Gegenstandsbereiche Familie und Selbsthilfe sind auch derart heterogen, daß hier eine Vielfalt möglicher Zusammenhänge zu erwarten ist, ganz abgesehen davon, daß in der noch recht jungen Selbsthilfebewegung namentlich das Verhältnis der Selbsthilfegruppen zu ihrer gesellschaftlichen Umwelt (und zur gesellschaftlichen Umwelt ihrer Mitglieder) ein stetiger Anlaß zu selbstkritischer Reflexion und damit zu Veränderungen in den Konzepten und Vorgehensweisen der Gruppen ist.

[19] Vgl. dazu vor allem *Robinson* (1979), der in seiner Studie über die Alcoholics Anonymous in England gerade auf diesen Aspekt abstellt.

Bereitschaft, die Struktur sozialer Beziehungen nicht als gegeben hinzunehmen, sondern sie durch eigenes Handeln zu gestalten. Selbsthilfe bezieht sich dann nicht mehr nur auf ein „mit dem Problem leben", sondern auch darauf, selbst Einfluß auf die Bedingungen zu nehmen, innerhalb derer man lebt. Praktisch kann dies bedeuten, daß sich Gleichbetroffene und deren Familien zu einer Selbsthilfeinitative zusammenschließen.

Verglichen mit der Selbsthilfegruppe präsentiert sich die Selbsthilfeinitiative umweltoffener, zumal hier die Mitgliedsschaftsbedingung einer nach individuellen Symptomen ausweisbaren Selbstbetroffenheit weitgehend entfällt. Doch scheinen sich Selbsthilfeinitiativen insofern ebenfalls als ein Feld individualistischer Emanzipation anzubieten, da häufig die Beteiligung jeweils nur eines Familienmitgliedes die Möglichkeit einer vom Familienalltag abgekoppelten Freizeitkarriere eröffnet. Ansätze individualistischer Emanzipation zeichnen sich vor allem aber bei den geschlechts- und altersspezifischen Gruppen ab. Die Altenbewegung (zu einem Überblick vgl. *Gronemeyer/Bahr* 1979) etwa formiert sich konzeptionell in der Spannweite zwischen Eingliederung in die Gesellschaft einerseits und bewußter „Insulation" (*Schulz* 1979) andererseits.

In latenten Konkurrenzbeziehungen zwischen Familie und Selbsthilfe sehen wir nun allerdings kaum einen Anlaß zur Kritik, sondern eine Herausforderung und Chance sowohl der Selbsthilfebewegung als auch der betroffenen Familien: Soweit Selbsthilfe sich nicht ausdrücklich als Alternative zur Familie präsentiert (programmatische Familienfeindlichkeit darf für den überwiegenden Teil der Gruppen ausgeschlossen werden), sind die Konflikte, die sich aus dem Neben-und Gegeneinander von Familie und Selbsthilfe ergeben, von beiden „Systemen" her aufzuarbeiten. So wird sich gerade die zu anomischer Abkapselung neigende moderne Kleinfamilie der Herausforderung durch Selbsthilfe öffnen müssen, zumal das Vorhandensein einer „Selbsthilfe-Infrastruktur" zur Sicherung ihres Bestandes beitragen könnte: Zum einen muß nicht jede Abkehr vom Privatismus der bürgerlichen Kleinfamilie zu einer Ablösung und Abwertung der Lebensform „Familie" führen (allgemein zur Vielfalt familialer Lebensformen s. *Heinemann* 1977).

Zum anderen eröffnet sich über Selbsthilfe die Chance einer bewußt überschaubar gehaltenen „gesellschaftlichen" Abarbeitung auch solcher Probleme, bei denen man ansonsten auf professionalisierte und/oder organisierte Fremdhilfe angewiesen wäre. Im Gegenzug zu einer Aussonderung und Ausgliederung der Betroffenen könnte „Selbsthilfe" gerade auch als Möglichkeit gesehen werden, eigene Probleme unter Aktivierung der Familie „selbst" zu lösen[20]. Sofern Selbsthilfe sich dabei nicht nur auf (mani-

[20] Wenn der Befund richtig ist, daß die Angewiesenheit auf Fremdhilfen und deren

feste) Problemsymptome (deren Ursachen und Folgen) richtet, sondern im Sinne eines „situativen“ Ansatzes auch die Lebenswelt der Betroffenen aktiv einbezieht, zeichnen sich hier durchaus „Alternativen“ ab, und zwar sowohl gegenüber der Entfremdung durch verfügte Hilfe als auch gegenüber einer gruppenmäßigen Selbstisolation. Daß dies keineswegs selbstverständlich ist – und gerade auch in der Selbsthilfebewegung die Mechanismen einer (spät)bürgerlich/individualistischen Selbstabkapselung wirksam werden –, dürfte deutlich geworden sein.

Folgt man einer solchen Argumentation, so wird erkennbar, daß – im Gegensatz zum Autostereotyp vieler „Selbsthilfegruppen – das „Selbst“ nunmehr auf Lebenszusammenhänge bezogen wird: jene auf das Individuum, als dem typisch „bürgerlichen“ Subjekt der Selbsthilfe reduzierte Perspektive wird ausgeweitet auf die Familie, die Verwandtschaft, die Nachbarn und Arbeitskollegen; kurzum auf lebensweltliche Kontexte. Dies entspricht einer Programmatik, wie sie in sozialpolitischen Szenarios einer „Aktivierung der kleinen Netze“ von Familie und Nachbarschaft (*Badura/Gross* 1976) dargestellt wird. Diesen liegt der Gedanke zugrunde, durch eine einseitige Ausweitung sozialstaatlicher Leistungssysteme könne das (Selbst)-Hilfepotential der „primären“ Lebenskreise von Familie, Verwandtschaft und Nachbarschaft vernichtet werden. Doch würde ein bloßes Zurücknehmen sozialstaatlicher (Dienst-)Leistungen gewiß nicht zu einer Revitalisierung primärer Lebenskreise führen, da deren Krise nicht allein aus sozialstaatlichen Interventionen resultiert, sondern ein allgemeines Folgeproblem gesellschaftlicher Modernisierung ist. Insofern bedarf die kritische Bestandsaufnahme „konventioneller“ Sozialleistungspolitik (vgl. auch *Strasser* 1979) des Nachweises, wie eine „Gegensteuerung“ erreichbar wäre.

Ansätze und Vorschläge dazu zeichnen sich u. a. im Umfeld der sogenannten Alternativszene ab, wenngleich sich die bislang vorgelegten Modelle häufig als wenig praktikabel erweisen (vgl. *Heiner* 1979). Nicht nur wird mit der utopischen Schlüssigkeit von Programmformeln wie Einfachheit, Überschaubarkeit, Gegenseitigkeit usw. die Möglichkeit „heiler“ Welten unterstellt, vielfach fehlt den Alternativprojekten auch der (Sinn-)Bezug zu den lebensweltlichen Realitäten in modernen Gesellschaften. Diese sind – bei aller Krise der Familie – dadurch gekennzeichnet, daß der überwiegende Teil der Bevölkerung in Familien lebt und/oder einen mehr oder weniger festen Bezug zu ihnen hat.

Inanspruchnahme tendenziell zu Entfremdungserscheinungen und zu einer Verunsicherung des „Alltagswissens“ führt (vgl. u. a. *Illich et al.* 1979), dann wird man bei einer auf eigenen Erfahrungen, Betroffenheiten und Gewohnheiten basierenden Selbsthilfe erwarten dürfen, daß sich Entfremdungserscheinungen und Verunsicherungen hier durch einen stärkeren Bezug zum lebensweltlichen Kontext der Beteiligten reduzieren könnte.

Dies läßt uns danach fragen, ob sich das Selbsthilfepotential kleiner Lebenskreise nicht viel eher durch Formen „interfamilialer" Selbsthilfe aktivieren ließe. Zur Diskussion steht somit die Möglichkeit, jenseits der Modernität bürgerlicher Privatheit „Familie als neuen Wert" einer nachmodernen, kommunitären Solidarität zu realisieren (vgl. *Pankoke* 1980). Paradoxerweise zeichnen sich Perspektiven eines neuen Familienbewußtseins gerade bei den wegen der Struktur ihrer Zusammensetzung häufig als „Problemfamilien" bezeichneten Familien ab, so u. a. bei Ein-Eltern-Familien und bei Familien mit Pflegekindern.

10.5. Selbstreflexivität familialer Wirklichkeit

Ungewöhnliche Familienstrukturen und außergewöhnliche Probleme zwingen die betroffene Familie nicht nur zu Anpassungsleistungen in Hinblick auf ihre Handlungs- und Lebensform (beginnend bei der Aufteilung des Zeithaushalts bis hin zum Erziehungsverhalten), sie erfordern vor allem auch eine nachhaltige Reflexion über den Sinn von Familie. Mit einer sozialen Konstruktion ihrer familialen Wirklichkeit[21] sind die Betroffenen in ihrer Vereinzelung jedoch überfordert. Ein Ausweg besteht nun darin, daß man sich mit Gleichbetroffenen zusammenschließt und Gesprächskreise gründet, in denen praktische Probleme der Lebensführung ebenso ansprechbar werden wie Sinnfragen des Familienlebens:

– Praktische Probleme, Rechtfertigungszwänge gegenüber der gesellschaftlichen Umwelt und Selbstzweifel führen z. B. bei den Alleinerziehenden zu dem Bedürfnis, sich der eigenen Lage und Perspektive durch den kommunikativen Zusammenhalt mit Gleichbetroffenen zu vergewissern. Gerade die Alleinerziehenden stehen unter dem inneren und äußeren Zwang, den Sinn eines bzw. ihres Familienlebens neu zu reflektieren. Indem sich die Alleinerziehendenfamilie allein über Mutter/Kind- bzw. Vater/Kind-Beziehungen konstituiert und legitimiert, verschärfen sich die Probleme des Alleinerziehenden dadurch, daß die Leitbilder eines „normalen" Familienlebens hier nicht mehr greifen, häufig aber gerade im Familialen der Sinn des Lebens gesucht wird.

– Auch die Familie mit Pflegekindern (möglicherweise „Kinder auf Abruf") sieht sich mit erheblichen Problemen des familialen Zusammenlebens konfrontiert. Abgesehen von Erziehungsschwierigkeiten und Problemen, die sich aus der künstlichen Veränderung der Familienzusammensetzung erge-

[21] Wie man im Anschluß an *Berger/Kellner* 1965 den durch eine „dramatische Wende" (Verlust des Ehepartners, Aufnahme eines Pflegekindes) eingeleiteten Prozeß familialer Sinnbildung beschreiben könnte.

ben (z. B. mit Geschwistern), stellt sich hier die Frage, wie das humanitäre, religiöse oder gesellschaftspolitische Engagement, welches zur Aufnahme eines Pflegekindes geführt hat, auf das Selbstverständnis der eigenen familialen Wirklichkeit zu beziehen ist.

Da sowohl „Ein-Eltern-Familien" (*Heil* 1979) als auch Familien mit Pflegekindern (*Plinke* 1979) unter außergewöhnlichen Bedingungen und Belastungen leben, scheint es uns kein Zufall zu sein, daß sich bei diesen Gruppen so etwas wie eine „selbstreflexive Familienstruktur" herausbildet, deren Merkmal eben jene besondere Beziehung zwischen familialem Eigenleben und einer auf bewußtes Gestalten ausgerichteten Selbsthilfe ist[22]. Solche Konstellationen lassen sich durchaus aber auch bei anderen Familientypen und Betroffenengruppen beobachten, etwa bei Familien mit psychisch oder physisch Behinderten (*Rohleder* 1977; *Achinger* 1979), bei Mehrgenerationenfamilien sowie bei Familien mit überdurchschnittlicher Kinderzahl.

Ein Bedürfnis nach sozialer Selbstverständigung, nach der Chance, die Identität der jeweils besonderen familialen Lebensform in der Solidarität mit Gleichgesinnten zu spiegeln, entsteht immer häufiger aber auch bei einem gleichsam „normalen" Familienleben. Hintergrund ist eine wachsende Kontingenz denkbarer und möglicher Lebensformen. Daß „alles auch anders sein könnte" (*Luhmann*), ist im Toleranzspektrum einer heute akzeptierten Pluralität der Lebensformen zu einer erfahrbaren Tatsache geworden. Alternativen zu den vorgezeichneten und eingefahrenen Formen eines spätbürgerlichen Familismus zeichnen sich jedoch nicht nur jenseits von Familie ab; „Neuer Lebensstil" kann sich gerade auch in einem bewußt gewählten und engagiert gestalteten Familienleben entwickeln. Daß eine solche Suche nach Lebenssinn auf Kontexte angewiesen ist, läßt sich am Beispiel sogenannter „life style cells" zeigen. Dabei handelt es sich um den durch eine ökumenische Aktion der Kirchen angeregten Versuch, daß Familien sich mit einem verantwortungsbewußt gelebten Familienleben für die Probleme der Welt öffnen (vgl. *Wenke/Zilleßen* 1978). Symbolisch dokumentierte sich dies etwa in gemeinsamen Mahlzeiten der Familien, deren Erlös zugunsten von Projekten in Entwicklungsländern verwandt wurde. Wesentlicher für unsere Fragestellung ist jedoch, daß die Familien in sogenannten „Lebensstil-Gruppen", d. h. den Zusammenschlüssen Gleichgesinnter, einen kommunikativen Halt und einen Bezugsrahmen fanden, innerhalb dessen sich „Familie als Lebensform" thematisieren und darstellen ließ[23]. Der gruppenhafte Zusam-

[22] Am Beispiel einer Gruppe Alleinerziehender: *Gebhard* 1976. Vgl. zu einer organisationssoziologischen Bestimmung des Begriffs „Selbstreflexiv" *Wolff* 1978.

[23] Dies verweist auf den sozio-kulturellen Kontext des modernen Familienlebens. Hier stellt sich die Frage, ob sich der „Sinn" von Familie noch in kulturellen Ausdrucksformen spiegeln, bestätigen und Gestalt annehmen kann. Deutliches Zeichen solcher Verbundenheit ist etwa die Fähigkeit von Familien, im Medium des Festes kulturelle Kommunikation selbst zu inszenieren.

menschluß war somit die Bedingung der Möglichkeit einer selbstreflexiven Gestaltung und Erneuerung des eigenen Familienlebens.

Die lebenspraktische Bedeutung des Vorhandenseins kommunikativer Kontexte, innerhalb derer sich der „Sinn" von Familie spiegeln und bestätigen kann, ergibt sich nun allerdings nicht erst im Zusammenhang mit den Daseinsfragen einer religiös/weltanschaulichen Sinnfindung, sondern bereits mit den ganz alltäglichen Problemen der familialen Lebensführung, etwa bei Erziehungsfragen[24].

Dies wird besonders dann deutlich, wenn durch soziale und/oder räumliche Mobilität der vertraute Verwandtschafts-, Nachbarschafts- oder Bekanntenkreis aufgegeben wird und eine neue Einbindung in soziale Kontexte noch nicht gelungen ist. Die Familie ist in solchen Situationen ganz auf sich gestellt. Nicht selten werden Erziehungsprobleme dabei zu Familienproblemen, bei denen eine Lösung aus der Familie selbst kaum zu erwarten ist, zugleich jedoch von den Beteiligten eine Inanspruchnahme professioneller Erziehungs- und Familienberatung abgelehnt wird, sei es, weil man sich nicht in eine Abhängigkeit von Expertenwissen begeben will oder weil professionelle Helfer bei Sinnfragen häufig ohnehin wenig helfen können. Ein Ausweg aus der Enge familialer Ratlosigkeit besteht dann u. a. darin, in „selbstorganisierten Elterngesprächsgruppen" kommunikative Beziehungsfelder zu entwickeln. Im „authentischen Erfahrungsaustausch ... wird so etwas veranstaltet, wie eine die eigenen vier Wände überschreitende Öffentlichkeit für Familien- und Erziehungsprobleme" (*Gerhardt* 1980: 12).

Angesichts der sozialen Selektivität solcher Selbsthilfeinitiativen (*Nauck* 1980) wäre jedoch familienpolitisch die Konsequenz zu ziehen, in Hinblick auf die familialen Erziehungs- und Beziehungsfragen Handlungsprogramme einer „Hilfe zu Selbsthilfe" zu entwickeln. So könnte aktivierende Familienarbeit auch jene Familien ansprechen, die auf Hilfe angewiesen sind, die durch selbstorganisierte Kommunikationsnetze jedoch nicht erreicht werden. Auch hier deutet eine häufig vertrauensvolle Zusammenarbeit zwischen der Familie und fremden Hilfen, wie Kindergarten, Elternberatung, pflegerische Dienste usw., darauf hin, daß sich jenseits der Polarisierung von Fremd- und Selbsthilfe vielfältige Chancen zu „sozialer Vernetzung" ergeben können, dann nämlich, wenn sowohl die Familien als auch die Organisationen sich zu ihrer wechselseitigen Umwelt hin öffnen und sich zwischen beiden Bereichen eine interaktiv entwickelbare Relationsstruktur aufbaut.

[24] Die Grenzen einer nicht in die Lebenswelt der Familien eingebundenen Elternberatung/ Elternbildung verdeutlicht der Beitrag von *Lüscher* in diesem Band.

11. Selbstbestimmung oder Fremdsteuerung der Familie

Peter Gross

Vorbemerkung

Seit die Familienpolitik in der Bundesrepublik der Nachkriegszeit mehr oder weniger systematisch betrieben wird, hat sich die Grenze der Verantwortlichkeit für die Familie ganz offenbar verschoben. Für die einen ist diese Grenzverschiebung zugunsten der Familie, für die anderen zu ihrem Nachteil geschehen; für die einen brauchte das schweren Gefahren und Beeinträchtigungen ausgesetzte Schifflein der Familie eine familienpolitische Vertäuung und die öffentliche Übernahme von Verantwortung für sie, für die anderen ist die Verfassung der Familie in ihrer Kleinheit, Intimität und Verletzlichkeit ein denkbar untaugliches Objekt für das – oder schlimmer mit dem – man Politik machen könnte. Wo verläuft die Linie zwischen Selbstbestimmung und Fremdsteuerung, zwischen jener Verantwortung, welche die Familie für sich selber und jener, welche der Staat gegenüber den Familien zu tragen hat? Welche Funktionen sind, überläßt man sie der Familie, gefährdet, welche werden durch die Familienpolitik selber in einem nachweisbaren Ausmaß zerrüttet? Ist es möglich, diese Grenze zu identifizieren? Lassen sich anwendbare Kriterien finden, in welchem Verhältnis Verantwortlichkeiten geteilt und Lasten verlagert werden sollen? Kann die Sozialwissenschaft zur Beantwortung dieser derzeit häufig genug gestellten Fragen beitragen?

Die genannten Fragen stehen zwar in einem Zusammenhang mit dem allgemeinen Unbehagen an der etablierten Sozialpolitik, deren Erfolg zunehmend in Zweifel gezogen oder gar negativ veranschlagt wird. Die Familienpolitik ist freilich seit ihrem Neubeginn in der Nachkriegszeit unter diesen Aspekten diskutiert worden (vgl. *Schelsky* 1967). Das Nachdenken über das, was mit der Familie politisch geschieht, ist immer empfindlicher gewesen als etwa jenes über die Gesundheitspolitik. Heute wird zwar nicht mehr, wie noch vor einigen Jahrzehnten, die Familienpolitik insgesamt in Zweifel gezogen. Aber einzelne Maßnahmen sind einer vehementen Kritik ausgesetzt und werden nicht nur als ungenügend, sondern gar als schädlich taxiert. *Glazer* hat es so formuliert: „Die traditionelle Sozialpolitik ist bestrebt, den Zusammenbruch *traditioneller* Formen der Abhilfe in sozialen Notlagen zu bewältigen. Diese traditionellen Mechanismen sind primär in der Familie lokalisiert ... In dem Bestreben, das Versagen dieser traditionellen Strukturen zu kompensieren, tendiert die Sozialpolitik dazu, deren weitere Schwächung zu fördern. Es gibt dann nicht mehr ein Meer von Unglück, gegen das wir ständig angehen; unser Bemühen Not zu lindern, verursacht vielmehr weitere Not„ (*Glazer* 1975: 338). Die Formulierung von *Glazer* ist die anschauliche Umschreibung jener Paradoxie von Wollen und Wirkung, die die Sozialpolitik seit ihren Anfängen verfolgt. *Max Weber* hat sie prosaischer ausgedrückt. Der diesbezüglich immer wieder zitierte Passus besagt, daß das Resultat politischen Handelns „... regelmäßig in völlig unadäquatem, oft in geradezu paradoxem Verhältnis zu seinem ursprünglichen Sinn stehe" (*Weber* 1964a: 170). Diese Paradoxie ist zwar unvermindert aktuell, aber aufzulösen ist sie nur mit der Untersuchung der Wirkungen und Nebenwirkungen familienpolitischer Maßnahmen, also mit Evaluationsforschung. In der wissenschaftlichen Beschäftigung mit der Familienpolitik gibt es viele Spekulationen über solche Wirkungen aber nur ganz wenige Untersuchungen (vgl. z. B. *Kaufmann et al.* 1978; 1980). Das liegt nicht zuletzt daran, daß es an Effektivitätskriterien in Form von klaren, operationalisierbaren Zielsetzungen fehlt. Fehlt es an klaren Zielsetzungen, steht auch die Formulierung zielkonformer Maßnahmen in Frage. Die Evaluationsforschung kann gar nicht ansetzen, sie muß sich auf ungezielte Wirkungsforschung einlassen.

Die Abwägung des Idealverhältnisses von Selbst- und Fremdsteuerung ist deshalb eine wissenschaftlich schwer einlösbare Aufgabe. Sie setzt die Kenntnis der etablierten familienpolitischen Maßnahmen und Interventionsformen voraus. Sie hat die familienpolitischen Leitbilder und Zielsysteme zu beachten, welche für die bisherigen Maßnahmen verbindlich waren. Schließlich ist die Erfolgswirksamkeit, die Effektivität der realisierten familienpolitischen Maßnahmen in Rechnung zu stellen. Problembereiche die, wie vor allem der zuletzt genannte, noch einer umfassenden wissenschaftlichen Durchdringung harren. Gleichwohl lassen sich die genannten Bereiche in bezug auf ein bestimmtes Verständnis von Familienpolitik, nämlich aus der Sicht einer „rationalen" Familienpolitik, betrachten. An ihr können die bisherigen Zielsysteme, die Maßnahmen und die Realisierungen der Maßnahmen gemessen werden. Diesem Verständnis folgend werden hier zunächst Konsistenz und Klarheit der Zielsetzungen geprüft. Dann wird die unterschiedliche Rationalität der familienpolitischen Maßnahmen hinsichtlich ihrer Zielkonformität in den Blick gefaßt. Darüber hinaus wird die (sozial-)pädagogische Interventionsform, deren Vordringen in der familienpolitischen Bilanz offenkundig ist, genauer beurteilt. Dies alles ist schon ohne empirischen Zugriff, etwa durch Wirkungsforschung, möglich. Viertens schließlich wird der Versuch unternommen, auf die im Titel gestellte Frage eine Antwort zu geben.

11.1. Rationale Sozialpolitik

Daß die Sozialpolitik im allgemeinen und die Familienpolitik im besonderen einer rationalen Ausrichtung und Straffung bedürfen, gehört zu den neueren politischen und wissenschaftlichen Deklarationen, die ebenso häufig verwandt wie unklar sind. Meist verbirgt sich dahinter eine common-sense Vorstellung etwa im Sinne einer Ausforstung von Mehrfachsicherungen, einer Schließung von Lücken und einem Abbau von Überversicherungen (in diesem Sinne etwa *Wittmann* 1978: 135). Hinsichtlich der Familienpolitik wird gelegentlich schon der Ausdruck „rationale Familienpolitik" als Widerspruch in sich empfunden und als rationale eine im Endeffekt abstinente Familienpolitik hingestellt (etwa von *Molitor* 1968: 170f.). Nun hat schon *Max Weber* die Voraussetzungen rationalen Handelns so charakterisiert, daß der Handelnde „sowohl die Mittel gegen die Zwecke wie die Zwecke gegen die Nebenfolgen wie endlich auch die verschiedenen möglichen Zwecke gegeneinander rational abwägt . . ." (Wirtschaft und Gesellschaft 1972: 13). Nicht mehr und nicht weniger wird hier unter „rationaler Politik" verstanden (vgl. dazu auch das Gutachten *Wissenschaftlicher Beirat für Familienfragen* 1980, welches sich in eben diesem Sinne als Beitrag zu einer rationalen Familienpolitik versteht; im übrigen will sich auch die Amtsperiode sozialdemokratischer Familienministerinnen als Periode „rationaler Familienpolitik" verstanden wissen (vgl. *Strobel* 1977)).

Diese Programmatik hat eine bis heute anhaltende Diskussion über das richtige Verständnis von Rationalität und die Vor- und Nachteile rationaler Politik entfesselt. Die Zweck-Mittel-Rationalität als Leitlinie politischen Handelns ist insbesondere darum in Zweifel gezogen worden, weil sie lediglich auf sozialtechnisch korrektes, aber nicht auf moralisch verantwortbares Verhalten verpflichtete (*Habermas* 1965: 298ff.). Die Ambivalenz eines über sozialtechnische Rationalität hinausgehenden politisch-administrativen Handelns ist freilich wohlvertraut. Der von seinen Konstruktionsprinzipien her sich auf Rationalität verpflichtende Staat verliert vielleicht an politischer Substanz und Autorität, erreicht aber andererseits einen Zugewinn an Berechenbarkeit und Kontrollierbarkeit. In einem derart diffizilen und empfindlichen Bereich wie der Familienpolitik ist die Forderung nach Kalkulierbarkeit und Kontrollierbarkeit der Maßnahmen mit Blick auf die schwer einschätzbaren Wirkungen staatlich verordneter moralischer Imperative und daraus folgender Maßnahmen aber wohlbegründet (*Gross* 1981a). Hinsichtlich einer rationalen Familienpolitik ist die pointierte Formulierung von

Krüger (1979: 4) durchaus vertretbar, daß unter Rationalitätskriterien das unzulängliche Programm, wenn es nur richtig berechenbar ist, ein Gütesiegel erhält, realitätsangemessenere, aber weniger kalkulierbare Programme dagegen möglicherweise leer ausgehen müssen. Zumal dann, wenn die Sozialpolitik, wie dies *Sanman* festhält, die für jede – praktische wie wissenschaftliche – Politik „konstitutive Trias von Lage, Ziel und Maßnahme bislang so gut wie nicht zur Kenntnis genommen ..." hat (1973: 68). Der Prüfstand der Zweck-Mittel-Rationalität ist im übrigen allgemein zugänglich und die für ihn geltenden Kriterien sind nicht nur politisch, sondern auch alltagspraktisch versteh- und nachvollziehbar.

Vor nun schon geraumer Zeit hat *Wingen* in einer klaren Weise formuliert, welchen Kriterien eine rationale Familienpolitik zu genügen habe (*Wingen* 1971). Zunächst sei die Ebene der Ziele angesprochen. Diese müßten nicht nur eindeutig, sondern vor allem „ausreichend operationalisiert" sein. Zweitens betreffe der Anspruch der Rationalität die Ebene der Mittel und der Maßnahmen, mittels derer die Ziele realisiert würden. Diese sollten zielkonform und zweckrational sein. Drittens schließlich werde man die Ebene der Wirkungen einschließlich der Nebenwirkungen ins Auge zu fassen haben, die familienpolitischen Maßnahmen müßten deshalb nicht nur zielkonform, sondern leistungswirksam und erfolgskontrolliert sein.

Diese Kriterien, an denen sich eine rationale Familienpolitik messen lassen muß, entsprechen in jedem Punkt dem, was üblicherweise als „rationale" Politik gilt, nämlich eine planmäßig auf die Verwirklichung eines umfassenden, wohldurchdachten und in sich ausgewogenen Zielsystems ausgerichtete Politik, die den höchsten Erfolgsgrad erreicht, der unter den jeweiligen Umständen möglich ist (*Krüsselberg* 1978: 1; *Pitschas* 1979: 411). Es sind aber auch klare Kriterien für eine Beantwortung der Frage, wo Fremdsteuerung einsetzen soll und kann. Nämlich nicht einfach dort, wo Selbststeuerung versagt, sondern wo noch Politik in einem rationalen Sinne möglich ist. Wo familienpolitische Maßnahmen zwar erwünscht, dem Anspruch operationalisierbarer Zielsetzungen, zielkonformer Mittel und erfolgswirksamer Leistungen aber nicht genügen oder aller Voraussicht nach nicht genügen kann, sollte die Selbststeuerung belassen oder reetabliert werden.

Hinsichtlich der Rationalitätskriterien kann diese allgemeine Leitlinie noch präzisiert werden. „Operationalisierbarkeit der Zielsetzungen" bedeutet, daß diese klar umrissen und eindeutig sind und über ihren sachlichen Gehalt Übereinstimmung besteht (vgl. *Wingen* 1971: 170). Die familienpolitischen Zielsetzungen lassen sich positiv im Sinne eines Leitbildes erstrebenswerter Familienverhältnisse oder weniger anspruchsvoll im Sinne einer Vermeidung oder Korrektur familiärer Notlagen, Risiken und Schwächen formulieren. Der zweite Weg erscheint uns gangbarer als der erste. Man begnügt sich mit der Frage, in welcher Weise soziale, die Familie betreffende

Risiken klar, eindeutig erkannt und dementsprechend „operationalisierbar“ sind. Die Risiken zusammengenommen ergeben freilich erst ein einseitiges Bild der Lage der Familie. Leistungsstärken und die Lage der Durchschnittsfamilie müssen dieses Bild vervollständigen. Hinsichtlich der „Zielkonformität der Mittel“ heißt die Frage dann auch hier, ob die entworfenen familienpolitischen Instrumente bestimmte Gefährdungen, Risiken und Schwächen der Familie vermeiden helfen. Dies ist einfacher als der Nachweis des Erfolges der Maßnahmen in bezug auf ein notwendigerweise umfassend definiertes familienpolitisches Ziel. Die Überprüfung der Erfolgswirksamkeit ist leider eine noch weitgehend vernachlässigte Aufgabe staatlichen Handelns. Hinsichtlich der familienpolitischen Maßnahmen liegt hierzu – wie schon erwähnt – fast nichts vor. Die Gründe hierfür sind nicht nur im allgemeinen Rückstand entsprechender Untersuchungen im deutschsprachigen Bereich zu sehen, sondern vor allem in der fast unüberwindlichen Schwierigkeit, Wirkungen und Erfolge in diesem Bereich nicht nur unter verwaltungsbezogenen, sondern klientenbezogenen Kriterien zu messen (dazu *Kaufmann et al.* 1980: 44ff.). Außerdem setzt die Evaluierung familienpolitischer Maßnahmen klare Ziele und isolierbare staatliche Handlungsprogramme voraus – zwei Voraussetzungen, die, wie zu zeigen sein wird, gerade in der Familienpolitik nur bei den einkommenspolitischen Maßnahmen gegeben sind, so daß man sich häufig auf die Frage der Wirksamkeit der Maßnahmen („impact research“) beschränken muß.

11.2. Die Rationalität familienpolitischer Zielsetzungen und der diese legitimierenden Familienbilder

„Fremdsteuerung“ und „Selbstbestimmung“ sind zwei Begriffe, in denen eine die Familienpolitik seit ihren Anfängen begleitende Auseinandersetzung zum Ausdruck kommt. Unter „Fremdsteuerung“ der Familie werden die von außerfamiliären Trägern erbrachten familienpolitischen Maßnahmen subsumiert, welche in der Tat die Familie in eine bestimmte Richtung steuern wollen. Auf der anderen Seite gibt es die schwerer zu fassenden, im Schatten der vordringenden gesellschaftlichen Rationalisierungen liegenden Eigenleistungen der Familie, welche aus noch zu nennenden Gründen in der familienpolitischen und -soziologischen Literatur wieder in einem starken Ausmaß in den Vordergrund treten. Diese Auseinandersetzung, die unter wechselnden Topoi geführt worden ist, steht heute im Zeichen eines nicht nur die Familienpolitik, sondern alle großorganisierten Systeme erfassenden antiinstitutionellen und antibürokratischen und antiprofessionellen Affekts, welcher durch die Wachstums- und Technikkritik ausgelöst worden ist (*Gross* 1979b), 1980).

Das wechselnde Vordringen von Eigenleistungen oder familienpolitischen Leistungen bzw. von Fremdsteuerung oder Selbststeuerung der Familie in der soziologischen Literatur und die wechselnde Deklarierung der familienpolitischen Leistungen als „Hilfen“ oder „Fremdsteuerung“, der Eigenleistungen der Familie als „Eigenverantwortlichkeit“ oder „Eigensteuerung“ beruht auf wechselnden Einschätzungen der Familie. Die Familienpolitik ist gewissermaßen deren zweiter Ausdruck. Sobald sich die Familienpolitik mit der familiären Realität befassen will, findet sie das Feld bereits von etwas beschlagnahmt, was man als „Familienbild“ bezeichnen könnte. Dieses hat die Familienpolitik zu legitimieren. Vor bald einem Vierteljahrhundert begann *Oeter* seine „Familienpolitik“ mit den Worten: „Die deutsche Öffentlichkeit ist in jüngster Zeit mit völlig unerwarteten Auffassungen und Einsichten über Wesen und Situation der Familie überrascht worden. Hatte sich der Familie in den Jahren nach dem ersten Weltkrieg, aber auch schon in den vorhergehenden Jahrzehnten ein Kometenschweif geistreich sprühender Untergangspropheten an die Spur geheftet, die ihr den baldigen Tod voraussagten, hatten es bis vor kurzem die Kirchen beider Bekenntnisse für notwendig gehalten, immer wieder zur Rettung der Familie aufzurufen, so erklären jetzt plötzlich namhafte Soziologen, daß die Familie das stabilste und verläßlichste Element jeder Ordnung sei, daß von ihrem Verfall in keiner Weise gesprochen werden könne und daß das ganze Untergangsgerede lediglich die Begleitmusik eines gewaltigen Umschichtungs- und Anpassungsvorganges sei, den die Familie und mit ihr der Mensch in der Auseinandersetzung mit der Technik und der von ihr gestellten Probleme durchstehen müsse und durchstehen werde“ (1954: 7). Vor einer ähnlichen Situation scheinen wir heute wieder zu stehen. Man braucht die westdeutsche Familienpolitik in ihrer Entwicklung seit dem zweiten Weltkrieg nur oberflächlich zu betrachten um feststellen zu können, daß sie in erstaunlich *rascher Folge* zwischen verschiedenen Familienbildern *oszilliert hat*, und daß sich die programmatische Familienpolitik heute in eher noch rascherer Weise, als dies *Oeter* aufgefallen ist, gewandelt hat.

Üblicherweise werden in der deutschen Nachkriegsfamilienpolitik bis zur Gegenwart zwei familienpolitische Phasen mit entsprechenden Tendenzwenden unterschieden (*Neidhardt* 1978; *Kaufmann* 1978). Die *erste* Phase sei geprägt von der christlichen Sozialethik, vor allem der Moralphilosophie der katholischen Kirche. Die Familie gilt als Hort des Vertrauens und der Liebe, als Keimzelle des Staates, als tragender Grund aller anderen Verhältnisse. Die Familie, als eine naturwüchsige Erscheinung, ist dementsprechend nur in Grenzen politisch gestaltbar, einer direkten politischen Unterstützung bedarf sie nicht. Gesellschafts- und ordnungspolitisch stehen entsprechend das Subsidiaritätsprinzip, die Nachordnung der öffentlichen Hand nach den privaten, wohlfahrtsverbandlichen und kirchlichen und vor allem familiären

Unterstützungssysteme im Vordergrund. Die ökonomische Interventionsform (Kindergeld, Steuererleichterungen, Subventionen) wird als die ordnungspolitisch verträglichste angesehen und entsprechend toleriert. In dieser ersten Phase entsprechen Familienbild und Familienpolitik der damaligen politischen Konstellation. Die ersten beiden Familienminister (zur Institutionalisierung eines Familienministeriums auf Bundesebene kam es im Jahre 1953) kommen aus dem Lager der Christlichen Demokraten.

Anfang der sechziger Jahre hat sich, unseren Gewährsleuten entsprechend, die *zweite* Phase eingestellt (*Neidhardt* 1978: 143). Es ist von einer allgemeinen familienpolitischen Tendenzwende die Rede (*Neidhardt* 1978: 143; *Kaufmann* 1975). Die mittels Transferzahlungen und durch die freien und kirchlichen Wohlfahrtsorganisationen geleisteten flankierenden und insgesamt zurückhaltenden Maßnahmen (denen freilich ein naiver Rigorismus hinsichtlich des Glaubens an den Wert der Familie zur Seite stand), werden sukzessive in einen voll instrumentierten sozialpolitischen Werkzeugkasten eingebettet – und treten gegenüber rechtlichen, ökologischen und pädagogischen Interventionsformen (in der Terminologie von *Kaufmann et al.* 1980: 41ff.; ausführlicher in diesem Band S. 66ff.) eher in den Hintergrund. Der Höhepunkt dieser Tendenzwende schlägt sich in der Stellungnahme der Bundesregierung zum „*Zweiten Familienbericht*" (1975: V-XXVII) nieder. Insbesondere pädagogische Interventionsformen, also zweckgebundene (Dienst-)Leistungen im Sinne einer Förderung der Sozialisationsaufgabe der Eltern, einer Stärkung ihrer Erziehungsfähigkeit durch eine Fülle neuer pädagogischer Angebote, werden installiert und ausgebaut, die Familie damit in ein pädagogisches Steuerungsfeld hineinmanövriert.

In diesem Sinne hat sich das Familienbild gewandelt. Das Vordringen der pädagogischen Interventionsform, der Ausbau von Maßnahmen, durch die den Familien oder Familienmitgliedern die Inanspruchnahme pädagogischer Interventionen ermöglicht werden soll, und nicht zuletzt auch die familienpolitisch relevante Gesetzgebung, die zunehmend auf eine rechtliche Gleichstellung der Familienmitglieder abzielt (vgl. dazu den Beitrag von *Sachße/Tennstedt* in diesem Band), wird begründet mit einer derlei Maßnahmen erfordernden Leistungsschwäche der Familie, die sich zeige in der Verkleinerung der Familienhaushalte, dem Anschnellen der Scheidungsraten und Unehelichkeitsziffern, der überall konstatierten Zunahme von Verhaltensauffälligkeiten und Verhaltensstörungen bei Kindern (typische Arbeiten dieser Phase stammen von *Neidhardt* 1976a; *Wurzbacher* und *Cyprian* 1975; *Milhoffer* 1973; *Mollenhauer* 1970. Vgl. dazu *Konau/Härtel* 1979). Der „*Zweite Familienbericht*", der wohl bei der Diffusion wissenschaftlich erarbeiteter Ergebnisse eine kaum zu unterschätzende Rolle gespielt hat, behandelt in diesem Sinne fast ausschließlich die Leistungsgrenzen und Leistungsschwächen der modernen Familie, obwohl es der Auftrag der Sachverständigenkommission war, die *Leistungen und Leistungsgrenzen* der Familie zu untersuchen. Dementsprechend steht in ihm die Frage im Mittelpunkt, „ob und aus welchen Gründen bestimmte Funktionen möglicherweise oder zwingend an andere, der Familie neben- oder nachgelagerte Institutionen delegiert werden können bzw. sollen, weil die Familie . . . diesen Aufgaben nicht oder nicht hinreichend gewachsen ist" (1975: 12). Die Familie ist nicht mehr die ursprüngliche Erscheinung und die anderen Verhältnisse davon abgeleitete, sondern eine gleichsam kraft politischem Auftrag handelnde. Die Erziehung ist eine „gesamtgesellschaftliche Aufgabe . . . Die Wahrnehmung dieser Aufgabe überträgt unsere Gesellschaft Familien und außerfamiliären pädagogischen Einheiten". Ausgehend nicht mehr von einer naturwüchsigen Einheit der Familie, sondern von ihren Funktionen, wird die konventionelle Familie als mehr oder minder repressiv, funktionsleer, isoliert und hilfebedürftig dargestellt – und werden entsprechende familienpolitische Korrekturen angemahnt.

Der rauhe Wind der schwersten Wirtschaftskrise der Nachkriegszeit hat dann freilich einen intensiveren Ausbau des pädagogischen Steuerungsfeldes verhindert. Gleichzeitig begann sich über die beiden in der Regel unterschiedenen Phasen der westdeutschen Nachkiegsfamilienpolitik hinaus die Kontur einer *dritten* Phase abzuzeichnen. Bis zu einem gewissen Grade ist auch der *„Dritte Familienbericht"* der Bundesregierung (1979) ein Ausdruck dieses erneuten Aufmerksamkeitswandels. Wenn gelegentlich gesagt worden ist, der Zweite Familienbericht sei familienfeindlich, so ist der Dritte familienfreundlich. Darin werden die Leistungen der Familie in einem optimistischeren Lichte gesehen (vgl. z. B. die überraschenden Erörterungen der „Hilfeleistungen zwischen den Generationen im Anschluß an eine Untersuchung von *Roussel* und *Bourguignon* 1976: 59). Ihre Leistungspotentiale müssen genutzt, nicht zerstört werden (wie beispielsweise durch eine forcierte Propagierung der Erwerbstätigkeit der Frau). Insbesondere muß die Reproduktionsfunktion ernst genommen werden, die Familienpolitik sollte dafür Sorge tragen, daß die Alternative, Kinder zu haben, wieder attraktiver wird (1979: 163ff.). Die vorgeschlagenen Maßnahmen sind wieder betont ökonomischer Natur.

Neben Wirtschaftskrise und Finanzierungsnöten der öffentlichen Hand, haben insbesondere die Diskussion über die Grenzen des Wachstums, die haushaltsökonomische Renaissance und die feministischen Provokationen diese Konturen deutlicher gemacht. Aber auch die historische Familienforschung hat mehr oder weniger unverblümt mit jenen, die Familiensoziologie und das familienpolitische Leitbild prägenden, romantischen Verklärungen der vorindustriellen Großhaushalte und Großfamilien aufgeräumt und damit die Erosion alter Leitbilder und neumodischer „familistischer" Kritik beschleunigt (vgl. *Mitterauer/Sieder* 1977, *Conze* 1978; *Hausen* 1975). Im

Mittelpunkt des Familienbildes stehen nicht mehr Leistungsschwächen der Familie hinsichtlich ihrer familiären Binnenbeziehungen und ihre pädagogischen und erzieherischen Funktionen; vielmehr tritt die Resistenz und Belastbarkeit der Familienhaushalte in bezug auf ihre emotionale und pädagogische Verantwortlichkeit wie auch hinsichtlich anderer Funktionen wieder verstärkt in den Vordergrund. Kurz: Die Familie ist in ihren immateriellen Leistungsmöglichkeiten wiederentdeckt.

Diese knappe Vergegenwärtigung der Familienpolitik in der Bundesrepublik veranschaulicht, daß auf der Ebene der Ziele weder Kontinuität hinsichtlich der Funktionsfähigkeit der Familie, noch der Schwere der einzelnen Leistungsbehinderungen und Leistungsschwächen besteht. „Von praktikablen Zielsetzungen wird man nur dort sprechen können, wo Mittel und Zweck in einer auch empirisch gesicherten Sachbeziehung stehen, wo nur etwas als Ziel angenommen wird, über dessen sachlichen – und nicht bloß werthaften – Gehalt Übereinstimmung besteht“, bemerkt *Wingen* in seinem Umriß einer rationalen Familienpolitik (1971: 170). Die schnelle Folge rivalisierender Zielsetzungen in der Familienpolitik (das neueste Beispiel: die Familienpolitik als Bevölkerungspolitik) kann nur bedeuten, daß die Wertbeziehungen den sachlichen Gehalt übertrumpfen, der Themenwechsel einen Wertwandel widerspiegelt und weniger einen Wandel der Leistungsmöglichkeiten und Leistungsgrenzen der Familie.

Innerhalb der letzten Jahrzehnte hat sich das Familienbild dreimal gewandelt. Die Amplitude der Umschwünge ist kurz, die Karriere der Konzepte teilweise deckungsgleich mit dem Wechsel politischer Konstellationen und wirtschaftlicher Umbrüche, teilweise übereinstimmend mit den Phasen der familiensoziologischen Forschung im Nachkriegs-Deutschland (vgl. *Rosenbaum* 1973, *Schwägler* 1975). Es ist nicht gesagt, daß der Themenwechsel Beliebigkeit impliziert (vgl. *Krüger* 1979: 5). Er spiegelt möglicherweise einen realsoziologischen Wandel. Die Schnelligkeit und Abruptheit dieses Wandels, sei er nun real-soziologisch belegbar oder folge er lediglich den modischen Spitzen der allgemeinen Diskussion über die Familie, macht aber das Rationalitätsdefizit der Familienpolitik aus. Die Wissenschaft hätte sich eher um die Aufklärung dieses Tatbestandes zu bemühen als einer „nicht-halbierten Rationalität“ zu hofieren. Und die Familienpolitik hätte sich über ihren – parteipolitisch bedingten – Opportunismus hinsichtlich der Bevorzugung eines der zur Wahl stehenden Familienbilder im Klaren zu sein (zum „prinzipiellen Opportunismus“ der SPD-Familienpolitik vgl. *Herzer* 1979; zur Veranschaulichung vgl. die Parlamentsdebatte über den Dritten Familienbericht. Auszüge finden sich in: *Das Parlament* 6, [1980]).

In dieser, hinsichtlich der Konstruktion einer rationalen Familienpolitik, ziemlich unerfreulichen Situation kann man sich freilich fragen, ob sich so etwas wie eine Rangfolge von mehr oder weniger konsensual beurteilten Zielen der Familienpolitik und entsprechender Definitionen der Familie nachweisen läßt, wenn man die wechselnden Zielsysteme und Lagebeurteilungen zusammennimmt. Dies ist in der Tat der Fall. Bei allem Wandel der familienpolitischen Zielsetzungen und der entsprechenden Beurteilungen der Lage der Familie besteht der Grundkonsens, die Familien durch familienpolitische Maßnahmen materiell ökonomisch abzusichern. Konsens besteht gewiß auch darüber, daß die erzieherische Situation, die Sozialisationsfunktion der Familie von größter Wichtigkeit ist, nicht aber, ob und in welchem Ausmaß sie familienpolitisch gefördert und gestärkt werden kann. Das pädagogische Minimum scheint nicht im gleichen Maße plan- und operationalisierbar zu sein wie das materielle. Dennoch sind gerade die Sozialisationsfunktionen, das pädagogische und ökologische Umfeld als familienpolitisch beeinflußbare Größen in den Vordergrund getreten. Wenn die einzelnen familienpolitischen Interventionsformen einer genaueren Betrachtung unterzogen werden, kumulieren sich bei der pädagogischen Interventionsform die Schwierigkeiten.

11.3. Die Rationalität familienpolitischer Interventionsformen

Gegenüber der Vielzahl schnell wechselnder und miteinander rivalisierender Wertvorstellungen fällt es entsprechend schwer, die familienpolitischen Maßnahmen oder Interventionsformen in bezug auf das zweite von *Wingen* genannte Kriterium – die Zielkonformität – zu beurteilen. An welchen Wertvorstellungen sollen sie gemessen, an welchen Risiken beurteilt werden? Wie soll dies gelingen, wenn die obersten Ziele nicht als Daten in das System eingeführt werden können, sondern ein bunter Pluralismus von solchen miteinander im Streit steht, von denen offenbar keines das Primat für sich beanspruchen kann? Soll man sich vielleicht besser von der Frage der Zielkonformität lösen und nur noch nach ihrer „Wirksamkeit“ fragen, wie es (aufgrund dieser Sachlage vielleicht gezwungenermaßen) *Kaufmann et al.* (1978) tun? Kommt damit nicht die ganze Zweck-Mittel-Rationalität der Familienpolitik ins Wanken, so daß, solange in dieser Hinsicht ein Dissens besteht, die Frage der Zielkonformität der Mittel gar nicht angepackt werden kann?

Da mindestens der Minimalkonsens besteht, daß auf dieser Prioritätenliste der Zwecke die materielle Sicherung der Familie an erster Stelle kommt und die entsprechenden familienpolitischen Maßnahmen (Familienlastenausgleich, Sicherung des Unterhalts der Kinder in unvollständigen Familien, Ausbildungsförderung und andere wirtschaftliche Familienhilfen) im zweiten und im dritten Familienbericht unumstritten sind, scheint die *ökonomische Interventionsform* zunächst noch unproblematisch zu sein. Folgende Präzisierungen sind freilich notwendig: Umstritten ist nicht nur die Höhe einzelner wirtschaftlicher Hilfen sondern auch ihre sozialpolitische Ausgestaltung (z. B. die Frage einer einkommens- und altersabhängigen Gewährung von Kindergeld). Der eigentliche Dissens besteht aber in der Beantwortung der Frage, ob die Einkommensleistungen zweckgebunden oder nicht zweckgebunden gewährt werden sollen (vgl. dazu etwa die Erwägungen in *Wissenschaftlicher Beirat* 1980: 182ff.). Und zwar treten in bezug auf diese Frage ordnungspolitische Ziele in Konkurrenz zu den familienpolitischen. Familienpolitisch kann geltend gemacht werden, daß materielle Leistungen nicht im Sinne einer Stärkung der Familie oder einzelnen Familienmitglieder verwandt würden, sondern für „sinnlose" Konsumausgaben. Sie erhöhten damit das verfügbare Einkommen der Familie, doch bleibt es offen, ob die Eltern das Geld für die familienpolitisch intendierten Ziele verwenden. Freilich wird geltend gemacht, daß eine nicht zweckgebundene Gewährung von materiellen Hilfen ohne viel Verwaltungsaufwand möglich und dem ordnungspolitischen Ziel einer freien Verfügbarkeit der Gelder am Markt, und auch seiner Voraussetzung, der Marktfähigkeit der Individuen, entspreche.

Betrachtet man nun die *pädagogische Interventionsform,* mit der die immaterielle Situation der Familie, ihr Zusammenhalt und die erzieherische Funktion („Familienpolitik als Sozialisationspolitik") gestärkt werden soll, unter dem Rationalitätsgesichtspunkt, so wird deutlich, daß sie gravierende Mängel aufweist. Während die Zielsetzung bei den materiellen Hilfen problemlos operationalisierbar sind (nämlich monetär, z. B. in Form von Existenzminima) und daraus auch der Umfang materieller Hilfen für die einzelnen Familientypen abgeleitet werden kann, ist die Operationalisierung eines entsprechenden „immateriellen" oder „sozialen" Existenzminimums nur sehr vage umschreibbar. Viele Behauptungen über Sozialisationseffekte und über das, was dem familiären Klima „gut tut", haben Hypothesencharakter, ja widersprechen sich (vgl. *Ewert* 1978). Wenn schon die Indikation immaterieller Bedarfslagen fraglich ist, sind es natürlich auch die daraus abgeleiteten familienpolitischen Maßnahmen. Da ferner die Indikation immaterieller familiärer Bedarfslagen nicht – wie bei denEinkommensleistungen – anonym (z. B. über die Gehaltslisten oder Steuerbescheide) möglich ist, sondern individuell erfolgen muß, ist der Schritt von der familienpolitischen Hilfe zur familiären Überwachung nicht allzu weit. Insbesondere dann, wenn die Familienpolitik bürgernah und präventiv werden will, muß dies den Amtsstellen weitgehende neue Überwachungs- und Eingriffsmöglichkeiten eröffnen. Die rationale Sozialpolitik muß die Zwecke mit den Folgen *und* Nebenfolgen abwägen. Solche Nebenfolgen sind nicht auszuschließen, solange keine wissenschaftlichen Befunde über entsprechende Ursache-Wirkungs-Zusammenhänge vorliegen.

Schließlich ist die Umsetzung von wissenschaftlichem Wissen in familienpolitische Maßnahmen in bezug auf die materiellen Leistungen relativ unproblematisch: was man mit Geld anfangen kann, braucht nicht gelehrt zu werden. Hingegen fehlt es in bezug auf die Umsetzung wissenschaftlichen Wissens an einer Praxeologie, die der Familie konkrete Handlungsanweisungen gibt. Deren Entwicklung ist freilich mit prinzipiellen, in der Natur der Sache liegenden Schwierigkeiten verbunden. Denn die Beziehungen in der Familie sind in Unmittelbarkeit, Spontaneität und leiblicher Intersubjektivität fundiert und nur um den Preis des Verlustes von Unmittelbarkeit durch voraussehende Selbstkontrolle und „geplante Beziehungsarbeit" zu ersetzen. Bei *Fenelon* und bei *Rousseau* war das die Frage, ob die natürliche Verbundenheit und Solidarität der Eltern zu ihren Kindern nicht gerade durch die Reflexion eingebüßt werde (vgl. zu dieser Frage *Spämann* 1963: 138 ff). Und wie wir wissen, war *Rousseau* nicht nur ein schlechter, sondern ein miserabler Vater. Heute muß die Frage diskutiert werden, ob die Übernahme wissenschaftlichen Wissens die natürlichen Weltbilder zerstört und zwar unter dem generellen Anspruch der modernen Wissenschaften, sie reinigten die natürliche Weltanschauung von Irrtümern (vgl. dazu den Protest der phänomenologisch orientierten Soziologie gegen den Szientismus der modernen Wissenschaften; zusammenfassend: *Bernstein* 1979). Was *Elisabeth Konau* und *Ulrich Härtel* provokativ so formuliert haben, ob nicht der beste Pädagoge der naive Pädagoge sei, ist nicht eine, sondern die entscheidende Frage in diesem Zusammenhang (1979: 10).

Dissens besteht auch hinsichtlich der Ausgestaltung der *rechtlichen Interventionsform.* Unbestritten ist die Zielsetzung, daß nämlich die Familie als grundgesetzlich geschütztes Gut auch rechtlich abgesichert werden müsse. Die Konkretisierung dieser Rechtsnorm bringt freilich tiefgreifende Unterschiede an den Tag. Pointiert läßt sich die Diskussion im Satz zusammenfassen: „Der Staat soll die Familie schützen, sie aber gleichzeitig in Ruhe lassen" (vgl. *Huhn* 1977). Der bürgerliche Familienbegriff hat zwar die Familie grundsätzlich als rechtsfreien Raum begriffen, die binnenfamiliären Beziehungen, den familiären Innenraum als „Privatsphäre" belassen. Das Familienrecht unterliegt aber seit Mitte der Fünfziger Jahre einem tiefgreifenden Wandel (vgl. *Sachße* und *Tennstedt* in diesem Band).

Das Familienrecht beginnt sukzessive in den Binnenraum der Familie hineinzugreifen. Das Verhältnis der Ehegatten untereinander und das Verhalten der Eltern gegenüber den Kindern wird „normiert", wobei die Exekution dieser Normen natürlich nur im Grenzfall stattfindet. Das Recht wird teilweise zum Instrument pädagogischer Belehrung, so etwa wenn die Eltern gehalten sind, Fragen der elterlichen Sorge mit ihren Kindern zu diskutieren (§ 1626, Abs. 2: „Bei der Pflege und Erziehung berücksichtigen die Eltern die wachsende Fähigkeit und das wachsende Bedürfnis des Kindes zu selbständigem, verantwortungsbewußtem Handeln. Sie besprechen mit dem Kind, soweit es nach dessen Entwicklungsstand angezeigt ist, Fragen der elterlichen Sorge und streben Einvernehmen an"). Daß diese Normierungen von einer teilweise groben Polemik begleitet sind, ist verständlich (vgl. z. B. *Herrmann* 1978, *Hattenhauer* 1979, *Stockinger* 1979). Die Frage, ob die rechtliche Interventionsform die Familie als Lebenseinheit oder die einzelnen Glieder der Familie absichern soll, scheidet die Geister ebenso wie die Frage, ob die Familienpolitik durch Rechtsgestaltung überhaupt auf die Binnenstruktur der Familie einwirken soll. Die forcierte Mitgliederpolitik entspricht einerseits dem liberalen Leitbild individueller Autonomie, andererseits wird vermutet, daß durch sie dem gemeinsamen Interesse der Eheleute und ihrer Kinder der Boden entzogen werde (vgl. *Weinacht* 1980: 4). Antworten in diesem Bereich bleiben solange im Ideologischen stecken, als über die faktische Wirkung rechtspolitischer Maßnahmen auf die Lebensverhältnisse der Familie nichts bekannt ist.

Was schließlich die *ökologische Interventionsform*, also die gezielte Beeinflussung der sozialen Umwelt der Familie betrifft, so herrscht weitgehend Einigkeit über die Zielsetzung, eine familien- und kindgerechte Umwelt, sofern sie gefährdet ist, zu erhalten oder mittels sozialpolitischer Maßnahmen zu schaffen. Im wesentlichen handelt es sich bei den Maßnahmen um das Angebot an Kollektivleistungen wie Spielplätzen, Kindereinrichtungen, Beratungsstellen u. ä. m. Dissens besteht freilich darüber, von welchem oder welchen Trägern das Angebot aufrechterhalten und wie weit die Nutzung entsprechender Einrichtungen allein auf Freiwilligkeit beruhen soll.

Im folgenden soll nun jene Interventionsform genauer betrachtet werden, die kontrovers diskutiert wird, soziologisch besonders interessant ist und außerdem eine der Marschrichtungen moderner Sozialpolitik am deutlichsten spiegelt, nämlich die *pädagogische* bzw. *sozialpädagogische*. Die Neuorientierung der Sozialpolitik wie sie nun seit geraumer Zeit diskutiert wird, meint einerseits – v. a. in der „Neuen sozialen Frage" – ein Heranziehen der privilegierten Arbeitnehmer zur Umverteilung zugunsten der Nichtarbeitnehmer bzw. jener, die überhaupt nicht oder nicht mehr erwerbstätig sind (*Geissler* 1976). Andererseits sollen in der Wendung von einer quantitativen zu einer qualitativen, aktiven und präventiv orientierten Sozialpolitik aber insbesondere die sozialen Dienst- bzw. Sachleistungen gegenüber den Einkommensleistungen forciert werden, da mit diesen offenbar eine bessere Umverteilung erzielt werden kann (Gewährung nach Bedarfsprinzip, ausg. Sozialversicherung – vgl. dazu *Widmaier* 1976; *Badura/Gross* 1976; neuerdings *Strasser* 1979). Die Tendenz zur Dienstleistungspolitik schlägt sich nicht nur in der Programmatik, sondern auch in der Leistungsbilanz der Sozialpolitik nieder. Der Anteil der sozialen Dienstleistungen am Sozialbudget hat sich in den letzten Jahren anteilsmäßig verdoppelt. Die Expansion der Dienstleistungen in der sozialpolitischen Bilanz bedeutet eine Zunahme jener Sozialleistungen, in denen mindestens ein unmittelbarer

Kontakt zwischen Produzent und Konsument zustandekommen und diese gemeinsam kooperieren müssen, damit überhaupt produziert werden kann. Der Arzt kann nicht behandeln ohne einen präsenten Patienten, der Sozialarbeiter kann nicht beraten ohne einen kooperierenden Klienten, die Krankenschwester kann nicht pflegen ohne Pflegebedürftige. Damit beginnt sich die Sozialpolitik in einer lautlosen, aber für den Einzelnen vitalen Weise zu wandeln. Dieser Wandel spiegelt sich auch in der Familienpolitik. Die pädagogische Interventionsform entspricht dieser offensiven und präventiv orientierten Sozialpolitik.

11.4. Die Problematik der pädagogischen Interventionsform

11.4.1. Das Vordringen der pädagogischen Interventionsform

Unter der „pädagogischen Interventionsform" werden „Maßnahmen zur Beeinflussung der Bewußtseinslage der Bevölkerung oder bestimmter Zielgruppen" verstanden, im Rahmen derer „soziokulturelle Wertorientierungen und Wissensbestände entweder bewußt aktiviert und verbreitet oder zurückgedrängt werden". Der Staat engagiert sich durch „Öffentlichkeitsarbeit sowie durch die Bezuschussung von Bildungswerken und Beratungsdiensten, aber auch über die Beeinflussung der Bildungsinhalte des Schulwesens sowie der Lehrer- oder Sozialarbeiter-Ausbildung" (*Kaufmann et al.* 1980: 42f.). Diese Definition ist nicht deckungsgleich mit offiziellen oder amtlichen Abgrenzungen familienpolitischer Leistungen. Es ist daher schwer, das Vordringen der pädagogischen Interventionsform gegenüber den anderen aufwandmäßig nachzuweisen. Ein solcher Nachweis ist naturgemäß auch darum schwierig, weil die anderen Interventionsformen pädagogische Interventionen implizieren können, ja sogar, wie etwa die ökologische Interventionsform (welche die Nutzung sozialer Dienstleistungen befördern soll), als Hilfsfunktionen der pädagogischen aufgefaßt werden können. Außerdem ist es schwierig, die pädagogische Intervention von nichtpädagogischen Interventionen, wie etwa der Sachberatung, abzutrennen, was nebenbei die Frage aufwirft, wo die Beratung in Fachfragen in einer Kategorisierung von Interventionsformen von *Kaufmann* u. a. überhaupt unterkommt. Schließlich stellt sich die Frage, inwieweit die zum Teil stark subventionierten familienpolitischen Tätigkeiten der freien Wohlfahrtsorganisationen der Kirchen, welche wohl großteils einen pädagogischen Charakter haben, zur staatlichen Sozialpolitik zu rechnen sind. Werden sie nicht dazu geschlagen, ist der gesamtgesellschaftlich und außerfamiliär geleistete Umfang an pädagogischer Intervention auf jeden Fall optisch zuungunsten der pädagogischen Interventionsform verzerrt.

Wesentlich einfacher ist es, das Vordringen der pädagogischen Interventionsform in der familienpolitischen Programmatik nachzuweisen. Dies kann leicht anhand eines Blickes auf den Inhalt des „Zweiten Familienberichtes" geschehen. Die für den „Zweiten Familienbericht" verantwortliche Sachverständigenkommission gab sich selber das „Grundprinzip" vor, den finanziellen Aufwand für nicht-zweckgebundene wirtschaftliche Hilfen zugunsten von zweckgebundenen einzuschränken" (90). Es gehört zu den formalen Prinzipien der Kommission, „wo immer dies möglich ist", *zweckgebundene* und nicht auflagenfreie oder bedingungslose Hilfen zu gewähren, um erwünschte Wirkungen hervorzurufen" (136) und *Katharina Focke*, der damalige Bundesminister für Jugend, Familie und Gesundheit schreibt im Vorwort zur Stellungnahme der Bundesregierung: „Damit untermauern sie (die Kommission, die den Zweiten Familienbericht erarbeitet hat – PG) ausdrücklich die Auffassung der Bundesregierung, wonach Familienpolitik nicht auf materielle Einkommenshilfen verengt werden darf . . ." (I).

Faßt man die in der Stellungnahme der Bundesregierung zum Zweiten Familienbericht genannten Projekte im Sinne des Ausbaus eines „umfassenden, integrierten Erziehungs-, Bildungs- und Beratungssystems" (137) zusammen, so ergibt sich schlaglichtartig folgendes Bild: Stärkung der Erziehungsfähigkeit der Eltern, Weiterentwicklung pädagogischer Angebote für Elternbildung, Entwicklung neuer Elternbildungsbriefe, Elternbildung im Medienverband, Elternbildung im Fernsehen, Förderung von Modellseminaren, Entwicklung von Kooperationsmodellen, Ausbau der Beratungsdienste für die Familie, Ausbau der Beratungsangebote im Bildungswesen, Förderung der Erziehungsberatung, Ausbau der Koordination der Beratung. Auch der Dritte Familienbericht weicht, obwohl er im allgemeinen Tenor die nicht zweckgebundenen Geldleistungen den Sach- und Dienstleistungen (aus ordnungspolitischen Gründen) vorzieht, von dieser Route nicht ab. Neben verbesserten Geldleistungen (Kindergeld, Wohngeld, Ausbildungsförderung, Erziehungsgeld und eigenständige Sicherung der Frau (166) gilt es die Sozialisations- und Plazierungskompetenz der Eltern zu stärken und das generative Verhalten durch Maßnahmen zur Förderung der Bereitschaft junger Paare, Kinder zu haben, zu beeinflussen. Dies soll erreicht werden durch eine „erheblich verbesserte" Vorbereitung junger Menschen auf Ehe, Familie, Haushaltsfunktionen und Kinderbetreuung", durch Maßnahmen zur „Stärkung des Selbstvertrauens von Vätern und Müttern in dieser ihrer Rolle durch eine gezielte Öffentlichkeits- und Elternarbeit", durch Maßnahmen zur „Erweiterung des Verantwortungshorizontes junger Paare bei der Familienplanung . . ." sowie durch Maßnahmen zur „Erweiterung der Beratungsstellen für die Familienplanung" (182).

Die durchgehende Zustimmung zu Bildungs-, Betreuungs- und Beratungsmaßnahmen steht nun keineswegs in einem Zusammenhang mit dem

Umstand, daß die Bundesregierung ihre Zustimmung und ihre Unterstützung im wesentlichen denjenigen Vorschlägen leiht, welche in die Kompetenz der Länder und Kommunen und nicht in ihre eigene fallen", wie dies etwa *Kaufmann* in einer Besprechung des Zweiten Familienberichtes vermutet (*Kaufmann* 1976). Entsprechend pragmatisch und haushaltsorientiert müßte dann eigentlich die Politik der Länder und Kommunen sein, sie müßten jenen Maßnahmen hohe Priorität einräumen, die in die Kompetenz des Bundes fallen. Dies ist nicht der Fall. Im Gegenteil, auch die Länder betonen das „pädagogische Steuerungsfeld" der Familienpolitik, ja räumen einem Ausbau der Dienstleistungen für die Familien (v. a. Bildungsmaßnahmen und Beratungsangebote) Vorrang vor anderen Vorhaben ein. So nennt der letzte Familienbericht von Baden-Württemberg (1976) unter den Schwerpunkten der Familienpolitik für das Land in erster Linie Maßnahmen zur Stärkung der Erziehungskraft der Familie und hier insbesondere beratende Hilfen, also Elternbildung, Erziehungs- und Jugendberatung, Ehe-, Familien- und Lebensberatung, Sexualberatung und Beratung der Familienplanung, Beratung werdender Mütter in Not- und Konfliktsituationen, Bildungsberatung und Beratung bei der Berufswahl. Diese Programmatik ließe sich durch eine Vielzahl von Äußerungen von Politikern belegen. Sie hat offenkundig die zweite Phase der Familienpolitik geprägt (wie immer sie verwirklicht worden ist und wird). Wichtiger ist es nun, die wissenschaftliche Begründung für ein verstärktes familienpolitisches Engagement hinsichtlich dieser Belange anzudeuten.

11.4.2. Die wissenschaftliche Begründung der pädagogischen Interventionsform

Das Vordringen der pädagogischen Interventionsform in der politischen Programmatik beruht auf einer Sichtweise der Leistungsstärken und Leistungsschwächen der Familie, in welcher nicht mehr nur ihre materielle, sondern auch ihre immaterielle Lage familienpolitisch bedacht wird. Diese Akzentuierung entspricht jener allgemeinen Lagebeschreibung des Menschen in der modernen Industriegesellschaft, nach der die gesellschaftliche Entwicklung die Dringlichkeitsordnung der Not verändert hat. Nicht mehr die naturale der Bedarfsdeckungswirtschaften, nicht mehr die materielle Not der Geldwirtschaft sollen nach ihr in Tertiärgesellschaften vordringlich sein, sondern vor allem Bedürfnisse, welche sozialer, psychischer oder auch somatisch-organischer Natur und infolgedessen mit Geldleistungen allein nicht zu lindern sind. Die besagte Akzentuierung spiegelt sich auch im allgemein zu konstatierenden Wandel der Sozialpolitik, in deren Bilanz die Sach- und Dienstleistungen relativ stärker zunehmen als die Geldleistungen (*Badura/Gross* 1976). Sie rührt freilich auch vom Berichtsauftrag des Zweiten

Familienberichtes, der diese Akzentuierung ja bestimmt, wenn in ihm verlangt wurde, die Leistungen und Leistungsgrenzen der Familie „hinsichtlich des Erziehungs- und Bildungsprozesses der jungen Generation zu bestimmen".

Die wissenschaftliche Begründung der pädagogischen Interventionsform beruft sich auf das kultur- und fortschrittspessimistische familiensoziologische Paradigma der „isolierten Kernfamilie" und auf entsprechend ausgewählte und gewichtete statistische und wissenschaftliche Befunde. In grober Vereinfachung behauptet dieses eine sukzessive und nunmehr nahezu abgeschlossene Auflösung der vertikalen verwandtschaftlichen Beziehungen und der horizontalnachbarschaftlichen Bezüge. Die moderne Kleinfamilie soll in bezug auf alle ihr einmal zugeschriebenen Funktionen Terrain verloren haben; so vor allem hinsichtlich der wirtschaftlichen aber auch der Statuszuweisungs- und Reproduktionsfunktion. Soviele Funktionen sind eingebüßt, daß sie gleichsam zum Treibhaus der einzigen, ihr noch voll verbliebenen Funktion, nämlich des emotionalen Spannungsausgleichs geworden ist. Diese emotionale Befriedigungsfunktion ist gewissermaßen ausgewuchert, hat das Binnenklima der Familie affektiv aufgeheizt und infolgedessen instabil und konfliktuös gemacht. Die Geschichte der Familie wird, was ihre Stabilität betrifft, als Verfallsgeschichte gedeutet. Diese Entwicklung soll die Folgen gezeigt haben, daß auf der „einen Seite zunehmend Raum für familiale Affektivität und individuelle Beliebigkeiten geschaffen" werde, auf der „anderen Seite allerdings auch die Gefahr gesellschaftlicher Isolierung erhöht" werde (Zweiter Familienbericht 1975: 19). Gesamthaft soll die Kleinfamilie vielen Aufgaben nicht mehr oder nicht mehr hinreichend gewachsen sein.

Die Annahme einer besonderen pädagogischen Hilfebedürftigkeit der Familie wird mit entsprechenden Befunden aus amtlichen statistischen und sozialwissenschaftlichen Untersuchungen untermauert. Amtlich produziert: die Verkleinerung der Familien bzw. Haushalte, die Zunahme der unvollständigen Familien, die Zunahme der Ein-Personenhaushalte, die Zunahme der Ein-Kinder-Familien, die Zunahme der Scheidungen, der Anstieg der außerhäuslichen Berufstätigkeit, die Ungleichheit der Umweltbedingungen hinsichtlich der Einkommen, der Wohnverhältnisse, der Bildung. Sozialwissenschaftlich erhoben oder psychologisch und psychoanalytisch interpretiert: eine starke Mutterzentrierung der Kinder, eine autoritäre Struktur der Familie und eine starke Familienzentrierung der Kinder, geschlechtsspezifische Rollenverteilungen, Unfähigkeit der Eltern, zunehmende Gewalttätigkeit der Eltern gegenüber Kindern, steigende Konfliktanfälligkeit der Familien (gegen innen und gegen außen), das Fehlen einer metakommunikativen Verständigungsbasis, die zunehmenden pathologischen Verhaltensauffälligkeiten und Verhaltensstörungen der Kinder und die zunehmenden psychischen und psychosozialen Probleme der Eltern und Jugendlichen.

Die schwindenden Verkehrskreise, der Ausfall der generativen und nachbarschaftlichen sozialen Kontrolle haben also die Familie in eine Gefahrenzone getrieben, in der selbst ihre positiven „Funktionen", nämlich den Kindern und einander Wärme, Stabilität und Verläßlichkeit zu geben, „treibhausmäßig" umschlagen: die Wärme möglicherweise in „overprotection", die Stabilität in „totalitäre Beanspruchung", die Verläßlichkeit in drückende soziale Kontrolle und ungerechtfertigte Autorität usf. (vgl. z. B. Zweiter Familienbericht 1975: 58ff.), und zwar nicht nur bei den Problemgruppen. Die statistisch ausweisbare Vereinzelung, Isolierung und – über Scheidungszahlen – Zerstückelung der Familienhaushalte macht die moderne Familie bindungslos. Sie ist wie *Shorter* es ausdrückt: auf „hohe See hinausgetrieben" (*Shorter* 1977: 16). Deshalb ist Familienpolitik notwendig. Das richtungslos dahintreibende Schiff ist neu zu vertäuen. Die Familie muß (wie vor ihr der Alte, der Kranke, der Straffällige) eingespannt werden in ein „integriertes" und „multiprofessionelles" Erziehungs-, Bildungs- und Beratungssystem.

Familienpolitik wird so zur Sozialisationspolitik – und zwar als pädagogische Hilfestellung für Eltern und Kind (vgl. dazu auch *Tyrell* 1979). Die Eltern müssen erzogen, die Rolle des Kindes ihnen nahegebracht werden. Die wirtschaftlichen Hilfen können „lediglich die Sozialisationsvoraussetzungen, nicht aber die Sozialisationsleistungen beeinflussen" (S. 49 – vgl. dazu auch *Bösel* 1979). Denn die vorliegenden empirischen Daten deuten – so der Zweite Familienbericht – darauf hin, daß die materiellen Leistungen die Sozialisationsvoraussetzungen der Familie nicht entscheidend verbessern helfen.

11.4.3. Die Unplanbarkeit und Undurchführbarkeit der pädagogischen Interventionsform in einem rationalen Sinne

Werden unter der pädagogischen Interventionsform „Maßnahmen zur Beeinflussung der Bewußtseinslage der Bevölkerung oder bestimmter Zielgruppen ... im Rahmen derer soziokulturelle Wertorientierungen und Wissensbestände entweder bewußt aktiviert und verbreitet oder zurückgedrängt werden ..." verstanden (so die Definition der pädagogischen Interventionsform von *Kaufmann et al.* 1980: 41), so macht schon diese *Definition* stutzig. Wer bestimmt denn die Wertorientierungen und Wissensbestände, die familienpolitisch aktiviert oder zurückgedrängt werden sollen? Wie soll dies geschehen?

Daß dem Staat so offenherzig eine „pädagogische Aufgabe" überbunden wird, ist zumindest unüblich. Möglicherweise ist man dadurch der noch fragwürdigeren Rede von einer „therapeutischen Interventionsform" ausgewichen. Dann wäre in der Tat „jede Familienberatung schon Therapie" (vgl. *Günther* 1979). „Therapie" heißt Heilung kranker Menschen, „Familientherapie" dann Heilung kranker Familien. Der zunächst permissiv auftretende, „therapeutische" und bürgernahe Staat, mit seiner „gütigen" Umbenennung aller Probleme in Krankheiten, ist im Zugriff dann um so bedrohlicher (vgl. dazu das hierzulande nahezu unbekannte Buch von *Kittrie* 1971 und die scharfe Abrechnung mit der therapeutischen Ideologie von *North* 1972). Die „Pädagogik" andererseits ist im allgemeinen Verständnis auf unselbständige, insbesondere junge Menschen ausgerichtet. „Politik" hingegen ist doch die gemeinsame Regelung gemeinsamer Angelegenheiten unter der Voraussetzung der Selbständigkeit der beteiligten Personen.

Die pädagogische Interventionsform ist nun aber in diesem Zusammenhang vor allem darum so problematisch, weil sie sich von den von ihr zu definierenden und zu erfassenden Risiken und Leistungsschwächen her *nicht an den Maßstäben rationaler Sozialpolitik messen* läßt. Rationale Sozialpolitik impliziert eine klare Zielsetzung, einen zielkonformen Mitteleinsatz und systematische Erfolgskontrollen bei der Realisierung der Maßnahmen. Eine klare Zielsetzung setzt eine konsensuale, d. h. überprüfbare Indikation der Risiken voraus, der zielkonforme Mitteleinsatz einen geklärten Zusammenhang zwischen Ursache und Wirkung bzw. eine Abschätzung des sozialpolitischen Aufwands zur Beseitigung der pädagogischen Hilfebedürftigkeit. Bei der pädagogischen Interventionsform ist keine dieser Voraussetzungen gegeben.

Zunächst zur Bestimmung der Bedarfslage. Diese muß politisch definiert werden, weil eine Steuerung des Angebots an entsprechenden Leistungen durch eine laufend bekundete Nachfrage entfällt. In der Familienpolitik ist die Bestimmung des bonum commune zusätzlich erschwert, weil es für den Konsumenten der Leistungen der öffentlichen Hand unmöglich ist, die Kostenträchtigkeit einzuschätzen, da die Familienpolitik nicht über Versicherungssysteme betrieben wird. Dies gilt auch für die Einkommensleistungen. Immerhin ist transparent, wieviel man für die wichtigsten Einkommensleistungen zu erwarten hat (z. B. an Kindergeld). Für die immateriellen Bedürfnisse und die entsprechenden pädagogischen und sozialpädagogischen Leistungen gilt auch das nicht. Was die Bestimmung der Bedarfslage betrifft, herrscht – siehe die rivalisierenden Familienbilder – ein weitgehender Dissens über deren Vorkommen, über deren Qualität und Quantität. Es gibt kein der „Lebenshaltung" vergleichbares und problemlos zu objektivierendes soziales oder pädagogisches „Existenzminimum", welches die für das soziale und familiäre Überleben erforderliche psychische Resistenz und Belastbarkeit garantiert. Die entsprechenden Zahlen über die pädagogische Hilfebedürftigkeit von Eltern und über dadurch hervorgerufene Verhaltensstörungen bei Kindern beruhen, wie die seit Jahren herumgebotenen Zahlen über psychiatrische Behandlungsbedürftigkeiten, auf einer völlig ungesicherten Grundlage und sind häufig schlicht unsinnig (*Keupp* 1974; *Gross* 1978).

Wenn die Indikation der pädagogischen Hilfebedürftigkeit der Familie als ein wissenschaftlich nicht zu rechtfertigender Euphemismus bezeichnet werden muß, wie soll dann die Zielkonformität der Maßnahmen beurteilt werden? Die wissenschaftliche und politische Diskussion der sozialpädagogischen Interventionsmöglichkeiten ist aus diesem Grunde kurios: auf der einen Seite wird Erziehung zur Gleichberechtigung gefordert, auf der anderen Seite Autorität als unabdingbar hingestellt. Auf der einen Seite soll die biologische Grundstruktur von Ehe und Familie neu betont, auf der anderen die Rollengleichheit forciert werden. Auf der einen Seite sollen Konflikte im familiären Binnenraum durch pädagogische Interventionen verhindert, auf der anderen sollen die Familien lernen, mit ihnen zu leben. Auf der einen Seite wird empfohlen, zugunsten der Kinder bei Ehekonflikten davonzulaufen, auf der anderen, diese um jeden Preis auszutragen. Auf der einen Seite soll eine wissenschaftliche Pädagogik die alltäglichen erzieherischen Standards ersetzen, auf der anderen hat wissenschaftliches Wissen eine grundsätzlich ungeeignete Struktur, um alltägliches Routinewissen zu ersetzen.

Die „Irrationalität" der politisch, aus öffentlichen Mitteln bestrittenen sozialpädagogischen Interventionsform zeigt sich besonders drastisch, wenn man sich der Frage zuwendet, wie sie geplant, implementiert und realisiert wird. Politik, auch Sozialpolitik, setzt eine Identifizierung der Natur der Mangellage und des Umfangs des bedürftigen Klientels voraus. Erst dann lassen sich Maßnahmen personell, sachlich und finanziell planen. Für eine rationale Sozialpolitik ist es unabdingbar, über den zu erwartenden sozialpolitischen Aufwand Bescheid zu wissen. Die Natur der Bedarfslage verunmöglicht dies. Weder läßt sich die „Gravität" der Mangellage konsensual objektivieren, noch die „Necessität" des notwendig werdenden familienpolitischen Aufwandes einheitlich bestimmen. Diese Unbestimmtheit der zu bearbeitenden Probleme zeigt sich auch in der entsprechenden Datenlage. Sie ist praktisch inexistent. Dies führt in der Praxis dazu, daß Angaben über unbesetzte Beratungsstellen, Wartezeiten in den Beratungsstellen oder einfach ausländische Bedarfsnormen (z. B. solche der WHO) importiert und als objektive Bedarfe ausgegeben werden. Die Bedürftigkeiten nach Beratung, Hilfe und Trost sind zwar keine soziologisch und psychologisch verstärkte Ideologie und auch keine medienverstärkten „linken Hirngespinste" (vgl. *Habermas* 1979: 18). Nur: Ihre Objektivierung folgt verschlungenen und nicht nur vom Helferwillen getragenen Wegen, und ihre Lösung – das ist der entscheidende Punkt – ist in monetarisierten, bürokratisierten und professionellen Dienstleistungssystemen keineswegs immer am besten aufgehoben, wie dies der soziologische Szientismus mit seiner Annahme, die Alltagswelt sei ein barbarisches Hinterland voller Irrtümer, glauben machen will (vgl. *Grunow* 1977: 399 ff.; *Gross* 1981 b)!

Die praktische Realisierung sozialpädagogischer Interventionen schließlich hat einen irrationalen Anstrich, weil aus der Natur der Bedarfslage bzw. dem Fehlen klarer Kriterien folgt, daß eine politische Kontrolle (z. B. durch Supervision) der Bestimmung der Mangellage und ihrer Verknüpfung mit einer familienpolitischen Maßnahme sehr erschwert ist. Da die Indikationen prinzipiell negotiabel, bestreitbar sind, sind auch ihre positiven Bestimmungen prinzipiell rechtfertigbar. Diagnose und personeller Aufwand sind von der Profession immer zu legitimieren, von der kontrollierenden und Rechenschaft verlangenden Bürokratie schwer anzugreifen. Damit wird die wirtschaftlich einmalige Doppelfunktion des Sozialpädagogen, Beraters, Psychologen etc. als Nachfragefixierer und Anbieter der gleichen Leistungen in einem verstärkt (*Gygi* 1977). Die Definitionsmacht der Profession wächst noch mehr.

Zum Schluß sei noch an einige nachgerade bekannte Probleme erinnert, die bei der unmittelbaren Erbringung (sozial-)pädagogischer Leistungen in bürokratisch-institutionellen Kontexten zu beobachten sind und von den dienstleistenden Professionen selber als schwere Beeinträchtigungen ihrer Arbeit geschildert werden (vgl. z. B. die kritische Resümierung sozialpädagogischer Arbeit im *Sozialmagazin* vom Juni 1979 und vom September 1979; vgl. auch die Erfahrungsberichte in *Nagel/Seifert* 1979). Die meisten Hilfeleistungen kommen zu spät, diese Verspätung ist gewissermaßen institutionalisiert (*Mollenhauer* 1970: 137). Die Nachfrage nach Hilfe und Trost übersteigt das institutionelle Angebot immer. Sobald eine Dienstleistung institutionalisiert und kostenlos ist, muß der Mangel organisiert werden, was sich in bedenklich langen Wartezeiten manifestiert. Die Unsicherheit angesichts der diffusen Erwartungen des Klientels und der diffusen Möglichkeiten, ihre Bedarfslage in kürzester Zeit zu erfassen, führt zur sukzessiven Substitution des persönlichen Gesprächs durch computergerechte Diagnosebögen und Anamneseschematas (die in ihrem Umfang eher Forschungsplänen für sozialpsychologische Untersuchungen gleichen (vgl. dazu *Lang* 1975; *Stumme* 1978) und zur Verabreichung von Scheinlösungen. Endlich sind, was die in diesen Tätigkeitsfeldern arbeitenden Professionen unisono beklagen, die Handlungsmöglichkeiten zur Verbesserung etwa der familiären Verhältnisse (einmal abgesehen davon, worin diese gesehen werden) gering. Wer Verhältnisse und nicht Menschen „heilen" will, ertrinkt buchstäblich in Faktoren, an denen anzusetzen wäre. Die sozialpädagogische Interventionsform kann deshalb als bloße Selbstlegitimation des Sozialstaates und einer eskalierenden Sozialbürokratie mißbraucht werden.

Die pädagogische Interventionsform, so ist zusammenfassend festzustellen, ist „unplanbar“ und „undurchführbar“ in einem rationalen Sinne. Es fehlt an operablen Zielsetzungen, weil das pädagogische „Optimum“ wie auch die pädagogischen Defizite politisch und wissenschaftlich unterbestimmt sind (für die Schwierigkeiten der Bestimmung eines politischen Optimums vgl. auch *Mollenhauer* 1978: 200).

Es fehlt mithin an Kriterien für die Zielkonformität von pädagogischen Interventionsformen. Die Identifizierung des nach (sozial-)pädagogischen Interventionen bedürftigen familienpolitischen Klientels, eine unabdingbare Voraussetzung vorausschauender Familienpolitik, ist stark erschwert. Die Erfolgswirksamkeit (Effektivität) der Maßnahmen ist ebenso schwer zu beurteilen. Erfolgsuntersuchungen gibt es kaum. Die Wissenschaft selber ist unsicher, ob die negativen Effekte (Substitutions-, Verdrängungs- und Entmündigungseffekte) größer sind als die positiven (*Glazer* 1975, *Schelsky* 1976).

11.5. Leitlinien für eine rationale Familienpolitik

11.5.1. Das Familienbild

„Social policies are built on some definition of the family and assumptions of the dominant form ...“ (*Moroney* 1976). Zielvorstellungen, seien sie nun positiv, im Sinne eines Leitbildes formuliert oder aber negativ, im Sinne einer Korrektur familiärer Risiken, Schwächen und Notlagen, sind das erste Erfordernis rationaler Familienpolitik. Zielvorstellungen sind nur auf der Grundlage einer Definition der Risiken, Hilfebedürftigkeiten und Beeinträchtigungen der Familie zu entwickeln. Das die pädagogische Interventionsform legitimierende Familienbild ist dargestellt und in seiner Plausibilität bezweifelt worden. Die nachfolgenden Gedanken sind Korrekturen, die zusammengenommen die Umrisse eines Familienbildes ergeben, welches die Leistungsfähigkeiten und -grenzen der Familie anders beurteilt und mithin eine andere Familienpolitik begründet. Wie dargestellt, sind es insbesondere zwei Behauptungen, die das Bild von der pädagogisch hilfebedürftigen Familie bestimmen: die These von der Reduktion zur isolierten Kleinfamilie einerseits, und diejenige vom Funktionswandel der Familie andererseits. Die Reduktion zur Kleinfamilie bringt pädagogische Isolierung mit sich, der Funktionswandel der Familie setzt diese einem emotionalen Überdruck aus. Daraus wird die pädagogische Schwäche der modernen Familie abgeleitet. Diese beiden Angelpunkte des – unterdessen auch zum populären Verständnis geronnenen – Familienbildes sind nun keineswegs so selbstverständlich und unverrückbar. Sie sind auch immer wieder kritisiert worden. Vor mehr als einem Jahrzehnt hat *Bahrdt* (1966) schon gegenüber der Behauptung einer Reduktion zur Kleinfamilie ins Feld geführt, daß die statistisch ausgewiesenen Daten über die Verkleinerung der Haushalte nichts über die komplementäre Realität der ständig in Haushalten neu entstehenden, vielleicht vorübergehenden, aber teilweise auch auf Kontinuität angelegten sozialen Beziehungen aussagen, also m. a. W. wesentlich mehr Personen „zusammenleben", als die Haushaltsstatistik für den Bundesdurchschnitt annimmt. *Koschorke* hat in einem bemerkenswerten Aufsatz über die amtliche Haushalts- und Familienstatistik und ihre soziologische Brauchbarkeit gewissermaßen nur die methodologischen Konsequenzen daraus gezogen, wenn er es für notwendig hält, „tatsächliches soziales Verhalten von Menschen zu untersuchen, die zusammenleben, und nicht bloß rechtliche Regelungen des Zusammenlebens oder Vorstellungen von der Familie" zu untersuchen (1972: 534).

In der Tat kann die statistische Verkleinerung der Haushalte durchaus mit einer Erweiterung der horizontalen (nachbarschaftlichen, freundschaftlichen) und vertikalen (verwandtschaftlichen) Verflechtung einhergehen. Diese Beziehungen sind freilich weniger materieller Natur (im Sinne eines naturalen Austausches von selber produzierten Sachgütern) und auch nicht finanzieller Natur (im Sinne einer gegenseitigen Unterstützung mit Geld), wenngleich, wie neuere Untersuchungen ergeben, auch solche „Selbstregulierung" im allgemeinen unterschätzt wird (vgl. *Roussel/Bourguignon* 1976; *Leitner* 1977; *Dritter Familienbericht* 1979: 69ff.). Es sind vor allem gegenseitige Hilfen und Dienste nichtmaterieller Art: nämlich Dienstleistungen. Diese konstituieren einen räumlich und generativ über die Einzelhaushalte und Einzelfamilien hinausgehenden Verbund, der in den amtlichen Statistiken über die Verkleinerung der Haushalte gar nicht ins Blickfeld gerät (vgl. die Beiträge von *Grunow* und *Heinemann-Knoch et al.* in diesem Band). Daß diese Verbundsysteme auch soziologisch nicht oder zu wenig beachtet werden, beruht auf einer verkürzten Sicht der familiären Leistungen. Die Produktionsfunktion ist nämlich nicht vollständig aus der modernen Familie ausgelagert. Aber die Entfunktionalisierungsthese beruht ebenso darauf wie die kulturkritische These, nach der die Familie von heute von der ursprünglichen Produktionsgemeinschaft auf eine bloße Konsumeinheit zusammengeschrumpft sei. Zweifellos sind Produktionsfunktionen an spezialisierte Industriebetriebe ausgelagert worden. Aber dies betrifft vor allem die materielle Sachgüterproduktion. Unterdessen ist unbestritten, daß die Dienstleistungsproduktion einen bedeutenden Umfang an der Gesamtproduktion einnimmt und daß es eine verkürzte Sichtweise wäre, nur das als Produktion zu bezeichnen, was einen Preis auf dem Markt erzielt. Um so erstaunlicher ist, daß die Produktionsfunktion in der Familie durchgehend – und selbst bei kritischen Autoren – auf die entgeltliche Güterproduktion eingeschränkt bleibt (vgl. z. B. *Brunner* 1974).

Auch dies hat *Bahrdt* bereits moniert, wenn er nämlich bemerkt, daß die soziologische Betrachtungsweise eine andere ist als die ökonomische, und daß deshalb in ihr „sämtliche wertsteigernden Akte und Leistungen als Produktion bezeichnet werden müssen, gleichgültig ob sie selbst im Haushalt stattfinden oder ob ihre Ergebnisse über den Markt bezogen werden" (1966: 118; vgl. dazu auch *Thiemeyer* 1978). Selbstredend sind dabei auch die zwischen den Familienhaushalten stattfindenden Bedarfsausgleichsprozesse zu berücksichtigen. Von den paar Rufern in der Wüste abgesehen (vor allem sei hier erinnert an *Meyer* 1967 und *Egner* 1976), waren es vor allem die Frauenbewegung und die feministischen Provokationen, welche die in der Tat „sexistische" Männerperspektive korrigiert und die Augen für die produktiven Leistungen der Hausfrau und der Familie geöffnet haben, wobei es freilich nie an entsprechenden Stimmen gefehlt hat – nur an der Provokation. (Schon um die Jahrhundertwende hat *Käthe Schirmmacher* geschrieben: „Hat man die Leistungen der Frau bisher unterschätzt, so müßten heute nicht die Dienste, sondern ihre Schätzung . . . vergrößert werden". Und weiter: „Bis heutigen Tages hat die Frau keinen rechten Begriff vom wirtschaftlichen Wert ihrer Tätigkeit als Hausfrau und Mutter, hat sie die wirtschaftliche und rechtliche, die politische und soziale Wertung ihrer häuslichen Arbeit bisher kaum diskutiert" Zit. in *Dittmer/Haberding* 1977: 33). Der wirtschaftliche Wert der Hausfrauenarbeit nach konventionellen Methoden (z. B. mit Schattenpreisen) berechnet, beziffert sich auf ein Drittel des Sozialprodukts, der politische Wert ist im Ansteigen begriffen (vgl. *Leipert* 1975). Eine wirklich realistische Berechnung (in der jede prinzipiell monetarisierbare Leistung in und zwischen Familien berechnet – und alle Familienmitglieder, nicht nur die Hausfrau, miteinbezogen werden) würde zeigen, daß das Haushalten nicht nur notorisch unterbewertet und vernachlässigt wird („. . . an ihr ist gleichsam die Welt der Ökonomie mit Brettern vernagelt" – *Meyer* 1967: 280), sondern daß ohne sie Sekundärerscheinungen wie die arbeitsteilige Gelderwerbswirtschaft gar nicht funktionieren würden, mithin die Haushaltung nicht nur die Ergänzung einer sonst inkompletten wirtschaftlichen Struktur ist, sondern die unersetzliche Primärerscheinung, durch welche sekundäre Systeme wie die erwerbswirtschaftliche und die über sie finanzierte politische Produktion erst alimentiert werden (*Burns* 1975, *Huber* 1979, *Gross* 1980). Damit ist auch der zweite Angelpunkt des dic pädagogische Interventionsform legitimierenden Familienbildes, nämlich die Entfunktionalisierungsthese, anders beleuchtet.

Nun wird der Familie, wie erwähnt, gewissermaßen im Gegenzug zur Entfunktionalisierung, ein Zuwachs angerechnet, nämlich die exklusive Befriedigung der intim-emotionalen Bedürfnisse, und entsprechend auch von einer Funktionsverlagerung gesprochen. Die Erwärmung des familiären Binnenklimas wird von *Tocqueville* bis *Shorter* behauptet, was freilich die

Behauptung nicht weniger problematisch macht. Solange man sich noch damit herumschlägt, über das „Gefühlsleben" der Gegenwart adäquate Aussagen zu machen und die familiären Binnenbeziehungen zu objektivieren, ist die Verallgemeinerung von Augenzeugenberichten von Landräten, Gemeindepfarrern und Landärzten eine problematische Methode, um das Gefühlsleben der Familien im Mittelalter zu explizieren (vgl. *Shorter* 1977; dazu *Conze* 1978).

Fassen wir diese summarischen Bemerkungen in drei Punkten zusammen:

1. Die Thesen von der Reduktion des Familienhaushalts auf eine Konsumstätte und der Funktionslosigkeit der Familienhaushalte hinsichtlich wirtschaftlicher Leistungen sind zu korrigieren durch eine neue Einschätzung der Hausfrauenarbeit.

2. Die These von der Reduktion der Familienhaushalte auf einen gegenüber der Mit- und Umwelt bindungslosen Kern ist zu korrigieren und durch eine neue Sicht der in der amtlichen Statistik nicht erfaßten Verbundsysteme zwischen Familienhaushalten zu ergänzen.

3. Die These von der durch die Überheizung des familiären Binnenklimas und die funktionalen Erfordernisse des Wirtschaftslebens hervorgerufenen pädagogischen Hilfebedürftigkeit der Familien ist mit äußerster Vorsicht zu genießen, solange weder über ein pädagogisches Optimum noch über entsprechende Schwächen konsensuale und wissenschaftlich überprüfbare Vorstellungen bestehen.

11.5.2. Die Familienpolitik

Daraus ergeben sich nun die Leitlinien für eine rationale Familienpolitik. Rationale Familienpolitik erfordert *erstens* eine Reduktion familienpolitischer Ziele auf eindeutige, ausreichend operationalisierbare, politisch planbare und bürokratisch kontrollierbare Vorstellungen. Dies gilt für das Ziel der materiellen Sicherung des Familienverbandes und der Familienmitglieder bzw. der von ihnen für die Gesellschaft wahrgenommenen Funktionen. Die Risiken und Engpässe der Familien und der Familienmitglieder in ihrem Lebenslauf sind bekannt, der notwendige Aufwand ist berechenbar, der Leistungsanspruch für die Familie transparent. Rationale Familienpolitik erfordert *zweitens* eine Erweiterung der familienpolitischen Zielsetzungen durch die Förderung und Erleichterung von vertikalen (generativen, verwandtschaftlichen) und horizontalen (nachbar- und freundschaftlichen) haushaltlichen Verbundsystemen: Familienpolitik muß Haushaltspolitik werden. Rationale Familienpolitik hat sich *drittens* Zurückhaltung hinsichtlich einer öffentlichen Befriedigung immaterieller Bedarfslagen aufzuerlegen, solange es keine klare Zuordnung der Indikation von Bedürftigkeit, Beratung oder Therapie – bzw. die entsprechenden familienpolitischen Ziele weder eindeutig noch operationalisierbar sind. Im gleichen Zug sind aber alle nichtstaatlichen Innovationen und insbesondere familiäre und haushaltliche sich selbst regulierende Verbundsysteme (Wohngruppen, Nachbarschaftsgruppen, Kinderhütegruppen, Selbsthilfegruppen anderer Art) zu fördern und zu schützen.

In bezug auf die von *Kaufmann* u. a. unterschiedenen familienpolitischen Interventionsformen lassen sich diese Leitlinien folgendermaßen konkretisieren: Die *ökonomische Interventionsform,* also die direkten Zuwendungen an Familien oder Familienmitglieder in Form von Geldleistungen oder durch Steuererleichterungen sollen den Vorrang erhalten. In die materielle Sicherung sollten nicht nur Familien, sondern auch andere auf Dauer angelegte Lebensgemeinschaften mehrerer oder eines Erwachsenen mit Kindern einbezogen werden. Die rationale Ausgestaltung der gängigen Maßnahmen zur Beeinflussung der wirtschaftlichen Lage wie das Kindergeld (einkommensunabhängig oder einkommensabhängig, progressiv oder degressiv in Abhängigkeit von der Kinderzahl) oder neu vorgeschlagener Maßnahmen wie dem Erziehungsgeld, ist freilich politisch umstritten. Aber die ökonomische Interventionsform ist prinzipiell politisch planbar, zentral durchsetzbar und ohne soziale Reibungsverluste „anonym" erbringbar. Das gilt auch für jene Maßnahmen, welche den rechtlichen Status bestimmter Zielgruppen betreffen, nämlich die *rechtliche Interventionsform.* Sie sollte sich freilich auf die rechtliche Absicherung der materiellen Risiken der Familie, der Familienmitglieder (z. B. Scheidung etc.) beschränken, sich hingegen bei der gesetzlichen Regelung der sozialen Kooperation und des pädagogischen Umgangs der Familienmitglieder miteinander zurückhalten. Das gilt schließlich auch für die *ökologische Interventionsform.* Dem Verlust nachbarschaftlicher Verbundenheit durch die Zugkräfte der Industrialisierung, denen die Familien unter den Anforderungen einer „freien" oder, unter den Anforderungen standortgünstiger industrieller Produktion, häufig eher erzwungenen Mobilität ausgesetzt sind, kann durch die sozialpolitische Strukturierung von Räumen, in denen sich Familienleben auch unter diesen Bedingungen entfalten kann, gegengesteuert werden. Durch die Schaffung von Kristallisationspunkten und entsprechender Sozialbürgerrollen müssen und können gerade hier neue Wege der Familienpolitik (in Verbindung mit anderen sozialpolitischen Instituten) gesucht und gefunden werden (vgl. *Hegner* 1980, sowie den Beitrag von *Nokielski/Pankoke* in diesem Band). Die gezielte Beeinflussung der sozialen Umwelt durch die *ökologische Interventionsform* (die in der Terminologie von *Kaufmann* u. a. zunächst als ein Appendix der pädagogischen erscheint) stellt sich die Aufgabe, eine Verknüpfung schon existierender nicht-institutioneller Bedarfsausgleichssysteme, z. B. im Gesundheitsbereich (vgl. dazu *Badura* u. a. 1978), im Wohnbereich, in der Altersversorgung etc. und ihre Zusammenfassung in diese Tätigkeiten unter einem Dach integrierenden „Sozialgemeinden" zu erreichen (*Gross* 1980). Diese würden nicht nur die Teilhabe an öffentlich erbrachten Dienstleistungen erleichtern, sondern die Eigenbeteiligung und Eigenerbringung ermöglichen und mobilisieren.

Die *pädagogischen Interventionen*, also die Maßnahmen zur Beeinflussung der Bewußtseinslage der Familien und der einzelnen Familienmitglieder sollten grundsätzlich restriktiv gehandhabt und wenn immer möglich, so ausgestaltet werden, daß eine Freiheit der Inanspruchnahme und, durch ein plurales Angebot, auch Wahlfreiheit für die potentiellen Klienten gesichert ist. Hinsichtlich der mittels pädagogischer Interventionen zu behebenden Mangellagen sollten sich die öffentlichen Angebote auf klar umreißbare und konsensual objektivierbare Risiken beschränken, d. h. in der Familienberatung z. B. auf die Sachberatung (wo was zu erhalten ist) und auf Ratschläge, die sich auf Dinge beziehen, bei denen ein gesichertes Wissen anzunehmen und Wirkungen unmittelbar einsichtig sind. Komplementär zu der restriktiven politischen Handhabung der pädagogischen Interventionsform sollten aber (sozial-)pädagogische und therapeutische Angebote und Leistungen der intermediären Träger (Freie Wohlfahrtsverbände, Kirchen) unterstützt, vor allem aber die sich selbst regulierenden Hilfesysteme mit Eigenbeteiligung geschützt und gefördert werden (etwa durch einen Rechtsanspruch auf Hilfe zur Selbsthilfe, wo ein öffentlicher Notstand vorliegt – vgl. *Wopperes* 1956). Formen der kollektiven Selbsthilfen vermögen jenen sozialpädagogisch-therapeutischen Auftrag wahrzunehmen, den die multiprofessionellen und geradezu bedrohlich nahe an den Bürger heranrückenden Dienstleistungs-Zentren zu usurpieren suchen. Es müssen Anreize geschaffen werden (steuer-, arbeitsmarkt- und lohnpolitischer Art), um brachliegende Leistungspotentiale zu nutzen (in bezug auf Sachgüter ist man ein Egoist, in bezug auf Dienste kann man häufig genug zuwenig „geben"!) und die allein finanzielle Leistungsbeteiligung durch eine soziale Beteiligung an der Erbringung der Leistung selber abzulösen. Eine „Kurzschließung" sozialer Regelkreise durch familiäre Verbundsysteme ermöglicht erst jene, vom wirtschaftlichen Wachstum und von Finanzierungsengpässen relativ unabhängigen Sozialdienst- und Hilfesysteme, welche in anderen Bereichen, wie etwa in der Versorgung mit Energie (Beispiel: Biogasanlagen) oder mit landwirtschaftlichen Produkten (Beispiel: Landkommunen) Fuß gefaßt haben (vgl. *Alternativkataloge* 1, 2, 3, 1974; *Gross* 1979, 1980; *Dubs et al.* 1974; *Binswanger et al.* 1977).

Schlußbemerkung

Die familienpolitischen Programme und Vorschläge der jüngsten Zeit versuchen Antworten auf auffällig gewordene materielle und immaterielle Belastungen des heutigen Familienlebens. Die nachlassende Bereitschaft zur Familiengründung, die schwindenden Geburtenzahlen, die Zunahme der Ehescheidungen, die lautstark bilanzierten Beziehungsprobleme und die daraus resultierenden Verhaltensnöte der Eltern und Kinder haben einen Wildwuchs an familienpolitischen Vorschlägen beschert. In der unvermindert anhaltenden Diskussion ist freilich die Grenze zwischen Selbstbestimmung und Fremdsteuerung der Familie ganz unterschiedlich identifiziert oder einfach den tagespolitischen Erfordernissen gemäß neu ausgelegt worden. Plausibel, wissenschaftlich identifizierbar, politisch bestimmbar und von der Bedarfslage der Familien her begründbar ist die Grenzziehung zwischen familienpolitischen Interventionen, die vom Bedarf und von ihrer Wirkung her abschätzbar sind und solchen, deren Bedarfsbestimmung und Wirkungsgrade nicht mehr kontrollier- und kalkulierbar sind. Die Grenze zur Fremdsteuerung der Familie durch Familienpolitik läßt sich dort ohne das Risiko einer Selbstperpetuierung oder gar weiteren Schwächung und Verunsicherung der Familie überschreiten, wo sich, um noch einmal *Max Weber* zu paraphrasieren, die Paradoxie von Wollen und Wirkung allem bisherigen Wissen nach nicht oder nur in Grenzen stellt. Dann erst gewinnt die Familienpolitik jene verantwortungsethische Ausrichtung, die in anderen Politikbereichen selbstverständlich ist.

Anhang
Literaturverzeichnis

Abrahams, F. F./Sommerkorn, J. M., 1976: Arbeitswelt, Familienstruktur und Sozialisation. In: *Hurrelmann, K.* (Hrsg.), Sozialisation und Lebenslauf. Reinbek. S. 68–89.

Achinger, G., 1979: Der psychisch Kranke und seine Familie, „Medizin, Mensch, Gesellschaft", 4. Jg., H. 3. S. 159–165.

Achinger, H., 1958: Sozialpolitik als Gesellschaftspolitik. Von der Arbeiterfrage zum Wohlfahrtsstaat. Reinbek.

Albers, W., 1957: Die Berücksichtigung der Leistungsfähigkeit in der deutschen Einkommensteuer. „Finanzarchiv", Bd. 18, S. 423–446.

Albers, W., 1977: Kritische Würdigung der Instrumente. Vorlage für die Kommission I für die Ausarbeitung eines dritten Familienberichts. Vervielf.

Albrecht, G., 1955: Sozialpolitik. Göttingen.

Albrecht, G., 1977: Vorüberlegungen zu einer „Theorie sozialer Probleme". In: *Ferber, Chr. v./Kaufmann, F.-X.* (Hrsg.), Soziologie und Sozialpolitik. Opladen. S. 143–185.

Alternativkataloge 1, 2, 3, (Hrsg.: Dezentrale), 1974 ff.: Köniz.

Amann, A., 1975: Zur Bedürfnis- und Versorgungssituation älterer Menschen. In: *Fellinger, K.* (Hrsg.), Altershilfe – ein kooperatives Problem. Wien. S. 91–102.

Amann, A./Wieser, G., 1977: Zur Praxis der Altenhilfe im Wohlfahrtsstaat – Am Beispiel der Heimhilfe in Wien. „Österreichische Zeitschrift für Soziologie", 2. S. 94–102.

Andritzky, W., 1977: Freizeit: nutzen oder genießen? „Bild der Wissenschaft", 14. S. 74–83.

Angermann, E., 1962: Robert von Mohl (1799–1875). Leben und Werk eines altliberalen Staatsgelehrten. Neuwied.

Anthes, J., 1978: Lebenslageanalyse institutionalisierter älterer Menschen. In: *Dieck M./Naegele G.* (Hrsg.), Sozialpolitik für ältere Menschen. Heidelberg. S. 198–220.

Arendt, H., 1981: Vita activa oder vom tätigen Leben. München (zuerst 1956).

Argyle, M., 1973: Social Interaction. London (zuerst 1969).

Ariès, Ph., 1973: L'enfant et la vie familiale sous l'Ancien Régime. Paris. 2. Aufl. (zuerst 1960).

Ariès, Ph., 1975: Geschichte der Kindheit. München/Wien.

Aron, R., 1970: Fortschritt ohne Ende? Gütersloh.

Asam, W., 1978: Öffentliche Realtransfers und personale Verteilungswirkungen. Eine empirische Analyse zur Beeinflussung gruppenspezifischer Versorgungslagen durch Einrichtungen der sozialen Infrastruktur. Diss. Augsburg.

Assmann, E., 1974: Formen und rechtliche Komponenten der Familienpolitik. Bielefeld.

Badelt, C., 1980: Sozioökonomie der Selbstorganisation. Frankfurt/New York.

Badura, B. et al., 1978: Grundlagen einer konsumentenzentrierten Gesundheitspolitik. Ein Zwischenbericht. Ms., Konstanz.

Badura, B. et al., 1979: Grundlagen einer konsumentenzentrierten Gesundheitspolitik. Forschungsbericht Forschungsgruppe „Selbsthilfe und Gesundheitssicherung", Universität Konstanz.

Badura, B./Ferber, Ch. v. (Hrsg.), 1981: Selbsthilfe und Selbstorganisation im Gesundheitswesen. München.

Badura, B./Gross, P., 1976: Sozialpolitische Perspektiven. Eine Einführung in die Grundlagen und Probleme sozialer Dienstleistungen. München.

Bahrdt, H.-P., 1966: Wandlungen in der Familie. In: Ders., Wege zur Soziologie. München. S. 80–96.

Baier, H., 1978: Medizin im Sozialstaat. Medizinsoziologische und medizinpolitische Aufsätze. Stuttgart.

Balla, B., 1978: Soziologie der Knappheit. Stuttgart.

Ballerstedt, E./Glatzer, W., 1979: Soziologischer Almanach. Frankfurt a. M. 3. Aufl.

Balluseck, H. v., Heinemann-Knoch, M., 1977: Inhaltliche und methodische Probleme der bedürfnisorientierten Evalution sozialer Dienste (am Beispiel von Sozialstationen). Unveröff. Ms., Augsburg.

Bane, M. J., 1973: A Review of Child Care Books. „Harvard Education Review" 43. S. 669–680.

Barabas, F. et al., 1975: Jahrbuch der Sozialarbeit 1976. Reinbek. S. 196 ff.

Bayerisches Staatsministerium für Arbeit und Sozialordnung, 1977: Soziale Dienste in Bayern. Teil 1: Sozialstationen. München. 2. erg. Aufl.

Bayerisches Statistisches Landesamt 1979: Ambulante soziale Dienste in Bayern.

Becker, W. C., 1972: Consequences of Different Kinds of Parental Discipline. In: *Heise, D. R.* (Hrsg.), Personality and Socialization. Chicago. S. 29–71.

Behnken, R., 1981: Verteilungswirkungen öffentlicher Transfers am Beispiel der staatlichen Wohnungspolitik, Diss. Augsburg.

Beier, U., 1978: Entscheidungsbedingte Kaufkraftverluste. „Zeitschrift für Verbraucherpolitik". S. 159–171.

Belchaus, G., 1979: Neuregelung des Rechts der elterlichen Sorge, ZBLJugR Heft 8/9. S. 325 ff.

Bell, D., 1973: The Coming of Post-Industrial Society. New York.

Berger, P. L.; Kellner, H., 1965: Die Ehe und die Konstruktion der Wirklichkeit. „Soziale Welt", 16. Jg. S. 220–235.

Bergler, R., 1966: Psychologie stereotyper Systeme. Bern.

Bernhard, L., 1913: Unerwünschte Folgen der deutschen Sozialpolitik. Berlin, 4. Aufl.

Bernstein, R. J.: 1979: Rekonstruierung der Gesellschaftstheorie. Frankfurt a. M.

Bertram, H., 1979: Elternbildung: Aktuelle Formen und Probleme der Verbreitung von Sozialisationswissen in der Bundesrepublik Deutschland. In: *Lüscher, K.* (Hrsg.), Sozialpolitik für das Kind. Stuttgart.

Bethusy-Huc, V. v., 1976: Das Sozialleistungssystem der Bundesrepublik. Tübingen, 2. Aufl.

Bevers, M., 1981: Die Professionalisierung des Erziehers im Elementarbereich – Ursachen und Entwicklungstendenzen. Diplomarbeit Universität Bielefeld, Fakultät für Soziologie.

Binkelmann, P./Böhle, F./Schneller, I., 1975: Industrielle Ausbildung und Berufsbildungsrecht. Frankfurt/Köln.

Binswanger, H. Ch. et al. (Hrsg.), 1978: Der NAWU-Report. Strategien gegen Arbeitslosigkeit und Umweltkrise. Frankfurt a. M.

Bley, H., 1980: Die Reform der sozialen Sicherung von Ehegatten. Deutsche Rentenversicherung, S. 85.

Blume, O., 1968: Möglichkeiten und Grenzen der Altenhilfe. Tübingen.

Blume, O., 1973: Die Disproportionalität zwischen Pflegebedürftigkeit und Pflegemöglichkeit als alarmierendes Problem der Gerontologie. „Theorie und Praxis der sozialen Arbeit", 24. S. 101–104.

BMJFG s. u. Bundesminister(ium) für Jugend, Familie und Gesundheit.

Bock, T./Lowy, L./Pankoke, M. et al., 1979: Kooperation freitätiger und beruflicher Mitarbeiter in sozialen Diensten, Freiburg i. Br.

Böckenförde, E.-W., 1976: Lorenz v. Stein als Theoretiker der Bewegung von Staat und Gesellschaft zum Sozialstaat (1963). In: *Ders.* (Hrsg.), Staat und Gesellschaft. Darmstadt. S. 131–171.

Böhle, F./Altmann, N., 1972: Industrielle Arbeit und soziale Sicherheit. Frankfurt a. M.

Bösel, M., 1979: Familienpolitik: Politik für die Familie? In: „Sowi" 1. S. 21–26.

Borchert, M. et al. (Hrsg.), 1980: Un-Ruhestand. Reinbek.

Bortkiewicz, L. v., 1899: Der Begriff „Sozialpolitik". „Jahrbücher für Nationalökonomie und Statistik", Bd. 17. Jena. S. 332–349.

Born, G., 1975: Probleme praktisch lösen. Nachbarschaftshilfe in einer Gemeinde. Freiburg i. Br.

Born, K. E. (Hrsg.), 1966: Quellensammlung zur Geschichte der deutschen Sozialpolitik 1967 bis 1914. Wiesbaden.

Borner, S., 1975: Versuch einer theoretischen und politischen Neuinterpretation der Einkommenspolitik. In: *Schneider, H. K./Wittmann, W./Würgler, H.* (Hrsg.), Stabilisierungspolitik in der Marktwirtschaft. Schriften des Vereins für Socialpolitik, NF Bd. 85/2, S. 1163–1190. Berlin.

Bott, E.,1957: Family and Social Network. London.

Breitkopf, H./Grunow, D./Grunow-Lutter, V./Paulus, W., 1980: Selbsthilfe im Gesundheitswesen: Einstellungen, Verhalten und strukturelle Rahmenbedingungen. Bielefeld.

Brexel, W., 1979: Probleme der Feststellung und Lenkung von Nachfrage und Angebot an ambulanter ärztlicher Versorgung in der Bundesrepublik Deutschland. Diplomarbeit Universität Bielefeld, Fakultät für Soziologie.

Brim, O. G., 1965: Education for Child Rearing. New York. 2. Aufl.

Brim, O. G., 1968: Adult Socialization. In: *Clausen, J. A.* (Hrsg.), Socialization and Society. Boston.

Brinker-Gabler, G., 1979: Einleitung. In: *Brinker-Gabler* (Hrsg.), Frauenarbeit und Beruf. Frankfurt a. M.

Bronfenbrenner, U., 1974: Wie wirksam ist kompensatorische Erziehung. Stuttgart.

Bronfenbrenner, U., 1976: Ökologische Sozialisationsforschung, hrsg. von *K. Lüscher*. Stuttgart.

Bronfenbrenner, U., 1978: The Social Role of the Child in Ecological Perspective. „Zeitschrift für Soziologie", 7. S. 4–20.

Bronfenbrenner, U., 1979: The Experimental Ecology of Human Development. Boston.

Bronfenbrenner, U., 1981: Die Ökologie der menschlichen Entwicklung. Stuttgart.

Bronfenbrenner, U./Cochran, M., 1976: The Comparative Ecology of Human Development. Research proposal. Unveröffentlichter Arbeitsbericht, Cornell University, Ithaca.

Bruder, J. et al., 1979: Zur Betreuung alter Menschen im Mehrgenerationenhaushalt. „Zeitschrift für Gerontologie", 12. S. 319–327.

Brunner, O., 1968: Das „Ganze Haus" und die alteuropäische „Ökonomik". In: Ders.,

Neue Wege der Verfassungs- und Sozialgeschichte. Göttingen. 2. verm. Aufl. (zuerst 1950).

Brunner, O., 1974: Vom „ganzen Haus" zur „Familie". In: *H. Rosenbaum* (Hrsg.), Familie und Gesellschaftsstruktur. Materialien zu den sozioökonomischen Bedingungen von Familienformen. Frankfurt a. M.

Bujard, O./Lange, U., 1978: Armut im Alter. Weinheim/Basel.

Bundesminister für Arbeit und Sozialordnung, 1977: Übersicht über die soziale Sicherung. Bonn.

Bundesminister für Arbeit und Sozialordnung, 1978: Sozialbericht 1978. Bonn.

Bundesminister für Jugend, Familie und Gesundheit, 1975: Zweiter Familienbericht: Familie und Sozialisation – Leistungen und Leistungsgrenzen der Familie hinsichtlich des Erziehungs- und Bildungsprozesses der jungen Generation. Bonn-Bad Godesberg.

Bundesminister für Jugend, Familie und Gesundheit (Hrsg.), 1978 a: Hilfen für die Familie. Bonn.

Bundesminister für Jugend, Familie und Gesundheit 1978 b: Mobilisierung der Erziehungskräfte der Familie. XV. Europäische Familienministerkonferenz in Bonn 1977. Bonn.

Bundesminister für Jugend, Familie und Gesundheit, (Hrsg.), 1978 c: Das Problem der Pflegebedürftigkeit älterer Menschen und die Vorschläge zur Absicherung der Pflege kosten. „Zt. f. Sozialreform" 24, S. 106–126.

Bundesminister für Jugend, Familie und Gesundheit, 1979: Dritter Familienbericht: Die Lage der Familien in der Bundesrepublik Deutschland. BT Drucksache 8/3121. Bonn.

Bundesministerium für Wissenschaft und Forschung, 1976: Die gesellschaftliche Reintegration älterer Menschen in Österreich. Wien.

Bungard, W., 1977: Isolation und Einsamkeit und Selbstmordgedanken im Alter. „Aktuelle Gerontologie", 7. S. 81–89.

Burnham, J. C., 1960: Psychiatry, Psychology and the Progressive Movement. „American Quarterly", 12. S. 457–465.

Burns, S., 1975 a: Home Inc. – The Hidden Wealth and Power of the American Household, New York.

Burns, S., 1975 b: The Household Economy. Its Shape, Origins and Future. Boston.

Butler, R. N., 1975: Why Survive? Being Old in America. New York.

Chapin, F. S., 1917: The Experimental Method and Sociology. „Scientific Monthly", Jg. 4. S. 133–144 und S. 238–247.

Claessens, D./Menne, F. W., 1973: Zur Dynamik der bürgerlichen Familie und ihrer möglichen Alternativen. In: *Claessens, D./Milhoffer, P.* (Hrsg.), Familiensoziologie. Frankfurt a. M. S. 313–346.

Clark, M., 1972: Cultural Values and Dependency in Later Life. In: *Cowgill, D./Holmes, L.* (Hrsg.), Aging and Modernization. New York.

Clausen, L., 1976: Jugendsoziologie. Stuttgart.

Coleman, J. S., 1979: Macht und Gesellschaftsstruktur. Tübingen.

Conze, W.,(Hrsg.), 1976: Sozialgeschichte der Familie in der Neuzeit Europas. Stuttgart.

Conze, W., 1978: Sozialgeschichte der Familie. Neue Literatur-Probleme der Forschung. „Vierteljahresschrift für Sozial- und Wirtschaftsgeschichte", 3. S. 357–369.

Corwin, R. G., 1973: Reform and Organizational Survival. The Teachers' Corps as an Instrument of Educational Change. New York/London/Sidney/Toronto.

Dahme, H. J./Grunow, D./Grunow-Lutter, V./Hegner, F./Lempert, J., 1980: Die Neuorganisation der ambulanten Sozial- und Gesundheitspflege. Bielefeld.

Dahme, H. J./Grunow, D./Hilbert, J., 1980: Implementation von Überzeugungsprogrammen, Zwischenbericht über den Arbeitsstand im DFG-Projekt „Implementation von Überzeugungsprogrammen. Bielefeld.

Dahrendorf, R., 1979: Lebenschancen. Anläufe zur sozialen und politischen Theorie. Frankfurt a. M.

Dangl-Kreyenbühl, Ch., 1980: Beratung von Nachbarschaftshilfeinitiativen, „Bayerischer Wohlfahrtsdienst. Mitteilungsblatt der Arbeitsgemeinschaft der öffentlichen und freien Wohlfahrtspflege in Bayern", 32. Jg., Nr. 2. S. 20–22.

Davy, G., 1950: La famille et la parenté d' après Durkheim. In: Sociologues d' hier et d' aujourdhui. Paris. 2. Aufl.

Denke, E., 1979: Ich bin in einer Selbsthilfegruppe. „Medizin-Mensch-Gesellschaft", 4. Jg., H. 1. S. 53–59.

Dennerlein, R., 1979: Die Belastungs- und Verteilungswirkungen der indirekten Steuern in der Bundesrepublik Deutschland 1969 – Eine methodische und empirische Analyse. Diss. Augsburg.

Derleder, P., 1981: Kommentierung zu §§ 1569 bis 1586b BGB. In: *Wassermann, R.* (Hrsg.), Kommentar zum Bürgerlichen Gesetzbuch, Bd. 5, Familienrecht. Neuwied/Darmstadt, S. 287 ff.

Deutsch, K. W., 1963: The Nerves of Government: Models of Political Communication and Control. New York (De. Politische Kybernetik. Freiburg i. Br. 1969).

DFG-Projekt, 1980: Klientenorientierte Bewertung sozialer Dienste am Beispiel von Sozialstationen. Vorstudie: Ergebnisse einer Befragung von Sozialstationen-Leitern. Unveröffn. Ms. Augsburg.

Dieck, M., 1978: Wohnen älterer Menschen außerhalb von Institutionen. In: *Dieck M./Naegele G.* (Hrsg.), Sozialpolitik für ältere Menschen. Heidelberg. S. 179–197.

Dieck, M./Naegele, G. (Hrsg.), 1978: Alternsforschung für die Praxis: Sozialpolitik für ältere Menschen. Heidelberg.

Diederichsen, U., 1978: Zur Reform des Eltern-Kind-Verhältnisses, „FamRZ" H. 7. S. 461 ff.

Diederichsen, U., 1980: Die Neuregelung der elterlichen Sorge, NJW, S. 1–10.

Diesing, P., 1962: Reason in Society. Five Types of Decisions and their Social Conditions. Urbana: Univ. of Ill. Press.

Dinkel, R., 1981: Alterssicherung bei stagnierender oder schrumpfender Bevölkerung als Zukunftsaufgabe der Sozialen Marktwirtschaft. In: Zukunftsprobleme der Sozialen Marktwirtschaft. Berlin.

Dittmer, Ch./Haberding, M., 1977: Frauenbewegung und Hausarbeit. „Hauswirtschaft und Wissenschaft", 25. S. 32–37.

Döring, H./Kaufmann, F. X., 1981: Kontingenzerfahrung und Sinnfrage. In: Christlicher Glaube in moderner Gesellschaft, Teilband 9. Freiburg i. Br. S. 8–67.

Dohrenwend, B. S./Dohrenwend, B. P. (Hrsg.), 1974: Stressful life events. New York.

Domscheit, S./Kühn, M., unter Mitarbeit von *Bevers, M./Rosewitz, B.*, 1981: Die Bildungsreform im Elementarbereich – Versuch einer soziologischen Rekonstruktion ihres Verlaufs. Forschungsbericht, Projektgruppe Wirkungsanalysen der Sozialpolitik, Universität Bielefeld.

Dreher, E., 1978: Die Entwicklung der Arbeiterwitwenversicherung in Deutschland. Berlin.

Dreier, W., 1965: Wirtschaftliche und soziale Sicherung von Ehe und Familie. Münster.

Dritter Familienbericht, 1979: Bericht der Sachverständigenkommission der Bundesregierung. Bundestagsdrucksache 8/3121.

Dubs, P. et al., 1974: Das O/S-System. Ein Vorschlag zur Neugestaltung der Gesellschaft. Achberg.

Durkheim, E., 1963: Règles de la méthode sociologique. Paris (zuerst 1895).
Durkheim, E., 1967: Le suicide. Paris, 15. Aufl. (zuerst 1893).
Durkheim, E., 1975: Introduction à la sociologie de la famille. In: *E. Durkheim*, Textes, hrsg. von *Victor Karady*, Bd. 3. Paris (zuerst 1888).
Durkheim, E., 1975: La famille conjugale (1921 posthum hrsg. von *M. Mauss*). In: *E. Durkheim*, Textes, hrsg. von *Victor Karady*, Bd. 3. Paris (zuerst 1921).
DV (Deutscher Verein für öffentliche und private Fürsorge) (Hrsg.), 1976: Selbsthilfe und ihre Aktivierung durch die soziale Arbeit, Gesamtbericht über den 68. Deutschen Fürsorgetag 1976 in Dortmund, 10.–12. November 1976.
DZA, 1978: Bestands- und Bedarfsanlagen von Einrichtungen und Maßnahmen der Altenhilfe (Altenpläne). Berlin.
Easton, D., 1965 a: A System Analysis of Political Life. New York/London/Sidney.
Easton, D., 1965 b: A Framework for Political Analysis. Englewood Cliffs, N. J.
Ebert, Th., 1979: Hauswirtschaft in der Zwischenkultur. In: Anders arbeiten – anders wirtschaften, hrsg. von *J. Huber*. Frankfurt a. M.
Edding, C., 1979: Frauenselbsthilfe und professionelle Beratung. „Gruppendynamik", 10. Jg., H. 3. S. 137–146.
Edding, C., 1979: Jede kann helfen. Was tut eine Beratungsgruppe konkret? Reinbek.
Edelmann, M., 1976: Politik als Ritual. Frankfurt/New York.
Egner, E., 1976: Der Haushalt. Eine Darstellung seiner volkswirtschaftlichen Gestalt. Berlin (2. umgearb. Aufl.).
Eickelpasch, R., 1974: Ist die Familie universal? „Zeitschrift für Soziologie", 3. S. 323–338.
Elias, N., 1969: Die höfische Gesellschaft. Neuwied/Berlin.
Elias, N., 1977: Über den Prozeß der Zivilisation Bd. I und II, 3. Aufl. Frankfurt a. M.
Elsholz, G., 1970: Altenhilfe als Gegenstand rationaler Infrastrukturplanung. Hamburg.
Emge, M./Smolinski, D., 1973: Soziologie des Familienhaushalts. Paderborn.
Emnid, 1979: Informationen 31/1979. S. 25–26.
Engelsing, R., 1978: Zur Sozialgeschichte deutscher Mittel- und Unterschichten. Göttingen. 2. erw. Aufl.
Etzioni, A., 1968: The Active Society. A Theory of Societal and Political Processes. New York/London.
Ewert, O. M., 1978: Vorklasse oder Kindergarten. „Bildung und Erziehung", Jg. 31. S. 397–400.
Feichtinger, G., 1978: Altersstrukturen, Lebenserwartung und Familienzyklus. In: *Rosenmayr, L.* (Hrsg.), Die menschlichen Lebensalter. München. S. 127–163.
Ferber, Ch. v., 1977: Soziologie und Sozialpolitik. In: *Ferber, Ch. v./Kaufmann, F.-X.* (Hrsg.), Soziologie und Sozialpolitik. Opladen. S. 11–34.
Ferber, Ch. v./Kaufmann, F.-X. (Hrsg.), 1977: Soziologie und Sozialpolitik. Sonderheft 19 der Kölner Zeitschrift für Soziologie und Sozialpsychologie. Opladen.
Fetscher, I., 1980: Widersprüche im Neokonservatismus. „Merkur", 34, S. 197–222.
Flandrin, J.-L., 1976: Les familles. Paris.
Flesch, K., 1901: Soziale Ausgestaltung der Armenpflege, Leipzig.
Flora, P., 1979: Krisenbewältigung oder Krisenerzeugung? Der Wohlfahrtsstaat in historischer Perspektive. In: *Matthes, J.* (Hrsg.), Sozialer Wandel in Westeuropa. Verhandlungen des 19. Deutschen Soziologentages Berlin 1979. Frankfurt a. M. S. 82–136.
Flora, P./Heidenheimer, A. J., 1981: The Development of Welfare States in Europe and America. New Brunswick/London.
Forum Sozialstation 1982: Forum Sozialstation, 18, März 1982.

Fourier, Ch., 1966: Theorie der vier Bewegungen und der allgemeinen Bestimmungen. Frankfurt a.M.

Freeberg, N. E./Payne, D. T., 1967: Parental Influence on Cognitive Development in Early Childhood: A Review. „Child Development", 38. S. 65–87.

Frey, R. L., 1972: Infrastruktur – Grundlagen der Planung öffentlicher Investitionen. Tübingen, 2. Aufl.

Friedman, Y., 1977: Machbare Utopien. Frankfurt a. M.

Friedrichs, J./Kamp, K., 1978: Methodologische Probleme des Konzeptes „Lebenszyklus". In: *Kohli, M.* (Hrsg.), Soziologie des Lebenslaufs. Darmstadt und Neuwied. S. 173–190.

Fuchs, G., 1976: Verteilungswirkungen des Bildungssystems unter Berücksichtigung von Lebenseinkommen und Transfer-Steuer-Salden für alternative Bildungsabschlüsse. Diss. Augsburg.

Fülgraff, B., 1976: Offene Hilfen für Alte und Pflegebedürftige. In: *Blohmke, M. et al.* (Hrsg.), Handbuch der Sozialmedizin, Bd. III. Stuttgart. S. 808–845.

Gartner, A./Riessmann, F., 1978: Der aktive Konsument in der Dienstleistungsgesellschaft. Frankfurt a. M.

Gebhard, S., 1976: Versuch einer Selbstorganisation – Die „Gralle", in: *Hoffmann, F.* (Hrsg.), Ledige Mütter. Protokolle, Analysen, Sozialarbeit, Selbstorganisation, juristische Informationen. Frankfurt a. M. S. 141–159.

Geck, L. H. A., 1963: Über das Eindringen des Wortes „sozial" in die deutsche Sprache. Göttingen.

Geissler, H., 1976: Die neue soziale Frage. Freiburg i.Br.

Gerhard, U., 1978: Verhältnisse und Verhinderungen. Frauenarbeit, Familie und Rechte der Frauen im 19. Jahrhundert. Frankfurt a.M.

Gerhardt, W., 1980: Das Projekt „Eltern helfen Eltern", „eltern, kinder – erzieher" (Bundesverband für Neue Erziehung, Bonn), H. 7. S. 5–14.

Gernhuber, J., 1979: Die geordnete Ehe, „FamRZ". H. 3. S. 193 ff.

Gérome, N., 1976: Le bonheur inquiet. L'information pédagogique des familles par la presse spézialisée. Paris: Thèse pour le doctorat 3e cycle.

Gershuny, J. I., 1979: The informal economy. „Futures", 11. S. 3–15.

Giehler, W., 1978: Gestaltung und Struktur von „Elternbrief-Serien". Arbeitsbericht Nr. 6 der Projektgruppe Familienforschung an der Universität Konstanz. Konstanz.

Giehler, W./Ugarte, W., 1978: Zielsetzung und Trägerschaft von „Elternbrief-Serien". Ergebnisse einer Inhaltsanalyse. Arbeitsbericht Nr. 5 der Projektgruppe Familienforschung an der Universität Konstanz. Konstanz.

Gitter, W./Hahn-Kemmler, J., 1979: Die Verdrängung des Zivilrechts durch das Sozialrecht – dargestellt am Unterhaltsrecht, SGb, Heft 5/6. S. 195 ff.

Gladen, A., 1974: Geschichte der Sozialpolitik in Deutschland. Wiesbaden.

Glazer, N., 1975: Die Grenzen der Sozialpolitik, In: *Narr, W.-D./Offe, C.* (Hrsg.), Wohlfahrtsstaat und Massenloyalität. Köln. S. 335–352.

Gleichmann, P. R., 1976: Wandel der Wohnverhältnisse, Verhäuslichung der Vitalfunktionen, Verstädterung und siedlungsräumliche Gestaltungsmacht. „Z. f. S.", 5. Jg., H. 4. S. 319– 329.

Glick, P. C., 1978: Neue Entwicklungen im Lebenszyklus der Familie. In: *Kohli M.* (Hrsg.), Soziologie des Lebenslaufs. Darmstadt und Neuwied. S. 140–153.

Godelier, M., 1973: Rationalität und Irrationalität in der Ökonomie. Gravenhage.

Goldfarb, A. I., 1965: Psychodynamics and the Three-Generation Family. In: *Shanas/ Streib* (Hrsg.), Social Structure and the Family. General Relations. Englewood Cliffs N. J. S. 10–45.

Goode, W. J., 1967: Soziologie der Familie. München.

Gorz, A., 1980a: Das Ende der Politik der Vollbeschäftigung. In: Technologie und Politik, hrsg. von *F. Duve*. Bd. 15. Reinbek. S. 8–28.

Gorz, A., 1980b: Leben, ohne zu arbeiten? In: Technologie und Politik, hrsg. von *F. Duve*. Bd. 15. Reinbek. S. 29–43.

Gottschalch, W./Neumann-Schönwetter, M./Soukup, G., 1975: Sozialisationsforschung. Frankfurt a. M., 2. erw. Aufl.

Gouldner, A. W., 1960: The Norm of Reciprocity. A Preliminary Statement. „ASR", 25. S. 161–179.

Grauer, G., 1972: Die Entwicklung des Leistungsstrebens. In: b:e Redaktion (Hrsg.), Familienerziehung, Sozialschicht und Schulerfolg. Weinheim. S. 59–82.

Gretschmann, K., 1980: Gemeinschaftliche Selbstorganisation öffentlicher Aufgaben: Möglichkeiten und Grenzen einer Entlastung des Staatshaushalts, vorgelegt anläßlich des Augsburger Symposiums „Alternativen zur Steigerung der Effizienz und Effektivität staatlicher Transferpolitik".

Griliches, Z./Krelle, W./Krupp, H./Kyn, O. (Hrsg.), 1978: Income Distribution and Economic in Equality. Frankfurt/New York/Toronto/Chichester.

Gröttrup, H., 1973: Die kommunale Leistungsverwaltung – Grundlagen der gemeindlichen Daseinsvorsorge. Stuttgart.

Gronau, R., 1980: Home production. In: The Review of Economics and Statistics 62, S. 408–416.

Gronemeyer, R./Bahr, H.-E. (Hrsg.), 1979: Niemand ist zu alt, Selbsthilfe und Alten-Initiativen in der Bundesrepublik, Frankfurt a. M.

Gross, H., 1979: Gesetz zur Neuregelung des Rechts der elterlichen Sorge. NDV, H. 8, S. 208 ff.

Gross, P., 1976: Sozialdienst. Eine nicht marktorientierte Strategie im Bereich sozialer Dienstleistungen. Arbeitspapier im Rahmen des Projekts „Neue Analysen Wachstum-Umwelt", NF-III-31, Konstanz.

Gross, P., 1977: Leistungen und Leistungsgrenzen familienbezogener Sozialer Hilfen und Dienste. Referat an der Jahrestagung des Eidgenössischen Verbandes *Pro Familia*. Okt. 1977. Vervielf.

Gross, P., 1978: Hilfesysteme mit Eigenbeteiligung, Ms. Konstanz.

Gross, P., 1979: Integrationswirkungen und Legitimationsprobleme der Sozialleistungssysteme in der Bundesrepublik und in der Schweiz, in: Verhandlungen des 19. Deutschen Soziologentages, Berlin.

Gross, P., 1979: Entwicklungstendenzen und Widersprüche im modernen Wohlfahrtsstaat. „Österr. Zeitschrift für Soziologie", 2. S. 29–33.

Gross, P., 1979: Die unmittelbare soziale Beziehung als Problem sozialwissenschaftlicher Analyse. In: *Soeffner H.-G.* (Hrsg.), Interpretative Verfahren in den Sozial- und Textwissenschaften. Stuttgart. S. 175–195.

Gross, P., 1980: Reißt das soziale Netz? In: *Brun, R./Amery, C. et al.*, Wachstum kostet immer mehr. Frankfurt a. M.

Gross, P., 1981a: Grenzen der Familienpolitik. In: *Matthes, J.* (Hrsg.): Verhandlungen des 20. Deutschen Soziologentages 1980. Frankfurt/New York. S. 451–462.

Gross, P., 1981b: Selbsthilfegruppen im Gesundheitswesen. In.: „Medizin, Mensch, Gesellschaft", 3.

Gross, P./Badura B., 1977: Sozialpolitik und soziale Dienste: Entwurf einer Theorie personenbezogener Dienstleistungen. In: *Ferber, Ch. v./Kaufmann, F.-X.* (Hrsg.), Soziologie und Sozialpolitik. Opladen. S. 361–385.

Grüneisen, V./Hoff, E. H., 1977: Familienerziehung und Lebenssituation: der Einfluß von Lebensbedingungen und Arbeitserfahrungen auf Erziehungseinstellungen und Erziehungsverhalten der Eltern. Weinheim.

Grunow, D., 1977: Rehabilitation und Administration. Probleme organisierter Hilfe für alte Menschen. In: *Ferber, Ch. v./Kaufmann, F.-X.* (Hrsg.), Soziologie und Sozialpolitik. Opladen. S. 386–423.

Grunow, D./Hegner, F., 1978: Die Gewährung persönlicher und wirtschaftlicher Sozialhilfe. Bielefeld.

Grunow, D./Hegner, F., 1981: Sozialstationen im Bereich der ambulanten Sozial- und Gesundheitspflege. In: *Badura, B./Ferber, Ch. v.* (Hrsg.), Selbsthilfe und Selbstorganisation im Gesundheitswesen. München/Wien. S. 39–66.

Grunow, D./Hegner, F./Kaufmann, F.-X., 1978: Steuerzahler und Finanzamt. Frankfurt/New York.

Grunow, D./Hegner, F./Lempert, J., 1979: Sozialstationen. Analysen und Materialien zur Neuorganisation ambulanter Sozial- und Gesundheitsdienste. Bielefeld.

Günter, R., 1977: Eisenheim – das ist eine Art, miteinander zu leben. In: *Gronemeyer, R./Bahr, H.-E.* (Hrsg.), Nachbarschaft im Neubaublock, Weinheim/Basel. S. 294–327.

Günther, H., 1979: Politik vom Psychomarkt, „Die politische Meinung", 183. S. 50–63.

Guillemard, A.-M., 1972: La retraite: une mort sociale. Paris.

Gygi, P., 1977: Die wirtschaftlich relevanten Besonderheiten der ärztlichen Leistung. In: *Aebi, H./Frey, U.* (Hrsg.), Schweizerische Gesundheitspolitik heute und morgen. Bern/Stuttgart/Wien. S. 9–23.

Habermas, J., 1965: Analytische Wissenschaftstheorie und Dialektik. Ein Nachtrag zur Kontroverse zwischen Popper und Adorno. In: *Topitsch, E.* (Hrsg.), Logik der Sozialwissenschaften. Köln/Berlin. S. 291–315.

Habermas, J., 1968: Strukturwandel der Öffentlichkeit. Neuwied/Berlin. 3. Aufl.

Habermas, J., 1979: Einleitung zu Ders. (Hrsg.), Stichworte zur „Geistigen Situation der Zeit". Bd. I. Frankfurt a. M. S. 7–37.

Haferkamp, H., 1977: Von der alltagsweltlichen zur sozialwissenschaftlichen Begründung der Soziologie, sozialer Probleme und sozialer Kontrolle. In: *Ferber, Ch. v./Kaufmann, F.-X.* (Hrsg.), Soziologie und Sozialpolitik. Opladen. S. 186–212.

Hahn-Kemmler, J., 1980: Das neue nacheheliche Unterhaltsrecht und seine Auswirkungen auf das Sozialrecht. Bochum.

Halbwachs, M., 1966: Das Gedächtnis und seine sozialen Bedingungen. Berlin/Neuwied. (franz. Orig. 1925).

Hansluwka, H., 1976: Mortality and the Life Cycle of the Family. Some Implications of Recent Research. „World Health Stat. Report", 29. S. 220–227.

Hanusch, H., 1976: Verteilung öffentlicher Leistungen. Eine Studie zur personalen Inzidenz. Göttingen.

Harris, Th. A., 1975: Ich bin o. k., Du bist o. k. Frankfurt a. M.

Hartmann, H., 1981: Sozialhilfebedürftigkeit und Dunkelziffer der Armut. Stuttgart.

Hattenhauer, H., 1979: Familienleitbild und Familienpolitik. „Die Neue Ordnung", 4. S. 278–292.

Hausen, K., 1975: Familie als Gegenstand historischer Sozialwissenschaft. In: Geschichte und Gesellschaft, S. 171 ff.

Hauser, R./Cremer-Schäfer, H./Nouvertné, V. U., 1981: Armut, Niedrigeinkommen und Unterversorgung in der Bundesrepublik Deutschland. Bestandsaufnahme und sozialpolitische Perspektiven. Frankfurt a. M.

Havighurst, R., 1978: Aging in Western Society. In: *Hobmann, D.* (Hrsg.), The Social Challenge of Aging. London. S. 15–44.

Hawrylyshyn, O., 1976: The value of household services. In: The Review of Income and Wealth, series 22, S. 101–131.

Head, J. G., 1974: Public Goods and Public Welfare. Durham.

Heclo, H., 1974: Modern Social Politics in Britain and Sweden. New Haven/London.

Hegner, F., 1978: Praxisbezogene Orientierungspunkte für notwendige Änderungen im System der sozialen Sicherung: Bürgernähe, Sozialbürgerrolle und soziale Aktion. Bielefeld.

Hegner, F., 1980: Fremdarbeit und Eigenarbeit in der ambulanten Sozial- und Gesundheitspflege: Sozialstationen als Versuch einer Kombination professioneller und nicht-professioneller Hilfen für Kranke, Altersschwache und Behinderte. Berlin: IIM-Papers (= Veröffentlichungsreihe des Internationalen Instituts für Management und Verwaltung. Wissenschaftszentrum Berlin).

Hegner, F., 1981: Solidarity, Hierarchy and Market Exchange: Soziale Aktion Updated. Forschungsgruppe „Steuerung und Erfolgskontrolle im öffentlichen Sektor", Preprint-Series No. 6. Zentrum für interdisziplinäre Forschung, Bielefeld.

Hegner, F., Freiburghaus, D., 1982: Private Haushalte und Erwerbsneigung. IIM-discussion papers. Berlin (im Druck).

Heil, B., 1979: Die Ein-Eltern-Familie. „Vorgänge. Zeitschrift für Gesellschaftspolitik", 18. Jg., H. 6, S. 100–105.

Heimann, E., 1929: Soziale Theorie des Kapitalismus – Theorie der Sozialpolitik. Tübingen. (Neuausgabe mit einem Vorwort von B. Badura, Frankfurt a. M. 1980.)

Heinemann, K., 1969: Soziologie des Geldes. Stuttgart.

Heinemann, M., 1977: Die Familie – Sozialisation und Leistung wiederentdeckt? „Bildung und Erziehung, Tendenzen hochschuldidaktischer Forschung", 30. Jg. S. 255–260.

Heiner, M., 1979: Die „Grünen" und die Sozialarbeit – Perspektiven einer zukünftigen sozialen Arbeit aus der Sicht der ökologischen Bewegung. „Neue Praxis", 9. Jg., H. 2. S. 147–162.

Heinsohn, G./Knieper, R., 1974: Theorie des Familienrechts. Frankfurt a. M.

Herlth, A./Kaufmann, F.-X./Strohmeier, K. P., 1976: Öffentliche Sozialleistungen und familiale Sozialisation. In: *Hurrelmann, K.* (Hrsg.), Sozialisation und Lebenslauf. Reinbek. S. 243–259.

Herrmann, L., 1978: Familie, Gesellschaft und die Zukunft des Staates. In: *Herrmann, L./Rauscher, A.* (Hrsg.), Die Familie – Partner des Staates. Stuttgart. S. 9–37.

Herzer, M., 1979: Eher opportunistisch als progressiv? Zu den Familienvorstellungen der Sozialdemokratie. „Vorgänge. Zeitschrift für Gesellschaftspolitik", 6, S. 79–85.

Hess, R. B./Shipman, V. C., 1965: Early Experience and the Socialization of Cognitive Modes in Children. „Child Development", 36. S. 861–889.

Hess, R. B./Shipman, V. C., 1973: Einfluß der Mutter auf frühes Lernen: Die kognitiven Umwelten von städtischen Vorschulkindern. In: *Skowronek, H.* (Hrsg.), Umwelt und Begabung. Stuttgart. S. 199–212.

Hill, R., 1971: Gegenwärtige Entwicklungen der Familientheorie und ihre konzeptionellen Probleme. In: *Lüschen, G./Lupri, E.* (Hrsg.), Soziologie der Familie. Opladen. S. 68–93.

Hochheimer, W., 1969: Die permanente Reproduktion der autoritären Persönlichkeit. In: *G. Hartfiel* (Hrsg.), Die autoritäre Gesellschaft. Köln und Opladen. S. 54–96.

Hockerts, H.-G., 1980: Sozialpolitische Entscheidungen im Nachkriegsdeutschland. Alliierte und deutsche Sozialversicherungspolitik 1945–1957. Stuttgart.

Homans, G. C., 1951: The Human Group. London.

Homans, G. C., 1968: Theorie der sozialen Gruppe. Köln/Opladen. 3. Aufl.

Horn, K. M., 1977: Einsamkeit und Alter. Diss. Kiel.

Huber, J. (Hrsg.), 1979: Anders arbeiten, anders wirtschaften. Frankfurt/M.

Hubler, O., 1975: Die Ausgestaltung des Wohngeldsystems in der Bundesrepublik Deutschland. „Finanzarchiv". S. 86–115.

Hubler, O., 1976: Anspruch und Realität des zweiten Wohngeldgesetzes. „Sozialer Fortschritt". S. 59–64.

Hucke, J./Müller, A./Wassen, P., 1980: Implementation kommunaler Umweltpolitik. Frankfurt/New York.

Hufton, O., 1975: Women and the Familiy Economy in Eighteenth-Century-France. „French Historical Studies", 9. S. 11–22.

Huhn, D., 1977: Der Fall der Familie. Recht und Unrecht einer bürgerlichen Einrichtung. Darmstadt.

Infratest, 1979: (Forschungsbericht Nr. 22 Sozialforschung): Der Bundesminister für Arbeit und Sozialordnung. Bürger und Sozialstaat. München.

Inifes, 1977: Die Verteilungswirkungen des Systems der Sozialen Sicherheit (Forschungsbericht an das Bundesmin. für Arbeit und Sozialordnung). Leitershofen.

Inifes, 1979: Verteilung öffentlicher Realtransfers auf Empfängergruppen in der Bundesrepublik Deutschland (Forschungsbericht an die Transfer-Enquête-Kommission). Leitershofen.

Illich, I., 1978: The Right to Useful Unemployment. Boston/London.

Illich, I. et al., 1979: Entmündigung durch Experten. Zur Kritik der Dienstleistungsberufe. Reinbek.

Illich, I., 1981: Shadow Work. Boston/London.

Imhof, A. E., 1981: Die gewonnenen Jahre. München.

Joerges, B., 1981: Berufsarbeit, Konsumarbeit, Freizeit. „Soziale Welt", 32, S. 168–195.

Johnson, H. M., 1961: Sociology. London.

Kagan, J., 1971: Personality Development. New York.

Karrenberg, H./Fritsche, B./Kitterer, W./Munch, H./Schulz-Overthun, G., 1980: Die Umverteilungswirkungen der Staatstätigkeit bei den wichtigsten Haushaltstypen. Berlin.

Kaufmann, F.-X., 1970: Sicherheit als soziologisches und sozialpolitisches Problem. Stuttgart. (2. Aufl. 1973)

Kaufmann, F.-X., 1975: Familiäre Konflikte und gesellschaftliche Spannungsfelder. In: Landeszentrale für politische Bildung des Landes Nordrhein-Westfalen (Hrsg.), Der Mensch in den Konfliktfeldern der Gegenwart. Köln. S. 165–188.

Kaufmann, F.-X., 1976: Zum Verhältnis von Soziologie und Politik – Das Beispiel Zweiter Familienbericht, „Zeitschrift für Soziologie", 3. S. 301–306.

Kaufmann, F.-X., 1977a: Sozialpolitisches Erkenntnisinteresse und Soziologie. In: *Ferber/Kaufmann* (Hrsg.), Soziologie und Sozialpolitik. Opladen. S. 35–75.

Kaufmann, F.-X., 1977b: Zur Problematik der Effektivität und ihrer Erfassung im Bereich der sozialen Sicherung. In: *Külp, B./Haas, H. D.* (Hrsg.), Soziale Probleme der modernen Industriegesellschaft. Schriften des Vereins für Socialpolitik N. F. Bd. 92 II, Berlin. S. 489–517.

Kaufmann, F.-X., 1977c: Ein Referenzrahmen familienpolitischer Reflexion. In: *Blaschke, B. et al.* (Hrsg.), Sozialwissenschaftliche Forschung – Entwicklungen und Praxisorientierungen. Festgabe für Gerhard Wurzbacher zum 65. Geburtstag. Nürnberg. S. 367–397.

Kaufmann, F.-X., 1978: Dilemma der Familienpolitik. In: Gesellschaft und Politik (Schriftenreihe für Sozialpolitik und Sozialreform) 1. S. 5–20.

Kaufmann, F.-X., 1978a: Zur Koordination sozialer Dienste für Kinder. Diskussionsbeitrag anläßlich einer Expertenkonferenz des Projekts „Prime enfance". *OECD/CERI*, Paris (unveröffentlicht).

Kaufmann, F.-X. (Hrsg.), 1979: Bürgernahe Sozialpolitik – Planung, Organisation und Vermittlung sozialer Leistungen auf örtlicher Ebene. Frankfurt/New York.

Kaufmann, F.-X., 1981a: Art. Wirtschaftssoziologie I: Allgemeine. In: Handwörterbuch der Wirtschaftswissenschaft. 30./31. Lieferung. Stuttgart/Tübingen/Göttingen. S. 239–267.

Kaufmann, F.-X., 1981b: Warum nicht Bevölkerungspolitik? Ms. Erscheint in: *Schwarz, K.* (Hrsg.), Beiträge zur bevölkerungswissenschaftlichen Forschung. Festschrift für Hermann Schubnell. Boppard a. Rh.

Kaufmann, F.-X., 1981c: Zur gesellschaftlichen Verfassung der Ehe – heute. In: Christlicher Glaube in moderner Gesellschaft,Teilband 7. Freiburg i. Br. S. 44–59.

Kaufmann, F.-X./Badura, B./Böhle, F./Leibfried, S./Pankoke, E./Pfaff, M., 1981: Gesellschaftliche Bedingungen sozialpolitischer Intervention: Staat, intermediäre Instanzen und Selbsthilfe – Ein neues Schwerpunktprogramm der Deutschen Forschungsgemeinschaft. „Zeitschrift für Sozialreform", 27.Jg., H. 1. S. 31–49.

Kaufmann, F.-X./Herlth, A./Schulze, H.-J./Strohmeier, K. P., 1978: Sozialpolitik und familiale Sozialisation. Schlußbericht des Forschungprojektes Wirkungen öffentlicher Sozialleistungen an den Sozialisationsprozeß. Bielefeld.

Kaufmann, F.-X./Herlth, A./Strohmeier, K. P., 1980: Sozialpolitik und familiale Sozialisation – Zur Wirkungsweise öffentlicher Sozialleistungen. Schriftenreihe des BMJFG, Band 76. Stuttgart.

Kaufmann, F.-X./Lohan, R., 1977: Multidisziplinäre Verbundforschung in den Sozialwissenschaften: Erste Erfahrungen mit einem neuen Typus der Forschungsförderung. In: *Kaufmann, F.-X.* (Hrsg.), Bürgernahe Gestaltung der sozialen Umwelt. Meisenheim am Glan.

Kaufmann, F.-X./Schäfer, P., 1977: Bürgernahe Gestaltung der sozialen Umwelt – Ein Bezugsrahmen zur Problemexposition. In: *Kaufmann, F.-X.* (Hrsg.), Bürgernahe Gestaltung der sozialen Umwelt – Probleme und theoretische Perspektiven eines Forschungsverbundes. Meisenheim am Glan. S. 1–44.

Kaufmann, F.-X./Schäfer, P., 1979: Das Problem bürgernaher Sozialpolitik. In: *Kaufmann, F.-X.* (Hrsg.), Bürgernahe Sozialpolitik. Frankfurt/New York.

Keim, K. D., 1979: Milieu in der Stadt. Ein Konzept zur Analyse älterer Wohnquartiere. Stuttgart.

Kentler, H., 1972: Die Wohngruppe als gesellschaftliche Institution. In: *Feil, J.* (Hrsg.), Wohngruppe, Kommune, Großfamilie. Reinbek. S. 7–19.

Keupp, H., 1974: Epidemiologie im Spannungsfeld zwischen klinischer und sozialwissenschaftlicher Perspektive. In: Ders. (Hrsg.), Verhaltensstörungen und Sozialstruktur. Epidemiologie: Empirie, Theorie, Praxis. München/Berlin/Wien. S. 3–51.

Kielmansegg, P. Graf (Hrsg.), 1976: Legitimationsprobleme politischer Systeme. Opladen.

Kirsch, W., 1971: Entscheidungsprozessse. Bd. III, Entscheidungen in Organisationen. Wiesbaden.

Kittler, G., 1980: Hausarbeit. Zur Geschichte einer „Natur-Ressource". München.

Kittrie, N. N., 1971: The Right to be Different. Deviance and Enforced Therapy. Baltimore.

Klages, H., 1968: Der Nachbarschaftsgedanke und die nachbarschaftliche Wirklichkeit in der Großstadt. Stuttgart. 2. Aufl.

Klages, H., 1975: Die unruhige Gesellschaft. Untersuchungen über Grenzen und Probleme sozialer Stabilität. München.

Klanberg, F./Kortmann, K., 1978: Sozialhilfebedürftigkeit und latente Armut. „Arch. f. Wissenschaft und Praxis der Sozialen Arbeit", 9. S. 17–28.

Knab, D., 1981: Curriculumreform zwischen theoretischem Anspruch und Realisierungsproblemen. Versuch einer Zwischenbilanz für die Bundesrepublik Deutschland. In: *Hörner, W./Waterkamp, D.* (Hrsg.), Curriculumentwicklung im internationalen Vergleich. Weinheim/Basel. S. 177–217.

Knopp, A./Fichtner, O., 1979: Bundessozialhilfegesetz. Kommentar. 4. neubearb. Aufl. München.

König, R., 1969: Soziologie der Familie. In: *König, R.* (Hrsg.), Handbuch der empirischen Sozialforschung. Stuttgart. S. 172–305.

König, R., 1974a: Zwei Grundbegriffe der Familiensoziologie. Desintegration und Desorganisation der Familie. In: Ders., Materialien zur Soziologie der Familie. Köln. S. 55–87.

König, R., 1974b: Die Familie der Gegenwart. Ein interkultureller Vergleich. München.

König, R., 1976: Soziologie der Familie: In: Handbuch der empirischen Sozialforschung. Bd. 7. Stuttgart. S. 1–217.

Kohli, M. (Hrsg.), 1978: Soziologie des Lebenslaufs. Darmstadt/Neuwied.

Kohn, M. L., 1959: Social Class and Parental Values. „AJS", 64, S. 337–351.

Kohn, M. L., 1969: Class and Conformity: A Study in Values. Homewood Ill.

Konau, E./Härtel, V., 1979: Familieninteraktion und Gesellschaftsstruktur. In: „*Sowi*" 1. S. 8–12.

Kopp, H., 1974: Erziehung im Wandel. Basel.

Koschorke, M., 1972: Formen des Zusammenlebens in Deutschland. „Kölner Zeitschrift für Soziologie und Sozialpsychologie". S. 533–564.

Koselleck, R., 1967: Preußen zwischen Reform und Revolution. Stuttgart.

Krüsselberg, H.-G., 1979: Vitalvermögenspolitik und die Einheit des Sozialbudgets: Die ökonomische Perspektive der Sozialpolitik für das Kind: In: *Lüscher, K.* (Hrsg.), Sozialpolitik für das Kind. Stuttgart. S. 143–179.

Krüsselberg, H.-G., 1981: Das Arbeitspotential der Frau. In: Leitbilder für Familie und Familienpolitik. Festgabe für Helga Schmucker, hrsg. von *R. von Schweitzer*. Berlin. S. 145–165.

Krüger, J., 1979: Protokoll zum Referat von P. Gross: Alternative Familienpolitik. Sektion Sozialpolitik der DGS 29.–31. Okt. 1979, Bad. Homburg.

Krupp, H.J./Galler, H. P./Grohmann, H./Hauser, R./Wagner, G., 1981: Alternativen der Rentenreform '84.

Kunz, A., 1977: Besteht noch eine Unterhaltspflicht zwischen Verwandten zweiten oder entfernteren Grades? „FamRZ". S. 294.

Lampert, H., 1980: Sozialpolitik. Berlin/Heidelberg/New York.

Landshut, S., 1969: Der Begriff des Ökonomischen. In: Ders., Kritik der Soziologie und andere Schriften zur Politik. Neuwied/Berlin. S. 131–175.

Lang, A., 1975: Diagnostik und Autonomie der Person. „Schweiz. Zeitschrift für Psychologie und ihre Anwendungen", 3. S. 221–232.

Lange, E., 1975: Elternbildung durch Elternbriefe – Empirische Untersuchung zur Vermittlung von Erziehungeinstellungen und -verhaltensweisen. „Neue Praxis", 5. S. 105–118.

Lange, K., 1964: Forschung und Planung in der Altenhilfe. Frankfurt a. M.

Lange, U., 1973: Der Einfluß der Pflegebedürftigkeit chronisch kranker älterer Menschen auf die Familiensituation im Mehrgenerationenhaushalt. Köln.

Lange, U., 1976: Pflegebedürftige alte Menschen in Berlin – Probleme ihrer häuslichen Betreuung. Köln.

Langer-el Sayed, J., 1980: Familienpolitik: Tendenzen, Chancen, Notwendigkeiten. Frankfurt a. M.

Laslett, P./Wall, R. (Hrsg.), 1972: Household and Family in Past Time. Cambridge, U. K.

Lecheler, H., 1979: Der Schutz der Familie. „FamRZ". H. 1. S. 1ff.

Lehr, U./Thomae, H., 1966: Die Stellung des älteren Menschen in der Familie. Bonn.

Lehr, U., 1972: Psychologie des Alterns. Heidelberg.

Lehr, U., 1974: Die Rolle der Mutter in der Sozialisation des Kindes. Darmstadt.

Lehr, U., 1976: Zur Frage der sozialen Benachteiligung älterer Menschen. „Mensch, Medizin, Gesellschaft", 1. S. 207–214.

Lehr, U., 1978: Kontinuität und Diskontinuität im Lebenslauf. In: *Rosenmayr, L.* (Hrsg.), Die menschlichen Lebensalter. München. S. 315–339.

Leipert, Chr., 1975: Unzulänglichkeiten des Sozialprodukts in seiner Eigenschaft als Wohlstandsmaß. Tübingen.

Leisering, L., 1979: Wissenszerstörung und Rekonstruktion. Analyse und Kritik der wissenssoziologischen Implikationen der Theorie von Niklas Luhmann mit vergleichendem Seitenblick auf Mannheim, Habermas und Marx. Universität Bielefeld, Fakultät für Soziologie (Hrsg.), Arbeitsberichte und Forschungsmaterialien Nr. 6. Bielefeld.

Leitner, U., 1977: Zur Bedeutung verwandtschaftlicher Hilfeleistungen im modernen Sozialstaat. „Theorie und Praxis der sozialen Arbeit", 3. S. 101–106.

Leitner, U., 1978: Unterhaltsleistungen an die älteren Generationen. „Aktuelle Gerontologie", 8. S. 367–371.

Leitner, K./Pinding, M., 1979: Repräsentativumfrage zur häuslichen pflegerischen Versorgung. „SozEp Berichte" 1,1979. Berlin.

Lenhardt, G./Offe, C., 1977: Staatstheorie und Sozialpolitik: Politisch-soziologische Erklärungsansätze für Funktionen und Innovationsprozesse der Sozialpolitik. In: *Ferber, Ch. v./Kaufmann, F.-X.* (Hrsg.), Soziologie und Sozialpolitik. Opladen. S. 98–127.

Lieberman, M. A./Gournash, N., 1979: Effects of Change Groups on the Elderly. In: *Lieberman/Borman* (Hrsg.), Selfhelp Groups for Coping with Crisis. San Francisco. S. 387–405.

Liefmann-Keil, E., 1961: Ökonomische Theorie der Sozialpolitik. Berlin/Göttingen/Heidelberg.

Liegle, L., 1976: Sozialisationsforschung und Familienpolitik. In: *Hurrelmann, K.* (Hrsg.), Sozialisation und Lebenslauf. Reinbek. S. 223–242.

Liegle, L., 1977: Familiale versus nichtfamiliale Trägerschaft personengebundener Dienstleistungen für die nachwachsende Generation. Pro und Contra am Beispiel frühkindlicher Erziehung. Vorlage für die Kommission I für die Ausarbeitung eines dritten Familienberichts. Ms.

Lohse, O., 1909: Zwangsmaßregeln gegen Arbeitsscheue und gegen säumige Nährpflichtige. Leipzig.

Lüscher, K., 1975: Perspektiven einer Soziologie der Sozialisation: Die Entwicklung der Rolle des Kindes. „Zeitschrift für Soziologie", 4. S. 359–379. Nachgedruckt in *Hurrelmann K.* (Hrsg.), Sozialisation und Lebenslauf. Reinbek. 1976. S. 129–150.

Lüscher, K., 1977: Sozialpolitik für das Kind. In: *Ferber, Ch. v./Kaufmann, F.-X.* (Hrsg.), Soziologie und Sozialpolitik. Opladen. S. 591–628.

Lüscher, K., 1979: Sozialpolitik für das Kind: Ein allgemeiner Bezugsrahmen. In: *Lüscher, K.* (Hrsg.), Sozialpolitik für das Kind. Stuttgart. S. 9–48.

Lüscher, K., 1980: Wie wirkt das Fernsehen? Eine Zwischenbilanz der Forschung. In: Studienkreis für Presserecht und Pressefreiheit (Hrsg.) Presserecht und Pressefreiheit. Festschrift für Martin Löffler. München. S. 233–251.

Lüscher, K./Fisch, R., 1977: Das Sozialisationswissen junger Eltern. Arbeitsbericht 1, Projektbeschreibung. Konstanz.

Lüscher, K./Böckle, F., 1981: Familie. In: Christlicher Glaube in der modernen Gesellschaft, Teilband 7. Freiburg i. Br. S. 87–145.

Lüscher, K./Giehler, W./Stolz, W., 1977 a: Elternbildung durch Elternbriefe. In: *Lukesch, H./Schneewind, K.* (Hrsg.), Familiäre Sozialisation. Stuttgart. S. 324–351.

Lüscher, K./Koebbel, I./Fisch, R./Giehler, W., 1981: Elternbriefe als Elternbildung. Konstanz: Arbeitsbericht der Projektgruppe Familienforschung an der Universität Konstanz (vervielf.).

Lüscher, K./Rösinger, P./Fisch, R., 1981: Das alltägliche Erziehungsverständnis der Mütter. Konstanz: Arbeitsbericht der Projektgruppe Familienforschung an der Universität Konstanz (vervielf.).

Luhmann, N., 1968: Zweckbegriff und Systemrationalität. Über die Funktion von Zwecken in sozialen Systemen. Tübingen (2. Aufl. Frankfurt a. M. 1973).

Luhmann, N., 1972: Einfache Sozialsysteme, „Z. f. S.", 1. Jg., H. 1. S. 51–65.

Luhmann, N., 1973: Formen des Helfens im Wandel gesellschaftlicher Bedingungen. In: *Otto, H.-U./Schneider, S.* (Hrsg.), Gesellschaftliche Perspektiven der Sozialarbeit. Neuwied/Berlin. 1. Aufl. S. 21–43.

Luhmann, N., 1975 a: Interaktion, Organisation, Gesellschaft. Anwendungen der Systemtheorie. In: Soziologische Aufklärung 2. Opladen. S. 9–20.

Luhmann, N., 1975 b: Soziologische Aufklärung 2. Aufsätze zur Theorie der Gesellschaft. Opladen.

Luhmann, N., 1980: Gesellschaftsstruktur und Semantik. Frankfurt a. M.

Luhmann, N., 1981: Politische Theorie im Wohlfahrtsstaat. München.

Luhmann, N./Schorr, K. E., 1979: Reflexionsprobleme im Erziehungssystem. Stuttgart.

Lukesch, H., 1976: Elterliche Erziehungsstile. Stuttgart.

Maccoby, N., 1961: The Communication of Child-Rearing Advice to Parents. „Merrill-Palmer Quarterly", 7. S. 199–204.

Mackenroth, G., 1952: Die Reform der Sozialpolitik durch einen deutschen Sozialplan. In: Schriften des Vereins für Socialpolitik N. F./4. Berlin.

Mackscheidt, K., 1976: Öffentliche Güter und Ausgabeninzidenz. In: *Dreissig, W.* (Hrsg.), Öffentliche Finanzwirtschaft und Verteilung IV. Berlin. S. 59–129.

Malinowski, B., 1960: A Scientific Theory of Culture and Other Essays. New York (zuerst 1944).

Marien, M., 1978: Towards a Devolution of Services. „Social Policy", 9, (3). S. 26–35.

Marx, K., 1859: Zur Kritik der politischen Ökonomie. Berlin (MEW Bd. 13).

Matthes, J., 1978: Wohnverhalten, Familienzyklus und Lebenslauf. In: *Kohli, M.* (Hrsg.), Soziologie des Lebenslaufs. Darmstadt/Neuwied.

Mause, L. de (Hrsg.), 1977: Hört ihr die Kinder weinen? Eine psychogenetische Geschichte der Kindheit. Frankfurt a. M.

Mayntz, R., 1977: Die Implementation politischer Programme. „Die Verwaltung", 10. H. 1. S. 51–66.

Mayntz, R. (Hrsg.), 1980: Implementation politischer Programme. Königstein/Ts.

Mayntz, R., 1980: Die Entwicklung des analytischen Paradigmas der Implementationsforschung. In: Dies. (Hrsg.), Implementation politischer Programme. Königstein/Ts. S. 1–17.

McKinley, D. G., 1964: Social Class and Family Life. New York. (2. Aufl. 1966).

Mechling, J., 1975: Advice to Historians on Advice to Mothers. „Journal of Social History", S. 44–63.

Medick, H., 1976: Zur strukturellen Funktion von Haushalt und Familie im Übergang von der traditionellen Agrargesellschaft zum industriellen Kapitalismus: die protoindustrielle Familienwirtschaft. In: Sozialgeschichte der Familie in der Neuzeit Europas, hrsg. von *W. Conze*. Stuttgart. S. 254–282.

Menger, A., 1927: Das bürgerliche Recht und die besitzlosen Volksklassen. Tübingen. 5. Aufl.

Mergler, O./Zink, G., 1975: Bundessozialhilfegesetz. Stuttgart. 2. Aufl.

Meyer, F. W., 1967: Die Haushaltung in der Nationalökonomie. Eine Darstellung seiner volkswirtschaftlichen Gestalt. „Ordo", Bd. XVIII.

Michel, A., 1978: Sociologie de la famille et du mariage. Paris. 2. erw. Aufl.

Milhoffer, P., 1973: Familie und Klasse. Frankfurt a. M.

Mitterauer, M., 1979: Alteuropäische Sozialformen. Stuttgart/Bad Cannstatt.

Mitterauer, M./Sieder, R., 1977: Vom Patriarchat zur Partnerschaft. München. (2. Aufl. 1980).

Moeller, M. L., 1978: Selbsthilfegruppen, Selbstbehandlung und Selbsterkenntnis in eigenverantwortlichen Kleingruppen. Reinbek.

Moeller, M. L., 1979: Das demokratische Arbeitsbündnis in Selbsthilfegruppen: Einige Folgen der Deprofessionalisierung für die therapeutische Beziehung. „Psychosozial. Zeitschrift für Analyse, Prävention und Therapie psychosozialer Konflikte und Krankheiten". S.

Moen, E., 1978: The Reluctance of the Elderly to Accept Help. „Social Problems", 25. S. 293–303.

Molitor, B., 1968: Konzept einer rationalen Familienpolitik. „Hamburger Jahrbuch für Wirtschafts- und Geschichtspolitik", 13. Jg. S. 170–190.

Molitor, B., 1976: Konzept einer rationalen Familienpolitik. In: *Molitor, B.* (Hrsg.), Sozialpolitik auf dem Prüfstand. Hamburg.

Mollenhauer, K., 1970: Erziehung und Emanzipation. München.

Mollenhauer, K. et al., 1978: Die Familienerziehung. München. 2. Aufl.

Moroney, R. M., 1976: The Familiy and the State. Considerations for Social Policy. London/New York.

Mühlfeld, C., 1976: Familiensoziologie. Eine systematische Einführung. Hamburg.

Mühlmann, W. E., 1975: Die Bevölkerungsexplosion und die Zukunft der Familie. Einleitung zu: *Schwägler, G.*: Soziologie der Familie. Tübingen. 2. Aufl. S. IX–XIX.

Müller, J., 1977: Probleme der Sozialgesetzgebung in Vergangenheit und Gegenwart. „FamRZ". S. 374.

Münder, J., 1978: Die Kosten von Erziehung und Aufziehung. „ZBLJugR". S. 29ff.

Münsterberg, E., 1905: Generalbericht über die Tätigkeit des deutschen Vereins für Armenpflege und Wohltätigkeit während der ersten 25 Jahre seines Bestehens, 1880–1905. Leipzig.

Munsinger, H., 1971: Fundamentals of Child Development. New York.

Murswieck, A., 1974: Politische Steuerung und soziale Integration – Handlungsgrenzen einer staatlichen Sozialpolitik. In: *Grottian, P./Murswieck A.* (Hrsg.), Handlungsspielräume der Staatsadministration. Hamburg, 1. Aufl., S. 190–210.

Murswieck, A. (Hrsg.), 1976: Staatliche Politik im Sozialsektor. München.

Musgrave, R., 1966: Finanztheorie. Tübingen. 2. Aufl. 1969.

Myrdal, A., 1947: Nation and Family – the Swedish Experiment in Democratic Family and Population Policy. London. 2. Aufl.

Naegele, G., 1976: Die Altenhilfe der CDU – Bemerkungen zu einem „Programm". „Soziale Sicherheit", 25. S. 296–300.

Naegele, G., 1979: Die soziale Lage alleinlebender älterer Frauen in der BRD – Problemaufriß und Ergebnisse empirischer Lebenslageforschung. „Zt. für Gerontologie“, 12. S. 274–288.

Naendrup, P. H., 1980: Sozialstaatliche Existenzsicherung und Familienunterhalt. „Blätter für Steuerrecht, Sozialversicherung und Arbeitsrecht“. S. 225 ff.

Nagel, H./Seifert, M. (Hrsg.), 1979: Inflation der Therapieformen. Reinbek.

Nahnsen, I., 1975: Bemerkungen zum Begriff und zur Geschichte des Arbeitsschutzes. In: *Osterland, M.* (Hrsg.), Arbeitssituation, Lebenslage und Konfliktpotential. Frankfurt/Köln. S. 145–166.

Narr, W./Offe, C. (Hrsg.), 1975: Wohlfahrtsstaat und Massenloyalität. Köln.

Nauck, B., 1980: Gruppen- und familiensoziologische Voraussetzungen von Elternselbsthilfegruppen. „eltern, kinder – erzieher“, H. 7. S. 20–28.

Nave-Herz, R., 1964: Die Elternschule. Neuwied.

Neidhardt, F., 1971: „Modernisierung“ der Erziehung. Ansätze und Thesen zu einer Soziologie der Sozialisation. In: *Ronneberger, F.* (Hrsg.), Sozialisation durch Massenkommunikation. Der Mensch als soziales und personales Wesen, Bd. 4. Stuttgart. S. 1–20.

Neidhardt, F., 1973: Strukturbedingungen und Probleme familialer Sozialisation. In: *Claessens, D./Milhoffer, P.* (Hrsg.), Familiensoziologie. Frankfurt a. M. S. 205–232.

Neidhardt, F., 1975 a: Systemtheoretische Analysen zur Sozialisationstätigkeit der Familie. In: Ders.: (Hrsg.), Frühkindliche Sozialisation. Stuttgart. S. 162–187.

Neidhardt, F., 1975 b: Die Familie in Deutschland. Opladen. 4. erw. Aufl.

Neidhardt, F., 1978: Entwicklungen und Probleme der westdeutschen Familienpolitik. „Gegenwartskunde“, 1. S. 141–156.

Neugarten, B. L./Moore, J. W., 1968: The Changing Age-Status System. In: *Neugarten* (Hrsg.), Middle Age and Aging. Chicago. S. 5–22.

Niehuis, E.: Elternbildung durch Elternmitwirkung. „Neue Praxis“, 4. S. 342–353.

Niethammer, L. (Hrsg.), 1979: Wohnen im Wandel. Beiträge zur Geschichte des Alltags in der bürgerlichen Gesellschaft. Wuppertal.

Nokielski, H., 1980: Soziale Probleme und sozialräumliche Interventionen. Diskussionsvorlage zur Frühjahrssitzung 1980 der Sektion „Soziale Probleme und soziale Kontrolle“ der DGS, 24. 4.–26. 4. 1980. Bamberg.

Nokielski, H., 1980 a: Stichwort „Selbststeuerung“. In: Deutscher Verein für öffentliche und private Fürsorge (Hrsg.): Fachlexikon der sozialen Arbeit. Stuttgart.

North, M., 1975: The Secular Priests – Psychotherapists in Contemporary Society. London.

Oakley, A., 1976: Housewife. Harmondsworth (zuerst 1974).

Oeter, F., 1954: Familienpolitik. Stuttgart.

Oeter, F., 1969: Familienlastenausgleich und Angleichung der sozialen Startbedingungen. Analysen und Vorschläge. „Schmollers Jahrbuch“, 89. S. 33–59.

Oevermann, U./Kieper, M./Rothe-Bosse, S./Schmidt, M./Wienskowski, T., 1976: Die sozialstrukturelle Einbettung von Sozialisationsprozessen: Empirische Ergebnisse zur Ausdifferenzierung des globalen Zusammenhangs von Schichtzugehörigkeit und gemessener Intelligenz sowie Schulerfolg. „Zeitschrift für Soziologie“, 5. S. 167–199.

Offe, C., 1972: Bürgerinitiativen und Reproduktion der Arbeitskraft im Spätkapitalismus. In: *Offe, C.*, Strukturprobleme des kapitalistischen Staates. Frankfurt a. M. 1. Aufl. S. 153–168.

Olson, M., 1968: Logik des kollektiven Handelns. Tübingen.

Orcutt, G./Caldwell, S./Wertheimer, R., 1976: Policy Exploration through Microanalytic Simulation. Washington.

Ostner, I., 1978: Beruf und Hausarbeit. Frankfurt/New York.

Ottmüller, U., 1978: Die Dienstbotenfrage. Münster.

Ozbekhan, H., 1969: Toward a General Theory of Planning. In: *E. Jantzsch* (Hrsg.), Perspectives of Planning (OECD). Paris. S. 47–155.

Palandt, 1979: Bürgerliches Gesetzbuch. München. 38. Aufl. II zu § 1627 BGB.

Pankoke, E., 1970: Sociale Bewegung – Sociale Frage – Sociale Politik. Grundfragen der deutschen Sozialwissenschaft im 19. Jahrhundert. Stuttgart.

Pankoke, E., 1977: Sozialpolitik zwischen staatlicher Systematisierung und situativer Operationalisierung. Zur Problem- und Programmgeschichte sozialer Politik. In: *Ferber, Ch. v./Kaufmann, F.-X.* (Hrsg.), Soziologie und Sozialpolitik. Opladen. S. 76–97.

Pankoke, E., 1980: „Familiensinn". Wertwandel in der soziologischen Perspektive. In: Caritas. Jg. 81. S. 201–208.

Pankoke, E./Nokielski, H./Beine, Th., 1975: Neue Formen gesellschaftlicher Selbststeuerung in der Bundesrepublik Deutschland. – Diskussion an Beispielen aus den Bereichen Bildung, Soziale Sicherung und Kommunale Selbstverwaltung. Kommission für wirtschaftlichen und sozialen Wandel, Bd. 86. Göttingen.

Das Parlament, 1980: Nr. 6.

Parsons, T., 1954: The Kinship System of the Contemporary United States. In: Essays in Sociological Theory, hrsg. von *T. Parsons*. Glencoe, Ill., 2. erw. Aufl. (zuerst 1949).

Parsons, T./Bales, R. S., 1955: Family, Socialisation, and Interaction Process. New York.

Parsons, T./Smelser, N. J., 1956: Economy and Society. Glencoe, Ill.

Parsons, T., 1959: General Theory in Sociology. In: *Merton, R. K. et al.* (Hrsg.), Sociology Today – Problems and Prospects. New York.

Parsons, T., 1972: Das System moderner Gesellschaften. München.

Parsons, T., 1976: Zur Theorie sozialer Systeme, hrsg. von *S. Jensen*. Opladen.

Pearlin, L. J./Kohn, M. L., 1966: Social Class, Occupation and Parental Values: A Cross-National Study. „American Social Review", 31. S. 466–479.

Pentenrieder, H., 1980: Die Alterssicherung sozialer Gruppen in der Bundesrepublik Deutschland unter besonderer Berücksichtigung der sozialen Sicherung der Frau. Diss. Augsburg.

Perthes, C. Th., 1845: Das deutsche Staatsleben vor der Revolution. Eine Vorarbeit zum deutschen Staatsrecht. Hamburg.

Peters, H., 1980: Handbuch der Krankenversicherung. Anm. 7 zu § 185 RVO. Stuttgart.

Petri, H./Kehr, G./Paeschke, V./Thieme, E./Gaedt, Ch., 1975: Erziehung und Aufklärung. „Praxis der Kinderpsychologie", 24. S. 161–168.

Pfaff, M. et al., 1975: Bestimmung der Nutzenverteilung von großräumig bedeutsamen Infrastruktureinrichtungen. Forschungsbericht an das Bundesministerium Raumwesen, Bauordnung und Städtebau. Bonn.

Pfaff, M./Dennerlein, R., 1978: Die Problematik der gruppenspezifischen Konsumfunktionen im Rahmen von mikroanalytischen Verteilungsmodellen. In: *Bombach, G./Gahlen, B./Ott, A. E.* (Hrsg.), Neuere Entwicklungen der Theorie des Konsumentenverhaltens. Tübingen. S. 125 ff.

Pfaff, M./Fuchs, G./Hurler, P./Kohler, R., 1978: Bildung, Ungleichheit und Lebenseinkommen in der Bundesrepublik Deutschland. In: *Hufner, K.* (Hrsg.), Bildung, Ungleichheit und Lebenschancen. Frankfurt a. M. S. 84 ff.

Pfaff, A. B. et al., 1979: Typische Lebensläufe von Frauen der Geburtsjahrgänge 1910 – 1975. In: Der Bundesminister für Arbeit und Sozialordnung, Vorschläge zur sozialen Sicherung der Frau und der Hinterbliebenen, Gutachten und Sachverständigenkommission für die soziale Sicherung der Frau und der Hinterbliebenen. Bd. 2. Bonn.

Pfaff, A. B., 1980: Erwerbsverhalten von Männern und Frauen im Lebenszyklus als Determinanten der Alterssicherung. „Zeitschrift für Sozialreform", 26. Jg., H. 5. S. 288 ff.

Pfaff, A. B./Pfaff, M., 1981: Alternative Rollen der Sozialpolitik in der Sozialen Marktwirtschaft. In: Zukunftsprobleme der Sozialen Marktwirtschaft. Berlin. S. 57–79.

Pfeil, E., 1963: Zur Kritik der Nachbarschaftsidee. „A. f. K.", H. 2. S. 39–54.

Pfeil, E., 1965: Die Familie im Gefüge der Großstadt. Schriftenreihe der Gesellschaft für Wohnungs- und Siedlungswesen e. V. Hamburg.

Pfeil, E./Ganzert, J., 1973: Die Bedeutung der Verwandten für die großstädtische Familie, „Zeitschrift für Soziologie", 2. Jg., H. 4. S. 366–383.

Pflüger, P.-M. (Hrsg.), 1975: Konflikt Familie. Fellbach.

Pieper, M., 1978: Erwachsenenalter und Lebenslauf. München.

Pilisuk, M./Minkler, M., 1980: Supportive Networks: Life Ties for the Elderly. „Journal of Social Issues". S. 95–116.

Plinke, R., 1979: Familie als Sozialisationsfeld. „Blätter der Wohlfahrtspflege", H. 3. S. 66–69.

Polanyi, K., 1977: The Great Transformation. Politische und ökonomische Ursprünge von Gesellschaften und Wirtschaftssystemen. Wien.

Polanyi, K., 1979: Ökonomie und Gesellschaft (mit einer Einführung von S. C. Humphreys). Frankfurt a. M.

Preller, L., 1962: Sozialpolitik – Theoretische Ortung. Tübingen/Zürich.

Pressman, J./Wildavsky, A., 1973: Implementation. Berkeley.

Presse- und Informationszentrum des Deutschen Bundestages, 1978; Elterliches Sorgerecht. „Zur Sache", H. 1.

Preuß, U. K., 1979: Die Internalisierung des Subjekts. Frankfurt a. M.

Raab, R., 1979: Frauenarbeit im Stadtteil, in: Informationsdienst Sozialarbeit, H. 23. S. 33–40.

Rapoport, R./Rapoport, R. N., 1975: Leisure and the Family Life Cycle. London.

Raschke, P./Schliehe, F., 1979: Das Instrument der Modelleinrichtung als Problem der vertikalen Politikverflechtung zwischen örtlicher und überörtlicher Ebene. In: *Kaufmann, F.-X.* (Hrsg.), Bürgernahe Sozialpolitik. Frankfurt/New York. S. 139–166.

Recktenwald, H.-C., 1971: Tax Incidence and Income Redistribution. An Introduction. Detroit.

Rebmann, K./Säcker, F. (Hrsg.), 1978: Münchener Kommentar zum Bürgerlichen Gesetzbuch, Bd. 5. München. 14 ff. zu § 1627.

Redler, E., 1979: Selbsthilfegruppen, Laieninitiativen im Gesundheitswesen. „Medizin-Mensch-Gesellschaft", 4. Jg. S. 8–13.

Reich, W., 1971: Die sexuelle Revolution. Frankfurt a. M.

Richter, A., 1979: Grundlagen des Rechts der sozialen Sicherheit. Stuttgart.

Richter, H.-E., 1972: Patient Familie. Reinbek.

Richter, H.-E., 1979: Psychoanalyse und Partnerschaft. „Psycho-sozial. Zeitschrift für Analyse, Prävention und Therapie psychosozialer Konflikte und Krankheiten".

Riehl, W. H., 1855: Die Naturgeschichte des Volkes als Grundlage einer deutschen Social-Politik. Bd. III: Die Familie. Stuttgart/Tübingen.

Riley, M. W./Foner, A. et al., 1968: Aging and Society. Bd. 1: An Inventory of Research Findings. New York.

Robinson, D., 1979: Talking out of Alcoholism. The Self-Help Process of Alcoholics Anonymous. London.

Rodgers, R. H., 1973: Family Interaction and Transaction: The Developmental Approach. Englewood Cliffs, N. J.

Rohleder, M., 1977: Die Herkunftsfamilie als Lebensraum für erwachsene Geistigbehinderte. „Bildung und Erziehung", 30. Jg., H. 4. S. 306–314.

Rosenbaum, H., 1973: Familie als Gegenstruktur zur Gesellschaft. Stuttgart.

Rosenmayr, L./Köckeis, E., 1962: Sozialbeziehungen im höheren Lebensalter. „Soziale Welt", 12. S. 214–229.

Rosenmayr, L., 1976: Schwerpunkte der Soziologie des Alters (Gerosoziologie). In: *König, R.* (Hrsg.), Handbuch zur empirischen Sozialforschung, Bd. 7: Familie, Alter. Stuttgart. S. 218–406.

Rosenmayr, L. (Hrsg.), 1978: Die menschlichen Lebensalter. München.

Rosenmayr, L./Rosenmayr, H., 1978: Der alte Mensch in der Gesellschaft. Reinbek.

Rosewitz, B./Wolf, H., 1981: Struktur und Funktion von Verbänden – eine systemtheoretische Perspektive. Diplomarbeit Universität Bielefeld, Fakultät für Soziologie.

Rosin, H., 1905: Das Recht der Arbeiterversicherung. Bd. 2. Berlin.

Roussel, L./Bourguignon, O., 1976: La famille après le mariage des enfants. Etude des relations entre générations. Travaux et Documents. Catie Nr. 78. Preses Universitaires de *France.*

Ruland F., 1973: Familiarer Unterhalt und Leistungen der sozialen Sicherheit. Berlin.

Sabatier, P. A./Mazmanian, D. A., 1980: Policy Implementation. MS. (Erscheint in: v. M. *Deckar* (Hrsg.), The Encyclopedia of Policy Studies, 1982).

Sachße, Chr./Tennstedt,F., 1978: Familie als nicht-professionelles Sozialsystem und staatliche Sozialpolitik. Ms.

Sachße, Ch./Tennstedt, F., 1980: Geschichte der Armenfürsorge in Deutschland. Vom Spätmittelalter bis zum 1. Weltkrieg. Stuttgart.

Sachverständigenkommission für die soziale Sicherung der Frau und der Hinterbliebenen, 1979: Vorschläge zur sozialen Sicherung der Frau und der Hinterbliebenen. Gutachten der Sachverständigenkommission. Bonn.

Sanmann, H., 1973: Leitbilder und Zielsysteme der praktischen Sozialpolitik. In: Ders. (Hrsg.), Leitbilder und Zielsysteme der Sozialpolitik. Schriften des Vereins für Sozialpolitik. NF Bd. 72. Berlin. S. 61–76.

Sewell, W. H., 1962: Social Class and Childhood Personality. In: Selected Studies in Marriage and the Family. New York. S. 323–339.

Sewell, W. H., 1963: Some Recent Developments in Socializiation Theory and Research. „The Annals of the American Academy of Political and Social Science", Vol. 349. S. 163–181.

Sewell, W. H./Haller, A. O., 1959: Factors in the Relationship between Social Status and the Personality Adjustment of the Child. „American Sociological Review", 24. S. 511 bis 520.

Shorter, E., 1976: The Making of the Modern Family. Glasgow (amerik. Orig. 1975).

Shorter, E., 1977: Die Geburt der modernen Familie. Reinbek.

Simitis, S./Zenz, G. (Hrsg.), 1975: Seminar: Familie und Familienrecht, Frankfurt a.M. (2 Bde).

Simmel, G., 1922: Philosophie des Geldes. Leipzig. 4. Aufl.

Skarpelis-Sperk, S., 1978a: Soziale Rationierung öffentlicher Leistungen. Frankfurt/New York.

Skarpelis-Sperk, S., 1978b: Wem nutzt der Staat. Probleme der schichtenspezifisch ungleichen Inanspruchnahme öffentlicher Leistungen, in: WSI-Mitteilungen, 31. S. 262–269.

Skolka, J. V., 1976: Longterm Effects of Unbalanced Labour Productivity Growth: On the Way to a Self-Service Society. In: Private and Enlarged Consumption, hrsg. von *L. Solari/J. N. du Pasquier*. Amsterdam. S. 279–301.

Skolnick, K., 1973: The Intimate Environment. Exploring Marriage and the Family. Boston.

Socialdata, 1980: Anzahl und Situation zu Hause lebender Pflegebedürftiger. Schriftenreihe des Bundesministers für Jugend, Familie und Gesundheit, Bd. 80. Stuttgart.

Sonnenschein, J., 1980: Interner Steuerausgleich zusammen veranlagter Ehegatten. „Neue Juristische Wochenschrift", H. 6. S. 257 ff.

Sonntag, Ph., 1975: Die Grenzen des Wachstums im Haushalt. „Hauswirtschaft und Wissenschaft", 23. S. 5–12.

Spaemann, R., 1963: Reflexion und Spontaneität. Studien über Fénelon. Stuttgart.

Süßmuth, R., 1977: Eltern als Erzieher. „Bildung und Erziehung, 30. Jg., H. 4. S. 261 275.

Süßmuth, R., 1978: Familiale Kompetenz – eine vernachlässigte Dimension der Familienerziehung. „Vierteljahreshefte für Wissenschaftliche Pädagogik", 54. Jg. S. 229–244.

Sussman, M. B., 1953: The Help Pattern in the Middle Class Family. „American Sociological Review", 18. S. 22–28.

Sussmann, M. B., 1959: The Isolated Nuclear Family: Fact or Fiction? „Social Problems", S. 333–340.

Sussman, M. B./Burchinal, L., 1962: Kin Family Network: Unheralded Structure in Current Conceptualizations of Family Functioning. „Marriage and Family Living", 24. S. 231–240.

Schäfer, D., 1969: Die sozialen Dienste im Rahmen einer Systematik der sozialen Hilfen. In: *Blind, A./Ferber, Ch. v./Krupp, H.-J.* (Hrsg.), Sozialpolitik und persönliche Existenz. Berlin. S. 265–287.

Schaefer, E. S., 1972: Parents as Educators: Evidence from Cross-Sectional, Longitudinal and Intervention Research. In: *Bronfenbrenner, U.* (Hrsg.), Influences on Human Development. Hinsdale, Ill. S. 432–448.

Schäfer, P., 1982: Zentralisation und Dezentralisation. Berlin.

Scharpf, F. W., 1973: Planung als politischer Prozeß. Aufsätze zur Theorie der Planenden Demokratie. Frankfurt a. M.

Scharpf, F. W./Reissert, B./Schnabel, F., 1976: Theorieverflechtung – Theorie und Empirie des kooperativen Föderalismus in der Bundesrepublik. Kronenberg/Ts.

Scheidemantel, H. G., 1771: Das Staatsrecht nach der Vernunft und den Sitten der vornehmsten Völker. Jena.

Schelsky, H., 1953: Wandlungen der deutschen Familie in der Gegenwart, Dortmund.

Schelsky, H., 1955: Soziologie der Sexualität. Reinbek.

Schelsky, H., 1967: Wandlungen der deutschen Familie in der Gegenwart. Stuttgart. 5. Aufl.

Schelsky, H., 1976: Der selbständige und der betreute Mensch. Politische Schriften und Kommentare. Stuttgart.

Scherhorn, G., 1980: Die Entstehung von Verbraucherproblemen im Spannungsfeld von Konsum und Arbeit. „Zeitschrift für Verbraucherpolitik". S. 102–113.

Schlossmann, S. L., 1976: Before Home Start: Notes toward a History of Parent Education in America, 1897–1929. „Harvard Educational Review", 46. S. 436–468.

Schmähl, W., (Hrsg.), 1982: Ansätze der Lebenseinkommensanalyse. Tübingen (im Druck).

Schmidt, K.-O./Schwarz, U./Thiebach, G., 1965: Sozialhaushalt und Wirtschaftskreislauf in der Bundesrepublik Deutschland 1950 bis 1960. Tübingen.

Schmitt-Glaeser, W., 1978: Die Eltern als Fremde, „DöV", H. 17. S. 629ff.

Schmitt-Glaeser, W., 1980: Das elterliche Erziehungsrecht in staatlicher Reglementierung. Bielefeld.

Schmölders, G., 1971: Der verlorene Untertan. Düsseldorf.

Schmucker, H., 1980: Studien zur empirischen Haushalts- und Verbrauchsforschung. Berlin.

Scholz, R., 1980: Unterhaltsvorschußgesetz. Kommentar mit Einführung, ergänzende Vorschriften und Materialien. München.

Schreiber, T., 1976: Erhaltung der Selbständigkeit älterer Menschen. Schriftenreihe des Bundesministers für Jugend, Familie und Gesundheit, Bd. 33. Stuttgart.

Schubert, H. A., 1977: Soziologie städtischer Wohnquartiere, Frankfurt/New York.

Schütz, A., 1971: Wissenschaftliche Interpretation und Alltagsverständnis menschlichen Handelns. In: Gesammelte Aufsätze. Bd. 1. The Hague. S. 3–55.

Schütz, A., 1972: Das Problem der Rationalität in der sozialen Welt. In: Gesammelte Aufsätze. Bd. 2. The Hague. S. 22–53.

Schütz, A., 1974: Der sinnhafte Aufbau der sozialen Welt. Frankfurt a.M. (zuerst 1932).

Schulz, H., 1979: Soziale Beziehungen im Alter. Integration durch „Insulation", Frankfurt/New York.

Schulze, H.-J./Strohmeier, K. P., 1977: Integration von Familien in urbane Wohnquartiere als Aufgabe praktischer Sozialgestaltung. „Sociologia Internationalis". 15. Bd. H. 1/2. S. 191–205.

Schwab, D., 1975: Artikel: Familie. In: *Brunner, O./Conze, W./Koselleck, R.* (Hrsg.), Geschichtliche Grundbegriffe. 2. Bd. Stuttgart.

Schwägler, G., 1975: Soziologie der Familie. Ursprung und Entwicklung. Tübingen.

Standfest, E., 1979: Sozialpolitik als Reformpolitik. Aspekte der sozialpolitischen Entwicklung in der Bundesrepublik Deutschland. Köln.

Stapf, K. H./Herrmann, T./Stapf, A./Staecker, K. H., 1972: Psychologie des elterlichen Erziehungsstils. Komponenten der Beschäftigung in der Erziehung. Stuttgart.

Statistisches Bundesamt, 1979a: Fachserie 1, Bevölkerung und Erwerbstätigkeit, Reihe 3, Haushalte und Familien 1978. Stuttgart.

Statistisches Bundesamt (Hrsg.), 1979b: Die Situation der Kinder in der Bundesrepublik Deutschland. Stuttgart.

Statistisches Jahrbuch, div. Jahrg.: Hrsg. vom Statistischen Bundesamt, Wiesbaden.

Stern-Studie, 1977: Das Leben im Alter. Hamburg.

Stichwort „Selbst", 1905: In: Deutsches Wörterbuch von *Jacob Grimm* und *Wilhelm Grimm*, Zehnten Bandes Erste Abtheilung, Leipzig.

Stockinger, H.G., 1979: Die Aushöhlung der Familie durch das neue Sorgerecht. „Politische Studien", 246. S. 397–403.

Stolleis, M., 1978: Eltern- und Familienbildung als Aufgabe der Jugendhilfe. In: Schriftenreihe des Bundesministers für Jugend, Familie und Gesundheit. Stuttgart.

Stolte-Heiskanen, V., 1974: Social Indicators for Analysis of Family Needs Related to the Life Cycle. „Journal of Marriage and the Family", 36. S. 592–600.

Stolte-Heiskanen, V., 1975: Family Needs and Societal Institutions: Potential Empirical Linkage Mechanisms. „Journal of Marriage and the Family", 37. S. 403–916.

Strasser, J., 1979: Grenzen des Sozialstaats, Soziale Sicherung in der Wachstumskrise. Köln/Frankfurt a. M.

Streib, G. F., 1965: Intergenerational Relations. Perspectives of Two Generations on the Older Parent. „Journal of Marriage and the Family", 27. S. 471–487.

Streissler, E., 1973: Die schleichende Inflation als Phänomen der politischen Ökonomie. Zürich.

Strobel, K., 1970: Konzeption und Programm einer rationalen Familienpolitik. In: Bulletin des Presse- und Informationsdienstes der Bundesregierung, Nr. 115, Bonn. S. 1201 bis 1203.

Strohmeier, K. P./Herlth, A., 1981: Sozialräumliche Bedingungen familialer Sozialisation. In: *Walter, H.* (Hrsg.), Region und Sozialisation. Stuttgart. Bd. 2. S. 95–136.

Strohmeier, K. P., 1981: Sozialer Raum und soziale Netzwerke – Umwelten und Umweltbeziehungen großstädtischer Familien. Diss. Universität Bielefeld.

Stumme, W., 1978: Strukturen des Beratungsangebots. „Medizin, Mensch, Gesellschaft", 4. S. 188–192.

Tartler, R., 1968: Innere Nähe durch äußere Distanz. In: *Thomae/Lehr* (Hrsg.), Alternative Probleme und Tatsachen. Frankfurt a. M. S. 410–414.

Tennstedt, F., 1976: Zur Ökonomisierung und Verrechtlichung in der Sozialpolitik. In: *Murswieck, A.* (Hrsg.), Staatliche Politik im Sozialsektor. München.

Tennstedt, F., 1976: Sozialgeschichte der Sozialversicherung. In: *Blohmke, M. et al.* (Hrsg.), Handbuch der Sozialmedizin. Bd. 3. Stuttgart.

Tessin, W., 1978: Stadtumbau und Umsetzung, „Leviathan", 6. Jg., H. 4. S. 501–518.

Tews, H. P., 1979: Soziologie des Alterns. Heidelberg.

Thiemeyer, Th., 1978: Anmerkungen zum Thema „Staatliche Sozialpolitik und nichtprofessionelle Sozialsysteme im Gesundheitswesen aus ökonomischer Sicht". Vorlage zur Sitzung der Sektion „Sozialpolitik" der DGS. Bad Homburg. Ms.

Thomas, W. I., 1965: Person und Sozialverhalten. Dt. Übersetzung hrsg. von *E. H. Volkart.* Berlin (amerik. Orig. 1951).

Toffler, A., 1981: The Third Wave. London.

Transfer-Enquête-Kommission, 1979: Zur Einkommenslage der Rentner. Bundesminister für Arbeit und Sozialordnung – Referat Presse- und Öffentlichkeitsarbeit. Bonn.

Tyrell, H., 1976: Probleme einer Theorie der gesellschaftlichen Ausdifferenzierung der privatisierten modernen Kernfamilie. „Zeitschrift für Soziologie", 5. Jg. H. 4. S. 393–417.

Tyrell, H., 1979: Familie und gesellschaftliche Differenzierung. In: *Pross, H.* (Hrsg.), Familie – Wohin? Leistungsdefizite und Leistungswandlungen der Familie in hochindustrialisierten Gesellschaften. Reinbek. S. 13–78.

Ulrich, A. K., 1979: Die Wirklichkeit der Kinder, Lehren aus der Geschichte der Kindheit. In: „NZZ". Nr. 143. S. 69.

Vincent, C. E., 1951: Trends in Infant Care Ideas. „Child Development", 22. S. 199–209.

Veblen, Th., 1970: The Theory of the Leisure Class. London (zuerst 1925).

Verdon, M., 1980: Shaking-off the Domestic Yoke – or the Sociological Significance of Residence. „Comparative Study of Society and History", 22. S. 109–132.

Wagner, A., 1891: Über soziale Finanz- und Steuerpolitik. „Archiv für soziale Gesetzgebung und Statistik", Bd. 10. Berlin. S. 1–81.

Wahl, K., 1973: Familienbildung und -beratung in der Bundesrepublik Deutschland. In: Schriftenreihe des Bundesministers für Jugend, Familie und Gesundheit. Bd. 8. Bonn.

Watzlawick, P./Beavin, J. H./Jackson, D. D., 1969: Menschliche Kommunikation: Formen, Störungen, Paradoxien. Bern.

Weber, M., 1924: Zur Geschichte der Handelsgesellschaften im Mittelalter. In: Ders., Gesammelte Aufsätze zur Sozial- und Wirtschaftsgeschichte. Tübingen. S. 312 bis 443 (zuerst 1889).

Weber, M., 1964 a: Wissenschaft als Beruf. Stuttgart.

Weber, M., 1964b, 1972: Wirtschaft und Gesellschaft, hrsg. von *J. Winckelmann*. Köln/ Berlin.

Weber, M., 1968: Die „Objektivität" sozialwissenschaftlicher und sozialpolitischer Erkenntnis (1904). In: Ders., Gesammelte Aufsätze zur Wissenschaftslehre. Tübingen. 3. Aufl. S. 146–214.

Weber, M., 1976: Wirtschaft und Gesellschaft. Studienausgabe Tübingen.

Weddigen, W., 1957: Grundzüge der Sozialpolitik und Wohlfahrtspflege. Stuttgart.

Weinacht, P. L., 1980: Familienberichterstattung aus christlich-sozialethischer Sicht. Referat am 20. Deutschen Soziologentag. Bremen 1980.

Weisser, G., 1952: Hauptmerkmale des Begriffs „Lebenslage". Ms. Köln.

Weisser, G., 1956: Distribution (II). In: Handwörterbuch der Sozialwissenschaft, Bd. 2. Stuttgart/Tübingen/Göttingen. S. 635–654.

Wenke, K. E./Zillessen, H. (Hrsg.), 1978: Neuer Lebensstil. Verzichten oder Verändern? Opladen.

White, B. L./Watts, J. C., 1973: Experience and Environment. Englewood Cliffs, N. J.

Widmaier, H. P., 1976: Sozialpolitik im Wohlfahrtsstaat. Reinbek.

Widmaier, H. P., 1978: Zur Theorie und Praxis der Entstehung und Durchsetzbarkeit sozialer Bedürfnisse im Wandlungsprozeß von Industriegesellschaften, Projektentwurf Regensburg.

Wiesenthal, H., 1981: Die konzertierte Aktion im Gesundheitswesen. Ein Beispiel für Theorie und Politik des modernen Korporatismus. Frankfurt a. M.

Willeke, C./Willeke, R., 1976: Versagen unsere Familien? Zum Zweiten Familienbericht der Bundesregierung. Kirche und Gesellschaft 26. Köln.

Winch, R. F., 1970: Theoretische Ansätze in der Untersuchung der Familie. In: Soziologie der Familie, hrsg. von *G. Lüschen* und *E. Lupri*. Sonderheft 14 der KZfSS. Opladen. S. 20–31.

Windhoff-Héritier, A., 1980: Politikimplementation. Ziel und Wirklichkeit politischer Entscheidungen. Königstein/Ts.

Wingen, M., 1964, 1965: Familienpolitik – Ziele, Wege und Wirkungen. Paderborn.

Wingen, M., 1969: Die Wirkungen des einkommenssteuerpolitischen Instruments der Kinderfreibeträge in der Sicht gesellschaftlicher Strukturpolitik. In: *Greiss, F./Herder-Dorneich, P./Weber, W.*, Der Mensch im sozio-ökonomischen Prozeß. Festschrift für Wilfried Schreiber zum 65. Geburtstag. Berlin. S. 361–377.

Wingen, M., 1971: Umrisse einer rationalen Familienpolitik. „Sozialer Fortschritt", 8. S. 169–172; 9. S. 210–215.

Wingen, M., 1979: Wohnbedingungen von Kindern: Anmerkungen zu einer familien- und kindgerechten Wohnungspolitik. In: *Lüscher, K.* (Hrsg.), Sozialpolitik für das Kind. Stuttgart. S. 49–68.

Winterstein, H., 1970: Sozialpolitik mit anderen Vorzeichen. Berlin.

Wirth, W., 1982: Inanspruchnahme sozialer Dienste: Bedingungen und Barrieren. Frankfurt/New York.

Wirtschaft und Statistik,
1978: Heft 1, Gerichtliche Ehelösungen.
Heft 7, Sozialhilfeempfänger.
Heft 9, Teilzeitbeschäftigte Frauen.
1980: Heft 3, Leistungen der Sozialhilfe für Pflegebedürftige 1977.

Wissenschaftlicher Beirat für Familienfragen, 1971: Reform des Familienlastenausgleichs, hrsg. vom Bundesministerium für Jugend, Familie und Gesundheit. Bonn-Bad Godesberg.

Wissenschaftlicher Beirat für Familienfragen, 1975: Familie und Wohnen. Bonn-Bad Godesberg.

Wissenschaftlicher Beirat für Familienfragen, 1979: Leistungen für die nachwachsende Generation in der Bundesrepublik Deutschland. Stuttgart.

Wista, s. Wirtschaft und Statistik.

Wittmann, W., 1978: Öffentliche Finanzen. Reinbek.

Wittmann, W., 1978: Rationalisierung des Sozialstaates Schweiz. In: Ders.: Bundesfinanzen und Sozialstaat. Diessenhofen. S. 133–138.

Wolff, St., 1978: Handlungsformen und Arbeitssituationen in staatlichen Organisationen. In: *Treutner, E./Wolff, S.*, Rechtsstaat und situative Verwaltung. Zu einer sozialwissenschaftlichen Theorie administrativer Organisationen, Frankfurt a.M. S. 141–200.

Wollmann, H. (Hrsg.), 1979: Politik im Dickicht der Bürokratie. Beiträge zur Implementationsforschung. Leviathan-Sonderheft 3. Opladen.

Wopperes, A., 1956: Sozialreform und Selbsthilfe. Bad Godesberg. 2. Aufl.

WSI-Studie (= Studie des Wirtschafts- und Sozialwissenschaftlichen Instituts des Deutschen Gewerkschaftsbundes), 1976: Die Lebenslage älterer Menschen in der Bundesrepublik Deutschland. Köln.

Würgler, H., 1973: Inflation als Machtproblem. In: *Schneider, H. K./Watrin, Ch.* (Hrsg.), Macht und ökonomisches Gesetz. Schriften des Vereins für Socialpolitik, NF Bd. 74/1. Berlin. S. 697–720.

Wurzbacher, G./Cyprian, G., 1975: Sozialisationsmängel der Kleinfamilie unter besonderer Berücksichtigung der Bundesrepublik Deutschland. In: Schriften des Bundesministers für Jugend, Familie und Gesundheit. Teil I. Stuttgart.

Zacher, H. F., 1980: Sozialpolitik und Menschenrechte in der Bundesrepublik Deutschland. Berlin.

Zahn, F., 1918: Familie und Familienpolitik. Berlin.

Zeppernick, R., 1974: Untersuchungen zum Familienlastenausgleich. Köln.

Zimmermann, J., 1892: Zwangsmaßregeln gegen arbeitsfähige Personen. Leipzig.

Zimmermann, R. E., 1977: Alter und Hilfsbedürftigkeit. Stuttgart.

Zimmermann, R. E., 1978: Soziale Ungleichheit und Krankheit im Alter. In: *Dieck, M./Naegele, G.* (Hrsg.), Alternsforschung für die Praxis: Sozialpolitik für ältere Menschen. Heidelberg. S. 145–160.

Zweiter Familienbericht, 1975: Familie und Sozialisation, hrsg. vom Bundesminister für Jugend, Familie und Gesundheit. Bonn.

Zwiedineck-Südenhorst, O. v., 1911: Sozialpolitik. Leipzig/Berlin.

Personenregister

Sachregister

Die Autoren

Gross, Peter; Dr. rer. pol., Professor für Soziologie an der Fakultät für Sozial- und Wirtschaftswissenschaften, Universität Bamberg.

Grunow, Dieter; Dr. soz. wiss., wiss. Mitarbeiter an der Fakultät für Soziologie, Universität Bielefeld.

Hegner, Friedhart; Dr. soz. wiss., Projektkoordinator am Institut für Management und Verwaltung des Wissenschaftszentrums Berlin GmbH, Schwerpunkt Arbeitsmarktpolitik.

Heinemann-Knoch, Marianne; Dr. rer. pol., wiss. Mitarbeiterin an der Wirtschafts- und Sozialwissenschaftlichen Fakultät, Universität Augsburg.

Herlth, Alois; Dipl.-Soz., wiss. Mitarbeiter am Institut für Bevölkerungsforschung und Sozialpolitik (IBS), Universität Bielefeld.

Kaufmann, Franz-Xaver; Dr. rer. pol., Professor für Sozialpolitik und Soziologie an der Fakultät für Soziologie, Universität Bielefeld. Direktor des Instituts für Bevölkerungsforschung und Sozialpolitik (IBS) an der Universität Bielefeld.

Kerschreiter, Manfred; Dipl. Oec., wiss. Mitarbeiter am Institut für empirische Sozialökonomie (INIFES), Augsburg-Leitershofen.

Lüscher, Kurt; Dr. rer. pol., Professor für Soziologie am Fachbereich Soziologie, Universität Konstanz, Schwerpunkt: Familienpolitik und Medien.

Nokielski, Hans; Dr. päd., wiss. Mitarbeiter am Fachbereich Soziologie, Universität Essen/Gesamthochschule.

Pankoke, Eckart; Dr. rer. soc., Professor für Soziologie und Sozialpädagogik, Fachbereich Soziologie, Universität Essen/Gesamthochschule.

Pfaff, Anita B.; Dr. jur., Professor für Volkswirtschaftslehre an der Wirtschafts- und Sozialwissenschaftlichen Fakultät, Universität Augsburg. Stellvertr. Wiss. Direktor des Instituts für empirische Sozialökonomie (INIFES), Augsburg-Leitershofen.

Rijke, Johann, de; Dipl.-Soz., Wiss. Mitarbeiter der Wirtschafts- und Sozialwissenschaftlichen Fakultät, Universität Augsburg.

Rosenberg, Corinna; Dipl.-Psych., wiss. Mitarbeiterin im DFG-Projekt: Bewertung von Sozialstationen; Wirtschafts- und Sozialwissenschaftliche Fakultät, Universität Augsburg.

Sachße, Christoph; Dr. jur., Professor am Fachbereich Sozialwesen der Gesamthochschule Kassel.

Summer-Juhnke, Helga; Stud.-Soz., Mitarbeiterin im DFG-Projekt: Bewertung von Sozialstationen; Wirtschafts- und Sozialwissenschaftliche Fakultät, Universität Augsburg.

Tennstedt, Florian; Dr. disc. pol., Professor am Fachbereich Sozialwesen der Gesamthochschule Kassel.

www.ingramcontent.com/pod-product-compliance
Lightning Source LLC
LaVergne TN
LVHW092157300926
849161LV00002B/295
* 9 7 8 3 4 8 6 5 0 6 5 1 8 *